全国第二十次

银杏学术研讨会论文集

中国林学会银杏分会　郯城县林业局　编

中国林业出版社

图书在版编目（CIP）数据

全国第二十次银杏学术研讨会论文集/中国林学会银杏分会，郯城县林业局编．－北京：中国林业出版社，2014.11

ISBN 978-7-5038-7696-7

Ⅰ.①全… Ⅱ.①中…②郯… Ⅲ.①银杏－学术会议－文集 Ⅳ.①S664.3－53

中国版本图书馆 CIP 数据核字（2014）第 245792 号

责任编辑：何增明　张　华

出版　中国林业出版社（100009　北京市西城区德内大街刘海胡同 7 号）

http：//lycb.forestry.gov.cn　电话：（010）83286967

发行　中国林业出版社

印刷　北京卡乐富印刷有限公司

版次　2014 年 11 月第 1 版

印次　2014 年 11 月第 1 次

开本　787mm × 1092mm　1/16

印张　23.5　彩插　2

字数　606 千字

印数　1 ~ 1000 册

定价　88.00 元

《全国第二十次银杏学术研讨会论文集》

编 委 会

前　言

2013 年 11 月 8 日至 9 日，由中国林学会银杏分会、山东省林业厅、临沂市人民政府主办，山东银杏开发协会、临沂市林业局、郯城县人民政府承办的全国第二十次银杏学术研讨会暨首届中国（郯城）银杏产品交易会在银杏之乡——郯城县隆重举行。来自江苏、山东、湖北等 16 省（市、区）从事银杏研究、行业管理及生产等单位的 300 余名专家、管理者、种植户参加了此次盛会。中国林学会副理事长兼秘书长陈幸良，山东省林业厅厅长燕翔，中国林学会银杏分会主任委员曹福亮，临沂市副市长赵爱华，省林业厅副巡视员、中国林学会银杏分会副主任委员李登开，以及刘纪民、刘连栋等县领导出席有关活动。

开幕式由郯城县委副书记、县长刘连栋主持，县委书记、县人大常委会主任刘纪民致辞，中国林学会副理事长兼秘书长陈幸良作重要讲话，银杏分会主任委员曹福亮宣读举荐银杏为国树的倡议书。陈幸良、曹福亮、燕翔、赵爱华、孙庆传共同按动开幕式启动球。启动仪式结束后，与会代表纷纷在横幅上签字表示支持举荐银杏为国树。会议期间，300 多名来自全国科研院校的专家教授和从事银杏行业管理及生产企业的负责人，实地考察了郯城县银杏基地；银杏博物馆正式对外开放，省林业厅厅长燕翔、副市长赵爱华为银杏博物馆揭牌。首届中国（郯城）银杏产品交易会共吸引国内 1 万余名客商参展，当日交易额 4300 多万元；签约项目 49 个，计划总投资 64.55 亿元。

本次研讨会主要围绕“银杏之乡，美丽郯城，科技助推，强业富民”这一主题，针对银杏栽培、加工等方面的科研技术开发和产业化发展进行了深入交流与探讨。与会代表，主要围绕“银杏资源开发利用”方面的科学研究、技术开发和产业化进行了交流，为我国银杏产业的发展提出了极具建设性的意见。此次年会共收到 48 篇论文，涉及银杏基础研究、培育技术、资源加工利用及文化等方面，其中 5 篇获一等奖、14 篇获二等奖、29 篇获优秀论文奖。此论文集的出版，对加快银杏研究、产业化进程及产业链的延伸，提升银杏产业层次，实现银杏产业持续健康科学发展具有重要的现实意义。

编委会

2014 年 10 月

前言

目　录

银杏基础研究

银杏培育技术

银杏资源加工利用

银杏产业

银杏文化

银杏基础研究

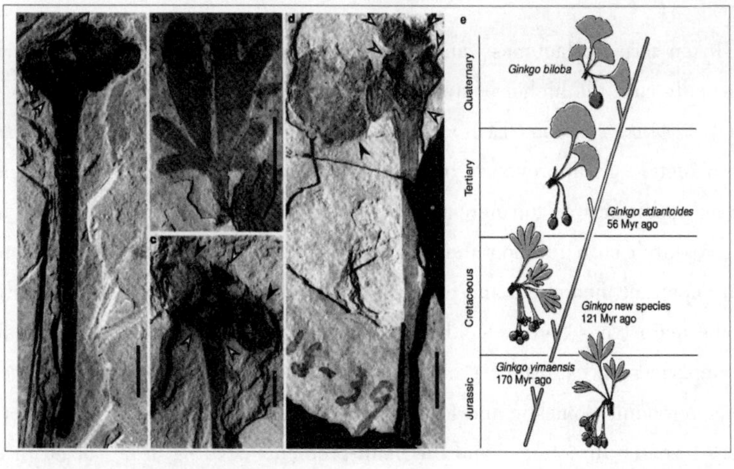

Quaternary
Tertiary
Cretaceous
Jurassic
Ginkgo biloba
Ginkgo adiantoides
56 Myr ago
Ginkgo new species
121 Myr ago
Ginkgo yimaensis
170 Myr ago

银杏萜内酯成分生物合成的基因调控与表达的研究进展

王金艳　陈　鹏　蒋　菲　马江黎
（扬州大学园艺与植物保护学院，江苏扬州　225000）

摘要：银杏萜内酯类化合物是银杏所特有的具重要生物活性的成分，尤其银杏叶中含量较高，是银杏叶提取物(EGb)中主要质量指标之一，已被广泛用于制药和生产保健产品。应用生物技术提高银杏萜内酯类化合物生物合成效率是提高银杏叶中萜内酯类化合物含量的重要途径，研究银杏萜内酯成分生物合成的相关基因的调控与表达具有重要理论与实践意义。本文结合作者的研究方向，参考了国内外近年来发表的相关文献，综述了银杏萜内酯类化合物的主要类型及其分子结构、生物合成代谢途径、部位与关键酶和关键物质，根据该领域的研究结果和发展趋势，提出了该领域研究需要解决的主要问题，展望了利用生物技术提高银杏叶中萜内酯类化合物含量的研究利用前景。

关键词：银杏；萜内酯；生物合成；相关基因；展望

Advances at Researches on Regulation and Expression of Genes to Biosynthesis of Ginkgo Terpene Lactones

Wang Jinyan　Chen Peng　Jiang Fei　Ma Jiangli
(*College of Horticulture and Plant Protection*, *Yangzhou University*, *Yangzhou Jiangsu* 225000, *China*)

Abstract: Ginkgo terpene lactones, an important ingredient with biological activities only in Ginkgo, especially with the higher content in *Ginkgo biloba* leaves, is one of main quality indices for extract of *Ginkgo biloba* (EGb), have been widely used to make pharmaceutical and health care products . To improve the biosynthesis efficiency of ginkgo terpene lactones by biotechnique is an important way for increasing the content of ginkgo terpene lactones in *Ginkgo biloba* leaves , research on regulation and expression of genes for ginkgo terpene lactones biosynthesis has an important theoretical and practical significance. In this article, the advances at researches on the main types and molecular structures, the pharmacological action and the way, position, key enzymes and substances of biosynthesis etc. of ginkgo terpene lactones were summarized after referencing domestic and foreign related literatures published in recent years based on the author's research direction , and the main problems needing to be solved in this research field and the prospect of research and utilization for using the biotechniques to increase the content of ginkgo terpene lactones in leaves were proposed based on the research results and development trend in this field.

Key words: *Ginkgo biloba* L. ; Terpene lactones; Biosynthesis; Relative genes; Prospect

银杏(*Ginkgo biloba* L.)俗称白果、公孙树等，为裸子植物门(Gymnospermae)银杏纲(Ginkgopsida)银杏目(Ginkgoales)银杏科(Ginkgoaceae)银杏属(*Ginkgo*)的唯一生存种，是世界上最古老的孑遗植物之一，被称为植物界的"活化石"。银杏叶的提取物成分十分复杂，其最有效成分是黄酮类、萜内酯化合物和聚戊烯醇[1]。黄酮类化合物几乎存在于所有的绿色植物中[2]，而银杏萜内酯则是银杏提取物中所特有的，其独特的生理作用和治疗价值在世界范围的医疗行业引起了极大兴趣。然而，银杏内酯在银杏叶中含量很低[3]，且提取分离复杂；另一方面，人工合成途径的技术难度大，目前为止，人工合成银杏萜内酯还不能加以实践应用[4]。因此，了解银杏萜内酯类化合物的主要类型及其分子结构、生物合成代谢途径、部位与关键酶和关键物质等，再用基因工程技术修饰银杏萜内酯生物合成途径已成为提高银杏萜内酯含量最具潜力的方法之一，对银杏的研究、利用、开发至关重要。

1 银杏萜内酯的主要成分及结构

银杏萜内酯根据结构不同，可分为银杏内酯和白果内酯。银杏内酯具有独特的二十碳骨架结构，称其为二萜，白果内酯有15个碳原子组成，称其为倍半萜。银杏内酯有6个五元环A、B、C、D、E、F形成的刚性骨架，其中包括1个螺环-[4，4]-壬烷(spiro-[4，4]-nonane)，1个四氢呋喃环D，3个五元内酯环C、E、F。顺式的F、A、D和C环形成一个半球状笼式空洞，F环和C环为空洞的两平行边，四氢呋喃环D居于笼式的中心，螺环A、D处于空洞的顶部；环上的醚氧原子，F和C环上的酯氧原子，C-10羟基氧原子构成一个多齿系统，与冠醚有些相似。半球形笼式的空洞部分，宽为4Å，深为5Å，足够容纳Na^+、K^+、Ca^{2+}等离子或有机小分子。半球状分子上的羰基、羟基又可和外部分子形成氢键，结合突出于骨架之外的叔丁基又增加了分子的亲脂性。因此，从分子生物学角度，可和多种受体结合，形成独特的生理作用[5]。Furukawa[6]首次从银杏根中分离得到萜内酯化合物，在20个世纪60年代，Nakanishi等[7-12]和Sakabe[13]分别从银杏根和叶中分离得到萜内酯物质，Nakanishi等[14]通过^{1}H-NMR，CD以及其他物理测试技术和化学反应，阐明了银杏内酯A(Ginkgolide A，GA)、银杏内酯B(Ginkgolide B，GB)、银杏内酯C(Ginkgolide C，GC)和银杏内酯M(Ginkgolide M，GM)的化学结构(见图1)，其中银杏内酯M只存在于根中，其后不久Weinges等[15]从银杏叶中分离并鉴定倍半萜类白果内酯(Bilobalide，BB)(见图4)；Weinges[16]等从银杏叶中又分离出一种新的二萜内酯成分，即银杏内酯J(见图1)，并且银杏内酯J只在叶中发现，并通过^{1}H-NMR和^{13}C-NMR等波谱分析技术确定了其化学结构，最近Y. Wang等[17]采用LC/DAD/ESI-MS联用技术从银杏内酯提取物中发现并鉴定了化学结构银杏内酯K(Ginkgolide K，GK)和银杏内酯L(Ginkgolide L，GL)(见图2)。张现涛等[18]从银杏叶中分离得到一个新的银杏内酯化合物三羟基23，14-去氢银杏内酯并命名为银杏内酯N(见图3)，Ping Yu[19]从银杏根中分离得到一个新的倍半萜内酯命名为Bilobanol(见图5)。所以到目前为止，从银杏叶中共分离得到10个萜内酯化合物。这些化合物主要的区别在于碳环上羟基的数目和位置的不同。

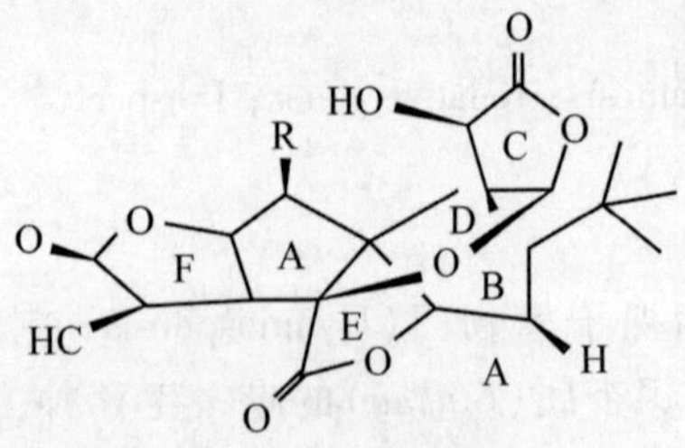

	R_1	R_2	R_3
Ginkgolide A(GA)	H	H	OH
Ginkgolide B(GB)	OH	H	OH
Ginkgolide C(GC)	OH	OH	OH
Ginkgolide J(GJ)	H	OH	OH
Ginkgolide M(GM)	OH	OH	H

图 1　萜内酯结构

Fig. 1　Structure of Ginkgolide

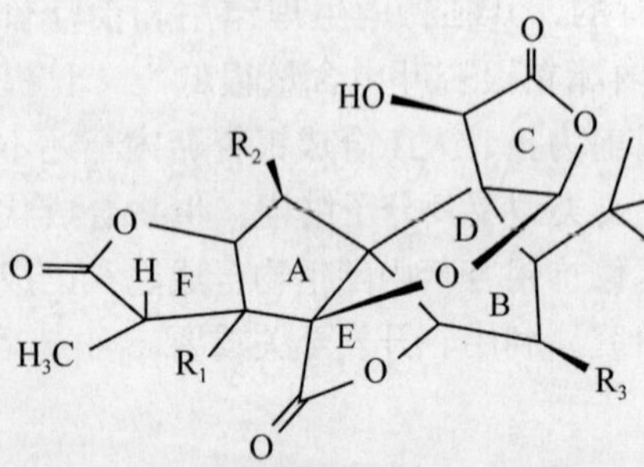

	R_1
Ginkgolide K(GK)	H
Ginkgolide L(GL)	OH

图 2　萜内酯结构

Fig. 2　Structure of Ginkgolide

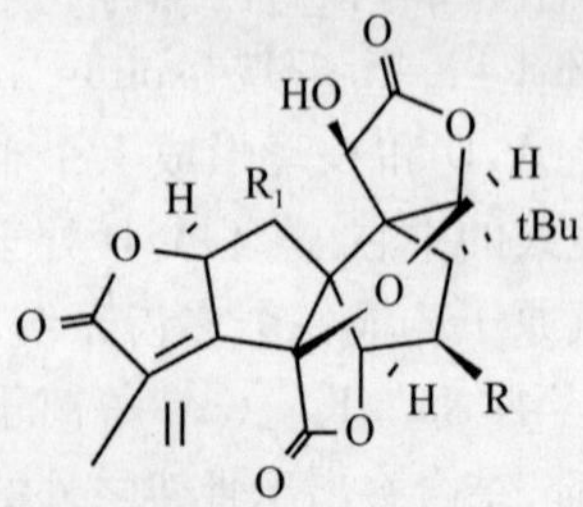

	R1	R
GinkgolideN(GN)	OH	OH

图 3　银杏内酯 N

Fig. 3　Ginkgolide N(GN)

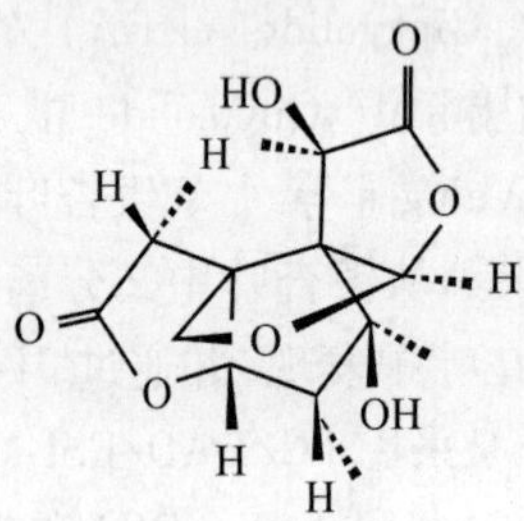

图 4　白果内酯

Fig. 4　Bilobalide

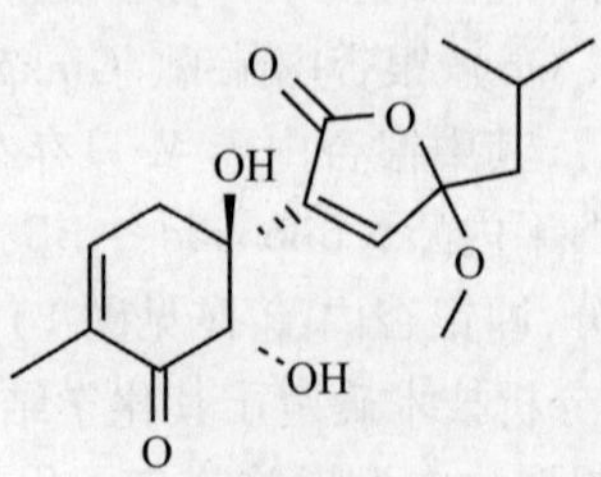

图 5　**Bilobanol**

Fig. 5　Bilobanol

2 银杏萜内酯化合物生物合成途径及其关键酶

2.1 银杏萜内酯化合物生物合成途径

2.1.1 MVA

长期以来,人们认为萜类物质是由甲羟戊酸途径(mevalonate pathway, MVA)合成的,这条途径最早由 Bloch 和 Lynen(1958)首先在动物和酵母中发现的,因其主要在细胞质过氧化物酶体和内质网中,所以又称为细胞质途径[20]。在这条途径中两个乙酰辅酶 A(acetyl-coenzyme A, CoA)在乙酰 CoA:乙酰 CoA C-酰基转运酶(acetyl-CoA:acetyl-CoA C-acetyltransferase, AACT)催化下缩合成乙酰乙酰 CoA(acetoacetyl-CoA)[21],然后乙酰乙酰 CoA 与乙酰 CoA 被 3-羟基-3-甲基戊二酰 CoA 合成酶(3-hydroxy-3-methylglutaryl-CoA synthase, HMGS)催化缩合成 3-羟基-3-甲基戊二酰 CoA(3-hydroxy-3-methylglutaryl-CoA, HMG-CoA)[22],然后 HMG-COA 还原酶(hydroxymethylglutaryl-CoA reductase, HMGR)催化 HMG-CoA 形成中间体甲羟戊酸(mevalonate, MVA),因该步反应不可逆,这也是 MVA 途径中的限速步骤[23];甲羟戊酸激酶(mevalonate kinase, MK)[24]和磷酸甲羟戊酸激酶(phosphomevalonate kinase, PMK)[25]在 ATP 和二价金属离子的参与下将 MVA 磷酸化,形成 5-磷酸甲羟戊酸(Mevalonate-5-phosphate, MVAP)和 5-焦磷酸甲羟戊酸(Mevalonate-5-diphosphate, MVAPP);最后,5-焦磷酸甲羟戊酸脱羧酶(mevalonate 5-diphosphate decarboxylase, MDC)催化 MVAPP 脱梭形成 IPP[26];在异戊烯基焦磷酸异构酶(IPP isomerase, IPI)的作用下,IPP 和其异构体 DMAPP 在 IPI 的作用下可以相互转化[27]。下游的异戊稀转移酶法尼基焦磷酸合成酶(farnesyl pyrophosphate synthase, FPS),催化一分子的 DMAPP 和两分子的 IPP 缩合生成法尼基焦磷酸(farnesyl pyrophosphate, FPP)[28],为倍半萜稀合成提供前体,主要合成倍半萜、三萜和甾醇等。

2.1.2 MEP

Rohmer 等[29]在真核细菌中首次发现了不依赖于甲羟戊酸的 IPP 合成途径,其后 Schwarz 等[30]在研究银杏内酯的生物合成时,在植物体中也发现了这样一条代谢途径,存在于植物、多数真核细菌和一些寄生虫中[31],因其主要反应前体是 5-磷酸脱氧木酮糖/2C-甲基-4-磷酸-4D-赤藓糖醇 1-deoxy-D-xylulose-5-phosphate/2C-methyl-D-erythritol-4-phosphate,所以也被称为 MEP。又因为这条代谢途径在质体中进行,又被称为质体途径[29]。MEP 途径其最原初的前体物质是丙酮酸(pyruvate)和 3-磷酸甘油醛(D-glyceraldehyde 3-phosphate, G3P)。丙酮酸和 G3P 在 1-脱氧-D-木酮糖-5-磷酸合成酶(1-deoxy-D-xylulose-5-phosphate synthase, DXS)作用下生成 1-脱氧-D-木酮糖-5-磷酸(1-deoxy-D-xylulose-5-phosphate, DXP)[32],这是 MEP 途径中第一个限速反应[33]。接着,在 DXP 还原异构酶(1-deoxy-D-xylulose-5-phosphate reductoisomerase, DXR)作用下,DXP 经原子重排并还原生成 2-C-甲基-D-赤酰醇-4-磷酸(2-C-Methyl-D-erythritol-4-phosphate, MEP)[34],该反应是 DXP 途径上最重要的限速反应,也是萜类物质代谢工程最重要的靶点。经 2-C-甲基-D-赤酰糖醇-磷酸胱氨酸转移酶(MEP cytidyltransferase, MCT)缩合生成 4-(5-焦磷酸胞苷)-2-C-甲基-D-赤藓醇[4-(cytidine 5-diphospho)-2-C-methylerythritol, CDP-ME][35]。(5-焦磷酸胞苷)-2-C-甲基-D-赤酰糖醇激酶[4-(Cytidine 5-diphospho)-2-C-methylerythritol kinase, CMK][36]催化 CDP-ME 磷酸化生成 4-(5'-焦磷酸胞苷)-2-C-甲基-D-赤醉糖醇-2-磷酸(CDP-MEP)。CDP-MEP 在 2-C-甲基赤酰糖醇-2,4-环焦磷酸合成酶(2-C-methylerythritol 2,4-cyclodiphosphate synthase, MCS)作用下转化为 2-C-甲基赤酰糖醇-2,4-环焦磷酸

(2-C-methylerythritol 2,4-cyclodiphosphate, ME-cPP)[37]。羟甲基丁烯基-4-磷酸合成酶(hydroxymethylbutenyl 4-diphosphate synthase, HDS)催化 ME-cPP 生成 1-羟基-2-甲基-2(E)-丁烯基-4-焦磷酸[1-hydroxy-2-methyl-2-(E)-butenyl 4-diphosphate, HMBPP][38],最后 HMBPP 在异戊烯基焦磷酸/二甲基烯丙基焦磷酸合成酶(IPP/MAPP synthase, IDS)[39]作用下转化为 IPP 和 DMAPP(5∶1)。3 分子的 IPP 和 1 分子的 DMAPP 经香叶基香叶基焦磷酸酶(Geranylgeranyl diphosphate synthase, GGPPS)催化生成香叶基香叶基焦磷酸(Geranylgeranyl diphosphate, GGPP),它是所有二萜类化合物的共同前体,随后在萜类合成酶左旋海松二烯合成酶(Levopimaradiene synthase, LPS)的作用下生成左旋海松二烯[40]。另有研究认为,(+)-脱氢松香烷(Dehydroabietane)是银杏内酯类合成的中间体,在各种萜类化合物的基本骨架形成后,细胞色素 P450 会经过羟化、加氧等进一步的修饰作用,最后生成各类萜类物质[41]。

虽然这两条途径在细胞中的定位不同,所涉及的基因和酶也不相同,但是分隔的两条途径并不是绝对独立的,其中少量代谢物可以在质体膜上相互交换[42]。IPP 是两条途径的共同中间体,所以它可以穿过质体膜进行交换[43]。另外,质体中 MEP 途径形成的 1-脱氧木酮糖可以进入细胞质中合成部分的甾醇分子;而少量来自细胞质的 MVA 途径的产物也可以进入质体中,参与萜类的形成[44]。

2.2 银杏萜内酯化合物生物合成途径关键酶

到目前为止,关于银杏萜内酯化合物生物合成途径的一些关键酶基因的克隆及表达调控,相关人员都做了大量的研究工作,各个已被收录的基因在 NCBI 核酸序列数据库的登陆号和表达如表 1 所示。

2.2.1 HMGR

HMGR 是 MVA 代谢途径中的重要酶类,被认为是 MVA 途径中的第一个限速酶,也是细胞质萜类代谢中的重要调控位点[45]。目前已从拟南芥、烟草、番茄、红豆杉等分离出该酶基因。1986 年 HMGR 已被分离提纯,为一种与膜结合的疏水蛋白质,分子量 180kDa,共有 4 个亚基,均为 45kDa,等电点为 5.9[46]。植物中 HMGR 一般以基因家族形式存在,Sheng 等[47]首先从银杏中分离得到编码 HMGR 的全长 cDNA,命名为 *GbHMGR*(Genbank No. AY741133),包含 1 个编码 571 个氨基酸的 1713bp 的 ORF。另外,还获得 *GbHMGR* 基因组 DNA 序列,揭示 *GbHMGR* 具有 4 个外显子和 3 个内含子。推断的 *GbHMGR* 蛋白与其他植物 HMGRs 具有很高的同源性,包含 2 个跨膜区域和 1 个催化区域。Southern 杂交和 RT-PCR 分析结果表明 *GbHMGR* 属于小基因家族,以组织特异性模式低水平表达,只在根中存在。

2.2.2 DXS

DXS 虽是 MEP 途径中的第一个酶,但也是植物萜类物质合成的第一个限速步骤。DXS 基因最早从大肠杆菌中分离[48]。Gong[49]等从裸子植物银杏中分离和鉴定了 DXS 2795bp 的全长 cDNA,包含 1 个编码 717 个氨基酸的 2154bp ORF(开放阅读框)。通过比较和生物信息学分析,表明 *GbDXS* 与其他植物种类来源的 DXSs 具有广泛的同源性,与这些 DXSs 相似,含有 1 个保守的质体运输的转运肽,1 个公认的焦磷酸硫胺结合位点组氨酸残基和 1 个转羟乙醛酶基元。系统发育分析表明,*GbDXS* 属于植物 DXS1 群,认为它比其他植物 DXSs 更古老。*GbDXS* 在根、茎、叶、果皮和种子等组织中均有表达。基因表达图谱分析表明,*GbDXS* 表达受外源的刺激物,包括茉莉酸甲酯、花生四烯酸、乙酰水杨酸和硫酸高铈铵所诱导,其转录水平与银杏内酯的积累相关,暗示 DXS 可能在银杏细胞培养合成银杏内酯中的转录水平上起重要的调控作用。

2.2.3 DXR

DXR 是催化 MEP 途径第二步限速反应的酶，该步反应是将 DXP 转化为 MEP，酶促反应需要 Mg^{2+} 和 Mn^{2+} 的参与，其催化的反应可逆。由于 DXP 也可以用于硫胺和吡哆醇的生物合成，所以该步反应是"碳流"的分支点，认为该反应是 MEP 途径上最重要的限速反应，也是进行调控的有效靶点。植物基因编码的 DXR 酶的 N 端含有将其定位于质体的转运肽[50]，DXR 在 N 端还有一保守区 GSTGSIG。DXR 是 MEP 途径合成银杏内酯的第二个关键酶。Kim[51]等通过基于同源序列的 PCR 从银杏的胚根中克隆到 *DXR* 基因。银杏 *DXR* 的 cDNA 全长为 1720bp，包含了 1431bp 的 OFR 编码 477 个氨基酸，分子量为 52kDa，等电点是 6.58。*GbDXR* 在根中保持着比叶片较高的转录水平，可能使得银杏内酯成为地下部分萜内酯的主要成分。

2.2.4 FPPS

FPPS 催化 2 分子的 IPP 与 DMAPP 缩合生成 FPP，为萜类化合物合成提供 C15 骨架。植物的 FPPS 存在于细胞溶质、线粒体、过氧化物酶体和叶绿体中[52]。FPPS 为同源二聚体，酶与底物的结合位点为 2 个富含 Asp 的模体"DDXX(XX)D"和"DDXXD"，这两个模体中的 Asp 和 Arg 残基对 FPPS 的活性起着至关重要的作用[53]。自 Lynen 等在 1959 年首次发现 FPPS 后，多种编码该酶的基因被相继克隆，目前，利用 FPPS 进行萜类代谢工程研究已有很多成功的例子。在烟草中过量表达酵母 *FPS* 基因，结果转基因烟草中 FPS 的酶活性增加 12 倍，甾醇的含量提高 4 倍[54]。Wang[55]等从银杏中克隆出 *GbFPS* cDNA 全长为 1731bp，其中 1170bp 的开放阅读框编码 390 个氨基酸残基，其与其他植物的 FPS 有同源性，包含有所有转移类异戊二烯链延伸酶的保守区。*GbFPS* 的结构模型显示有着 FPS 的典型结构，最明显的特征是 13 个中心螺旋围绕一个大的中央腔排列，Southern 杂交分析显示在银杏中存在 FPS 家族，表达分析显示 *GbFPS* 在根和叶子中表达量高，功能互补实验中 *GbFPS* 能够调节缺失 FPS 菌株的法尼稀焦磷酸的生物合成，从而证明了其功能。

2.2.5 GGPPS

GGPPS 催化 3 分子 IPP 与 DMAPP 形成 GGPP，为二萜、类胡萝卜素、类维生素 A 及叶绿素侧链等的形成提供 C20 骨架。植物的 GGPPS 存在于质体、线粒体和细胞溶质中[56]。植物的 GGPPS 与 FPPS 相似，也含有"DDXX(XX)D"和"DDXXD"模体，在 N 端具有叶绿体信号肽。Liao Z.[57]等第一次从银杏中克隆到编码 GGPPS 的全长 cDNA，命名为 *GbGGPPS*，长度为 1657bp，含有 1 个 1176bp 的编码 391 个氨基酸的 ORF。比较分析表明，*GbGGPPS* 在 N 末端具有 79 氨基酸的转运肽，它指引 *GbGGPPS* 定位于质体。生物信息学分析表明，*GbGGPPS* 是多异戊烯基转移酶家族的成员之一，具有 2 个与其他植物 GGPPSs 高度保守的富含天冬氨酸的基元。系统树分析表明，植物 GGPPS 可分为两组，被子植物 GGPPS 和裸子植物 GGPPS，*GbGGPPS* 与裸子植物 GGPPS 关系更近。

尽管这两条代谢途径在被子植物中已十分清楚(如图 6)，但是在裸子植物的相关研究还不够明了，并且在银杏代谢途径中是没有单萜物质生成的，对于银杏萜内酯的代谢途径过程中银杏内酯和白果内酯是由哪个途径合成的、白果内酯是经银杏内酯降解而来的还是由 MVA 途径合成、银杏内酯合成部位等问题还存在一定的分歧。Lange 和 Ghassemian[58]认为银杏内酯主要是由 MEP 途径合成的，但是 Carrier 和 Kang 等认为在未分化的银杏细胞中

MVA 是主要的[59-60]。Penuelas 和 Munne′-Bosch[61]认为白果内酯主要是由 MVA 途径合成的，是一种经 FPP 转化而来的倍半萜化合物。但是一些学者提出了白果内酯是由银杏内酯的部分降解产物而来，银杏内酯失去一个 5 碳单位，这样残余的羧基和乙酸功能基团形成内酯，即含有三个 5 碳单位的白果内酯[62]。尽管银杏内酯在叶和根中都有，但是银杏萜内酯的合成部位尚不清楚。根据银杏内酯的分布，Huh 和 Staba[63]认为银杏内酯在叶和根中分别合成。然而，Carayrade 等[64]以银杏树苗为材料，通过同位素标记法，在根中最先检测到了带有标记的银杏内酯，然后是茎和叶，这说明根是银杏内酯的合成部位，随后转运到叶中贮存，同时还揭示了 GA 是最先合成的内酯化合物，GA 通过羧基异构产生了 GB、GC、GM 等。另外，Neau 等[65]发现左旋海松二烯等前体物质只在根中被检测到。事实上，MEP 途径中形成 IPP 和 DMAPP 的酶和 LPS 都在根中的转录水平较高，Kim[66]认为银杏内酯是在根中形成然后通过韧皮部转运到叶中的。在根中 GA 的含量最高，其次是 GC、GB 和 GJ，没有检测到白果内酯。

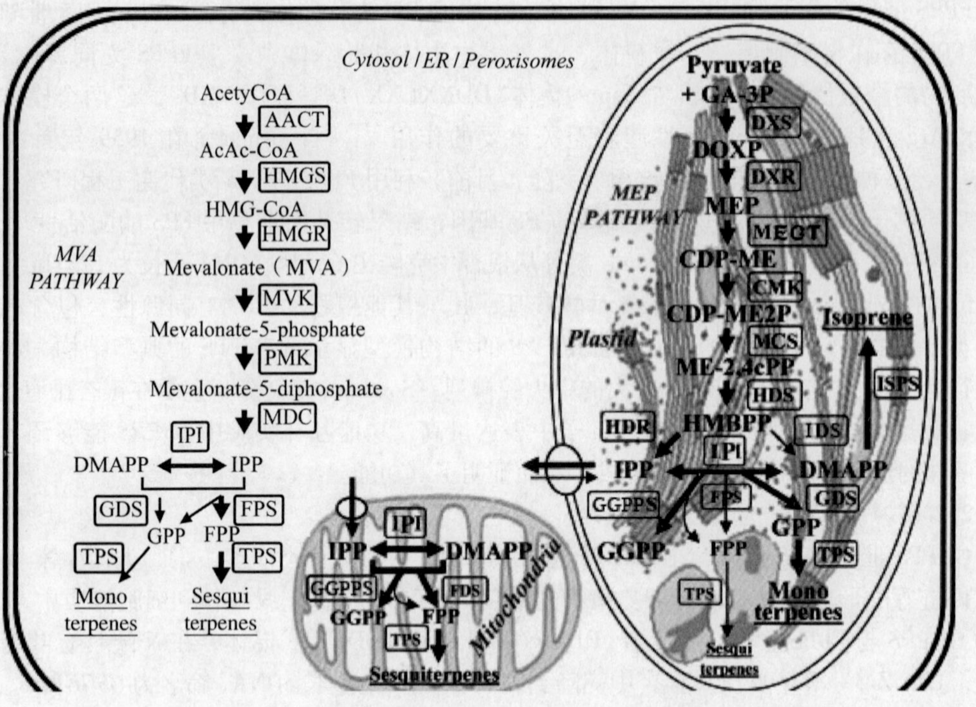

图 6　植物萜内酯生物合成途径及其相关酶

Fig. 6　Terpenoid lactones biosynthetic pathways and theirrelative genes in plants

MVA 途径：AACT，乙酰乙酰辅酶 A 转移酶（acetyl-CoA C-acetyltransferase，EC 2. 3. 9）；HMGS，3-羟基-3-甲基戊二酰辅酶 A 合成酶（3-hydroxy-3-methylglutaryl-CoA synthase，EC 4. 1. 3. 5）；HMGR，3-羟基-3-甲基戊二酰辅酶 A 还原酶（3-hydroxy-3-methylglutaryl-CoA reductase，EC 1. 1. 1. 34）；MK，甲羟戊酸激酶（mevalonate kinase，EC 2. 7. 1. 36）；PMK，磷酸甲羟戊酸激酶（phosphomevalonate kinase，EC 2. 7. 4. 2）；MDC，甲羟戊酸-5-焦磷酸脱羧酶（mevalonate-5-diphosphate decarboxylase，EC 4. 1. 1. 33）；IPI，异戊烯基焦磷酸异构酶（IPP isomerase EC 5. 3. 3. 2）；FPPS，法尼基焦磷酸合成酶（farnesyl pyrophosphate synthase，EC 2. 5. 10）

MEP 途径：DXS，l-脱氧-D-木酮糖-5-磷酸合成酶（1-deoxy-D-xylulose-5-phosphate synthase，EC 4. 1. 3. 37）；DXR，l-脱氧-D-木酮糖-5-磷酸还原异构酶（1-deoxy-D-xylulose-5-phosphate reductoisomerase，EC 1. 1. 1. 267）；CMS，2-C-甲基-D-赤藓糖醇-4-磷酸胱氨酸转移酶（2C-methyl-D-erythritol 4-phosphate cytidyltransfrase，EC 2. 7. 7. 60）；CMK，4-焦磷酸胞苷-2-C-甲基-D-赤藓糖醇激酶（4-diphosphocytidyl-2C-methyl-D-erythritol kinase，EC 2. 7. 1. 148）；MCS，2-C-甲基赤酰糖醇-2，4-环焦磷酸合成酶（2C-Methyl-D-erythritol 2，4-cyclodiphosphate synthase，EC 4. 6. 1. 12）；HDS，羟甲基丁烯基-4-磷酸合成酶（hydroxymethylbutenyl-4-diphosphate synthase）；IDS，IPP/DMAPP 合成酶（IPP/DMAPP synthase）；IPI，异戊烯基焦磷酸异构酶（IPP isomerase，EC 5. 3. 3. 2）；GPPS，牻牛儿基焦磷酸合成酶（geranyl pyrophosphate synthase，EC 2. 5. 1. 10）；GGPPS，牻牛儿基牻牛儿基焦磷酸（geranyl geranyl pyrophosphate synthase，EC 2. 5. 1. 29）

表 1　银杏萜内酯生物合成途径相关酶的克隆与特征

Tab. 1　Cloned and characterized enzymes involved in ginkgolide/bilobalide biosynthesis from *Ginkgo biloba*

合成途径	酶	基因登陆号	表达器官	参考文献
MEP 途径	DXS1	AY505128	根、茎、叶、种皮、种子（DXS1）	Gong *et al.* (2006)
	DXS2	AY494185	叶 > 根（DXS1）根（DXS2）	Kim *et al.* (2006a)
	DXR	AY443101	根、茎、叶、种皮、种子	Gong *et al.* (2005)[67]
			根和叶	Kim *et al.* (2006a)
	MECT	DQ102360	根和叶	Kim *et al.* (2006b)[68]
	CMK1	DQ102358	胚（子叶 > 胚根）（CMK1）	Kim *et al.* (2008a)[69]
	CMK2	DQ102359	胚（胚根）（CMK2）	Kim *et al.* (2008a)
	MECPS	AY971576	根 > 叶 > 种子	Gao *et al.* (2006)[70]
	HDS	DQ251630	胚根	Kim *et al.* (2010)[71]
	IDS1	DQ251633	根和叶（IDS1）根（IDS2）	Kim *et al.* (2008b)[72]
	IDS2	DQ251632	根 > 茎 > 叶	Kim *et al.* (2008b)
	IDS3	DQ251631	根和叶	Kim *et al.* (2008b)
	FPPS	AY389818	根 > 茎 > 叶	Wang *et al.* (2003)
	GGPPS1	AY371321	根 > 茎 > 果 > 叶	Liao *et al.* (2004)
	GGPPS2	EF646378	根	Wang *et al.* (2009)[73]
	LPS	AY574248	根	Schepmann *et al.* (2001)[74] 和 Kim *et al.* (2012)[75]
MVA 途径	HMGR	AY741133	根	Sheng *et al.* (2006)
	MDC	AY757921	根、茎、叶	Pang *et al.* (2005)[76]

3　展望

我国是银杏的故乡，银杏叶产量占世界总产量 70% 以上。由于银杏萜内酯神奇而优良的功效并非是一般的化学药剂所能媲美的，所以这也使得国内外加紧了对以银杏萜内酯为主制剂的研制。可是，现阶段仍以银杏叶作为提取萜内酯化合物的主要来源，每年大约需要 8000t 的干银杏叶用于生产银杏产品。因此，对萜内酯的生物合成途径进行研究找到合成萜内酯及其前体关键酶，展开转基因研究或者从分子水平上调控其表达活性，为利用生物技术提高银杏叶中萜内酯类化合物含量的研究提供可能。由于银杏转化比较困难，银杏萜内酯生物合成途径中关键酶超表达对提高银杏萜内酯含量的影响研究报道还比较少，所以还需要进一步的努力和探索。

参考文献

[1] Beek van T A. Ginkgolides and bilobalide. Their physical chromatographic and spectroscopic properties[J]. Bioorganic&Medicinal Chemistry, 2005, 13: 5001-5012.

[2] Singh B, Kaur P, Gopichand et al. Biology and chemistry of *Ginkgo biloba*[J]. Fitoterapia, 008, 79: 401-418.

[3] Nakanishi K. Theginkgolides[J]. Pure Appl Chem , 1967, 14: 89-113.

[4] Crimmins M T, Pace J M, Nantermet P G et al. The total synthesis of (±)-Ginkgolide B[J]. J Am Chem Soc, 2000, 122: 8453-8463.

[5] 胡立宏, 陈仲良. 天然产物化学(第二版)[M]. 北京: 科学出版社, 2004: 378-408。

[6] Furakawa S. Studies on the constitutients of the *Ginkgo biloba* L. Leaves Partl and Il[J]. Scientific Papers Institute Physieal Chemical Research, 1932, 19: 27-42.

[7] M Maruyama, A Terahara, Y Itagaki, K Nakanishi. The ginkgolides. I. Isolation and characterization of the various groups[J]. Tetrahedron Letters, 1976, 8(4): 299-302.

[8] M Maruyama, A Terahara, Y Itagaki, K Nakanishi. The ginkgolides. II Derivation of partial structures[J]. Tetrahedron Letters, 1967, 8(4): 303-308.

[9] M Maruyama, A Terahara, Y Nakadaira, M C Woods, K Nakanishi. The ginkgolides. III. The structure of the ginkgolides[J]. Tetrahedron Letters, 8(4): 309-313.

[10] M Maruyama, A Terahara, Y Nakadaira, M C Woods, Y Takagi, K Nakanishi. The ginkgolides. IV. Stereochemistry of the ginkgolides[J]. Tetrahedron Letters, 1967, 8(4): 315-319.

[11] M C Woods, I Miura, Y Nakadaira, A Terahara, M Maruyama, K Nakanishi. The ginkgolides. V. Some aspects of their NMR spectra[J]. Tetrahedron Letters, 1967, 8(4): 321-326.

[12] K Okabe, K Yamada, S Yamamura, S Takada. Ginkgolides. Journal of the Chemical Society C[J]. Organic Chemistry, 1967: 2201-2206.

[13] N Sakabe, S Takada, K Okabe. The structure of ginkgolidea[J]. A novel diterpenoid trilactone, 1967, 6: 259-261.

[14] K Nakanishi. The ginkgolides[J]. Pure and Applied Chemistry, 1967, 14(1): 89-113.

[15] KlausWeinges and Wolgang Blaods. BIlobalid A, ein neues sesquiterpen mit tert-butyl-gruppe aus den blatten von *Ginkgo biloba* L. [J]. Justus Liebigs Annalen der Chemie, 1969, 724: 214-220.

[16] Weinges K, Hepp M, Jaggy H. Chemie der Ginkgolide, II.. Isolierung und strukturaufklärung eines neuen ginkgolids[J]. Liegbigs Annalen der Chemie, 1987, (6): 521-526.

[17] Y Wang, L-S Sheng, F-C Lo. Analysis and structure identification of trace constituent in the total ginkgolide by using LC/DAD/ESI/MS[J]. Acta pharmaceutica Sinica, 2001, 36(8): 606-608.

[18] Zhangxian-tao, Li Yan, Zhang Lei-hong, Qin Min-jian. A new ginkgolide from *Ginkgo biloba*[J]. Journal of China pharmaceutical University, 2009, 4, 306-309.

[19] Ping Yu, Jing Yu-liang. A new sesquiterpene trilactone from the roots of *Ginkgo biloba*[J]. Chinese Chemical Letters, 2009, 20: 1224-1226.

[20] Hartmul K L. Thel-deoxydxylulose-5-phosphate pathway of isoPrenoid biosynthesis in Plant[J]. Plant Moleeular Biology, 1999, 50: 47-65.

[21] Gual J C, Gonzalez-Bosch C, DoPazo J, et al. Phylogenetic analysis of the thiolase family imPlications for the evolutionary origin of Peroxisomes[J]. Journal of Molecular Evolution, 1992, 35: 147-55.

[22] Luskey K L, Stevens B. Human 3-hydroxy-3-methylglutaryl coenzyme A reductase. Conserved domains responsible for catalytic activity and sterol-regulated degradation[J]. The Journal of Biological Chemistry, 1985, 260: 10271-10277.

[23] Basson M E, Thorsness M, Finer-Moore J, et al. Structural and functional conservation between yeast and human 3-hydroxy-3-methylglutaryl coenzyme A reductases, the rate-lim iting enzyme of sterol biosynthesis[J]. Molecular and Cellular Biology1, 1988, 8: 3797-3808.

[24] Lluch M A, Masferrer A, Arro M, et al. Molecular cloning and expression analysis of the mevalonate kinase gene from Arabidopsis thaliana[J]. Plant Molecular Biology, 2000, 42: 365-376.

[25] TSay Y H, Robinson G W. Cloning and characterization of ERG8, an essential gene of Saccharomyces cerevisiae that encodes phosphomevalonate kinase[J]. Molecular and Cellular Biology, 1991, 11: 620-631.

[26] Mc Garvey J D, Croteau R[J]. The Plant Cell, 1995, 7: 1015-1026.

[27] Wouters J, Oudjama Y, Ghosh S, Stalon V, Droogmans L, Oldfield E. Strueture and mechanism of action of isopentenyl Pyrophosphate-dimethylallyl pyrophosphate Isomerase[J]. Journal of the American Chemical Society, 2003, 125: 3198-3199.

[28] Dahua Chen, He Chunye, Guo Fengli. Expression of a chimeric farnesyl diphosphate synthase gene in *Artemisia annua* L. Transgenic plants via Agrobacterium tumefaciens-mediated transformation[J]. Plant Science, 2000, 155: 179-185.

[29] Rohmer M. Nat Prod Rep, 1999, 16: 565-574.

[30] Schwender J, Gemônden C, Lichten thaler HK [J]. Planta, 2001, 212: 146-423.

[31] Eisenreicha W, Bachera A, Arigonib D, et al[J]. Cell Mol Life Sci, 2004, 61: 1401-1426.

[32] Sprenger GA, SchÖrken U, Wiegert T, et al. Identification of at hiamin-dependent Synthase in Escherichia coli required for the formation of the 1-deoxy-D-xylulose 5-Phosphate precursor to isoprenoids, thiamin, and Pyridoxol[J]. The Proceedings of the National Academy of Sciences of the United States of America, 1997, 94: 12857-12862.

[33] Estévez J M, Cantero A, Reindl A, et al. 1-deoxy-D-xylulose-5-phosphate synthase, a limiting enzyme for plastidic isoprenoid biosynthesis in plants[J]. Journal of Biological Chemistry, 2001, 276: 22901-22909.

[34] Takahashi S, Kuzuyama T, Watanabe H, et al. 1-deoxy-D-xylulose 5-phosphate Reductoisomerase catalyzing the formation of 2-C-methyl-D-erythritol 4-phosphate in an alternative nonmevalonate pathway for terpenoid biosynthesis[J]. The Proceedings of the National Academy of sciences of the United States of America, 1998, 95: 9879-9884.

[35] Rohdich F, Wungsintaweekul J, Eisenreich W, et al. Biosynthesis of terpenoids: 4-diphosphocytidyl-2C-methyl-D-erythritol synthase of *Arabidopsis thaliana*[J]. The Proceedings of the National Academy of Sciences of the United States of America, 2000, 97: 6451-6456.

[36] Steinbacher S, Kaiser J, Eisenreich W, et al. Structural basis of fosmidomycin action Revealed by the complex with 2-C-methyl-D-erythritol 4-phosphate synthase (IspC): Implications for the catalytic mechanism and anti-malaria drug development[J]. The journal of Biological Chemistry, 2003, 278: 18401-18407.

[37] Herz S, Wungsintaweekul J, Schuhr C A, et al. Biosynthesis oft erpenoids: YgbB protein converts 4-diphosphocytidyl-2C-methyl-D-erythritol 2-phosphate to 2C-methyl-D-erythritol 2, 4-cyclodiphosphate[J]. The proceedings of the Nationa lAcademy of Sciences of the United States of America, 2000, 97: 2486-2490.

[38] Baker J, Franklin D B, Parker J. Sequence and characterization of the gcpE gene of *Escherichia coli*[J]. FEMS Microbiology Letters, 1992, 73: 175-180.

[39] Cunningham F X, Gantt E. Identification of Multi-Gene Families EncodingIsopentenyl Diphosphate Isomerase in Plants by Heterologous Complementation in *Escherichia coli*[J]. PlantCell and Physiology, 2000, 41: 119-123.

[40] Schepmann H G, Pang J, Matsuda SPT. Cloning and characterization of *Ginkgo biloba* levopimaradiene synthase, which catalyzes the first committed step in ginkgo-lide biosynthesis[J]. Arch Biochem Biophys, 2001, 392: 263-269.

[41] Schwarz M, Arigoni D. Ginkgolide biosynthesis. In: Cane D (ed) Comprehensive natural product chemistry. Perg-amon, Oxford. S. Pietri, E. Maurelli, K. Drieu, M. Culcasi, J[J]. Mol. Cell. Cardiol, 1999, 29: 833.

[42] Kasahara H, Hanada A, Kuzuyama T, et al. Contribution of the mevalonate and methylerythritol phosphate pathways to the biosynthesis of gibberellins in Arabidopsis[J]. J Biol Chem, 2002, 277 (44) : 45188-45194.

[43] 张长波，孙红霞，巩中军，等. 植物萜类化合物的天然合成途径及其相关合酶[M]. 植物生理学通讯，2007, 43(4) : 779-786.

[44] Arigoni D, Sagner S, Latzel C, et al. Terpenoid biosynthesis from 1-deoxy-d-xylulose in higher plants by intramolecular skeletal rearrangement[J]. Proc Natl Acad Sci USA, 1997, 94 (20): 10600-10605.

[45] Liao Z H, Chen M, Gong Y F, et al. Isoprenoid biosynthesis in plants: pathways, genes, regulation and metabolic engineering[J]. Bio Sci, 2006, 6(1) : 209-219.

[46] Bach T. Hydroxymethylglutaryl-CoA reductase, a key enzyme in phytosterol synthesis[J], Lipids, 1986, 21 (1): 82-88.

[47] Sheng G, Pang Y, Wu W, et al. Cloning and characterization of a root specific expressing gene encoding 3-hydroxy-3-methylg lutaryl coenzyme A reductase from *Ginkgo biloba*[J] . Mol Biol Rep, 2006, 33: 117-127.

[48] Sprenger G A, SchÖrken U, Wiegert T, et al. Identification of a thiamin-dependent synthase in Escherichia coli required for the formation of the 1-deoxy-D-xylulose-5-phosphate precursor to isoprenoids, thiamin, and pyridoxol[J]. Proc Natl Acad Sci USA, 94(24): 12857-12862.

[49] Gong Y, Liao Z, Guo B, et al. Molecular cloning and expression profile analysis of *Ginkgo biloba* DXS gene encoding 1-Deoxy-D-xylulose 5-Phosphate Synthase, the first committed enzyme of the 2-C-Methy-lD-erythritol 4-Phosphate Pathway[J]. Planta med, 2006, 72: 329-335.

[50] Markus L B, Ruja T, Martin W, Croteau R. Isoprenoid biosynthesis: The evolution of two ancient and distinct pathways across genomes[J]. Proc Natl Acad Sci USA, 2000, 97: 13172-13177.

[51] Kim S M, Kuzuyama T, Chang Y J, et al. Dentification of Class 2 1-Deoxy-D-xylulose 5-Phosphate Synthase and 1-Deoxy-D-xylulose 5-Phosphate Reductoisomerase genes from *Ginkgo biloba* and their transcription in embryo cuturewith respect to ginkgolide biosynthesis[J]. Plantamed, 2006a, 72: 234-2401.

[52] SzkoPinska A, Ploehoeka D. Famesyl diphosphate synthase; regulation of product specificity[J]. Acta Biochimica Polonica, 2005, 52(1): 45-55.

[53] Song L, Poulter C D. Yeast fanesyl-diphosphate synthase: site-directed mutagenesis of residues in highly conserved prenyltransferase domains IandΠ[J]. Proc Natl Acad Sci USA, 1994, 91: 3044-3048.

[54] Daudonnet S, Karst F, Tourte Y. Expression of the farnesyl diphosphate synthase of Saccharomyces cerevisiae in tabacco[J]. Molecular Breeding, 1997, 3: 137-145.

[55] Wang P, Liao Z H, Guo L, et al. Cloning and functional analysis of a cDNA encoding *Ginkgo biloba* farnesyl diphosphate synthase[J]. Mol. Cells, 18(2): 150-156.

[56] Okada K, Saito T, Nakagawa T. Five geranylgeranyl diphosphate synthases expressed in different organs are localized into three subcellular compartments in Arabidopsis[J]. Plant Physiology, 2000, 122: 1045-1056.

[57] Liao Z, Chen M, Gong Y, et al. A new geranylgeranyl diphosphate synthase gene from *Ginkgo biloba*, which intermediates the biosynthesis of the key precursor for ginkgolides [J]. DNA Sequence-The Journal of Sequencing and Mapping, 2004, 15(2): 153-158.

[58] Lange B M, Ghassemian M. Genome organization in Arabidopsis thaliana: a survey for genes involved in isoprenoid and chlorophyll metabolism[J]. Plant Mol Biol , 2003, 51: 925-948.

[59] Carrier D J, Archambault J, van der Heijden R, et al. Formation of terpenoid products in *Ginkgo biloba* L. cul-tivated cells[J]. Plant Cell Rep , 1996, 15: 888-891.

[60] Kang S M, Min J Y, Kim Y D, et al. Effect of supple-menting terpenoid biosynthetic precursors on the accumulation of bilobalide and ginkgolides in *Ginkgo biloba* cell cultures[J]. J Biotechnol , 2006a, 123: 85-92.

[61] Penuelas J, Munne '-Bosch S. Isoprenoids: an evolutionary pool for photoprotection[J]. Trends Plant Sci, 2005, 10: 166-169.

[62] Dewick P M. Medicinal natural products: a biosynthetic approach[J]. Wiley, England, 2009.

[63] Huh H, Staba E J. Ontogenic aspects of ginkgolide pro-duction in *Ginkgo biloba*[J] . Planta Med, 1993, 59: 232-239.

[64] Cartayrade A, Neau E, Sohier C, et al. Biosynthese de ginkgolide et bilobalide chez *Ginkgo biloba* . 1. Sites de synthese, translocation et accumulation de ginkgolides et bilobalide[J]. Plant Physiol Biochem, 1997, 35: 859-868.

[65] Neau E, Cartayrade A, Balz J P, et al. Biosynthese de ginkgolide et de bilobalide chez *Ginkgo biloba*. 2. Identi-fication d' un compose intermediaire possible par utilisa-tion d' inhibiteurs d' oxygenases dependantes du cytochrome P-450[J]. Plant Physiol Biochem, 1997, 35: 869-879.

[66] Kim J H, Lee K I, Chang Y J, et al. Developmental pattern of *Ginkgo biloba* levopimaradiene synthase (GbLPS) as probed by promoter analysis in Arabidopsis thaliana[J]. Plant Cell Rep, 2012, 31: 1119-1127.

[67] Gong Y, Liao Z, Chen M, et al. Molecular cloning and characterization of a 1-deoxy-D-xylulose 5-phosphate re-ductoisomerase gene from *Ginkgo biloba*[J]. DNA Seq , 2005, 16: 111-120.

[68] Kim S M, Kuzuyama T, Chang Y J, et al. Cloning and functional characterization of 2-C-methyl-D-erythritol 4-phosphate cytidyltransferase (GbMECT) gene from *Ginkgo biloba* [J] . Phytochemistry, 2006b, 67: 1435-1441.

[69] Kim S M, Kim Y B, Kuzuyama T, et al. Two copies of 4-(cytidine 5 0-diphospho)-2-C-methyl-D-erythritol kinase (CMK) gene in *Ginkgo biloba*: molecular cloning and functional characterization[J]. Planta, 2008a, 228: 941-950.

[70] Gao S, Lin J, Liu X, et al. Molecular cloning, character-ization and functional analysis of a 2C-methyl-D-erythri-tol 2, 4-cyclodiphosphate synthase gene from *Ginkgo biloba*[J] . J Biochem Mol Biol, 2006, 39: 502-510.

[71] Kim S M, Kim S U. Characterization of 1-hydroxy-2-methyl-2-(E)-butenyl-4-diphosphate synthase (HDS) gene from *Ginkgo biloba* [J]. Mol Biol Rep, 2010, 37: 973-979.

[72] Kim S M, Kuzuyama T, Kobayashi A. 1-Hydroxy-2-methyl-2-(E)-butenyl 4-diphosphate reductase (IDS) is encoded by multicopy genes in gymnosperms *Ginkgo biloba* and Pinus taeda[J] . Planta, 2008b, 227: 287-298.

[73] Wang W, Chen M, Yang Chunxian, et al. The geranylgeranyl pyrophosphate synthase gene from *Ginkgo biloba*: cloning, characterization and functional identification[J]. African Journal of Biotechnology, 2009, 8(7): 1203-1210.

[74] Schepmann H G, Pang J, Matsuda SPT. Cloning and characterization of *Ginkgo biloba* levopimaradiene synthase, which catalyzes the first committed step in ginkgolide biosynthesis[J]. Archives of Biochemistry and Biophysics, 2001, 392(2): 263-269.

[75] Kim J H, Lee K I, Chang Y J, et al. Developmental pattern of *Ginkgo biloba* levopimaradiene synthase (GbLPS) as probed by promoter analysis in Arabidopsis thaliana[J]. Plant Cell Rep, 2012, 31: 1119-1127.

[76] PangY, Shen G, Bergesc T, et al. Molecular cloning characterization and heterologous expression in Saccharomyces cerevisiae of a mevalonate diphosphate decarboxylase cDNA from *Ginkgo biloba*[J]. Physiologia Plantarum, 2006, 127: 19-27.

银杏 *MECT* 基因启动子克隆及序列分析*

程　华[1,2]　袁红慧[1,2]　李琳玲[1,2]　廖咏玲[1]　程水源[1,2]①

([1]经济林木种质改良与资源综合利用湖北省重点实验室，湖北黄冈　438000；
[2]黄冈师范学院化学与生命科学学院，湖北黄冈　438000)

摘要： 为更深入研究银杏 *MECT* 基因启动子的结构及功能特点，以前期获得的银杏 *MECT* 基因的 cDNA 序列为模板，通过设计特异性引物及采用染色体步移方法从银杏基因组中克隆到 *GbMECT* 翻译起始位点上游 982bp 的启动子序列。生物信息学分析表明，该启动子序列中含有多种类型的顺式作用元件，主要有典型的光响应调节元件、激素响应调控元件及抗病虫害响应元件 TGTCA 序列，抗损伤应答元件 ERF3(TGACY)和高温胁迫应答元件 HSE-motif(CCAAT)等与抗逆境胁迫相关的调节元件。此外，在该启动子片段中还含有氧胁迫和铜离子响应元件、淀粉酶响应元件等其他类型的作用元件，充分体现了启动子对基因表达调控具有转录水平上的高效性和复杂性的特点。

关键词： 银杏；染色体步移；2-C-甲基-D-赤藓醇-4-磷酸胱氨酰转移酶基因；调控元件

Clongingand Sequence Analysis of *MECT* Gene Promoter from *Ginkgo biloba* L.*

Cheng Hua[1,2]　Yuan Honghui[1,2]　Li Linling[1,2]　Liao Yongling[1]　Cheng Shuiyuan[1,2]①

([1]*Economic Forest Germplasm Improvement and Comprehensive Utilization of Resources of Hubei Key Laboratories*, *Huanggang Hubei* 438000, *China*;
[2]*Huanggang Normal University*, *College of Chemistry and life science*, *Huanggang Hubei* 438000, *China*)

Abstract: In order to learn more about the substructure and function of the *GbMECT*, we designed primers according to the cDNA sequence of *MECT* gene and obtained *MECT* gene promoter from tall fescue genomic DNA by genome walking. Software splicing and sequence analysis revealed that the *GbMECPs* promoter region is 982bp long and containe several kinds of elements, including some typical light-regulated elements, hormone-regulated elements that response to auxin, gibberellin, ethephon, cytokinins and abscisic acid, and the disease resistance element TGTCA、the wounding response element ERF3(TGACY)、the heat stress responsiveness element HSE-motif(CCAAT) that are related to plant stress responses. In addition, there

---

* 基金项目：国家自然科学基金项目(30971974，31270717)；湖北省自然科学基金创新群体项目(2011CDA117)。①通讯作者：程水源(1965—)，男，教授，博士生导师，现从事经济林种质资源评价与利用方面研究。E-mail：s_y_cheng@sina.com。

are some other types like copper-response elements, amylase elemnts and so on. Theses characteristics fully shows the efficiency and the complexity of gene promoter regulation at the transcription level.

Key words: *Ginkgo biloba*; Genome walking; *MECT*; Regulatory elements

在银杏萜内酯合成的 MEP 途径中，*MECT*（2-*C*-methyl-D-erythritol 4-phosphate Cytidyltransferase, MEP cytidyltransferase）是其第三步反应的催化酶，催化 2-C-甲基-D-赤藓醇-4-磷酸（2-C-methyl-D-erythritol-4-ohosphate, MEP）形成 4-（胞苷 5-焦磷酸）-2C-甲基赤藓糖［4-（cytidine 5-diphospho）-2C-methyl-D-erythritol, CDP-ME］，并最终形成合成萜内酯的前体物质，因此 *MECT* 是调控萜类物质合成的一个关键酶。目前，已经从银杏（*Ginkgo biloba*）[1]、拟南芥（*Arabidopsis thaliana*）[2]、玉米（*Zea mays*）[3]、番茄（*Lycopersicon esculentum*）[4]、水稻（*Oryza sativa*）[5]、大豆（*Glycine max*）[6]、火炬松（*Pinus taeda*）[7]等多种植物中克隆了 *MECT* 基因。

Sang-Min Kim 等[1]从银杏胚根中克隆得到 *MECT* 基因的 cDNA 序列全长为 1411bp，包含有 984bp 的开放读码框，编码长度为 327 个氨基酸残基的蛋白质，预测分子质量为 36.3 kDa，等电点为 9.08。在 DNA 水平上，银杏 *MECT* 与拟南芥和水稻 *MECT* 基因相似度分别达到 70.7% 和 70.2%。尽管已从多种植物中获得 *MECT* 基因 cDNA 序列，但目前关于该基因启动子表达调控方面的研究报道较少，尤其是对基因启动子的基本结构和功能分析需进一步的探究。本实验中通过染色体步移法克隆 *GbMECT* 基因的启动子，初步分析该启动子所含的调节元件和作用特点，为启动子下一步的功能分析提供可靠依据。

1 材料及试剂

1.1 实验材料

银杏幼叶采自黄冈师范学院银杏苗圃园，品种为‘家佛手’14 年生实生苗。采后自封袋封装，于 -80℃冰箱中冷冻保存。实验所用的大肠杆菌（*Escherichia coli*）菌株 Top10 为本实验室保存。

1.2 酶与分子生物学试剂

各种限制性内切酶、*Ex*TaqDNA 聚合酶、PCR 产物克隆载体 pMD18-T Vector、dNTP、DL2000、T_4 DNApolymerase 和 T_4 DNALigase 均购自大连宝生物工程有限公司；DNA 回收试剂盒为 Axygen 公司产品。各种寡核苷酸序列由上海生物工程有限公司合成。

2 试验方法

2.1 银杏 DNA 提取

采用改良的 CTAB 法[8]大量提取银杏基因组 DNA。

2.2 基因组酶切与连接

用平末端限制酶 *EcoR* Ⅴ、*Dra* Ⅰ、*Ssp* Ⅰ、*Pvu* Ⅱ、*Stu* Ⅰ、*Hpa* Ⅰ、*Sca* Ⅰ和 *Sma* Ⅰ分别进行单酶切，37℃酶切过夜（8h），各取 5μL 用 0.8% 的琼脂糖电泳检测是否酶切完全，酶切产物分别纯化回收；回收后与各自的接头连接，体积为 50μL。连接反应体系为：DNA 酶切产物（模板）30μL、T_4 DNA Ligase Buffer（10×）5μL、Adaptor 10μL、T_4 DNA Ligase 3μL、

ddH_2O 2μL，反应程序为：16℃连接12h。

2.3　引物设计及染色体步移扩增

根据Genebank提交的*GbMECT*基因cDNA序列(Accession NO. DQ102360)分别设计引物MT1、MT2(见表1)，与两个接头引物AP1、AP2形成巢式引物，进行第一次步移扩增。Genome Walking至少要经过2轮反应。第1轮PCR扩增反应体系为：连接产物（模板）3μL、PrimerSTAR Buffer（5×）6μL、dNTP（10mM）2μL、AP1（10mM）1μL、MT1（10mM）1μL、PrimerSTAR HS DNA polymerase 0.25μL、ddH_2O 17μL，反应程序：94℃预变性4min；98℃变性15s；68℃退火2min；35个循环；68℃延伸10min。

第一轮反应的PCR产物稀释50倍后作为第二轮PCR反应的模板，引物为AP2和MT2，进行第二轮扩增。第2轮PCR扩增反应体系为：第1轮PCR产物（模板）3μL、PCR Buffer（10×）5μL、dNTP（10mM）4μL、AP2（10mM）1.5μL、MT2（10mM）1.5μL、*Ex*TaqDNA酶0.25μL、ddH_2O 34.5μL，反应程序：94℃预变性4min；94℃变性30s；58℃退火40s；72℃延伸1min；35个循环；72℃延伸10min。将得到的目的片段连接到pMD18-T载体送出测序。根据第一次扩增的启动子序列继续设计了引物MT3、MT4(见表1)进行延长扩增，即为第二次步移。

表1　银杏*MECT*基因步移引物序列

Tab.1　The genomewalker and analysis primers of *GbMECT*

引物名称	编号	序列
接头引物	AP1	GTAATACGACTCACTATAGGGC
	AP2	ACTATAGGGCACGCGTGGT
步移引物	MT1	GTGAGGAGACAATGAACTGGGAAC
	MT2	CTGGGAACGGTGTTACATGCTA
	MT3	CATCGTCATCATCTTCATAGACTTCGGC
	MT4	TAAGGACAATAGGAGGAAAAGTA
全长引物	MECT1	AATGCTTGTAGACTCTTCTTCTACTTTCC
	MECT2	ATGTCATGTCATTTGAGACTTACG

2.4　目的片段回收、片段与载体连接、转化及测序

琼脂糖电泳检测扩增结果，采用胶回收试剂盒回收所需的目的片段。所用的T载体为pMD18-T Vector与回收片段连接，并转化大肠杆菌进行鉴定和筛选，将含有目的基因重组子的菌株送往测序公司测序。

2.5　生物信息学分析

用DNAMAN等生物学软件对序列进行处理，然后将测序获得的启动子序列提交PLACE（http：//www. dna. affrc. go. jp/PLACE/）进行在线分析，预测启动子序列保守区域中潜在的顺式作用元件。通过McPromote预测其转录起始位点。

3　结果与讨论

3.1　银杏基因组DNA提取

采用改良的CTAB方法提取银杏叶片基因组DNA，并电泳检测(图1)。结果显示：基因组DNA条带亮度比较大，纯化效果较好，无明显拖尾现象，可进行下一步的实验。

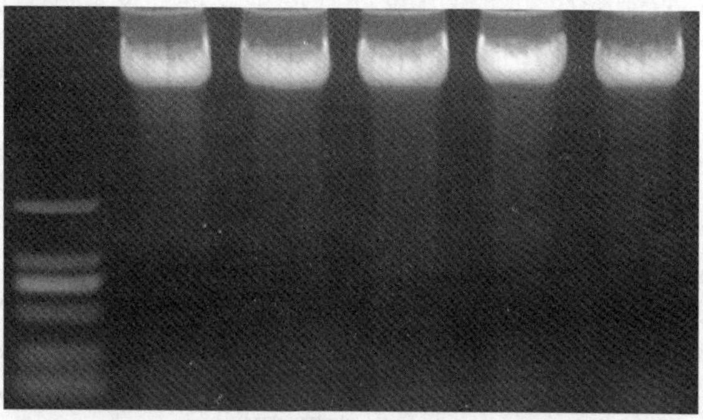

图1 银杏基因组 DNA 提取效果电泳图

Fig. 1 Electrophoresis of *Ginkgo biloba* genomic DNA

3.2 银杏 *MECT* 基因启动子序列克隆及验证

将银杏基因组用8个平末端限制性内切酶(*EcoR*Ⅴ、*Dra*Ⅰ、*Ssp*Ⅰ、*Pvu*Ⅱ、*Stu*Ⅰ、*Hpa*Ⅰ、*Sca*Ⅰ和*Sma*Ⅰ)分别进行消化，酶切产物加上接头后作为模板与表2-1中的特异性引物一起进行步移扩增，经2轮PCR后，电泳检测结果如图2所示，在*Sca*Ⅰ的酶切体系中得到了500bp左右的PCR产物，将产物回收并测序。在第一次步移得到的上游启动子序列(图2，A)的5′端设计两个下游引物，继续进行第二次步移扩增，图2B即为第二次扩增结果。将2次步移的产物在Vector NTI中进行序列拼接比对，得到了长982bp的目的片段，通过分析比较证实该片段3′端序列与*MECT*基因cDNA序列的5′端部分片段重合一致，说明获得的序列确为银杏*MECT*基因上游启动子的部分片段。

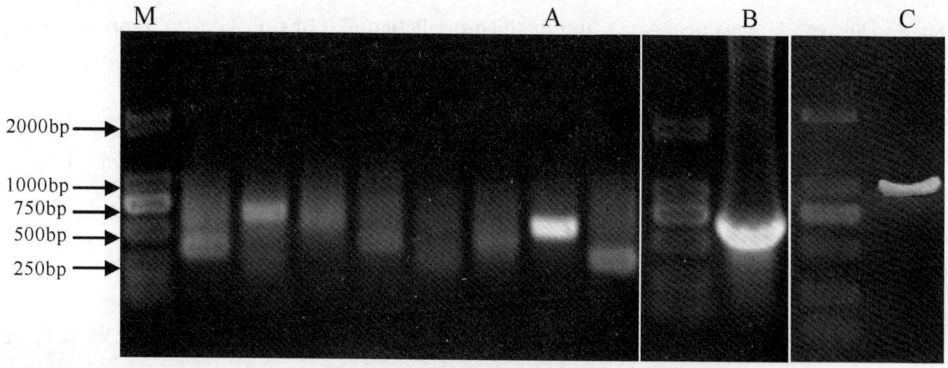

图2 银杏 *MECT* 基因启动子步移产物

M：DNA marker；A：第一次步移产物；B：第二次步移产物；C：全长 *MECT* 扩增产物

Fig. 2 The Genome Walking products of *GbMECT* promoter

M：DNA marker；A：The first time amplification of genomewalker；

B：The Second time amplification；C：Full length amplification of *MECT*

3.3 *GbMECT* 基因启动子区域序列的生物信息学分析

*GbMECT*基因启动子序列(图3)，通过McPromote预测其转录起始位点可能为位于982bp处的碱基A，将此位点标记为+1。TATA box位于上游-106bp处，CAAT box位于-150bp处，该启动子序列上含有多种对光照、干旱、伤害、金属离子和细胞周期诱导响应的启动子元件，也含有一些组织特异性启动子元件，依据PLACE database（http：//

www. dna. affrc. go. jp/PLACE/)分析结果已将部分作用元件在图示中进行了标记。

```
                                                                       UP-regulation
   1  CGACGG CCCGGG CTGGTA AACCCC CAAGAA ACTTAT GTATCA TTTTGT CATTCA GTTCTT
  61  AGATAT CCAACT AAATTA TTAGGT CTTGAT ACTCTT CATAAA AGTCTT TTAGAC TTTTCC
                            Heat shock-element       ARR1-binding element
 121  CTTGCC CTTATT TTAGAT GATGCC AATTGA AGAAAA GTTGAT TTCAT ATCCAA GAGGAT
      Box I         GARE
 181  AGAAAT ATTTTC TCAACT CCTTGA AATCAC TCCAAG AAGTGA TCGATA ATTGTC CTTCTT
             W-box
 241  GTTCTC TGACCT TGCAAA ATGATT CCAACC ACAATA GTTCTT TTTGCC CCATCT TCAACC
      GARE                     MYC recognition site
 301  TAACAA GCATTA CCCTTT GCTCAT ATGTGC ATGCCT GACAAG AAAAAT ATACCT CTAATG
                                        AMYBOX2
 361  CCTGAA TCCAAG TCTCTA AAGATT TTTTAT CCATTC TTCCCT TAAACA CCTTAA TTTCTA
 421  CCTTGG ACTCTA CTTGAA ATGGAT TCTAAA CCATAG GTATCT GTGTTA ATGAAG AACCTA
                    root motif
 481  TAAGAG GTGGAA CCATAT TCTGTG AAGAAA AACTAA AATTAA AAGGAG TAGGAT TTGGTT
                                  Cooper-response element
 541  TCTCTA CCATAG GAGGAG TTGTTG TCTGTA CTACAC TCAATG ATGAAA GTTGAG TTTGCA
                                      ABRE
 601  TATGTT GCATGA GGGTCA ACATCA CTCCAA ATGCTT GTAGAC TCTTCT TCTACT TTTCCT
                                                                     GT-1 motif
 661  CCTATT GTCCTT AATTGA TTAAAA TATTAG TAAAAT GCTAAA ACTAAC TCTCCT TGAAAA
                                                     GATA-box
 721  AAGGTA AACGCC TCCATT TAAAGA TAATAC GCACTA ATAGAT ATTTAA TATTAG TAACTC
                                              CAAT-box
 781  AATTTT GCAAGT TTTGCG TTATAT TACTAC AACAAT TGTGCA TATTGA TTGAAT GCACTA
                         TATA-box
 841  ATAGAT ATTTAA TATCTA TAACTC ATGTTG CCAAGT TTTATG TTCCAT TATCAT GATTTT
           W-box                    ASF1-motif
 901  TGTATGACGCCGAAGTCT ATGAAG ATGATG ACGATG ATGTAA GTGGAT CCAGTC ACAAGC
                                                  W-box
 961  AGTAGT TTTACAAGGATC TTAATT CGTAAG TCTCAA ATGACA TGACAT CCTCGC ACTTCC
                            +1
1021  TAAGCT TTAGAT GCTAGA CAGCTT AACAGA CATGGC ATTAGC ATGTAA CACCGT TCCCAG
```

图 3　银杏 *MECT* 基因启动子区域序列及预测转录因子结合位点

Fig. 3　Nucleotide sequence(part) and in silico prediction of TBFs of the *MECT* promoter region

3.3.1　光调控元件

分析发现 *GbMECT* 启动子序列含有多个与光调节相关的调控元件，其中含量丰富的 GATA-box（GATA）[9] 共 7 个，分别位于-920、-894、-804、-757、-239、-222 和-138bp 处，是光调节所必需的重要调节元件；GT-1 motif（GRWAAW）[10] 7 个，分别位于-967、-757、-640、-475、-266、-259 和-239bp 处，GT-1 motif 存在于许多光调节基因中，是 GT-1 转录因子结合的保守位点；另有 Inr element（YTCANTYY，-931 和-204bp）[11]、ASF-1motif（TGACG，-77 和-53bp）[12] 及 I-box（GATAA，-757 和-293bp）[10] 等均是与光调节有关的顺式元件（见表 2）。

表 2　与光调节相关的顺式作用元件

Tab. 2　Cis-acting element that relate to light-response

元件名称 Element name	银杏 *MECT* 启动子 Promoters of *GbMECT*							注释 Annotation
	1	2	3	4	5	6	7	
GATA-box	-920	-894	-804	-757	-239	-222	-138	光调节所需 Required for light-regulated
GT-1 motif	-967	-757	-640	-475	-266	-259	-239	许多光调节基因的 GT-1 保守结合位点 Consensus GT-1 binding site in manylight-regulated genes

（续）

元件名称 Element name	银杏 *MECT* 启动子 Promoters of *GbMECT*							注释 Annotation
	1	2	3	4	5	6	7	
Inr element	-931	-204						光响应转录；TATA 缺失启动子 Light-responsive transcription；TATA-less promoter
ASF-1motif	-77	-53						光调节元件 Light-regulated transcription
I-box	-757	-293						光调节 Light regulation

3.3.2 抗逆境胁迫及与激素响应相关的调控元件

从预测结果分析来看，有些启动子元件既是响应逆境胁迫的调节元件，同时也与激素调节相关，说明逆境胁迫与激素调节存在交叉作用，两者之间互相关联，体现了启动子作用元件之间的互作性和复杂性。在表3中有大量响应激素调节的顺式元件，与细胞分裂素相关的ARR1（NGATT）[13]分别位于-823、-722、-602、-541、-451、-306、-156和-88bp处，CPBCS-POR（TATTAG）[14]3个，是依赖细胞分裂素的蛋白质结合位点，分别位于-905、-297和-213bp处；与脱落酸响应相关的元件有MYC（CANNTG）[15]和MYB1AT（WAACCA，-534bp）[16]两种，其中MYC元件有7个，分别位于-838、-660、-383、-354、-169和+12bp处；该序列中响应赤霉素的顺式元件较多，其中WRKY-motif（TGAC）[17]是一种赤霉素信号途径的转录抑制子，此类型的调节元件共有6个，分别位于-735、-646、-77、-53、+16和+21bp处此外，还有TATCCA（-918、-814和-594bp）序列[18]、CAREs（CAACTC，-833bp）[19]、GARE（TAACAGA，+62bp）[19]和GA-element（TAACAAR，-681bp）[20]；另有两种与生长素作用相关的元件ASF-1motif（TGACG，-77和-53bp）[21]，CATATG序列（-660和-383bp）[22]；与乙烯作用相关的元件仅一种ACS（TAAAATAT，-602bp）[23]。响应逆境胁迫的元件有：抗病元件TGTCA（-936bp）[24]、抗损伤元件ERF3（TGACY，-735bp）[25]、高温胁迫应答元件HSE-motif（CCAAT，-893bp）[26]及防卫基因的诱导元件W-box（CTGACY，-735bp）[27]。

表3 抗逆境胁迫及与激素响应相关的顺式元件

Tab. 3 Cis-acting element that relate to phytohormone responese and plant stress respons

元件名称 Element name	银杏 *MECT* 启动子 Promoters of *GbMECT*								注释 Annotation
	1	2	3	4	5	6	7	8	
ARR1-binding element	-823	-722	-602	-541	-451	-306	-156	-88	细胞分裂素调节的转录因子 The cytokinin-regulated transcription factor
MYC	-838	-660	-383	-354	-169	+12			AB13 和脱落酸响应的转录调节因子 Transcriptional regulation of ABI3 and ABA-responsive genes

（续）

元件名称 Element name	银杏 *MECT* 启动子 Promoters of *GbMECT*								注释 Annotation
	1	2	3	4	5	6	7	8	
WRKY motif	-735	-646	-77	-53	+16	+21			赤霉素信号途径的转录抑制子 A transcriptional repressor of the gibberellin signaling pathway
CPBCSPOR	-905	-297	-213						依靠细胞分裂素的蛋白结合位点 Cytokinin-Dependent Protein Binding
TATCCA-element	-918	-814	-594						赤霉素响应元件 The Gibberellin Response Element
ASF-1motif	-77	-53							生长素，水杨酸，抗病 Auxin；Salicylic acid；Disease resistance
CATATG	-660	383							与生长素响应相关 Involved in auxin responsiveness
TGTCA	-936								抗病响应 Disease resistance responses
CAREs	-833								赤霉素上调蛋白表达 Gibberellin-upregulated proteinase expression
GARE	+62								赤霉素响应元件 Gibberellin-responsive element
GA-element	-681								赤霉素生长和响应 Gibberellin biosynthesis and response
MYB1AT	-534								脱落酸和脱水响应 ABA and dehydration-responsive
ACS	-602								半胱氨酸蛋白酶和乙烯 Cysteine protease and ethylene
W-box	-736								防御基因的诱导转录 Elicitor-respsonsive transcription of defense genes
ERF3	-735								抗损伤相关 Wounding resistance
HSE-motif	-893								热激响应元件 Heat shock element

3.3.3 其他类型调控元件

除对光、激素及逆境胁迫相关的元件外，*GbMECT* 启动子序列中还存在以下特异性元件：根组织特异性元件 rolD（ATATT）[28] 8 个，分别位于-797、-487、-298、-221、-214、-181、-160 和-137bp 处；与苯丙氨酸和木质素代谢相关的元件 MYBPLANT（MACCWAMC，-685bp）[29]；受糖抑制作用的元件 SRE（TTATCC）[30] 位于-595bp 处；氧胁迫和铜离子响应元件 CuRE（GTAC）[31] 位于-414bp 处；淀粉酶响应元件 amylase-box（TATCCAT，-594bp）[32] 等，具体介绍见表 4。

表4 其他类型调控元件

Tab. 4 Other types of the Cis-acting elemens

元件名称 Element name	银杏 *MECT* 启动子 Promoters of *GbMECT*								注释 Annotation
	1	2	3	4	5	6	7	8	
rolD	-797	-487	-298	-221	-214	-181	-160	-137	根，组织特异性 Root; Organ specificity
RAV1	-365	-172							特殊的DNA结合区域 Distinct DNA-binding domains
GTGA motif	-763	-480							顺式调节元件 Cis-regulatory elements
MYBPLANT	-685								调节苯丙氨酸和木质素的合成 Regulate phenylpropanoid and lignin biosynthesis
SRE	-595								糖抑制元件 Sugar-repressive element
CuRE	-414								铜离子响应元件 Copper-response element
amylase-box	-594								顺式元件，淀粉酶元件 Cis-elements, amylase element
Box II	-803								重要的序列元件 Essential sequence elements

4 结果与分析

本实验通过设计特异性引物，采用染色体步移的方法克隆了 *MECT* 基因翻译起始位点上游982bp的启动子序列，对其调控区域进行了生物信息学分析。结果表明，在其启动子序列中含有多种类型的顺式作用元件，包括光响应元件、各种激素响应元件及与逆境胁迫相关的抗病虫害、抗损伤、抗干旱等应答元件，这些丰富的作用元件充分体现了基因的表达与环境刺激之间的作用关系，对萜内酯合成的分子机理的探讨具有一定的帮助。实验的后续工作是通过构建植物表达载体，进行启动子功能研究，由于实验工作量较大，有待于以后完成。

银杏萜内酯研究受到国内外学者的广泛关注，到目前为止，与银杏萜内酯合成相关的十多种酶基因都已克隆并进行了表达分析。*GbMECT* 基因是由韩国的 Sang-Min Kim 教授于2006年克隆并获得其基因 cDNA 序列，*MECT* 是萜内酯合成过程中的一个关键酶基因，该酶的释放与表达是受基因严格调控的，而启动子则是调控的重要顺式元件，从启动子水平上研究这个基因的表达特点对于深入研究萜内酯合成的机理具有重要意义。鉴于目前该基因启动子的研究报道较少，因此，选择 *MECT* 基因的启动子作为研究对象。

关于 *MECT* 基因启动子的序列分析。对于植物基因启动子的研究通常采用的方法是染色体步移法，通过已知基因的 cDNA 序列设计特异性引物，经过两轮 PCR 扩增，回收目的片段、测序，即可得到启动子片段，这种技术的快速发展使得大量的植物基因启动子被分离和克隆，并发现和鉴定了各种类型的植物顺式作用元件。依据这些作用元件建立了植物基因启动子顺式作用元件数据库及各种启动子分析软件，目前启动子的序列分析主要依靠这些分析工具来完成。

分析结果发现：*GbMECT* 基因启动子中含有光响应元件 GATA-box（GATA）、GT-1 motif（GRWAAW）及 I-box（GATAA）等，其中 GATA-box（GATA）是捕光叶绿素 a/b 蛋白复合体基因（*cab*）中大量存在的一种光应答元件，*cab* 即是一种典型的光依赖型基因。通常 GATA-box（GATA）作为一种光开关（light switches）存在于植物基因启动子中。GT-1 motif（GRWAAW）存在于某些光诱导启动子中，但也可在不显示光效应的启动子中存在，并且在某些光诱导启动子中，将 GT-1 motif 缺失也不会完全丧失光调节特性。因此，GT-1 motif 在光调节表达中可能是必需的。I-box 是光调节所必需的调控元件，若缺失或突变都会导致启动子光诱导能力下降，在许多植物基因如水稻 *Osrbcs* 基因[33]、番茄 *PSY* 基因[34]、豌豆 *rbcS* 基因[35]启动子中都存在。

在 *GbMECT* 基因启动子中还含有各种激素响应元件，与细胞分裂素相关的 ARR1（NGATT）元件在作用过程中能与转录因子 ARR1 结合，是植物对细胞分裂素的应答调节因子[36]。脱落酸响应相关的元件 MYC（CANNTG）、MYB1AT（WAACCA）也与逆境胁迫诱导相关，推测当植物处于脱水、干旱等逆境胁迫条件下时，MYB、MYC 可作为转录因子结合位点以某种方式促进脱落酸等植物内源激素的合成，通过落叶、促进休眠等方式减少养分和水分的消耗，以起到抗胁迫的作用，维持植物的正常生命活动。由此也可以发现许多响应逆境胁迫的元件，同时也是某些激素的响应元件，如 ASF-1motif（TGACG）既是生长素的应答元件同时也一个抗病害的响应元件。该启动子中还含有高温胁迫应答元件 HSE-motif（CCAAT），这类热诱导启动子对刺激产生响应的延迟时间短、活性强，一般能快速对高温胁迫作出反应[37]。

总结序列分析的预测结果，银杏 *MECT* 基因启动子序列中含有许多重要的顺式作用元件，通过对各种类型元件的作用特点进行分析可以帮助我们了解影响其作用的因素，从而对萜内酯合成的影响因素也可以有初步的判定，为后面的启动子的功能分析也提供了有效信息。

参考文献

[1] Kim S M, Kuzuyama T, Chang Y J, et al. Cloning and functional characterization of 2-C-methyl-d-erythritol 4-phosphate cytidyltransferase（GbMECT）gene from *Ginkgo biloba*[J]. Phytochemistry, 2006, 67（14）: 1435-1441.

[2] Okada K, Kawaide H, Kuzuyama T, et al. Antisense and chemical suppression of the nonm-evalonate pathway affects ent-kaurene bio-synthesis in *Arabidopsis*[J]. Planta, 2002, 215: 339-344.

[3] Collura K, Wissotski M, Campos D, et al. Maize Full-length cDNA Project. Unpublished, 2005.

[4] Vander Hoeven R, Bezzeredes J, Matern A, et al. Generation of ESTs from tomato flower tissue, 0-3 mm buds. Unpublished, 1999.

[5] Yu J, Wang J, Lin W, et al. The Genomes of Oryza sativa: A History of Duplications[J]. Plos Biol, 2005, 3, E38-E42.

[6] Shoemaker R, Keim P, Vodkin L, et al. Public Soybean EST Project. Unpublished, 1999.

[7] Cairney J, Zheng L, Cowles A, et al. Expressed Sequence Tags from loblolly pine embryos reveal similarities with angiosperm embryogenesis Plant Mol[J]. Biol, 2006, 62（4-5）: 485-501.

[8] 魏春红，李毅. 植物总 DNA 的提取[M]. 现代分子生物学实验. 北京：高等教育出版社，2006.

[9] Gilmartin P M, Sarokin L, Memelink J, Chua N H. Molecular light switches for plant genes[J]. Plant Cell, 1990, 2(5): 369-378.

[10] Terzaghi W B, Cashmore A R. Light-regulated transcription Annu Rev Plant Physiol[J]. Plant Mol Biol, 1995, 46: 445-474.

[11] Nakamura M, Tsunoda T, Obokata J. Photosynthesis nuclear genes generally lack TATA-boxes: a tobacco photosystem I gene responds to light through an initiater[J]. Plant J, 2002, 29: 1-10.

[12] Jiao Y, Lau O S, Deng X W. Light-regulated transcriptional networks in higher plants[J]. Nature Reviews Genetics, 2007, 8(3): 217-230.

[13] Ross E J, Stone J M, Elowsky C G, Peter R A, Klucas RV. Activation of the Oryza sativa non-symbiotic haemoglobin-2 promoter by the cytokinin-regulated transcription factor, ARR1[J]. J Exp Bot, 2004, 55(403): 1721-1731.

[14] Fusada N, Masuda T, Kuroda H, Shimada H, Ohta H, Takamiya K. Identification of a Novel Cis-Element Exhibiting Cytokinin-Dependent Protein Binding in Vitro in the 5'-region of NADPH-Protochlorophyllide Oxidoreductase Gene in Cucumber[J]. Plant Mol Biol, 2005, 59(4): 631-645.

[15] Chinnusamy V, Schumaker K, Zhu J K. Molecular genetic perspe-ctives on cross-talk and specificity in abiotic stress signalling in plants[J]. J Exp Bot, 2004, 55: 225-236.

[16] Abe H, Urao T, Ito T, Seki M, et al. Arabidopsis AtMYC2 (bHLH) and AtMYB2 (MYB) function as transcriptional activators in abscisic acid signaling[J]. Plant Cell, 2003, 15: 63-78.

[17] Zhang Z L, Xie Z, Zou X, Casaretto J, David T H, Shen QX. A rice WRKY gene encodes a transcriptional repressor of the gibberellin signaling pathway in aleurone cells[J]. Plant Physiol, 2004, 134(4): 1500-1513.

[18] Chen P W, Chiang C M, Tseng T H, et al. Interaction between Rice MYBGA and the Gibberellin Response Element Controls Tissue-Specific Sugar Sensitivity of alpha-Amylase Genes[J]. PLANT CELL, 2006, 18: 2326-2340.

[19] Sutoh K, Yamauchi D. Two cis-acting elements necessary and sufficient for gibberellin-upregulated proteinase expression in rice seeds[J]. Plant J, 2003, 34: 635-645.

[20] Ogawa M, Hanada A, Yamauchi Y, et al. Gibberellin biosynthesis and response during Arabidopsis seed germination[J]. Plant Cell, 2003, 15: 1591-1604.

[21] Klinedinst S, Pascuzzi P, Redman J, et al. A xenobiotic-stress-activated transcription factor and its cognate target genes are preferentially expressed in root tip meristems[J]. Plant Mol Biol, 2000, 42: 679-688.

[22] Xu N, Hagen G, Guilfoyle T. Multiple auxin response modules in the soybean SAUR 15A promoter[J]. Plant Sci, 1997, 126: 193-201.

[23] Matarasso N, Schuster S, Avni A. A novel plant cysteine protease has a dual function as a regulator of 1-aminocyclopropane-1-carboxylic Acid synthase gene expression[J]. Plant Cell. 2005, 17(4): 1205-1216.

[24] Luo H, Song F, Goodman R M, Zheng Z. Up-regulation of OsBIHD1, a rice gene encoding BELL homeodomain transcriptional factor, in disease resistance responses[J]. Plant Biol (Stuttg), 2005, 7: 459-468.

[25] Nishiuchi T, Shinshi H, Suzuki K. Rapid and transient activation of transcription of the ERF3 gene by wounding in tobacco leaves: Possible involvement of NtWRKYs and autorepression[J]. J Biol Chem, 2004, 279: 55355-55361.

[26] Rieping M, Schoffl F. Synergistic effect of upstream sequences, CCAAT box elements, and HSE sequences for enhanced expression of chimaeric heat shock genes in transgenic tobacco[J]. Mol Gen Genet, 1992, 231(2): 226-232.

[27] Yamamoto S, Nakano T, Suzuki K, et al. Elicitor-induced activation of transcription via W box-related cis-acting elements from a basic chitinase gene by WRKY transcription factors in tobacco[J]. Biochim Biophys Acta,

2004, 1679: 279-287.

[28] Elmayan T, Tepfer M. Evaluation in tobacco of the organ specificity and strength of the rol D promoter, domain A of the 35S promoter and the 35S^2[J]. Promoter. Transgenic Res, 1995, 4: 388-396.

[29] Tamagnone L, Merida A, Parr A, et al. The AmMYB308 and AmMYB330 transcription factors from antirrhinum regulate phenylpropanoid and lignin biosynthesis in transgenic tobacco[J]. Plant Cell, 1998, 10: 135-154.

[30] Tatematsu K, Ward S, Leyser O, et al. Identification of cis-elements that regulate gene expression during initiation of axillary bud outgrowth in Arabidopsis[J]. Plant Physiology, 2005, 138: 757-766.

[31] Quinn J M, Eriksson M, Moseley J L, et al. Oxygen deficiency responsive gene expression in Chlamydomonas reinhardtii through a copper-sensing signal transduction pathway[J]. Plant Physiol, 2002, 128: 463-471.

[32] Hwang Y S, Karrer EE, Thomas B R, et al. Three cis-elements required for rice alpha-amylase Amy3D expression during sugar starvation[J]. Plant Mol Biol, 1998, 36: 331-341.

[33] 黄海群. 水稻 rbcs 基因启动子的克隆、功能分析及应用[D]. 华中农业大学, 2006.

[34] 梁成伟, 赵方庆, 秦松等. 雨生红球藻八氢番茄红素合成酶基因的克隆及表征[J]. 生物化学与生物物理进展, 2006, 33(9): 854-860.

[35] 王旺田, 张金文, 刘玲玲, 等. rbcS 启动子的克隆及活性鉴定[J]. 甘肃农业大学学报, 2004, 39(3): 255-260.

[36] Kessler A, Baldwin T. Defensive function of herbivcre-induced plant volatile emission in nature[J]. Sience, 2001, 291: 2141-2144.

[37] 张毅, 尹辉, 李丹, 等. 植物环境响应启动子的诱导元件及转录因子[J]. 中国生物工程杂志, 2007, 27(7): 122-128.

利用 Solexa 测序技术发掘银杏 microRNA*

张　倩　邢世岩①　李际红　桑亚林
（山东农业大学林学院，山东泰安　271018）

摘要： microRNA（miRNA）主要是在转录后水平上通过介导靶基因 mRNA 的裂解或抑制翻译来调控生物基因的表达，在植物生长发育和胁迫响应等方面发挥着重要调控作用。本研究利用基于 Solexa 原理的小分子 RNA 深度测序技术，并结合生物信息学的方法对胚珠发生时期的银杏叶片中保守和预测 miRNA 类型、表达丰度及靶基因进行了分析。研究共发现隶属于 23 个 miRNA 家族的 80 个保守的 miRNA，其表达丰度在 1～338015 之间，其中包含一个可能为裸子植物特有的 miR1314。此外，还预测 6 条新 miRNA，其中 2 个为多基因座 miRNA。靶基因预测发现功能涉及转录调控、胁迫响应和信号转导等过程，为研究 miRNA 在银杏胚珠发生和发育过程中的调控机理奠定良好的基础。

关键词： 银杏；Solexa 高通量测序；miRNA；靶基因

Novel and Conserved MicroRNAs Identification by Solexa Sequencing in *Ginkgo biloba* L. *

Zhang Qian　Xing Shiyan①　Li Jihong　Sang Yalin
(*Colleage of Forestry, Shandong Agricultural University. Taian Shandong* 271018, *China*)

Abstract: microRNA (miRNA) plays a very important part in plant biological development and responsing to stress , which negatively regulates gene expression at the posttranscriptional level by targeting mRNAs for cleavage or repressing translation. Combined with bioinformatic method, the types along with abundance and targets of known and novel miRNAs in *Ginkgo biloba* L. were analyzed by small RNA deep sequencing technology, which was based on Solexa principium. The results indicated 80 conserved miRNA sequences belonging to 23 miRNA families, with abundance from 1 to 338015. Besides miR1314 may be one of the special gymnosperms miRNAs. In addition 6 new miRNAs were also predicted, two of which were loci miRNAs. Target gene prediction showed that they were involved in the following processes, such as transcription regulation, substance and energy metabolism and signal transduction. In conclusion, this research made a good foundation for miRNA regulation mechanism in the ovule occurrence and development process.

* 基金项目：国家教育部高等学校博士学科点专项科研基金（编号 20093702110009）；山东省自然科学基金（2009ZRB01182）。作者简介：张 倩（1987—）女，博士生。研究方向：林木种苗学。①通信作者：邢世岩（1959—）男，博士，教授。研究方向：林木种质资源保存与评价。E-mail：xingsy@ sdau. edu. cn。

Key words: *Ginkgo biloba* L.; Solexa sequencing; MicroRNA; Target genes

引言

MicroRNA(miRNA)作为一类长度在18~25个碱基之间的非编码负调控因子，主要在转录后水平上通过介导靶基因mRNA的降解或抑制翻译过程来调节基因的表达[1-4]。越来越多的miRNA研究表明，miRNA通过调节转录因子、信号胁迫相关蛋白及代谢相关的酶等靶标，在植物的组织分化、器官的极性发育和形态建成、营养生长向生殖生长的转变以及激素的信号转导、胁迫应答、抗性等生命进程的各个方面发挥着重要的作用[5-9]。自2002年在拟南芥中首次发现植物miRNA以来[10]，截至目前miRBase19.0数据库中收录了包括拟南芥、烟草、水稻、杨树等模式植物、绿藻及裸子植物在内的67个植物物种的miRNA序列[11]。

特定发育时期及胁迫条件下miRNA的发掘及其对靶基因的调控相关性研究成为当今植物功能研究的热点。但大多数研究集中在模式植物中，关于裸子植物的研究则较少。银杏作为植物中的活化石，因其重要的植物分类地位、药用生产、材用、观赏等独特的利用价值，而具有重要的科研价值，并得到国内外的高度重视。本研究采用基于Solexa测序平台的新一代高通量测序技术并结合生物信息学分析方法[12]，构建了由银杏胚珠发生的关键时期叶片的混合样品制备Small RNA(sRNA)文库，并对鉴定的miRNA靶基因进行预测，探讨miRNA在胚珠发育过程中可能发挥的作用，为进一步研究银杏胚珠的形成提供理论依据。

1　材料和方法

1.1　实验材料

以山东省泰安市泰山区老君堂(景点)内一株1300年树龄的雌株银杏为试材，分别于胚珠形成的萌动期与展叶期采集叶片，用于小分子RNA的提取及后续研究。

1.2　方法

1.2.1　银杏叶片sRNA文库构建及Solexa测序

参考Tao Wang等(2005)的CTAB法并稍作修改提取总RNA[13]，提取出的样品采用Agilent 2100Bioanalyzer测定总RNA样品纯度，并用1.0%的非变性琼脂糖凝胶电泳检测RNA的完整性。将检测合格的两个时期的样品总RNA浓度调至一致并等量混合，经15%的变性聚丙烯酰胺凝胶分离获得17~30nt的sRNA。在T4 RNA连接酶作用下，对纯化后的小分子RNA分别加5′接头和3′接头，所得产物经RT-PCR扩增，形成小分子RNA的cDNA文库直接用于Solexa深度测序。

1.2.2　银杏叶片sRNA的生物信息学分析

将Solexa测序所得35nt序列，通过去接头、去低质量序列、去污染及去除载体序列等过程得到高质量序列，并统计其序列长度情况与数量。去除小于18nt的小片段得到纯净序列(clean reads)。将纯净序列与Rfam(9.1)数据库以及Genbank中已有序列进行比对并分类注释，鉴定出样品中的rRNA、tRNA、snRNA、snoRNA、siRNA(small interfering)等非编码sRNA。然后将剩余纯净序列与miRBase15.0中所有植物的miRNA成熟序列进行比对，鉴定出银杏保守的miRNA，并对已知miRNA进行家族归类和表达谱分析。利用Mireap软件对未能注释的 sRNA 进行新 miRNA 预测，将未注释的 sRNA 与 NCBI 中银杏 ESTs 进行同源比对，只有其前体序列能够折叠成典型的二级结构才被认定为银杏可能的新 miRNA。miRNA 必须满足以下条件：(1)成熟 miRNA 序列长度在 18 ~ 25nt 之间，位于茎环结构的主要区域；(2) miRNA 前体最大折叠自由能为 $-18kcal\ mol^{-1}$；(3)成熟 miRNA 与另一条臂上的互补序列 miRNA * 之间不超过四个错配碱基，且最少 16 个匹配碱基对；(4)成熟的 miRNA 与 miRNA * 不允许有缺口或者较大的环。

1.2.3 银杏叶片 miRNA 靶基因的生物信息学预测

为了更好地了解银杏保守 miRNA 及新 miRNA 可能发挥的功能，采用植物在线预测软件 psRNA Target 对其进行靶基因预测。将银杏 EST 序列及其近缘的松类(Pinus DFGI Gene Index release 8) EST 序列作为靶基因的候选序列并选择默认参数设置，对银杏 miRNA 靶基因进行预测[14]。

2 结果与分析

2.1 银杏 sRNA 的序列长度分布及分类注释

本研究采用 Solexa 高通量测序技术对银杏叶片的 sRNA 文库进行测序，共获得 24,666,050 条原始序列，去除低质量片段后得到 24,227,844 条高质量序列，再去除接头、含 polyA 序列、小于 18nt 片段后，得到 23,798,499(占原始序列的 98.23%)条高质量纯净序列(clean sequence)。对高质量的 sRNA 序列长度分布进行统计，图 1 所示银杏叶片的序列长度分布差异较大，主要分在 20 ~ 25nt 之间，长度为 21nt 序列的数量所占比例最大(62.27%)，其次是 24nt。

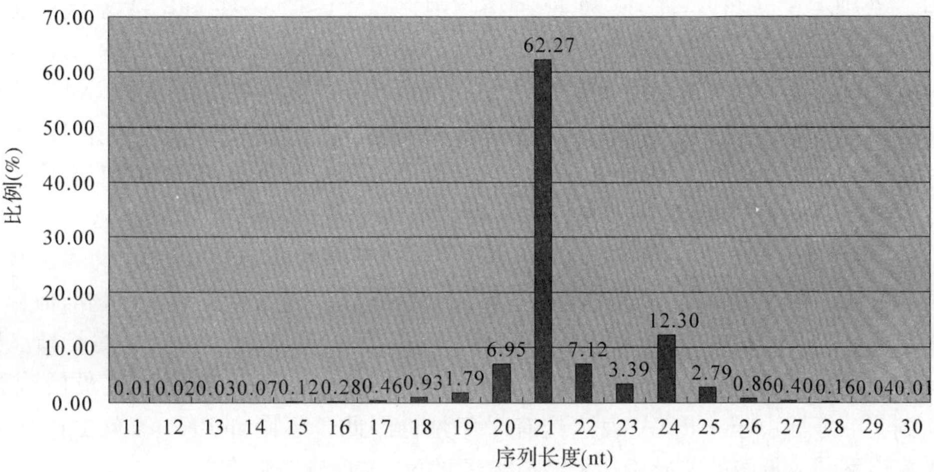

图 1 银杏 sRNA 的序列长度分布

Fig. 1 Length distribution of sRNA sequences in *Ginkgo biloba* L.

将高质量序列分类注释，鉴定出 rRNA、tRNA、snRNA、snoRNA、siRNA 等非编码 sRNA。其中鉴定出 3,059,786 条特异序列(unique sequence)，siRNA 所占比例相对较大，miRNA 特异序列仅 20,262 条，占 0.66%，功能未注释序列所占比例高达 94.59%；所有高质量序列总数中，miRNA 达 2,974,600 条(12.50%)。不同类型 sRNA 种类及数量分布见表 1。

尽管 sRNA 文库包含大量的 sRNA 序列，但表达丰度不一，从几次到几十万次不等。统计结果显示 3,059,786 条特异序列中，表达丰度在数万次以上的特异序列仅 167 条，21.57% 的序列表达次数在 2～10 次之间，74.40% 的序列在文库测序中仅检测到一次。

表 1　银杏 sRNA 种类分布统计

Tab. 1　Distribution of sRNA among different categories in *Ginkgo biloba* L.

Small RNA 分类	特异小 RNA 数	百分比(%)	总小 RNA 数	百分比(%)
miRNA	20262	0.66	2974600	12.50
rRNA	25851	0.84	510388	2.14
siRNA	108130	3.53	6151120	25.85
snRNA	946	0.03	2652	0.01
snoRNA	697	0.02	2747	0.01
tRNA	9618	0.31	264669	1.11
未注释小 RNA	2894282	94.59	13892323	58.37
总数	3059786	100	23798499	100

2.2　银杏保守 miRNAs 的鉴定

在进化过程中，不同植物中同一家族 miRNA 序列具有高度的保守性[15]。因此，利用植物 miRNA 的高度保守性，将 Solexa 测序获得的特异 sRNA 序列与 miRBase15.0 数据库中所有植物的 miRNAs 序列进行同源比对分析，鉴定银杏胚珠发育过程中叶片保守 miRNA，通过进一步比对和筛选，共鉴定出隶属于 23 个 miRNA 家族的 80 条 miRNA 保守序列(见表 2)。大部分 miRNA 在多种植物物种中表现出保守性，如 miR156、miR159、miR166、miR169 和 miR394 已分别在 51、45、41、40 和 40 种植物中发现[15,16]。一些 miRNA 家族仅在几个物种中发现，如 miR535。miR1030 仅在小立碗藓(*Physcomitrella patens*)中发现；此外，测序得到的 miR1314 目前仅在美国黑松中发现[17]，可能为裸子植物特有的保守 miRNA。不同家族中的 miRNA 成员构成差异较大，近半数的 miRNA 家族仅存在一个成员，剩余 13 条 miRNA 家族都是由多成员构成的。MIR166 家族由 19 个成员构成；其次是 MIR171 家族(12 个成员)和 MIR156 家族(8 个成员)。

Solexa 测序除了鉴别不同的 miRNA 及其成员，还可以准确定量 miRNA 的表达水平。测序结果发现 miRNA 成员间的表达次数从 1 到 327644 不等。这表明与其他植物类似，不同的 miRNA 家族之间及同一 miRNA 家族的不同成员之间的表达丰度存在明显的差异。如 8 个 miR156 家族成员的表达量最高达 5472 次，最低 1 次。miR166 各家族成员的表达量从 327644 到 1 不等。由于 miRNA 表达具有时序性，因此，不同 miRNA 家族之间以及同一 miRNA 家族不同成员间的差异表达可能与构建 sRNA 文库的时期有关。

表 2　银杏保守 miRNAs

Tab. 2　Conserved miRNAs in *Ginkgo biloba* L.

miRNA 家族	序列(5'-3')	参考 miRNA	长度(nt)	家族成员个数	总表达量	其他物种中的保守性			
						ath	osa	ptc	pta
MIR156	UGACAGAAGAGAGUGAGCAC	ath-miR156a	20	8	2080	++	++	++	+
MIR159	CUUGGAUUGAAGGGAGCUCCU	sof-miR159c	21	7	170	+	+	+	+

（续）

miRNA家族	序列(5'-3')	参考 miRNA	长度(nt)	家族成员个数	总表达量	其他物种中的保守性			
						ath	osa	ptc	pta
MIR160	UGCCUGGCUCCCUGUAUGCCA	ath-miR160a	21	3	958	++	+	+	—
MIR162	UCGAUAAACCUCUGCAUCCAG	ath-miR162a	21	2	1529	++	++	++	—
MIR164	UGGAGAAGCAGGGCACGUGCG	ath-miR164c	21	4	982	++	+	+	—
MIR166	UCGGACCAGGCUUCAUUCCCC	ath-miR166a	21	16	338015	++	++	++	++
MIR167	UGAAGCUGCCAGCAUGAUCUGG	ath-miR167d	22	5	3573	++	+	+	—
MIR168	UCGCUUGGUGCAGGUCGGGAA	ath-miR168a	21	2	25836	++	+	++	—
MIR169	CAGCCAAGGAUGACUUGCCGA	ath-miR169a	21	4	3125	++	++	++	—
MIR171	UGAUUGAGCCGUGCCAAUAUC	osa-miR171b	21	6	2193	+	++	++	+
MIR172	AGAAUCUUGAUGAUGCUGCAU	ath-miR172a	21	4	13609	++	++	++	—
MIR390	AAGCUCAGGAGGGAUAGCGCC	ath-miR390a	21	1	938	++	++	++	+
MIR394	UUGGCAUUCUGUCCACCUCC	ath-miR394a	20	1	157	++	++	++	—
MIR395	CUGAAGUGUUUGGGGGAACUC	ath-miR395a	21	1	7	++	+	++	—
MIR396	UUCCACAGCUUUCUUGAACUU	ath-miR396b	21	7	2754	+	+	+	+
MIR397	UCAUUGAGUGCAGCGUUGACG	pab-miR397	21	1	62	+	+	+	—
MIR399	CGCCAAAGGAGAGUUGCCCUG	vvi-miR399i	21	2	531	+	+	+	—
MIR408	AUGCACUGCCUCUUCCCUGGC	ath-miR408	21	1	7	++	+	++	++
MIR529	AGAAGAGAGAGAGUACAGCCC	ppt-miR529e	21	1	19	—	+	—	—
MIR535	UGACAACGAGAGAGAGCACGC	ppt-miR535a	21	1	271	—	+	—	—
MIR1030	UCUGCAUCUGCACCUGCACCA	ppt-miR1030a	21	1	62	—	—	—	—
MIR828	UCUUGCUCAAAUGAGUAUUCCA	vvi-miR828a	22	1	6	+	—	—	—
MIR1314	UCGGCCUUGAAUGUUAGGAGAA	pta-miR1314	22	1	2396	—	—	++	++

注：物种的缩写与 miRBase15.0 中相对应，如 ath-*Arabidopsis thaliana*(拟南芥)；osa-*Oryza sativa*(水稻)；ptc-*Populus trichocarpa*(毛果杨)；pta-*Pinus taeda*(火炬松)。"++"代表银杏 miRNA 序列与指定物种序列完全匹配；"+"代表存在几个碱基的差异；"—"代表银杏 miRNA 序列未在指定物种中发现。

2.3 银杏新 miRNAs 的预测

Solexa 高通量除鉴定保守 miRNA 外，还能基于 miRNA 前体的标志性发夹结构，采用 Mireap 软件对未能注释的 2434073 条特异 sRNA 序列进行新 miRNA 预测。由于银杏基因组数据库信息未知，初步选择了所含信息量比较有限的 EST 序列预测新 miRNA，仅预测 1 个候选 miRNA(表 3 中 gbi-miRn1)。根据大量 miRNAs 在植物种间的高度保守性及其前体的二级结构，进一步利用拟南芥基因组数据库对银杏特异 miRNA 进行预测，又预测到 5 个候选 miRNA，其中 2 个 miRNA 具有多个基因座(见表 3 gbi-miRn5-1 至 gbi-miRn6-2)。根据 Mfold 软件分析结果显示，候选 miRNA 前体的最小折叠自由能在 -41.70 ~ -69.16 kcal/mol 之间，平均为 -52.13 kcal/mol。新预测的候选 miRNA 的表达丰度相对于保守 miRNA 的较低，其中 gbi-miRn3 表达量最高为 3090 次。其余的 miRNA 表达次数仅在 5 ~ 161 之间。

表 3 预测的银杏新 miRNAs

Tab. 3 Novel miRNAs in *Ginkgo biloba*

miRNA	序列(5′-3′)	长度(nt)	次数	arm	Precursor Length(nt)	mfe(kcal/mol)
gbi-miRn1	ACGGAUCGCACGGCCCUGGUG	21	25	5p	144	-51.80
gbi-miRn2	AUUUGGACAUAUAUAUAUAUA	21	5	3p	224	-43.30
gbi-miRn3	CAGCCAAGGAUGACUUGCCGA	21	3090	5p	212	-69.16
gbi-miRn4	UUGACAGAAGAUAGAGAGCAC	21	11	5p	186	-65.70
gbi-miRn5-1	UGAAGCUGCCAGCAUGAUCU	20	55	5p	126	-48.80
gbi-miRn5-2	UGAAGCUGCCAGCAUGAUCU	20	55	5p	111	-49.30
gbi-miRn6-1	AGAAUCUUGAUGAUGCUGCAG	21	161	3p	113	-41.70
gbi-miRn6-2	AGAAUCUUGAUGAUGCUGCAG	21	161	3p	124	-47.30

2.4 银杏 miRNAs 靶基因的预测

植物 miRNA 主要通过近乎完全互补配对靶基因，从而引起 mRNA 的裂解或抑制翻译来调控生物基因的表达。预测和鉴定 miRNAs 的靶基因，对揭示 miRNAs 在基因表达调控中的作用至关重要。将银杏 EST 序列及其近缘的松类(Pinus DFGI Gene Index release 8) EST 序列对银杏 miRNA 靶基因进行预测。经过进一步筛选分析，23 个 miRNA 家族的 80 条 miRNA 保守序列对应 142 个基因符合靶基因特征，6 个预测的新 miRNA 对应 16 个可能的靶标。

靶基因分析结果表明，银杏的 miRNAs 主要通过接近完美的互补配对结合到靶位点，即通过对靶标的裂解调控基因的表达。大部分保守 miRNAs 可同时调控多个靶基因；而一个靶基因也可同时受到多个 miRNA 的调控。如 miR156 和 miR529 均调控 SBP 转录因子，miR167 及 miR828 都调控 MYB 转录因子。对预测得到的靶基因进行功能注释，这些靶基因的功能大致分为：编码转录因子(MYB、AP2、SBP、HD-zip、GTP 和 ARF family)；编码代谢相关的酶类(miR397 靶标 Laccase；乙酰辅酶 A 合成酶)；编码与 RNA 编辑相关的蛋白因子；编码与胁迫相关的蛋白(MiR396 靶标 EFA27；热激蛋白)；未知功能蛋白。

3 讨论

新一代高通量测序技术以准确、高效、覆盖度深、产出巨大，且在无需任何序列信息的前提下检测 miRNA 的表达谱，并在此基础上发掘新的 miRNA 分子等优势成为研究 miRNA 的重要手段。因此，对于基因组序列未知的银杏，新一代高通量测序技术无疑是首选。对高通量测序长度分布结果统计，发现长度为 21nt 和 24nt 的序列所占比例较大。这与已研究的裸子植物 sRNA 分布相似，如红豆杉(*Taxus chinensis*)[18] 和美国黑松(*Pinus contorta*)[17] 中 21nt 序列均占最高比例，其次为 24nt；而被子植物 sRNA 的分布特征表现为 24nt 序列数量明显高于 21nt[19-23]。研究表明不同物种，甚至同一材料不同组织中 sRNA 的类型和含量都存在差异，这可能由不同物种或不同发育时期的 sRNA 构成的复杂性决定的。已有研究表明，DCL3 是被子植物形成 24nt sRNAs 所必须的一种酶，而松杉类植物中恰恰缺少这种酶，而新发现的一种 dicer-like protein (DCL)可能对低含量的 24ntRNAs 发挥重要的作用[20,21]。在被子植物中，含量丰富的 24nt sRNAs 参与指导 DNA 甲基化与异染色质化[24-26]。此外，大量的 24-nt sRNAs 与异染色质化之间的联系也可能暗示了携带大量基因组信息的裸子植物的进化机制[27]。总之，被子植物与裸子植物 sRNA 分布及构成差异，表明它们之间可能存在的不同的小分子 RNA 合成途径。

鉴定的银杏保守 miRNA，除个别 miRNA 仅在一个或几个物种中存在，大部分在多种植物物种中表现出较高的保守性。其中 miR156、miR162、miR166、miR172、miR390、miR394 这 6 个 miRNA 家族的多个成员的 miRNA 序列与拟南芥、水稻和毛果杨中序列完全匹配。其中 miR1314 表达量较高，但仅在美国黑松中发现，推测它极有可能为裸子植物特有的保守 miRNA。不同家族之间及同一家族不同成员间的表达量存在明显差异，可能与采样建库时期的银杏所含 miRNA 表达具有瞬时性和时效性有关。表达量相对较高的家族或成员可能在银杏胚珠发生过程中扮演着更重要的角色，这需要进一步的实验来验证。与保守 miRNA 相比，新预测的 miRNA 表达量相对低，这与其他高通量测序结果相类似。

根据 miRNA 的保守性，并结合靶基因分析，可推测出一些 miRNA 可能在银杏中发挥的功能。分析结果表明：某些与器官发生和发育有关的 miRNA 家族，如 miR156、miR166 、miR171 和 miR172 家族的表达丰度均较高。植物开花是其生长发育的关键时期，已有研究表明 miR156 和 miR172 对植物营养生长向生殖生长的转变起着重要的作用。不管是在一年生草本植物还是多年生木本植物中，miR156 均在营养生长阶段发挥着重要作用[28]。拟南芥中，miR156/157 通过靶向 SBP box gene SPL3，来阻止开花[8]。miR172 主要通过翻译抑制调控 APETALA2 转录因子，从而引起植物的提早开花和花器官发育异常。且 miR172 的靶位点在裸子植物中相当保守，这可能暗示了 miRNA 调控的保守性，可能追溯到 3 亿年前裸子植物和开花植物分枝时期[29]。

综上所述，利用 Solexa 高通量测序技术可以在未知基因组的情况下，大范围地发掘已知和未知的 miRNA。通过丰度分析，可以初步确定一些家族及成员在特别时期的表达以及同一时期不同组织或不同时期相同组织内 miRNA 的差异表达，并结合靶基因预测来初步确定特定时期可能发挥关键作用的特异 miRNA。随着分子生物学技术的发展，关于 miRNA 及其靶基因的功能研究也将不断的深入。

参考文献

[1] Bartel D P. MicroRNAs: genomics, biogenesis, mechanism, and function[J]. Cell, 2004, 116(2): 281-297.

[2] Yu B, Wang H. Translational inhibition by microRNAs in plants[J]. Progress in molecular and subcellular biology, 2010, 50: 41-57.

[3] Zhang B, Pan X, Cobb G, Anderson T. Plant microRNA: a small regulatory molecule with big impact[J]. Dev. Biol., 2006, 289: 3 - 16.

[4] Zhang B, Wang Q, Pan X. MicroRNAs and their regulatory roles in animals and plants [J]. Cell Physiol, 2007, 210: 279-289.

[5] Itaya A, Bundschuh R, Archual A J, Joung J G, Fei Z, Dai X, Zhao P X, Tang Y, Nelson R S, Ding B. Small RNAs in tomato fruit and leaf development[J]. Biochimicaet Biophysica Acta (BBA)-Gene Regulatory Mechanisms 2008, 1779(2): 99-107.

[6] Palatnik J, Allen E, Wu X, Schommer C, Schwab R, Carrington J, Weigel D. Control of leaf morphogenesis by microRNAs[J]. Nature 2003, 425(6955): 257-263.

[7] Lu S, Sun Y H, Chiang V L. Stress-responsive microRNAs in Populus[J]. The Plant journal : for cell and molecular biology, 2008, 55(1): 131-151.

[8] Gandikota M, Birkenbihl R, Höhmann S, Cardon G, Saedler H, Huijser P. The miRNA156/157 recognition element in the 3′ UTR of the Arabidopsis SBP box gene SPL3 prevents early flowering by translational inhibition in seedlings [J]. The Plant Journal , 2007, 49(4): 683-693.

[9]林玉玲，赖钟雄. 利用 Solexa 测序技术鉴定龙眼体胚发生过程中的 miRNAs [OL]. 中国科技论文在线 http: //www. paper. edu. cn/index. php/default/releasepaper/content/201102-64.

[10] Reinhart B, Weinstein E, Rhoades M, et al. MicroRNAs in plants[J]. Genes Dev, 2002, 16: 1616-1626.

[11] Kozomara A, Griffiths-Jones S. miRBase: integrating microRNA annotation and deep-sequencing data[J]. Nucleic Acids Research, 2010, 39(suppl 1): 152-157.

[12]张倩，邢世岩. 植物 microRNA 及其检测方法研究[OL]. [2013. 01. 06]. 中国科技论文在线(http: //www. paper. edu. cn).

[13] Wang T, Zhang N, Du L. Isolation of RNA of high quality and yield from *Ginkgo biloba* leaves [J]. Biotechnology Letters, 2005, 27: 629 - 633.

[14] Dai X, Zhao P X. psRNATarget: a plant small RNA target analysis server [J]. Nucleic Acids Res, 2011, 39: W155 - W159.

[15] Zhang B, Pan X, Cannon C, Cobb G, Anderson T. Conservation and divergence of plant microRNA genes[J]. The Plant Journal, 2006, 46(2): 243-259.

[16] Zhang B, Xiao P, Qing L, et al. Identification and characterization of new plant microRNAs using EST analysis [J]. Cell research 2005, 15(5): 336-360.

[17] Morin R, Aksay G, Dolgosheina E, et al. Comparative analysis of the small RNA transcriptomes of Pinus contorta and Oryza sativa[J]. Genome research, 2008, 18(4): 571-584.

[18] Qiu D, Pan X, Wilson I, Li F, Liu M, Teng W, Zhang B. High throughput sequencing technology reveals that the taxoid elicitor methyl jasmonate regulates microRNA expression in Chinese yew (Taxus chinensis) [J]. Gene 2009, 436(1-2): 37-44.

[19] Dolgosheina E V, Morin R D, Aksay G, et al. Unrau PJ: Conifers have a unique small RNA silencing signature [J]. Rna 2008, 14(8): 1508-1515.

[20] Wang L, Liu H, Li D, Chen H. Identification and characterization of maize microRNAs involved in the very early stage of seed germination [J]. BMC genomics, 2011, 12(1): 154.

[21] Szittya G, Moxon S, Santos D et al. High-throughput sequencing of Medicago truncatula short RNAs identifies eight new miRNA families[J]. BMC genomics, 2008, 9(1): 593.

[22] Rajagopalan R, Vaucheret H, Trejo J, Bartel D P. A diverse and evolutionarily fluid set of microRNAs in Arabidopsis thaliana[J]. Genes & development, 2006, 20(24): 3407.

[23]刘生财，林玉玲，陈晓东，赖钟雄. 利用 Solexa 测序技术鉴定苋莱试开花过程中的 SmallRNAs[OL]. 中国科技论文在线 http: //www. paper. edu. cn/releasepaper/content/201103-675.

[24] Martienssen R. Heterochromatin, small RNA and post-fertilization dysgenesis in allopolyploid and interploid hybrids of Arabidopsis[J]. New Phytologist 2010, 186(1): 46-53.

[25] Huettel B, Kanno T, Daxinger L, et al. Endogenous targets of RNA-directed DNA methylation and Pol IV in Arabidopsis[J]. The EMBO journal, 2006, 25(12): 2828-2836.

[26] Matzke M, Kanno T, Huettel B, Daxinger L, Matzke A J. Targets of RNA-directed DNA methylation[J]. Current opinion in plant biology, 2007, 10(5): 512-519.

[27] Ahuja M, Neale D. Evolution of genome size in conifers[J]. Silvae Genetica, 2005, 3(2001): 126-137.

[28] Wang J, Park M, Wang L, Koo Y, Chen X Y, Weigel D, Poethig R. miRNA control of vegetative phase change in trees [J]. PLoS Genet, 2011, 7(2): e1002012.

[29] Shigyo M, Hasebe M, Ito M. Molecular evolution of the AP2 subfamily[J]. Gene, 2006, 366(2): 256-265.

银杏斑叶不同色斑的超微结构观察及叶绿素含量测定分析*

蒋 菲[1] 陈 鹏[1,①] 马江黎[1] 王金艳[1] 梁国华[2] 李 群[3]

([1]扬州大学园艺与植物保护学院，江苏扬州 225009；[2]扬州大学教育部植物功能基因组学重点实验室，江苏扬州 225009；[3]泰兴市林业局，江苏泰兴 225400)

摘要：银杏斑叶具有重要观赏价值，为了了解发生形成的机制，经不同时期观察银杏斑叶的叶绿素相对含量及叶绿体超微结构变化，结果表明：①银杏斑叶在年生长中表现为黄绿相间的条斑，其性状保持相对稳定；②银杏斑叶变异发生植株其2年生枝和新梢变异叶片叶绿素含量分别为38.0SPAD和47.4SPAD，分别低于正常叶片44.2%和30.4%，达到差异显著水平；③变异叶片的叶绿体超微结构长径和短径平均值分别为5.77μm和2.75μm，其变异系数分别为15.37%和31.48%，正常叶片叶绿体超微结构长径和短径平均值分别为4.75μm和2.35μm，其变异系数分别为23.22%和38.91%，两者间表现差异明显，且前者细胞内叶绿体形状不规则，发育存在明显缺陷，有的缺乏正常的叶绿体膜结构，基粒片层较少，淀粉粒少，亲锇颗粒较多；后者细胞内叶绿体较多，形状多呈规则的梭形或椭圆形，基粒片层清晰，淀粉粒多而大，亲锇颗粒较少。这说明银杏斑叶的变异是由于不同色斑叶绿素含量及叶绿体发育差异所致，而叶绿素含量及叶绿体发育差异既受到细胞结构发育的影响，亦受到叶绿素生物合成代谢的影响，其是否由基因及蛋白酶所调控仍需要继续研究。

关键词：银杏；斑叶；叶绿素含量；叶绿体；超微结构

Ultrastructure and Chlorophyll Contents of Different Colour Areas on the Variegated Leaves in *Ginkgo biloba* L. *

Jiang Fei[1] Chen Peng[1,①] Ma Jiangli[1] Wang Jinyan[1] Liang Guohua[2] Li Qun[3]

([1]*School of Horticulture and Plant Protection*, *Yangzhou University*, *Yangzhou Jiangsu* 225009, *China*; [2]*Key Laboratory of Plant Functional Genomics*, *Ministry of Education*, *Yangzhou University*, *Yangzhou Jiangsu* 225009, *China*; [3]*Taixing Forestry Bureau*, *Taixing Jiangsu* 225400, *China*)

Abstract: Variegated leaves in *Ginkgo biloba* L. with very important ornamental value were

---

* 基金项目：国家农业综合开发项目(GH32311002)；江苏省林业三新工程项目(lxsx[2011]16)；江苏省林业三新工程重大项目(lysx[2013]05)。①通信作者：陈 鹏 (1950—)，男，教授，博士生导师。Tel：0514-87972072，E-mail：chenpeng@yzu. edu. cn。作者简介：蒋菲 (1989—)，女，硕士生，研究方向：银杏种质资源与利用。Tel：15861320749，E-mail：tianhuimang@163. com。

used to observe and measure the changes of chlorophyll contents and chloroplast ultrastructure during different periods for knowing about the mechanism of formation and occurrence, the results show that: ①traits with green and yellow of variegated leaves streak remain relatively stable in the growth; ②the biennial branches and new shoots of variegated leaves in *Ginkgo biloba* L. which chlorophyll content were 38.0SPAD and 47.4SPAD, they were lower 44.2% and 30.4% than the normal leaves respectively, reaching significant difference levels; ③the chloroplast ultrastructure of variegated leaves in *Ginkgo biloba* L. with average of major axis and minor axis were 5.77μm and 2.75μm respectively, the coefficient of variation were 15.37% and 31.48% respectively, then the chloroplast ultrastructure of normal leaves with average of major axis and minor axis were 4.75μm and 2.35μm respectively, the coefficient of variation were 23.22% and 38.91% respectively, the performance between them were different apparently, and the chloroplast shape in the former cell is irregular, the development exists deficiency obviously, some are lack of normal chloroplast membrane structure, grana lamella and starch grains are all less, osmium particles are more, however the later is more, the shape is spindle or elliptic regularly, grana lamella is clear, starch grains are larger and more, but osmium particles are less. The results show that the variation is due to different chlorophyll content of different colour areas on the variegated leaves in *Ginkgo biloba* L., the chlorophyll content difference is influenced not only by spots chloroplast ultrastructure changes, but also the biosynthesis of metabolism chlorophyll, whether it is affected by the influence of gene and protease is still need to continue to study.

Key words: *Ginkgo biloba*; Variegated leaf; Chlorophyll content; Chloroplast; Ultrastructure

银杏(*Gingko biloba* L.)是白垩纪时期的孑遗植物，又称白果树或公孙树，有“金色活化石”的美称，是我国特有的雌雄异株珍稀树种[1]，集食用、药用、保健、化妆、木材、绿化、观赏功能于一体[2]。叶绿素是植物光合作用的主要色素，它的改变影响着植物光合作用的强弱[3]，叶绿体的光合色素主要集中在基粒之中，光能转变成化学能的过程是在基粒中进行的[4]，叶色突变体通常由叶绿素合成或降解过程产生重大变化而导致[5]。目前就植物叶色突变的表型描述方面，在大麦、小麦、番茄、水稻、油菜等植物中均有报道[6-10]。在黄瓜、水稻、茶叶等作物上，常将叶色突变体应用于杂交育种、提高产量、改善品质等研究[11-13]。目前，在观赏这一领域研究较少，所以对银杏新的品种方面迫切需要相应的研究成果。本文就扬州大学银杏种质资源圃中出现的条斑状银杏叶片进行研究，旨在为银杏新的品种资源的利用提供科学依据。

1　材料和方法

1.1　试验材料

试验材料选自扬州大学银杏种质资源圃。2011～2012 年连续两年对出现斑叶变异的银杏植株统一进行常规管理，从 3 月下旬展叶至 9 月下旬斑叶形态及色泽变化趋于稳定，每隔 10 天定树定叶拍照观察斑叶形态及色泽变化，同时选取其他斑叶，以同株正常叶片为对照(CK)，进行叶绿素含量测定分析和超微结构观察。

1.2 试验方法

1.2.1 不同时期斑纹叶片的形态观察

从3月底开始至9月份对斑纹叶片进行拍照观察，每10天左右观察一次，记录叶片的大小、颜色及形态等的变化。

1.2.2 叶片叶绿素SPAD值的测定

在5月的上中旬选择晴朗的天气，采用日本Minolta公司推出的便携式叶绿素仪SPAD-502检测植物叶片的叶绿素含量，每片叶测定5个点，记录SPAD值，取平均值。

1.2.3 电镜样品的制备与观察

将新鲜叶片切成1~4mm^{2}的小块，用0.2M磷酸缓冲液配制的2.5%戊二醛固定；0.1M的磷酸缓冲液漂洗3次，每次15min；用1%的锇酸固定4h，再用0.1M磷酸缓冲液清洗3次，每次15min；用酒精逐级脱水(50% -70% -80% -90% -95% -100%)；用Epon812环氧树脂浸透、包埋、聚合；用LKB-2型超薄切片机上切取厚60~80nm的切片；用醋酸双氧铀和柠檬酸铅染色；CM100透射电镜下观察细胞超微结构、形状和分布，统计叶绿体数目、大小(长径与短径)，并进行拍照记录。

1.3 数据处理

采用Photoshop及AutoCAD软件对叶绿体大小进行测量标注，采用Microsoft Excel 2007和SPSS 15.0软件对数据进行分析。

2 结果与分析

2.1 银杏斑叶不同时期色斑和色泽的变化

如图1可知斑纹叶片形态变化规律：①银杏从3月底开始萌芽，叶片逐渐变大，到4月中下旬后大小基本无变化；②叶片绿色部分由嫩黄转淡绿到深绿后墨绿，黄色部分前期为黄色，后期颜色逐渐变淡且接近白色；③叶色变化前期(3~6月)变化较大，后期(7~9月)变化较小，且在整个生长过程中一直保持有黄色或淡黄色扇形放射状斑纹出现，斑纹部分不会复绿。

2.2 银杏斑叶叶绿素SPAD值测定分析

SPAD-502叶绿素仪可在田间无损状况下几秒钟内测量植物叶片单位面积叶片当前叶绿素的相对含量[14]，即SPAD值。叶绿素a、叶绿素b和总叶绿素含量随叶绿素SPAD值的增加而增加，呈正相关[15]。

图2中A为正常和变异叶片在新梢和2年生中的叶绿素相对含量比较，由此图可知，正常叶片中2年生比新梢叶绿素含量减少4.4SPAD，降低6.71%，无显著差异($p>0.05$)；变异叶片中2年生比新梢叶绿素含量减少9.4SPAD，降低19.83%，差异显著($p<0.05$)。说明新梢中叶片叶绿素含量比前一年有所升高，这可能是由于变异叶片中绿色部分对黄色部分有修复功能的原因。

图2中B为新梢和2年生的正常和变异叶片的叶绿素相对含量比较，由此图可知，新梢叶片中变异叶片比正常叶片叶绿素含量减少18.2SPAD，降低27.74%，差异显著($p<0.05$)；2年生中减少23.2SPAD，降低37.91%，差异显著($p<0.05$)。说明无论是新梢还是2年生叶片，变异叶片中的叶绿素含量都明显低于正常叶片。

同株其他枝条上的正常叶片叶绿素相对含量的平均值为68.1SPAD，新梢正常叶片

(65. 6SPAD)比其减少 3. 67%，2 年生正常叶片(61. 2 SPAD)比其减少 10. 13%，新梢变异叶片(47. 4SPAD)比其减少 30. 4%，2 年生变异叶片(38. 0SPAD)比其减少 44. 2%。

图 1　银杏斑叶不同时期的形态与色泽变化

A. 3 月下旬叶；B. 4 月初叶；C. 4 月中旬叶；D. 4 月下旬叶；E. 5 月初叶；F. 5 月中旬叶；G. 5 月下旬叶；H. 6 月中旬叶；I. 7 月初叶；J. 7 月中旬叶；K. 7 月下旬叶；L. 8 月初叶；M. 8 月中旬叶；N. 8 月下旬叶 O. 9 月初叶；P. 9 月下旬叶

Fig. 1　Shape and color changes in different periods on the variegated leaves in *Ginkgo biloba* L.

A. leaves in late March; B. leaves at the beginning of April; C. leaves in the middle of April; D. leaves in late April; E. leaves at the beginning of May; F. leaves in the middle of May; G. leaves in late May; H. leaves in the middle of June; I. leaves at the beginning of July; J. leaves in the middle of July; K. leaves in late July; L. leaves at the beginning of August; M. leaves in the middle of August; N. leaves in late August; O. leaves at the beginning of September; P. leaves in late September

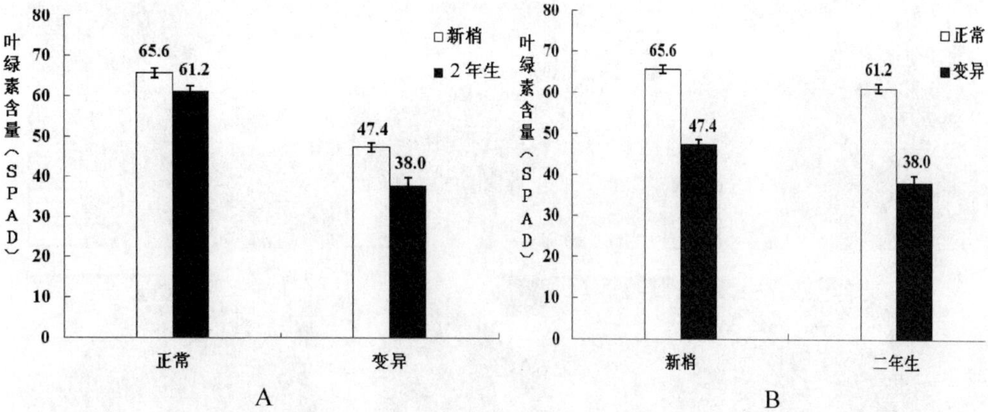

图2 银杏斑叶叶绿素 SPAD 值的测定分析

A. 银杏斑叶与正常叶的 SPAD；B. 银杏不同年龄枝梢叶片的 SPAD

Fig. 2 The determination of chlorophyll SPAD value analysis on the variegated leaves in *Ginkgo biloba* L.

A. The SPAD of variegated and normal leaves in *Ginkgo biloba* L.

B. The SPAD of shoots in different ages of *Ginkgo biloba* L.

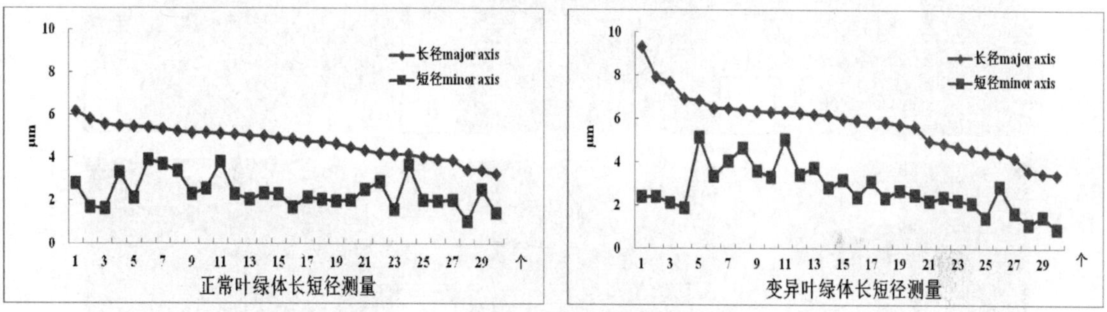

图3 银杏斑叶叶绿体大小表现($n=30$)

Fig. 3 The expression of chloroplast size on the variegated leaves in Ginkgo *biloba* L. ($n=30$)

表1 银杏斑叶叶绿体大小性状变异

Tab. 1 Variations inchloroplast size traits on the variegated leaves in *Ginkgo biloba* L.

比较 Comparation	性状 Trait	标准差 Standard deviation	平均值 Mean(μm)	变异幅度 Variation range(μm)	变异系数 Variation coefficient(%)
正常 Normal	长径 major axis	0.73	4.75	3.24～6.18	15.37
	短径 minor axis	0.74	2.35	1.04～3.91	31.48
变异 Variation	长径 major axis	1.34	5.77	3.38～9.32	23.22
	短径 minor axis	1.07	2.75	0.90～5.14	38.91

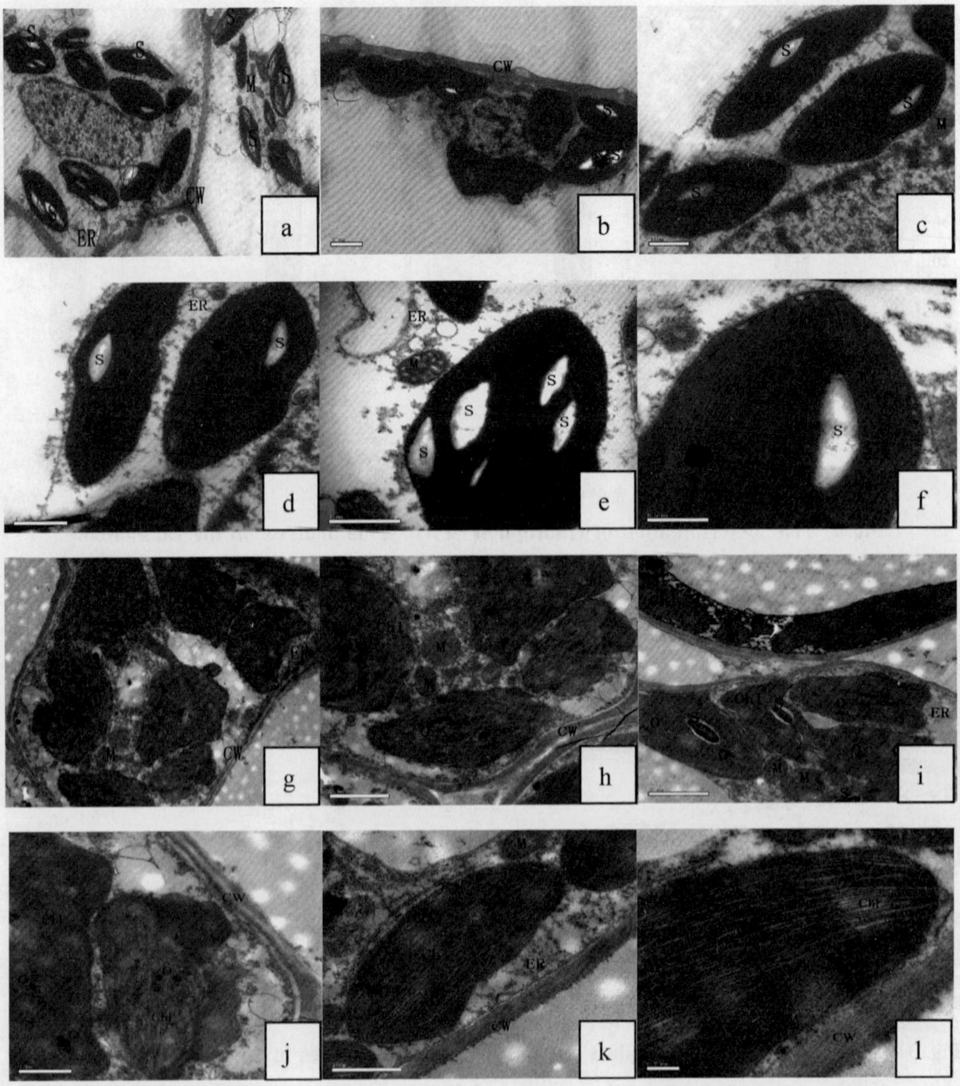

图4　银杏斑叶叶绿体超微结构的TEM观察

CW：细胞壁；ER：内质网；Chl：叶绿体；M：线粒体；S：淀粉粒；O：质体小球(亲锇小体)；a. 正常叶片(×700)；b. 正常叶片(×900)；c. 正常叶片(×2200)；d. 正常叶片(×2950)；e. 正常叶片(×3900)；f. 正常叶片(×6600)；g. 变异叶片(×900)；h. 变异叶片(×1650)；i. 变异叶片(×1650)；j. 变异叶片(×2950)；k. 变异叶片(×3900)；l. 变异叶片(×8900)

Fig. 4　The observation of chloroplastultrastructure by TEM on the variegated leaves in *Ginkgo biloba* L.

CW: Cell wall; ER: Endoplasmic reticulum; Chl: Chloroplast; M: Mirochondria; S: Amyloid; O: Osmophore.

a. normal leaves(×700); b. normal leaves(×900); c. normal leaves(×2200); d. normal leaves(×2950); e. normal leaves(×3900); f. normal leaves(×6600); g. mutant leaves(×900); h. mutant leaves(×1650); i. mutant leaves(×1650); j. mutant leaves(×2950); k. mutant leaves(×3900); l. mutant leaves(×8900)

对不同叶片(正常和变异)和不同枝位(新梢和2年生)分析结果发现：不同叶片间差异达极显著水平；不同枝位间差异达显著水平；而不同叶片和不同枝位间互作无显著差异。

2.3 银杏斑叶超微结构观察分析

2.3.1 银杏斑叶超微结构叶绿体的大小比较

由图3可知，分别选取30个正常和变异叶片叶绿体，长径的最大值分别为6.18μm、9.32μm，短径的最大值分别为3.91μm、5.14μm，两者差别较大；长径的最小值分别为3.24μm、3.38μm，短径的最小值分别为1.04μm、0.90μm，两者差别较小。正常叶片叶绿体的长径和短径比较变异叶片小，可能是变异叶片的叶绿体形状不规则，长径较长且短径较短，而正常叶片的叶绿体基本都呈椭圆形，长短径比不会很大。这样从数值上进一步直观地说明了变异叶片叶绿体形状发生了变化。

由表1可知，正常叶绿体中长短径的标准差相差不大，但变异系数却相差较大；变异叶绿体中标准差和变异系数都有一定的差别。就总体比较而言，正常叶绿体的标准差和变异系数均比变异叶绿体的数值小，说明变异叶绿体之间长短径相差较大，发生的变异较多。

2.3.2 银杏斑叶叶绿体超微结构形态分析

2.3.2.1 正常叶片

正常叶片细胞内叶绿体数目较多(图4，a)，形状较规则，多呈椭圆形或梭形；叶绿体膜清晰，大且饱满，淀粉体呈亮白色椭圆形，且较大(图4，b、f)；叶绿体基粒片层垛叠程度相对较高，片层结构清晰，周围包围着淀粉体，质体小球(亲锇颗粒)数量少而分散(图4，c、d)；线粒体结构清晰，形状规则(图4，e)。

2.3.2.2 变异叶片

与正常叶片相比，其细胞内叶绿体的轮廓基本可见。但与绿叶相比，在同一细胞内叶绿体数目少，变异叶片超薄切片着色较浅且不具备正常叶绿体的结构特征，叶绿体基粒片层垛叠程度相对较低，较疏松，颜色较浅（图4，k、l)；膜结构模糊不清，有所退化，从而呈不规则形状(图4，g、h)。叶绿体内无淀粉粒或淀粉粒很少且呈深色(图4，i、j)；质体小球(亲锇颗粒)较多而密；线粒体有所变圆变大，且结构不太清晰(图4，h、i)。

3 小结与讨论

植物叶色突变是体细胞突变的一种，有其特异的细胞学和遗传学基础。从细胞学上看是植物分生组织发生改变。从遗传学上看，是生长点细胞受内外环境因素的影响，致使基因发生突变或染色体数目结构变异或细胞质遗传物质发生改变；使得基因表达时转录或翻译水平降低；色素代谢系统中关键酶活性改变，从而导致光合色素形成受到阻碍[16]。叶绿素缺乏突变一般认为存在两种可能，一种可能是催化叶绿素合成酶的编码基因突变使叶绿素合成受阻，叶绿素缺乏反过来会影响到叶绿体结构的发育；另一种可能是编码叶绿体结构蛋白的基因发生突变，阻碍了叶绿体结构的发育，进而引起叶绿素合成降低[17]。

2012年新梢5号节位及2年生的1、3、6号节位上未出现斑纹叶片，但在2013的2年生枝条的1、3、6号节位上却出现了不同程度的斑纹叶片，其他有的节位上叶片却表现正常。原因可能是枝变引起的芽变在该节位上未表达或表达不明显。各研究表明，各品种叶片中的黄色斑纹部分的叶绿体都会发生不同程度的退化，叶绿体结构也发生相应的改变[18]。有研究表明，一些黄化变种是由于叶绿体细胞与含白色体的细胞混合造成的。在水稻[19]、小麦的一些突变体中发现其已经退化的叶绿体结构可以重建，叶片可以复绿。该研究实验发现新梢中叶片叶绿素含量比前一年有所升高，这可能是由于变异叶片中绿色部分对黄色部分有修复功能，具体情况有待进一步观察实验。

同一年内黄色放射状斑纹不会出现复绿现象，说明其性状在银杏生长全生育期可以稳定表达，与淡绿叶、白化转绿、黄叶几种叶色标记相比具有一定的优越性。主要体现在以下4个方面：①经自然突变形成，自然突变频率低、多为点突变，相对于化学物质（如氮离子）、低温、辐射诱变，自然突变引发的其他不利性状少[20-22]；突变性状较为稳定，推测该黄绿相间突变可能是由于基因突变所致。②叶色标记明显，从展叶开始全生育期稳定表达，观赏价值高。③叶色变异无负面影响，黄色部分的光合作用可由绿色部分辅助，不会发生致死现象[23]。试验表明，变异叶片的形态特征、叶绿素含量、叶片叶绿体显微结构与正常叶片有明显差异。

叶绿体中的淀粉粒是细胞碳水化合物存在的主要形式之一，同时还为蛋白质的合成提供碳架[24]。从观察结果来看，淀粉粒的形态结构与叶绿体的发育和功能是紧密相关的。绿色部分和黄色部分有很明显的差异，在叶片的绿色部分，叶绿体发育良好时，淀粉粒数量较多，体积较大，说明绿色部分叶绿体保持着活跃的光合作用功能；而在黄色部分，在发生解体退化的叶绿体中，淀粉粒数量减少、体积减小，甚至消失，基本看不到淀粉粒，推测该区域叶绿体的结构和功能都已受到影响。与在沙冬青中的研究[25]一致，其原因可能是当叶绿体解体退化时，由于类囊体片层的减少，光合效率大大降低，淀粉的合成变慢，但水解速度加快，于是淀粉粒越来越小，直至最终消失[26]。

有研究认为，亲锇颗粒是叶绿体中脂质合成与膜系统形成之间的代谢作用的不平衡而产生的，当叶绿体衰老、片层解体时，亲锇颗粒增多增大，随着膜系统的崩解，构成膜的脂质成分与存在于基粒中的类胡萝卜素得以积累[27]。在本研究中，可以观察到变异叶片片层结构解体，亲锇颗粒增加且聚集在一起，说明叶绿体内膜脂代谢不平衡。

叶绿体内部结构的分化同时受核基因和质体本身基因两者的控制。结构观察证明，突变造成的斑纹叶片的黄色部分，发现了含有不同类型质体的混合细胞，同时含有发育正常的叶绿体和发育失常的质体。类似的情况也曾在其他植物中观察到，例如由质体本身的DNA的变异引起的玉米[28]、大麦[29]、烟草[30]、番茄、甘蔗[31]和拟南芥等植物的嵌合（花叶）植株中，都发现了上述的混合型细胞。因此混合型细胞的存在已成为质体DNA发生了变异的有力证据。

从叶绿体叶绿素含量、超显微结构分析，黄色部分叶绿体缺乏正常的膜结构，基粒片层垛叠程度低，叶绿体形状不规则且数量相对较少，从而使叶片表现失绿黄化，可能与叶绿素含量和叶绿体结构异常导致光合作用较弱有关[32]。变异叶片黄色部分与绿色部分形成嵌合型叶，能够进行一定的光合作用，在田间能够正常生长发育，应用前景广阔，用具有不正常质体的植株可以研究叶绿体发育和分化的遗传控制。本课题组将继续研究其是否受到基因及蛋白酶的调控影响，为斑叶银杏的稳定遗传和推广应用作出进一步实验。

参考文献

[1]陈鹏. 目前国内外银杏研究进展概况[J]. 浙江林业科技，1991，11(4)：70-75，69.

[2]陈鹏. 银杏资源优化配置及高效利用[M]. 北京：中国农业出版社，2007.

[3]杨艳华，陈国祥，刘少华等. Hg^{2+}胁迫下两优培九和武运粳7号水稻幼苗抗性差异的研究[J]. 农村生态环境，2002，18(3)：34-37.

[4]潘瑞炽，董愚得. 植物生理学第二版上册[M]，北京：高等教育出版社，1985：170-171.

[5]曹莉，王辉，孙道杰. 小麦黄化突变体光合作用及叶绿素荧光特性研究[J]. 西北植物学报，2006，26(10)：2083-2087.

[6]Axelsson E，Lundqvist J，Sawicki A，Nilsson S，Sxhroder I，Al-karadaghi S，Willows R D，Hansson M. Reces-siveness and dominance in barley mutants deficient in Mg-chelatase subunit D，an AAA protein involved in chlorophyll biosynthesis[J]. Plant Cell，2006，18(12)：3606-3616.

[7]曹莉，王辉，孙道杰，闵东红，李学军. 小麦黄化突变体叶绿体超微结构研究[J]. 西北植物学报，2006，26(11)：2227-2230.

[8]Terry M J，Kendrick R E. Feedback inhibition of chlorophyll synthesis in the phytochrome chromophore-deficient aurea and yellow-green-2 Mutants of tomato[J]. Plant Physiol.，1999，119(1)：143-152.

[9]Wu Z M，Zhang X，He B，Diao L，Sheng S，Wang J，Guo X，Su N，Wang L，Jigng L，Wang C，Zhai H，Wan J. A chloro-phyll-deficient rice mutant with impaired chlorophyllide esterification in chlorophyll biosynthesis[J]. Plant Physiol.，2007，145(1)：29-40.

[10]魏慧敏，陈云伟，张年辉，赵云，杜林方. 黄化油菜突变体Cr3529子叶类囊体膜光谱性质研究[J]. 西北植物学报，2005，25(2)：250-255.

[11]国艳梅，顾兴芳，张春震，方秀娟，张圣平，徐彩清. 黄瓜叶色突变体的遗传机制[J]. 园艺学报，2003，30(4)：409-412.

[12]富昊伟，来乐春，徐建良，陶献国. 粳稻6108白叶突变性状的遗传分析及转不育系进展[J]. 江西农业大学学报，2003，25(3)：336-338.

[13]成浩，李素芳，陈明，虞富莲，晏静，刘益民，陈龙安. 安吉白茶特异性状的生理生化本质[J]. 茶叶科学，1999，19(2)：87-92.

[14]Peng S，Garcia F V，Laza R C，et a1. Adjustment for specific leaf weight improves chlorophyll meter's estimate of rice leaf nitrogen concentration[J]. Agronomy Journal，1993，85(5)：987-990

[15]李辉，白丹，张卓，郭平，周婵，乌兰. 羊草叶片SPAD值与叶绿素含量的相关分析[J]，中国农学通报，2012，28(02)：27-30.

[16]苗晗. 黄瓜叶色突变体9110Gt转色机理研究[D]. 中国农业科学院研究生院，2007.

[17]William C T，Alice B，Robert A M. Use of nuclear mutants in the analysis of chloroplast development[J]. Development Genetics，1987，8：305-320.

[18]Niels C N，Robetm S，Hennigsen K W，et al. Composition and function of thylakoid membranes from grana-rich grana-deficient chloroplast mutants of barley[J]. Plant Physiol，1979，63：174-182.

[19]邵继荣，王玉忠，刘永胜，等. 水稻温敏型突变体叶片间断失绿的超微结构[J]. 植物学报，1999，41(1)：20-24.

[20]苍晶，于龙凤，王豫颖，张达，郝再彬，胡宝忠. 大豆叶绿素缺失突变体HS 821的农艺性状和生化特性[J]. 核农学报，2007，21(1)：9-12.

[21]吴关庭，王贤裕，金卫. 水稻温敏型紫叶突变体PLM1 2及其遗传研究[J]. 核农学报，2001，15(2)：70-74.

[22]魏玉波，梁乃亭，布哈丽且木，张银宝. 60Coγ射线辐照诱发水稻茎叶超绿突变体[J]. 核农学报，2003，17(6)：409-411.

[23]王聪田，匡晓东. 一份新的水稻淡黄叶色突变体的叶色表现及叶片结构的观察[J]，江西农业学报，2008，20(10)：14～15.

[24] Hostakm S, Henson C A, Duck S H, et al. Starch granule distribution between cell types of alfalfa nodules as affected by symbiotic development [J]. Can J Bot, 1986(65): 1108-1115.

[25]韩善华，张红，顾素芬等．沙冬青淀粉粒及其与叶绿体发育的关系[J]．西北植物学报，2001，21(1)：107-111.

[26]范燕萍，李慧玲，李浩健．几种花叶线艺兰叶片色斑色素组成和叶绿体超微结构研究[J]．华南农业大学学报，2006，27(2)：8-12.

[27]苏小静，汪沛洪．小麦突变体返白系返白机理的研究：Ⅰ返白阶段叶绿体超微结构观察[J]．西北农业大学学报，1990，18(2)：73-77.

[28]T E Weier. The chloroplast structure of iojap maize[J]. Am. J. Bot.，1967，54：773-784.

[29]Ahokas H. Two segregating cytoplasmic mutants of barley[J]. Hereditas，1976，82：187-192.

[30]Shumway L K and A Kleinhofs. Aspects of the biochemistry ultrastructure of a cytoplasmically inherited Plastid defect (DPI) of tobacco[J]. Biochem. Genet.，1973，8：271-280.

[31]孙敬三，朱至清，王敬驹，李守全．甘蔗黄化突变体质体的发育和超微结构[J]．植物学报，1981，23(1)：1-8.

[32]曹莉，王辉，孙道杰，闵东红，李学军，冯毅．小麦黄化突变体叶绿体超微结构研究[J]．西北植物学报，2006，26(11)：2227-2230.

叶籽银杏种质遗传多样性的 AFLP 分析*

吴岐奎　邢世岩①　刘晓静　辛　红

（山东农业大学林学院，山东泰安　271018）

摘要： 采用 AFLP 分子标记技术对 36 份叶籽银杏种质进行遗传多样性和亲缘关系的分析。8 对引物对 36 份叶籽银杏种质扩增后检测出 1109 条谱带，其中有 1099 条多态带，多态带比例为 99.098%，表明所试叶籽银杏材料具有丰富的多样性。遗传相似系数为 0.3639～0.7353，平均值为 0.5805，说明各种质之间有一定的遗传分化。聚类分析将叶籽银杏分成 9 类，来源相同的种质并没有严格地聚在一起，表明叶籽银杏的变异与地理来源没有严格的相关性。该项研究为更深入地了解叶籽银杏遗传背景和遗传结构提供了参考，为叶籽银杏种质资源的利用提供了依据。

关键词： 叶籽银杏；遗传多样性；AFLP

Genetic Diversity Analysis of *Ginkgo biloba* L. var. *epiphylla* Mak. Germplasms by AFLP*

Wu Qikui　Xing Shiyan①　Liu Xiaojing　Xinhong

(*College of Forestry*, *Shandong Agricultural University*, *Tai'an Shandong* 271018, *China*)

Abstract: The genetic diversity of 36 *Ginkgo biloba* L. var. *epiphylla* Mak. clones are tested by AFLP. 8 primer combinations selected from 64 primer combinations produce a total of 1109 fragments, 1099 of which are polymorphism percentage of 99.098%. It suggests that *Ginkgo biloba* L. var. *epiphylla* Mak. has a rich genetic diversity. The molecular genetic similarity coefficients rang from 0.3639 to 0.7353, and that the average being 0.5805 indicates that genetic variation occurs among them. All of *Ginkgo biloba* L. var. *epiphylla* Mak. are clustered into 9 groups with UPGMA, and the clones originated the same place don't distribute in the same group totally. It indicates that there is no strict relationship between the variation and geographic origin of the black pine clones. This study provides the reference for the genetic background and the genetic structure of *Ginkgo biloba* L. var. *epiphylla* Mak., and also provide the basis for the utilization of *Ginkgo biloba* L. var. *epiphylla* Mak..

Key words: *Ginkgo biloba* L. var. *epiphylla* Mak.; Genetic diversity; AFLP

---

* 基金项目：国家自然科学基金项目（编号：30671707，30872040）；国家科技支撑计划课题（2012BAD21B04）；山东省农业良种工程重大课题（鲁农良字[2011]7 号）、鲁农良种[2013]1 号。作者简介：吴岐奎（1989-），男，硕士，研究方向为林木遗传育种。①通讯作者：邢世岩，男，教授。E-mail：xingsy@sdau.edu.cn。

银杏(*Ginkgo biloba* L.)是第四纪冰川之后唯一在中国保存下来的孑遗物种，在漫长的演化历程中，其种子和叶片发生了明显的形态变异(邢世岩，1993)。1891 年，Shirai 发现了第一株叶籽银杏。1927 年，Makino 首次把叶籽银杏定为一个变种，*Ginkgo biloba* L. var. *epiphylla* Mak.，并为后人引用(郭善基，1984；彭日三，1995)。1962 年，董春耀第一次在中国发现叶籽银杏(郭善基和李健，1984)。目前，中国已报道的叶籽银杏有 32 株(李保进，2008)。AFLP 技术是 DNA 标记的一种方法，具有快速、灵敏、稳定，所需 DNA 量少，不需预先知道基因组序列，多态性检出率高，重复性好，多态性丰富，稳定性高等优势。

我国对叶籽银杏的多样性研究主要集中在叶籽银杏表性遗传多样性，国内 AFLP 分子标记在叶籽银杏遗传多样性分析上的应用尚未见报道(韩晨静等，2009a；邢世岩等，2011a；张芳等，2011a)。本研究采集 36 份叶籽银杏种质嫁接苗的幼嫩叶片，利用 AFLP 分子标记技术对其进行遗传多样性和亲缘关系分析，为叶籽银杏的分类、保护、利用等提供一定的理论依据和参考。

1 材料与方法

1.1 试验材料

2012 年 5 月份，在山东省泰安市药乡林场银杏种质资源苗圃中，采集 36 个叶籽银杏种质嫁接苗(表 1)的幼嫩叶片，放入自封袋中，再加入 10 倍质量的变色硅胶用于干燥，干燥过程中翻动 2 ~ 3 次，硅胶变色时及时更换，以保证叶片在 12h 之内完全干燥，用于 DNA 的提取。

表 1 叶籽银杏实验材料编号及来源

Tab. 1 No. and Sources of *Ginkgo biloba* L. var. *epiphylla* Mak. germplasm resources

序号	品种	来源	序号	品种	来源	序号	品种	来源
1	ZP	福建漳平	13	WC	四川旺苍	25	YZ-5	山东沂源
2	SM	福建沙县	14	NS1	山东肥城	26	YZ-6	山东沂源
3	DK1	湖南洞口	15	NS2	山东肥城	27	YZ-7	山东沂源
4	TG	山西太谷	16	SY1	山东沂源	28	YZ3-1	山东沂源
5	WY	四川万源	17	SY2	山东沂源	29	YZ3-2	山东沂源
6	GX1	广西兴安	18	TC1	云南腾冲	30	YZ3-3	山东沂源
7	GX2	广西兴安	19	TC2	云南腾冲	31	YZ3-4	山东沂源
8	GX3	广西兴安	20	TC3	云南腾冲	32	YZ3-6	山东沂源
9	DZ	河南邓州	21	YZ-1	山东沂源	33	YZ3-7	山东沂源
10	HB	湖北安陆	22	YZ-2	山东沂源	34	YZ3-N1	山东沂源
11	SX	陕西白河	23	YZ-3	山东沂源	35	YZ3-N2	山东沂源
12	TD	山东济南	24	YZ-4	山东沂源	36	11-1	日本

注：YZ3-1、YZ3-2、YZ3-3、YZ3-4、YZ3-6、YZ3-7 是 YZ-3 嫁接子代叶生果。YZ3-N1、YZ3-N2 是 YZ-3 嫁接子代尚未表达叶生果。

1.2 DNA 的提取

称取叶籽银杏嫩叶约 50mg，叶籽银杏总 DNA 的提取参照 Doyle 等(1990)的方法，采用

CTAB 法提取叶籽银杏幼嫩叶片总 DNA。

1.3 AFLP 体系的建立

依照北京鼎国昌盛生物技术有限责任公司 *Eco*RI/*Mse*I 型试剂盒，按照说明进行操作，最后将选择性扩增产物进行 4% 聚丙烯酰胺电泳，得到电泳图。

1.4 数据分析

电泳图谱经 ABI377 PRISM377 sequencer 测序仪检测片段大小，GENESCAN 软件进行分析，得到原始数据，将原始数据中有带的换成“1”，无带的换成“0”，构建“01 矩阵”，以供下一步分析。利用 POPGENE version 1.31 软件计算遗传多样性指标：多态性比例(PPB)、观测等位基因数(Na)、Nei's 基因多样性(H)、Shannon's 信息指数(I)。采用 NTSYSpc version2.10e 软件，得到相似系数 SC 矩阵，并采用 Dice 系数非加权算术平均法(UPGMA)进行聚类分析。

2 结果与分析

2.1 叶籽银杏 AFLP 的选择性扩增结果及多态性分析

从 64 对引物组合中选出 8 对多态性较好的引物组合用于叶籽银杏 AFLP 的选择性扩增，如图 1 为引物组合 *P*-GAC/*M*-CTA 的选择性扩增结果，图谱显示扩增多态性好、信号强度高、易于分辨，适合进行叶籽银杏遗传多样性统计分析。

筛选出的 8 对引物进行选择性扩增，共产生 1109 条谱带(表 2)，平均每对引物扩增产生 138.6 条谱带，其中多态带为 1099 条，平均多态带比例为 99.10%，不同引物的多态带比例介于 94.51% ~100.00% 之间。不同引物产生的谱带数量存在一定的差异，其中 *P*-GAC/*M*-CTG 引物产生的谱带最多(200 条)，而 *P*-GAC/*M*-CTA 引物产生的谱带最少(91 条)。每对引物的鉴别效率为 100%。由此可见：所选择的引物在叶籽银杏间表现了较高的多态性水平，亦说明 AFLP 是一种十分有效的分析叶籽银杏遗传多样性的方法。

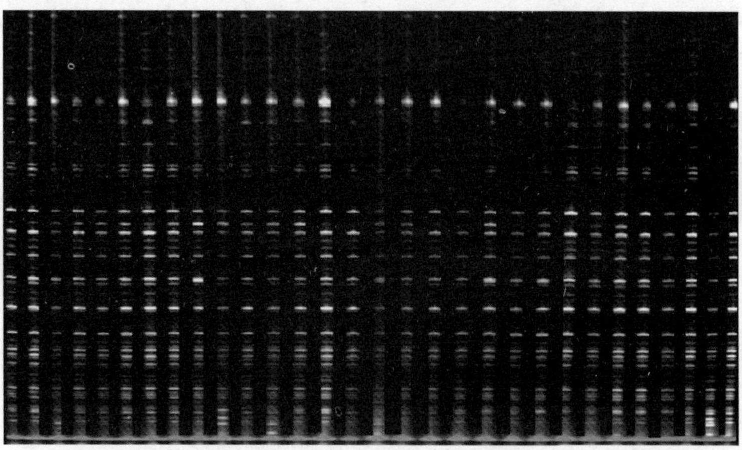

图 1 *P*-GAC/*M*-CTA 扩增的叶籽银杏 AFLP 图谱(材料从左至右为 1 ~30)

Fig. 1 AFLP profiles for single plants of *Ginkgo biloba* L. var. *epiphylla* Mak. By *P*-GAC/*M*-CTA

表2　AFLP 选择性扩增引物产生的条带多态性

Tab. 2　Polymorphism of AFLP obtained by selective amplification based on the eight primer-combinations

引物组合	总带数	多态带数	多态带比例(%)
P-GAA/ *M*-CAG	103	101	98.06
P-GAA/ *M*-CTG	151	151	100.00
P-GAC/ *M*-CAC	149	149	100.00
P-GAC/ *M*-CTA	91	86	94.51
P-GAC/ *M*-CTC	144	144	100.00
P-GAC/ *M*-CTG	200	200	100.00
P-GAG/ *M*-CTG	133	132	99.25
P-GAT/ *M*-CAG	138	136	95.55
合　计	1109	1099	
平　均	138.63	137.38	99.10

运用 POPGENE version 1.31 软件对各位点观测的 *Na*、*Ne*、*H*、*I* 进行统计分析(表3)。36 份叶籽银杏种质观测等位基因数(*Na*)平均值为 1.9871，有效等位基因数(Ne)平均值为 1.3713，Nei's 基因多样性(*H*)平均值为 0.2292，Shannon 信息指数(*I*)平均值为 0.3628。由此可见，8 对引物在所分析的叶籽银杏资源中多态性好，叶籽银杏的遗传多样性处于一个较高的水平。

表3　基于不同引物组合的叶籽银杏遗传多样性水平

Tab. 3　Genetic diversity of *Ginkgo biloba* L. var. *epiphylla* Mak. single plants with different primer-combinations

引物组合	观测等位基因数	有效等位基因数	Nei's 基因多样性	Shannon 信息指数
P-GAA/ *M*-CAG	1.9806	1.4323	0.2573	0.3967
P-GAA/ *M*-CTG	1.9934	1.3669	0.2201	0.3471
P-GAC/ *M*-CAC	2.0000	1.3523	0.2188	0.3491
P-GAC/ *M*-CTA	1.9451	1.3638	0.2229	0.3509
P-GAC/ *M*-CTC	2.0000	1.3568	0.2237	0.3573
P-GAC/ *M*-CTG	2.0000	1.3099	0.2096	0.3461
P-GAG/ *M*-CTG	1.9925	1.3736	0.2325	0.3686
P-GAT/ *M*-CAG	1.9855	1.4151	0.2489	0.3865
平均	1.9871	1.3713	0.2292	0.3628

2.2　叶籽银杏种质资源的特异性位点

分析 8 对引物对 36 份叶籽银杏种质资源的电泳条带，产生 180 个特异性条带(包括单态带和缺失带)，其中缺失带 15 条，占特异性总条带的 8.333%。不同的叶籽银杏产生的特异性条带不同，SY2 产生的特异性条带最多，达到了 22 条，其中包括 4 条缺失带；其次是 NS2，其单态带有 13 条。不同的引物组合产生的特异性条带也不相同，产生特异性条带最多的是 *P*-GAA/*M*-CTG，共产生 29 条特异性条带，其中有 1 条缺失带；产生特异性条带最少的是 *P*-GAC /*M*-CTA，共产生 18 条特异性条带，其中有 5 条缺失带。由表 4 还可以看出：GX1、GX2、YZ-1、YZ-6、YZ-7 没有产生特异性条带，说明这些种质资源没有产生相对其他种质最为突出的变异。

2.3　叶籽银杏种质资源的相似性

不同种质间的遗传相似系数在 0.3639 ~ 0.7353 之间，平均值为 0.5805。DZ 与 YZ3-7 的遗传相似系数最大(0.7353)，说明二者的亲缘关系最相近，遗传差异性最小。SY2 与 YZ3-N1 的遗传相似系数最小(0.3639)，说明二者的亲缘关系最远，差异性最大。GX2 与其他叶籽银杏种质的相似性系数平均值最大(0.6412)；SY2 与其他叶籽银杏种质的相似性系数平均值最小(0.4543)，说明 SY2 与其他种质相似性低，亲缘关系远。

2.4 叶籽银杏种质资源的聚类分析

将 36 个叶籽银杏种质进行 UPGMA 聚类(图 2)，在相似系数 0.44 处，供试材料分为两大类：I 类包括 35 个种质；II 类包括 1 个种质，即 SY2。聚类结果与叶籽银杏种质的形态表现相符，SY2 来源是 NS1 未表达的实生子代，作为本实验的对照，没有叶籽银杏的形态表达，与其他的种质有显著的遗传差异，亲缘关系较远。在相似系数 0.59 处，可将叶籽银杏分为 9 类：第 1 类包括 24 个种质，即 ZP、WY、SM、TC1、TC3、YZ-4、YZ3-4、GX3、NS1、DZ、YZ3-7、YZ3-1、YZ3-2、YZ-5、YZ-1、YZ-6、DK1、GX2、GX1、SX、SY1、HB、YZ3-N2、YZ-7；第 2 类包括 2 个种质，即 YZ3-3、YZ3-N1；第 3 类包括 1 个种质，即 11-1；第 4 类包括 1 个种质，即 YZ-3；第 5 类包括 3 个种质，即 TG、WC、YZ3-6；第 6 类包括 2 个种质，即 TD、NS2；第 7 类包括 1 个种质，即 TC2；第 8 类包括 1 个种质，即 YZ-2；第 9 类包括 1 个种质，即 SY2。其中山东沂源的 17 个叶籽银杏种质并没有聚为一类，这说明种质的聚类与地理位置并不完全相关。另外，较多单独分类的现象也表明叶籽银杏的遗传关系比较复杂。

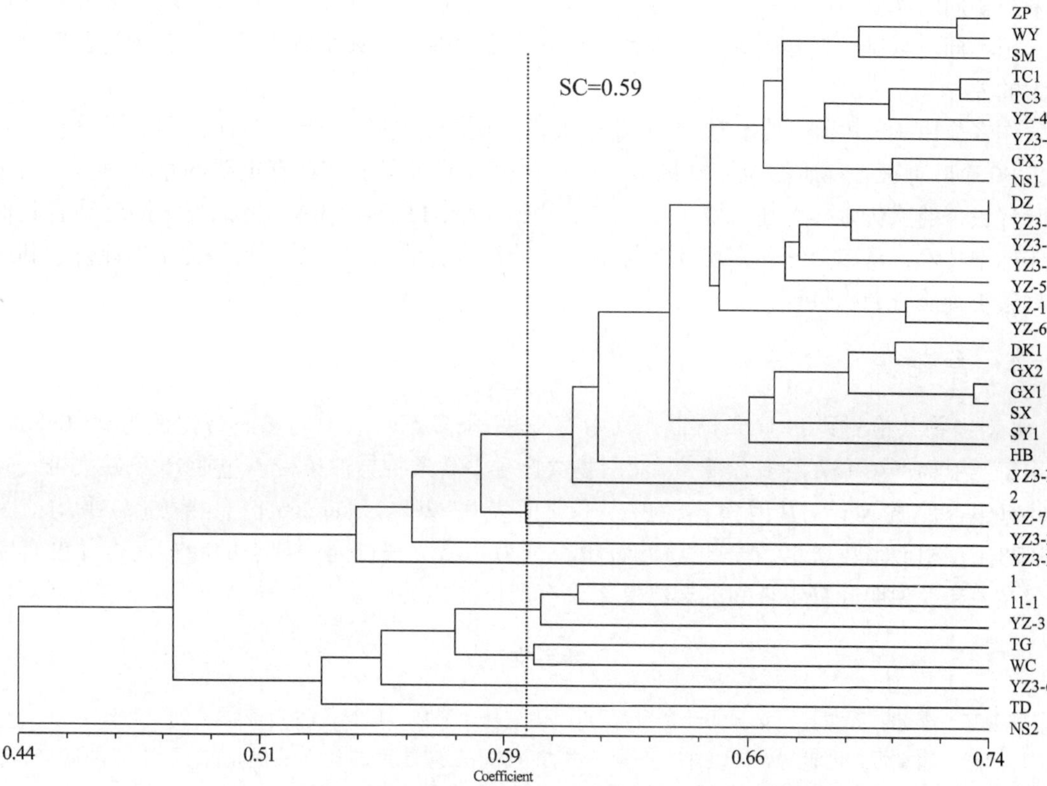

图 2 36 个叶籽银杏无性系基于 AFLP 分析的 UPGMA 聚类结果

Fig. 2 Dendrogram of UPGMA analysis of the 36 *Ginkgo biloba* L. var. *epiphylla* Mak. single plants based on AFLP markers

3　讨论

本研究选用 AFLP 标记方法剖析叶籽银杏种质的亲缘关系，可以清晰地探测到叶籽银杏种质 DNA 特异性扩增片段丰富的多态性，很好地反映出供试材料间的遗传差异，把 36 份材料相互区分开。以上结果表明，AFLP 荧光标记技术非常适于分子水平的叶籽银杏亲缘关系分析，在叶籽银杏资源材料识别和区分上具有高分辨率，可以用于叶籽银杏种质资源材料的正确识别，为叶籽银杏的分类、保护、利用等提供一定的理论依据和参考。

产生特异性条带，表明该种质产生相对其他种质较为突出的变异，合理的利用这些变异有可能产生较高的遗传增益。来源相同的叶籽银杏种质并没有严格地聚集到一起，说明其变异与地理来源没有严格的相关性，这与王利等的研究结果基本一致。由此可见，在叶籽银杏育种和研究利用过程中，不仅要考虑材料地理来源的差异，更要考虑材料间遗传差异的大小。

在本实验中，遗传相似系数在 0.4543 ~ 0.6412 之间，平均值为 0.5805。其中 SY2 与其他种质的遗传相似系数平均值最低，该种质为叶籽银杏 YZ-1 未表达的实生子代，表现为正常银杏，表明叶籽银杏为一个变异表现型与正常银杏有一定的遗传差距。地理位置相对较远来源日本的 11-1，与其他种质的遗传相似系数平均值为 0.5423，该结果与以前的研究结果相一致（王利等，2006a）。这与公元 6 世纪银杏从中国传至日本有关（邢世岩等，2004a）。而来源相同的 YZ3-N1、YZ3-N2 遗传相似系数较低，它们并没有聚为一类，其结果表明它们的起源不同。可见，尽管同为叶籽银杏，但它们之间的亲缘关系较为复杂，其远近程度存在较大的差异。

作者应用 AFLP 标记技术对 36 个叶籽银杏种质资源进行了遗传多样性和聚类分析，获得了 36 个叶籽银杏种质的遗传树状图，对叶籽银杏的研究工作具有重要的意义。为全面了解叶籽银杏的遗传多样性还需要更深一步的研究，借助其他的 DNA 标记技术同时结合其他遗传标记技术，从多角度、多层面系统地研究叶籽银杏的遗传关系，从而为正确评价、利用叶籽银杏种质资源提供理论支持。

4　结论

8 对引物共检测到 1109 条谱带，其中有 1099 条多态带，平均多态带比例为 99.098%，平均每对引物产生 137 条多态带。8 对引物共产生 180 条特异性条带，包括 15 条缺失带。36 份叶籽银杏种质 Nei's 基因多样性（H）平均值为 0.2292，Shannon 信息指数（I）平均值为 0.3628。在相似系数 0.59 处，可将叶籽银杏分为 9 类。来自同一地点的叶籽银杏并没有完全聚在一起，说明叶籽银杏间的亲缘关系没有严格的相关性。

参考文献

[1] 郭善基，李健．沂源县织女洞的叶籽银杏[J]．山东林业科技，1984，(2)：24-25.

[2] 郭彦彦，唐文煜，邢世岩，谭洪才，王利．银杏 AFLP 反应体系的建立及优化[J]．江西农业大学学报，2006，28(3)：377-381.

[3] 黄明．叶籽银杏树上的新发现[J]．山东林业科技，1997，108(1)：37-38.

[4] 李士美，邢世岩，李保进，王利．叶籽银杏的发生及其个体与系统发育研究述评[J]．园艺学报，

2007，43(5)：90-98.

[5] 王利. 银杏种质资源遗传多样性的 AFLP 研究[J]. 泰安：山东农业大学，2006a.

[6] 王利，邢世岩，王芳，韩克杰. 银杏雌株种质遗传多样性的 AFLP 分析[J]. 林业科学，2008，44(4)：47-53.

[7] 王 利，邢世岩，韩克杰，唐文煜，束怀瑞，郭彦彦，李世美. 银杏雄株亲缘关系的 AFLP 分析[J]. 中国农业科学，2006b，39(9)：1940-1945.

[8] 王晓梅，宋文芹，刘松，李秀兰，陈瑞阳. 利用 AFLP 技术筛选与银杏性别相关的分子标记[J]. 南开大学学报：自然科学版，2001，34(1)：5-9.

[9] 邢世岩，李际红，邢浩，张芳，韩晨静，唐海霞. 叶籽银杏种实形态解剖特征比较[J]. 林业科学，2011，47(1)：56-61.

[10] 徐金光，李景涛，刘莉娟，刘霞，王东升，段春玲，邢世岩，李秀国. 白榆无性系遗传多样性的 AFLP[J]. 山东林业科技，2012，203 (6)：14-18.

[11] 周志炎. 中生代银杏类植物系统发育、分类和演化趋向[J]. 云南植物研究，2003，25(4)：377-396.

[12] Cervera M T, Stome V, SotoA, et al. Intraspecific and interspecific genetic and phylogenetic relationships in the genus *Populus* based on AFLP markers [J]. Theoretical and Applied Genetics, 2005, 111 (1): 1440-1456.

[13] Ferdinandez Y S N, Coulman B E. Genentic relationships among smooth bromegrass cultivars of different ecotypes detected by AFLP markers[J]. Crop Science, 2004, 44 (1): 241-247.

[14] Kuddus R H, Kuddus N N, Dvorchic I. DNA polymorphism in the living fossil *Ginkgo biloba* from the Eastern United States[J]. Genome, 2002, 45(1): 8-12.

[15] Santamour F, He S A, McArdle A J. Checklist of cultivated Ginkgo[J]. J Arboriculture, 1983, 9(3): 88-92.

[16] Tsumura Y, Ohaba K. The genetic diversity of isozymes and the possible dissemination of *Ginkgo biloba* in ancient times in Japan//Hori T, Ridge R W, Tuleeke W, et al. *Ginkgo biloba*—a global treasure [M]. Springer-Verlag, Tokyo, 1997: 159-172.

银杏雌雄花芽抑制差减文库(SSH)构建及EST序列分析

张晓文 邢世岩① 张 倩 吴岐奎

(山东农业大学林学院农业生态与环境重点实验室，山东泰安 271018)

摘要：银杏是珍贵的雌雄异株多用途树种，集药用、食用、材用、观赏、科研于一身，已广泛深入人们的生活。其雌株和雄株具不同的价值及用途，目前无法对苗期银杏进行性别鉴定，极大制约了银杏生产的发展。抑制性差减杂交技术(SSH)是一种高效分离差异表达基因的方法，由于该技术稳定、高效、可靠等优点，目前在植物学研究的各个领域得到了广泛的应用。为获得银杏性别决定相关基因，揭示雌雄异株植物性别决定的分子机制，本研究分别以银杏雌、雄花芽为试材，首次通过抑制性差减杂交技术成功构建银杏雌、雄花芽差减 cDNA 文库。在双向库中分别随机挑取 24 个阳性克隆，提取质粒进行测序，共获得 34 条 EST 序列。利用 NCBI 中的 BLAST 工具比对和功能分析，19 条雌花芽 EST 序列和 15 条雄花芽 EST 序列找到了同源基因。功能注释结果显示，雌花芽 EST 序列中有 4 个参与了光合作用，而雄花芽 EST 序列中未发现该类基因；5 个雄花芽 EST 序列可能与能量代谢有关，而雌花芽 EST 序列中不包含这类基因；在雄花芽 EST 序列鉴定到一个异胡豆苷合成酶(strictosidine synthase)相关基因，可能参与了银杏性别决定或花器官发育过程。

关键词：银杏；抑制差减杂交；cDNA 文库

Construction of Subtractive cDNA Library and Analysis of Part EST for Preponderantly Expressed Genes of Female and Male in *Ginkgo biloba* L.

Zhang Xiaowen Xing Shiyan① ZhangQian Wu Qikui

(*Key Laboratory of Agricultural Ecology and Environment*, *College of Forestry*, *Shandong Agricultural University*, *Tai' an Shandong* 271018, *China*)

Abstract: *Ginkgo biloba* is a precious dioecious tree species of multi-purpose use in medicine production, food, wood, gardening, shelter forest and scientific research, which plays a increasingly important part in daily life. The value and use is different between female and male plant. Currently, it is incapable to conduct sex determination of *Ginkgo biloba* at seedling stage

①通讯作者：邢世岩(1959—)男，博士，教授。研究方向：林木种质资源保存与评价。E-mail：Xingsy @ sdau. edu. cn。

resulting in a great restriction on the development of *Ginkgo biloba* product, Suppression subtractive hybridization (SSH) is a efficient technique to isolate differential expression gene due to its stability , efficiency and reliability and has been already widely used in every field of botanical studies, furthermore such a technique can isolate and identify relevant sex determination gene of *Ginkgo biloba* and uncover the molecular mechanism of sex determination in dioecious plant. The female and male flower bud of *Ginkgo biloba* are selected as test materials in this paper, a subtractive cDNA library on female and male flower bud of *Ginkgo biloba* is firstly and successfully constructed through suppression subtractive hybridization technique (SSH), 24 positive clones are selected at random in Two-way library, plasmid extraction and sequencing are conducted, aggregately obtaining 34 EST sequences. Homologous genes are found in 19 female flower bud EST sequences and 15 male flower bud EST sequences by comparision and functional analysis approach of blast tools in NCBI. The result of function annotation shows that: 4 female flower bud EST sequences take part in photosynthesis, but such kind of gene is unfound in male flower bud EST sequences, 5 male flower bud EST sequences are probably involved with energy metabolism while such a type of gene is undiscovered in female flower bud EST sequences, besides , a gene relevant to strictosidine synthase is identified in male flower bud EST sequences, which possibly plays a role in the sex determination or floral organ development processes of *Ginkgo biloba*.

Key words: *Ginkgo biloba* L. ; Suppression subtraction hybridization; cDNA library

银杏(*Ginkgo biloba* L.)属银杏科银杏属，是现存种子植物中最古老的孑遗植物，集药用、食用、材用和观赏于一身，具有特殊的经济价值和重要的科学研究价值。近几年来，在我国发展迅速，种植规模日渐扩大，特别是在园林绿化工程中被广泛使用。木本植物银杏是一种典型的雌雄异株植物，具有 ZW 型性染色体，同其他植物一样，银杏的性别差异主要表现在花器官上，而银杏的实生树定植后需 10 年左右才能开花结果，分辨出雌雄株。此外，雌雄异株的银杏树，性别不同实用价值各异。银杏作为一种行道树，树形美观，抗病虫害能力强，适应性广，但因为银杏有性别分化，雌株因落果，种皮具腐臭异味的性质而不能作为行道树种，而以白果为主要生产目的的则需要大量的雌株。因此，银杏雌雄株性别的早期鉴别不仅具有理论意义，而且具有重要的实用价值。

植物的性别决定机理复杂，不同植物其决定机理也不相同。总体来说有 3 种：性染色体决定、性染色体与常染色体的比率决定和激素调控。尽管雌雄异株植物的性别决定机制各不相同，但雌雄个体总会在形态、生理生化、细胞、核酸等方面体现出不同程度的差异。目前，银杏性别鉴定的方法大多也是以雌雄株外部形态、生理代谢产物、所含化学物质、同工酶、特异蛋白质、氨基酸含量及核苷酸的差异为依据，这些方法在银杏的性别鉴定研究中发挥了一定的作用。

抑制性消减杂交技术（suppression subtractive hybridization, SSH）是基于差减杂交和抑制性 PCR 技术建立的一种新技术，可以在转录水平研究生物机体在不同生理时期、环境变化、疾病等条件下的基因表达差异。由于其操作便捷、特异性强、效率高、重复性好等特点，已利用该技术已从动植物的不同组织、器官以及不同的发育时期成功地分离出了众多的差异表达基因。本研究以银杏20年生雌雄株性别已表达植株雌、雄花芽作为构建抑制性消减文库的材料，以期获得部分差异表达基因的信息，为揭示雌雄异株植物性别决定的分子机制提供重要信息，为建立银杏苗期性别鉴定体系提供直接依据。

1　材料与方法

1.1　材料及处理

供试银杏采自山东农业大学林学站，均为20年生性别已表达植株。分别选取处于萌动期的银杏雌、雄花芽，剥离鳞片并去除叶原基后于液氮速冻12h后，-80℃冰箱保存待用。

1.2　总RNA提取及mRNA纯化

用Trizol试剂盒[生工生物工程(上海)股份有限公司]，分别提取银杏雌、雄花总RNA，通过琼脂糖凝胶电泳检测总RNA的完整性，紫外分光光度计测定其纯度和纯度。使用Qiagen公司的Oligotex mRNA纯化试剂盒(purification of poly A^+ RNA from total RNA)分离mRNA，收集最终离心液体质检。

1.3　抑制差减杂交

cDNA合成及抑制差减文库的构建依照PCR-Select TM cDNA Subtraction Kit(Clontech)的试剂盒进行，分别以银杏雌花(CH)为差减杂交的试验方(tester)，以银杏雄花(XH)为差减杂交的驱动方(driver)。对经2次消减杂交的产物再进行2次巢式PCR扩增，使差异表达基因得到充分富集。杂交消减产物经纯化与浓缩后与pMD18-T载体连接，形成质粒文库，然后转化大肠杆菌感受态细DH-5α，涂在含Apr-IPTG/x-gal的LB固体培养基上37℃培养过夜，随机挑取白斑克隆，取1μL培养菌液作模板，用巢式引物进行PCR扩增，琼脂糖凝胶电泳检测插入片段。

1.4　序列测定、Blastn分析和基因功能注释

随机挑选PCR检测呈阳性的克隆测序及分析，对所获序列去除载体、引物及接头序列后，利用NCBI(http://blast.ncbi.nlm.nih.gov/Blast.cgi)的Blsatn在线比对工具分析每个插入cDNA片段序列与对应的已知基因序列的同源性。同时利用COG数据库进行功能注释和分类。

2　结果

2.1　总RNA质量检测

琼脂糖凝胶电泳分别对总RNA的质量进行检测，结果显示，RNA条带清楚、没有拖尾和弥散现象，如图1所示，说明提取的总RNA完整性较好、纯度较高，可用于下步操作及构建文库。

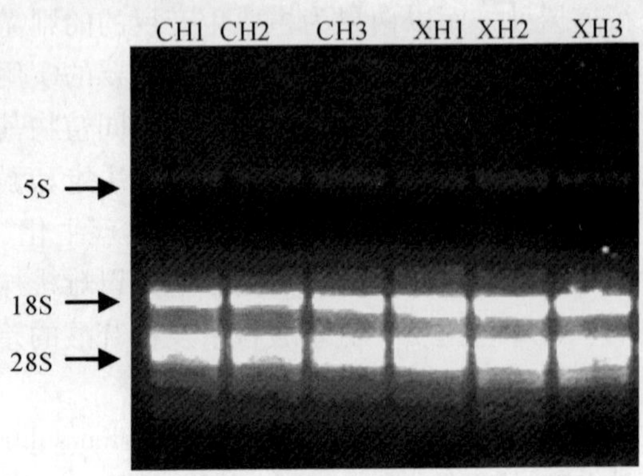

图1　雌、雄花芽总RNA电泳图谱

Fig. 1　RNA electroph-oresis atlas of female and male flower buds

2.2　SSH-cDNA文库的评价

用雌、雄花芽mRNA反转录，得到全长cDNA，用限制性内切酶Rsa I对纯化后的cDNA进行酶切，得到长度较短的平头末端片段。利用1.0%琼脂糖凝胶电泳对酶切产物进行检测，酶切产物在泳道中呈均匀弥散，如图2所

示，表明酶切达到了预期效果。

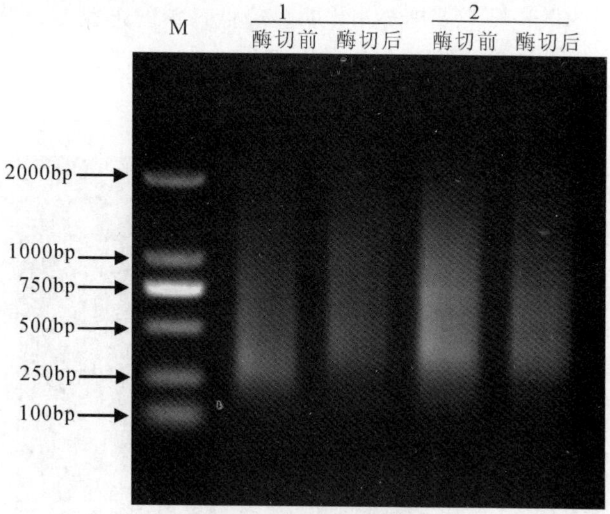

图2 cDNA 酶切电泳图

Fig. 2 Electrophoresis atlas of cDNA digestion

1. Tester 样品的 cDNA；2. Driver 样品的 cDNA；M：DL2000

1. cDNA of Tester samples；2. cDNA of Driver samples；M：Marker DL2000

用 T4 DNA 连接酶分别以连接接头 1 和 2R 的 cDNA 为模板，用巢式引物（Nested PCR primer 1 和 Nested PCR primer 2R）进行 PCR 扩增以检测连接效率。结果如图 3 所示，在 500～1500bp 之间有弥散的条带，且亮度集中在 750bp 左右，说明接头效率较为理想。

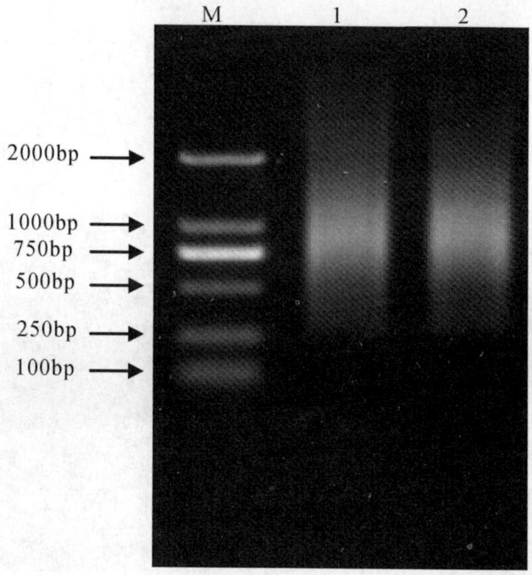

图3 接头连接效率检测

Fig. 3 Efficiency of the adaptor ligation with Tubulin

1. 连接接头 1 的 cDNA 的 PCR 扩增产物；

2. 连接接头 2R 的 cDNA 的 PCR 扩增产物；M：DL2000

1. PCR products of cDNA attached with adaptor 1；

2. PCR products of cDNA attached with adaptor 2R；M：Marker DL2000

将差减杂交第二次 PCR 反应后得到的产物与未经过差减杂交的 cDNA 进行比较。从图 4 可以看出，PCR 产物的弥散程度与 cDNA 相比明显降低，说明抑制性差减杂交达到了对某些特异序列的富集作用，表明差减杂交达到了预期效果。

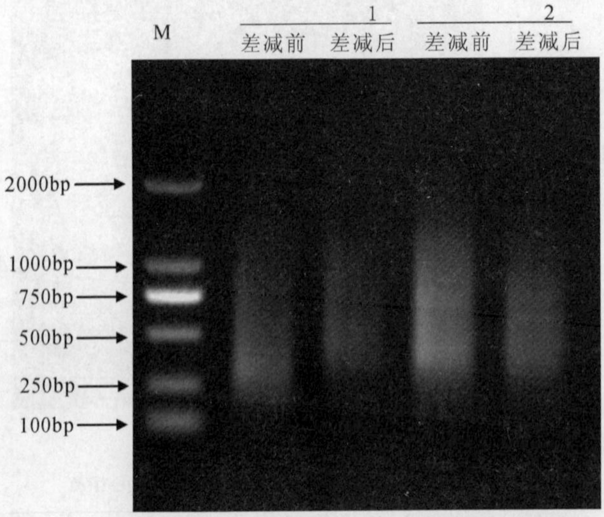

图 4　cDNA 抑制差减杂交效率检测

Fig. 4　Evaluation of subtraction efficiency

1. 雄花芽样品；2. 雌花芽样品；M. DL2000

1. Male flower bud samples；2. Female flower bud samples；

M. Marker DL2000

分别随机挑取来源于雌花芽或雄花芽优势表达基因 cDNA 文库的单菌落，以巢式引物 Nested PCR primer 1 和 Nested PCR primer 2 进行菌落 PCR，以检测文库中片段插入情况。结果如图 5 所示，文库片段插入率接近 95%，并且插入片段的大小主要分布在 300 ~ 1200bp 之间。

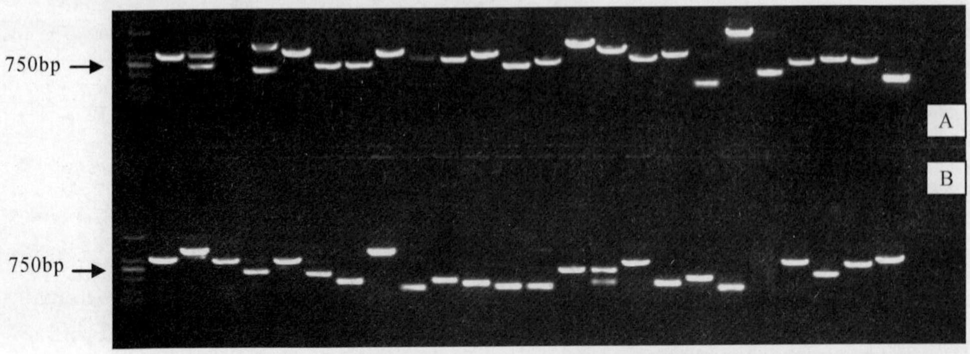

图 5　差减杂交文库中片段插入情况的检测

Fig. 5　Analysis of the insertion of DNA fragments of SSH library

A. 雌花芽样品；B. 雄花芽样品

A. Male flower bud samples；B. Female flower bud samples

2.3 差异基因测序及分析

在雌、雄花芽差减文库得到的单菌落中分别随机挑选 24 个，提取质粒进行测序分析。结果有 19 个雌花芽优势表达序列和 15 个雄花芽优势表达序列找到了同源基因。根据这些同源基因的信息对 34 个雌、雄花芽优势表达序列进行了功能注释结果显示，雌花芽特异序列中有 4 个参与了光合作用，而雄花芽特异序列中未发现该类基因；5 个雄花芽特异序列可能与能量代谢有关，而雌花芽特异序列中不包含这类基因；在雄花芽特异序列中鉴定到一个异胡豆苷合成酶相关基因，可能参与了银杏性别决定或花器官发育过程。

3 讨论

SSH 是真核生物的分子生物学研究的基本手段之一，利用 SSH 技术可以找到某特定发育期、特异组织、特殊处理所引起的特异表达基因。本研究利用 SSH 技术，通过 PCR 和测序获得了一些银杏雌、雄花芽的差异表达基因，成功构建了银杏雌、雄花芽 cDNA 差减文库。经过序列的比对发现，雌、雄花特异序列与这些序列的同源性较低。雌花芽特异序列中的 5 个和雄花芽特异序列中的 9 个没有找到同源基因。造成这一结果的原因可能是银杏遗传背景与目前测序较为深入的模式植物相差较大，或者是参与植物生殖过程的基因往往进化较快，以保持植物物种间的独立性，避免远缘杂交。因此我们推测，参与植物性别决定或者单性花发育过程的基因也可能属于进化较快的一类基因，从而保持某些种类植物雌雄异株的特性。

Tanurdzic 等人从白麦瓶草中克隆到 5 个雄花芽特异表达的基因，其中就包括了异胡豆苷合成酶基因。该基因可能受到位于 Y 染色体的上游调控基因的控制，直接参与了性别决定和随后的雄花发育过程。本研究从银杏的雄花芽中鉴定到一个异胡豆苷合成酶基因的同源序列，并且发现该序列为雄花芽优势表达序列。这一发现说明，该基因在银杏中可能发挥了与白麦瓶草中相似的功能，通过合成植物次生代谢物调节组织细胞的生理状态，进而促进雄性性别决定过程的完成；或者通过对组织细胞的生理状态的影响，参与到雄性花器官的发育过程。同时也说明，虽然白麦瓶草性染色体为 XY 型，而银杏为 ZW 型，但二者之间在性别决定或花器官发育的分子机理上可能存在一定的相似性。这是目前鉴定到的第一个可能与银杏性别决定或者花器官发育相关的基因，这一基因的发现证明了本研究数据的可靠性，同时也为今后该领域的研究提供了一定思路和基础。

4 结论

构建了银杏雌雄花抑制性差减文库，通过菌落 PCR 鉴定证明了文库的可靠性。推测银杏雌花芽的发育速度可能比雄花芽更快，雄株的生长速率高于雌株；银杏雌性性别决定和雌花发育过程的转录调控机制可能比雄性复杂；异胡豆苷合成酶基因可能参与了银杏雄性性别决定或雄花发育过程。

参考文献

[1] Ming R, Bendahmane A, Renner S. Sex Chromosomes in Land Plants. Annu. Rev[J]. Plant Biol, 2011, 62: 485-514.

[2] Diggle P K, Di Stilio V S, Gschwend A R, Golenberg E M, Moore R C, Russell J R, Sinclair J P. Multiple developmental processes underlie sex differentiation in angiosperms[J]. Trends Genet. , 2011, 27: 368-376.

[3] Ji W, Wright M B, Cai L, Flament A, Lindpaintner K. Efficacy of SSH PCR in isolating differentially expressed genes[J]. BMC Genomics, 2002, 3: 12.

[4] Diatchenko L, Lau Y F, Campbell A P, Chenchik A, Moqadam F, Huang B, Lukyanov S, Lukyanov K, Gurskaya N, Sverdlov E D, Siebert P D. Suppression subtractive hybridization: a method for generating differentially regulated or tissue specific cDNA probes and libraries. Proc Natl Acad Sci USA, 1996, 93: 6025-6030.

[5] Rebrikov D V, Desai S M, Siebert P D, Lukyanov S A. Suppression subtractive hybridization[J]. Methods Mol Biol, 2004, 258: 107 - 134

[6] Bevan M, Bancroft I, Bent E, Love K, Goodman H, Dean C, Bergkamp R, Dirkse W. Analysis of 1. 9 Mb of contiguous sequence from chromosome 4 of Arabidopsis thaliana[J]. Nature, 1998, 391: 485 - 488

[7] Savenstrand H, Brosche M, Strid A. Regulation of gene expression by low levels of ultraviolet-B radiation in Pisum sativum: isolation of novel genes by suppression subtractive hybridisation[J]. Plant and Cell Physiology, 2002, 4(4): 402-410

[8] Ainsworth C, Cross ley S, Buchanan-Wollaston V, et al. Male and female flowers of the dioccious plant sorrel show different pattern s of MADS box gene expression. Plant Cell, 1995, 7: 1583-1598.

[9] Kim J Y, Chung Y S, Peak K H, et al. Isolation and characterization of a cDNA encoding the cysteine proteinase inhibitor, induced upon flower maturation in carnation using suppression subtractive hybridization. Molecular Cell, 1999, 9: 392-397.

[10] Mandolino G, Carboni A, Forapani S, et al. Identification of DNA marker linked to the male sex in dioecious hemp (*Cannabis sative L.*)[*J*]. Theor Appl Genet, 1999, 98: 86-92.

[11] Grant S R, Hunkirchen B, Saedler H. (1994) Developmental differences between male and female flowers in the dioecious plant Silene latifolia[J]. Plant J, 6: 471-480.

[12] Mulder N J, Apweiler R, Attwood T K, et al. The Inter Pro Database: 2003 brings increased coverage and new features[J]. Nucleic Acids Research, 2003, 31(1): 315-318.

[13] SpAPETALA3 and SpPISTILLATA, B class floral identity genes in Spinacia oleracea, and their relationship to sexual dimorphism[J]. Dev Genes Evol, 215: 132-142.

[14] 张雷，杨志攀，刘一鸣，等. cDNA 文库的差异筛选与抑制性减数杂交结合分离胡萝卜体细胞胚根发育相关基因[J]. 自然科学进展，2002，12 (3)：261-265.

[15] 田振东，柳俊，谢从画. 利用抑制差减技术分离马铃薯晚疫病抗性相关基因[J]. 遗传学报，2003，30 (7)：597-605.

[16] 舒长庆，刘慧春，郭新安，等. DNA 分子标记在银杏中的应用[J]. 分子植物育种，2006，4(1)：125-129.

[17] 罗志勇，陆秋恒，刘水平，等. 人参植物皂苷生物合成相关新基因的筛选与鉴定[J]. 生物化学与生物物理学报，2003，35：554-567.

[18] 程晓建，王白坡，郑炳松，等. 银杏雌雄株性别鉴别研究进展[J]. 浙江林学院学报，2002，19：217-222.

[19] 陈学森，邓秀新，章文才. 银杏雌雄株核型及性别早期鉴定[J]. 果树科学，1997，14(2)：87-90.

[20] 董雷雷，邢世岩，李际红，等. 叶籽银杏 trnS-trnG 序列测定与分析[J]. 中国农学通报，2008，24 (12)：168-172.

银杏培育技术

银杏塑料大棚快速育苗试验

李明光[1] 高 森[2] 苏明洲[3] 高建玲[1] 闫玉涛[1] 邓世民[1] 范 永[1]

([1]郯城县农业局，山东郯城 276100；[2]郯城县新村林业站，山东郯城 276128；[3]郯城县林业局，山东郯城 276100)

摘要： 通过2年的塑料大棚快速育苗试验可以明显看出，大棚的环境适宜银杏苗木的快速生长，可以缩短获得优质苗木的时间。当年苗株高低于18cm植株仅占45.3%，18～26cm植株占25.5%；高于26cm的植株占29.2%；而相邻地块常规育种当年苗高低于18cm植株占84%。棚内最高的银杏植株当年高度达到120cm，地茎1.3cm。棚内银杏8月份以后继续长粗长高，直至9月下旬。2年生苗木高度主要集中在80～120cm之间。超过140cm的数量约占20%，最高株高达到2.7m，地茎粗度2.7cm。田间露地栽培银杏2年苗的高度一般在30～80cm左右，健壮的可以达到100cm。但在大棚内育苗株高超过100cm的苗木约占60%。

关键词： 银杏；大棚；快速育苗

最近几年苗木市场尤其火热，银杏作为良好的绿化苗木，银杏小苗价格也是如日中天，各地育苗面积也在逐渐加大。为了探索银杏小苗的快速培育技术，笔者在郯城县港上镇王桥村进行了塑料大棚快速育苗试验，现将试验结果叙述如下。

1 材料与方法

1.1 试验地准备

本实验地块选择在郯城县港上镇王桥村，2011年建设的西瓜种植大棚，2012年春天换膜后种植银杏，塑料薄膜可使用到2013年年底，2年内不撤膜。大棚东西跨度8m，高度3m，南北长140m。2012年春节过后旋耕整地，施用腐熟的有机肥20000kg，复合肥225kg，硫酸亚铁20kg，90%晶体敌百虫8kg。南北向做床，床长35m，床畦宽1.3m，床间距40cm。株行距7cm×25cm，每畦5行。2月下旬初进行银杏催芽，3月10日开始将发芽种子拣出播种。

1.2 试验地管理

播种后苗期出叶3～4枚时(5月上中旬)追施尿素8kg，6月上中旬追施第二次；7月下旬追施第三次。浇地时先将化肥溶解于水，随水浇灌。根据需要中耕除草，6月中旬和7月上旬喷洒70%甲基托布津1000倍液2次防治茎腐病。秋季霜降后叶子将落时进行采收。棚内未种植给银杏遮荫的作物。

根据天气情况掀起棚两侧薄膜，保持棚内温度尽量不超过35℃。5月中旬后，将棚两侧薄膜掀起至1.3m左右以通风换气和降温，补充棚内二氧化碳。

2 结果与分析

2.1 银杏当年苗比较

秋季采完树叶后对棚内苗木选取 4 块进行统计，每块每畦南北向量取 1m，数 5 行，进行统计，详细结果见表 1 和表 2。

表 1 银杏当年生苗木株高数量统计表(单位：cm)

株高	<10	10~14	14~18	18~22	22~26	26~36	36~46	46~56	>56	>80	小计
地块 1	10	12	22	15	4	5	7	4	4	1	84
地块 2	8	11	20	18	5	8	6	5	5	0	86
地块 3	10	11	19	16	7	9	8	6	5	1	92
地块 4	8	11	18	19	6	7	7	8	6	1	91
合计	36	45	79	68	22	29	28	23	20	3	353

表 2 银杏当年生苗木株高百分比统计表(单位:%)

株高(cm)	<10	10~14	14~18	18~22	22~26	26~36	36~46	46~56	>56	>80	合计
地块 1	11.9	14.3	26.2	17.9	4.8	6.0	8.3	4.8	4.8	1.2	100
地块 2	9.3	12.8	23.3	20.9	5.8	9.3	7.0	5.8	5.8	0.0	100
地块 3	10.9	12.0	20.7	17.4	7.6	9.8	8.7	6.5	5.4	1.1	100
地块 4	8.8	12.1	19.8	20.9	6.6	7.7	7.7	8.8	6.6	1.1	100
平均合计		45.3		25.5				29.2			100

从表 2 可以看出当年苗株高低于 18cm 植株仅占 45.3%，18~26cm 植株占 25.5%，高于 26cm 的植株占 29.2%；笔者测量相邻地块常规育种当年苗高低于 18cm 植株占 84%。在试验棚内可以明显看到位于大棚两侧掀起薄膜处的银杏苗木株高明显低于大棚中央部分苗木，基本没有超过 30cm 的银杏苗。棚内最高的银杏植株高度达到 120cm，地茎 1.3cm。一般露地栽培当年苗 8 月份后不再长高只增加粗度，但棚内银杏不但长粗，而且继续快速长高，直至 9 月下旬。

笔者在 2012 年冬天从田间间苗出售时测量当年苗的主根长、大根及小根数量，查数叶片着生点推算叶片数，结果见表 3。

表 3 银杏当年生苗木叶片数及根部长度、数量统计表

株高(cm)	叶片数(株)	地茎(cm)	主根长(cm)	>20cm 大根数量(条)	<20cm 小根数量(条)
>56	35~40	1.0~1.3	>32	9~13	15~19
>40	30~36	0.9~1.2	>28	7~13	13~17
>30	28~35	0.8~1.2	>25	6~10	11~15
>20	22~32	0.6~1.1	>20	5~8	10~12
>10	13~23	0.5~1.0	>15	0~5	6~11
<10	11~14	0.4~0.6	>10	0~2	3~7

2.2 银杏二年苗比较

2013 年 10 月初，对大棚内二年生银杏苗株高及地茎进行测量，详细结果见表 4 和表 5。

表 4 银杏二年生苗木株高数量统计表(单位：株)

株高(cm)	<80	80~100	100~120	120~140	>140	合计
地块 1	3	10	12	6	8	39
地块 2	3	9	13	7	7	39
地块 3	4	11	10	5	6	36
地块 4	3	12	11	5	7	38

表 5 银杏二年生苗木株高百分比统计表(单位:%)

株高(cm)	<80	80~100	100~120	120~140	>140	合计
地块 1	7.7	25.6	30.8	15.4	20.5	100
地块 2	7.7	23.1	33.3	17.9	17.9	100
地块 3	11.1	30.6	27.8	13.9	16.7	100
地块 4	7.9	31.6	28.9	13.2	18.4	100

从表 4 和表 5 中可以看出：苗木高度主要集中在 80~120cm 之间。超过 140cm 的数量约占 20%。田间露地栽培银杏二年苗的高度一般在 30~80cm 左右，健壮的可以达到 100cm。但在大棚内育苗株高超过 100cm 苗木约占 60%。

经测量株高 <80cm 的银杏二年生苗地茎粗度 <0.9cm，株高 80~100cm 的地茎粗度在 1.0~1.1cm 之间，株高 100~120cm 的地茎粗度在 1.0~1.1cm 之间，株高 100~120cm 的地茎粗度在 1.0~1.2cm 之间，株高 120~140cm 的地茎粗度在 1.2~1.5cm 之间，株高 >140cm 的地茎粗度在 >1.5cm。最高株高 2.7m，地茎粗度 2.7cm。

从 2 年的试验结果可以看出：大棚育苗苗木生长速度及高度明显优于露地常规育苗，部分当年苗可以当作二年苗出售，二年苗可以当作三年苗销售。并且产叶量明显增加，二年苗可以每亩采叶 860kg，显著增加经济收益。

2.3 棚内苗与棚边苗比较

大棚内位于两侧棚边缘地带的银杏树苗高度及粗度明显弱于棚内苗木，详细结果见表 6。

表 6 棚内苗与棚边苗比较

株高(cm)		<10	10~14	14~18	18~22	22~26	26~36	36~46	46~56	>56	>80	合计
棚内苗	株数	36	45	79	68	22	29	28	23	20	3	353
	%	10.2	12.7	22.4	19.3	6.2	8.2	7.9	6.5	5.7	0.8	100.0
棚边苗	株数	39	70	80	115	16	7	3	0	0	0	330
	%	11.8	21.2	24.2	34.8	4.8	2.1	0.9	0	0	0	100.0

从表6可以看出：棚边苗的株高主要集中在10～22cm，没有超过46cm的银杏苗；而棚内苗超过46cm的占13%。

3 小结与讨论

从2年的大棚育苗试验结果可以看出，大棚环境适宜银杏苗木的快速生长，可以加快苗木的高度及粗度的生长速度，缩短获得优质苗木的时间。但由于苗木的销售及银杏叶子的销售数量、比例及价格不能很好地统计，本试验未能就经济效益进行分析，实为缺憾。

大棚内位于薄膜两侧的银杏树苗高度及粗度明显弱于棚内苗木，这种现象的出现是由于光照的强弱还是由于温度的高低抑或是雨水(棚边下雨时会有雨水溅到和流到棚内苗木上)引起，尚不明确，需继续深入研究。大棚内育出的苗木在移栽后是否抗冻性弱一些？树木的纤维密度是否降低？木材品质是否下降？尚需长时间进行持续研究。

附：试验图片

图1 大棚内最高当年苗
(2012年12月20日摄)

图2 大棚内较高苗
(2012年12月20日摄)

图 3　相邻地块露天银杏当年苗(2012 年 12 月 20 日摄)

图 4　试验大棚当年苗全景(2012 年 12 月 20 日摄)

图5 试验大棚二年苗(2013 年 6 月 26 日摄)

图6 试验大棚二年苗(2013 年 7 月 12 日摄)

图 7　试验大棚二年苗(2013 年 9 月 10 日摄)

培育银杏大苗技术要点

倪金成
（滕州市林业局，山东滕州 177500）

银杏树高大挺拔，雄伟壮观，树姿优美，叶片如扇，果似珍珠，寿命长达数千年。银杏树可用做行道树，四旁绿化，农田防护、园林单位等地栽植，是城乡绿化、美化的优良树种，深受人们的喜爱。但是，一些银杏树质量差，如干高、弯曲、偏冠、出现蜂窝枝、早期落叶等问题，会影响观赏价值，降低经济效益，是值得关注的问题。

1 存在上述问题的原因

1.1 留圃时间长、密度大

栽植单位对银杏苗大小的需求不一，留圃时间长达数十年。由于密度不能及时调整，造成密度大、生长慢，下部枝叶不得光而枯死，形成干高或因光照问题而偏冠。

1.2 肥水管理不当

一些苗木基地，施肥量大，浇水不及时，水量不足，发生肥害，进入雨季大量落叶，新梢过早停止生长，特别是中干顶梢，变得细弱，而基部稳芽，受到刺激，增大变强，次年长出蜂窝枝，其中强壮枝条占居中干位置，使树干弯曲。中下部也会长出角度小的强枝，代替了长势弱的侧枝，使枝条紊乱。这种现象的出现，流传着银杏不能施鸡粪的错误认识。实践证明，不管施什么肥料，或一年管理好，一年管理差，都会出现上述情况。

1.3 害虫为害

银杏主要的害虫是蓟马，干旱和树势弱的情况下，蓟马危害严重，同样造成不良后果。

2 怎样培养优质壮苗

2.1 选好苗木培养基地

银杏树对土壤要求不太严格，只要土层深厚，地下水位在 1.5m 以下，排水良好的中性或微碱微酸的土壤均可作为苗木基地。

2.2 育苗

亩*用种 50～75kg（发芽率在 70% 以上），大小种均可。育苗前亩施充分发酵的土杂肥或鸡粪 0.25 万 kg 左右，掺入复合肥 30kg。为防地下害虫每亩加施锌硫磷颗粒剂 2.5～3.5kg 和肥料拌匀立即翻入畦中。育苗时，催芽、开沟、浇水、点播，行距 30cm。出苗后不断喷水保持畦面湿润。苗出齐后小水漫灌，一年浇水 6～8 次，并及时松土锄草，发现虫害用锌

* 1 亩 = $1/15hm^2$

硫磷乳油兑水顺沟浇灌(详见说明书)2 次左右。5 月中下旬开沟追施尿素每亩 20kg。追施后及时浇水，防止发生肥害。

2.3 移栽

银杏小苗 1 ~2 年后一次性移栽或抽行抽株移栽，减少移栽次数，加快培养大苗。

2.4 培养不同规格大苗适宜密度

培养不同规格大苗，适宜密度是根据米径大小，不断调整。原则是通风透光，互不影响，使苗木有最快的生长量。苗木不同大小适宜的密度，按米径可分为以下几个等级:

5 ~8cm	亩栽 111 株	17 ~20cm	亩栽 22 株
9 ~12cm	亩栽 74 株	21 ~25cm	亩栽 16 株
13 ~16cm	亩栽 42 株	26 ~30cm	亩栽 9 株

2.5 成片大苗肥水管理

银杏是深根性的树种，主要根系分布在 15cm 以下至 80cm 深的土壤范围内。全园布满了根系，容易使土壤板结，不利生长。为了防止土壤板结，增施有机肥料，改良土壤，提高土壤保水、保肥的能力。每隔两年在秋末或早春土壤化冻后，亩施土杂肥或鸡粪，0.5 万 kg 以上，掺入复合肥 50 ~75kg/亩，撒于地面，从根径处向外逐渐加深深翻，在不伤 2cm 粗以上的根情况下，加深深翻到 25cm 以下。每年在 4 月、6 月追施氮肥 2 次，每次每亩 50kg 以上。

浇水次数和量：浇水不要光看地表湿度，要看 30cm 深土壤含水量。春夏季生长旺盛，需水量大，会把深层的水吸干。因此，需适时浇水、浇透。在干旱季节，7 ~10 天一次。做到中雨不停浇，浇地慢长流，地板重浇透，使水阴湿到 30cm 以下的土壤。并及时松土保墒。

2.6 整形修剪

秋季落叶后至春季发芽前是整形修剪最佳期，及时疏除蜂窝枝、密挤枝、竞争枝、枯死枝等，使中干保持优势。对角度较小的侧枝，采用挂钩拉枝，开张角度，使枝条分布均衡。

2.7 防治虫害

(1)银杏小苗定植后，蟋蟀啃食根茎，可在 7 ~8 月份喷 1000 倍敌敌畏乳油，药杀效果好。

(2)定值大苗时，第一年不要施土杂肥或鸡粪等有机肥料，因这些肥料会使线条虫大量繁殖，危害根系，致残致死苗木。可施少量复合肥，使树势尽快恢复。

(3)防治蓟马危害，银杏大树高，喷药防治难，最好的办法是加强银杏园的管理，特别是春夏季节干旱时，要及时浇水，使土壤保持在含水量高的状态，保证银杏树旺盛生长，增强抗病虫的能力。对蓟马已大量发生的园片除加强浇水外，应在 5、6 月份喷 1000 倍敌敌畏乳油或氧化乐果等，交替喷杀，减轻危害。

银杏根蘖苗扦插繁殖试验*

邓荫伟[1] 张 敏[2] 蒋柏生[2] 周新富[2]
([1]广西师范大学生命科学学院，广西桂林 541004；
[2]广西桂林市林业科学研究所，广西桂林 541004)

摘要：银杏根蘖苗扦插繁殖，是利用银杏根蘖苗，变废为宝，节约育苗成本的有效育苗方法。本研究是采用 ABT 生根粉 1 号不同浓度处理银杏根蘖苗插条，进行扦插繁殖，试验设 6 个处理、1 个对照，重复 4 次。结果表明：ABT 生根粉 1 号 500mg/L 处理的成活率达 98.38%，比对照高 37.59%；发根数量 3～6 条、7 条以上的达 96%，二年生苗木平均高度为 63.4cm，分别高于对照的 5 倍和 36.34%。其次是 ABT 生根粉 1 号 250mg/L 处理的成活率为 97.15%，比对照高 35.87%；发根数量 3～6 条、7 条以上的为 80%，二年生苗木平均高度为 60.0cm，分别高于对照的 4 倍和 29.03%。

关键词：银杏；根蘖苗；扦插繁殖；成活率；高生长

The Test on Cutting Propagation of Tiller Seedlings of *Ginkgo biloba* L. *

Deng Yinwei[1] Zhang Min[2] Jiang Bosheng[2] Zhou Xinfu[2]
([1]*College of Life Sciences*, *Guangxi Normal University*, *Guangxi Guilin* 541004, *China*;
[2]*Guangxi Guilin Forestry Science Institute*, *Guangxi Guilin* 541004, *China*)

Abstract: Different concentrations of ABT 1 rooting powder been used to deal with the cutting branches of *Ginkgo biloba* for the test of cutting propagation. The test seted 6 treatments, 1 control, repeated 4 times. The results showed that: survival rate of the treatment of 500mg/L ABT 1 rooting powder up to 98.38%, with a 37.59% higher than the control; rooting volume 3-6, above 7 up to 96%, the average height of 2 years old seedlings was 63.4cm, with a 5 times and 36.34% higher than the control, respectively. Secondly, Survival rate of the treatment of 250mg/L ABT 1 rooting powder up to 97.15%, with a 35.87% higher than the control; rooting volume 3-6, above 7 was 80%, the average height of 2 years old seedlings was 60.0cm, with a 4 times and 29.03% higher than the control, respectively.

Key words: *Ginkgo biloba*; Tiller seedling; Propagation; Survival rate; High growth

* 基金项目：广西“新世纪十百千人才工程”专项资金资助项目(编号：桂人办发[2006]99 号)。

银杏(*Ginkgo biloba* L.)，又称白果、公孙树，是现存裸子植物中最古老的孑遗植物，被公认为"活化石"，是中国特有的多用途树种[1]。银杏树树体高大，树干通直，姿态优美，为理想的园林绿化树种、观赏树种和行道树种[2]。银杏树根系发达、树冠浓绿，具有防火、耐烟、抗辐射、防风固沙、保持水土等功能，是维护生态平衡、保护环境的优良树种[1]。银杏果实核仁含有多种元素，已成为人们的食用保健品，明代李时珍就记载银杏的药用功能："入肺经，益脾气，定喘咳，缩小便；生食降痰，消毒杀虫。"清代张子路的《本草逢源》记述银杏有"降痰，消毒、杀虫之功效"[3]。为了扩大银杏的种植范围，满足园林绿化用苗的需求，从20世纪80年代开始我国林业科技工作者先后开展了银杏播种育苗、硬枝扦插、嫩枝扦插、组织培养等育苗研究，取得了良好效果[4]。采用根蘖苗的扦插繁殖研究尚未见报道，在新造银杏林的抚育管理中，清除大量的银杏根蘖苗，作为废物处理，浪费极大。为了利用根蘖苗，变废为宝，节约育苗成本，特开展银杏根蘖苗扦插繁殖试验。

1 试验地概况

试验地设在广西桂林市广西师范大学育才校区生物园内，地处东经110°19′，北纬25°16′，海拔156m，每年平均气温18.8℃，1月平均气温8.2℃，7月平均气温28.3℃，极端最高气温39.4℃，极端最低气温-4.9℃，≥10℃积温5964.1℃；年平均日照1708.5h，全年无霜期300天左右，年平均降雨量1900mm，平均相对湿度80%，属亚热带季风气候区。试验地原为柑橘园，地势平缓，红壤土，质地黏重，肥力中等偏上，土壤pH值5.5~6.0之间，原生植被已被清除，现残存植被有鬼针草(*Bidens pilosa* Linn.)、狗尾草[*Setaria viridis* (Linn) Beauv.]、芒萁(*Dicranopteris pedata*)、炸酱草(*Oxalis corniculate*)、粗叶悬钩子(*Rubus alceaefolius*)、野茼蒿(*Crassocephalum crepidioides*)等。

2 材料与方法

2.1 材料、试剂

插条：来自广西桂林市林业科学研究所16年生银杏果用林内的1年生银杏根蘖苗；

ABT生根粉1号：中国林业科学研究院ABT生根粉研究中心生产；

50%多菌灵可湿性粉剂：上海升联化工有限公司生产；

尿素(N≥46%)：桂林东方肥料有限公司生产：

硫酸钾型氮磷钾复合肥(15-15-15总养分≥45%)：武汉中农国际贸易有限公司生产。

2.2 研究方法

2.2.1 试验设计

试验采用ABT生根粉1号的粘浆法和速蘸法处理枝条。即：处理1为生根粉浓度250mg/L+黄壤、处理2为生根粉浓度500mg/L+黄壤、处理3为生根粉浓度1000mg/L+黄壤，以上3种处理先按照比例配置溶液后再加纯净黄壤，调制成糊状，待用；处理4为生根粉浓度250mg/L、处理5为生根粉浓度500mg/L、处理6为生根粉浓度1000mg/L，以上3种按比例配置成溶液，待用；试验设计为6个处理、1个对照(清水)，重复4次。

2.2.2 插床设置

插床地址选定后，于2007年12月初进行圃地深翻30cm，使土壤进行3个月左右的风化，3月上旬进行第2次翻土，将土打碎、清除杂物、平整土地，按每畦插床长6.0m，宽

1.0m、高0.25m，步道宽0.35m，共4畦插床，每1畦为1个重复区。在插床上方设置拱形荫棚，拱棚高2.5m，宽5.5 m，长7.0 m，荫棚遮荫度在40%左右。

2.2.3 根蘖苗采集

2008年3月19日(银杏萌芽展叶前)，在桂林市林业科学研究所16年生的银杏果用林内，采集银杏植株基部萌发的根蘖苗，选择生长健壮、芽饱满、无病虫害、基径在1.5cm左右的1年生根蘖苗，每根长50～70cm，按50根一捆，在捆绑时应注意基部齐平，不宜将根蘖苗颠倒。采回的根蘖苗置于盛有清水的盆或桶内，清水用量以浸泡根蘖苗的基部3.0cm为宜，然后置于室内透光处保存备用。

2.2.4 插条剪取

2008年3月22日按每根插条长15cm，在顶端保留2个饱满芽，插条距芽0.8cm处剪断，下端斜剪断成45°角，切口用利刀削平滑，按每个重复6个处理1个对照共420根进行捆扎(分7捆，60根一捆)，在捆扎时每一捆基部应齐平，并系上标签、编号，然后按各处理和对照依次进行。其中粘浆法的按各处理分别将插条基部插入糊状溶液中，以每根插条基部切口均匀粘上溶液为宜；速蘸法的是将各处理分别将插条基部插入溶液中速蘸，每根插条基部应均匀粘上溶液；对照的将插条插入清水中速蘸即可[4]。

2.2.5 扦插方法

插条切口处理后，立即进行扦插，按插床畦面宽100cm，每行插12株，株距8.0cm，行距15cm，插条入土深4.0cm，插入土后用手将插条基部压实，每个处理(含对照)为60株，插5行，每个重复为6个处理、1个对照，用插床长5.25m，本试验为重复4次，用插床长21m。在扦插过程中，插完1个重复后用50%多菌灵800倍液淋湿插床消毒。

2.2.6 扦插后的管理

(1)遮荫。扦插完毕后要注意遮荫，经常检查遮荫网是否牢固，能否达到40%左右的遮荫率，保持扦插圃地阴凉，防止太阳暴晒[5]。扦插7个月后，插株已成活，新梢已木质化，进入秋季(10月)后，太阳光较弱，可以去掉遮荫网。

(2)淋水。扦插后保持插床湿润，如果连续阴天，在早晚各淋水1次，1个月后逐渐减少淋水次数，雨天或阴天停止淋水或少淋水，在扦插圃地的步道如有积水应及时排除。

(3)追肥。为了使扦插植株有足够的养分，利于插条基部切口愈伤组织的形成，促进根系生长，在扦插植株萌芽展叶后喷施叶面肥，间隔10天一次，连续喷3次，(第1次用0.3%的尿素液；第2次用0.5%的硫酸钾复合肥液；第3次用0.8%的硫酸钾复合肥液)[5]。6～8月追肥，用0.8%的硫酸钾复合肥液淋施，间隔30天一次，连续施肥3次。

(4)病虫害防治。为了防止茎腐病对扦插植株新梢的侵害，扦插植株抽新梢5～10cm时，在减少淋水次数的同时应间隔10天左右喷施一次50%多菌灵800倍液，连喷2次便可。次年4～6月在南方雨水较多，扦插苗新梢尚未木质化，在此期间，间隔15～20天喷1次50%多菌灵800倍溶液，防止苗木茎腐病的发生。同时新梢叶片幼嫩，天气闷热时在傍晚一旦有金龟子食叶为害，可用90%晶体敌百虫800倍液喷雾防治[6]。

(5)松土、除草。扦插后30天左右，插床土壤板结，应采用小锄松土深3cm，同时将杂草清除，保持插床土壤疏松，促进扦插植株生长[5]。

(6)修剪、施肥。2009年2月中旬将扦插成活株侧枝全部剪除，保留主梢培育成单杆苗木。修剪后立即将苗圃内杂物清理干净，全面松土，沿床行间开挖施肥沟，沟宽8～10cm，深7cm。肥料的配比，在上年按火土灰:桐麸片:人粪尿=100:(30~40):(20~30)(湿度不够可加入清水)，火土灰与桐麸片拌匀，再加入人粪尿或水，拌匀堆成堆沤肥，次年2~3月使用，每公顷施沤制肥8000kg[5]，肥料均匀撒入施肥沟内，然后立即盖土2.0cm。

3 结果与分析

3.1 成活率与生根数量分析

2008年12月，扦插9个月后检查成活情况，每一处理(对照)沿扦插苗床随机抽样30株对成活株、不成活株及发根数量进行统计分析，见表1、表2、表3。

表1 不同处理扦插成活率统计分析

处理	重复(%)				平均值(%)	高于对照(%)
	Ⅰ	Ⅱ	Ⅲ	Ⅳ		
1	94.3	93.8	93.5	94.5	94.03d	31.51
2	95.1	94.5	94.4	95.6	94.90cd	32.73
3	96.1	95.3	95.8	96.4	95.90c	34.13
4	95.8	97.4	98.3	97.1	97.15b	35.87
5	96.3	98.8	99.5	98.9	98.38a	37.59
6	94.6	95.4	96.1	95.6	95.43c	33.47
对照	70.4	71.5	71.8	72.3	71.50e	—

注："平均值"栏标有不同字母的表示该对应处理的成活率在0.05水平上有显著差异。

表2 不同处理扦插成活率方差分析表

变异来源		平方和	df	均方	F	F临界值
处理	组间	2101.33	6	350.22	504.69	F(6, 21)=2.57
	组内	14.57	21	0.69		
	总数	2115.90	27			
重复	组间	5.21	3	1.74	0.02	F(3, 24)=3.01
	组内	2110.69	24	87.95		
	总数	2115.90	27			

从表1看出：插条经过ABT生根粉1号溶液处理后，其成活率达94.03%~98.38%，对照的成活率仅71.5%；成活率最高的是处理5，比对照高37.59%，其次是处理4、处理3、处理6，成活率分别高于对照的35.87%、34.13%、33.47%。

从表2可以看出："处理"变量的$F=504.69>F(6,21)=2.57$，则$P<0.05$，说明各处理间存在显著差异；"重复"变量$F=0.02<F(3,24)=3.01$，$P>0.05$，说明各重复间无显著差异。

表 3 不同处理扦插成活株根系生长情况

处理	Ⅰ			Ⅱ			Ⅲ			Ⅳ			平均值		
	1~2条	3~6条	7条以上	1~2条	3~6条	7条以上	1~2条	3~6条	7条以上	1~2条	3~6条	7条以上	1~2条	3~6条	7条以上
1	10	5	5	10	4	6	8	5	7	8	6	6	9.0	5.0	6.0
2	7	9	4	9	8	3	7	9	4	7	9	4	7.5	8.8	3.7
3	6	9	5	7	9	4	6	8	6	7	8	5	6.5	8.5	5.0
4	4	10	6	4	11	5	5	10	5	3	11	6	4.0	10.5	5.5
5	0	12	8	3	11	6	0	13	7	0	13	7	0.8	12.2	7.0
6	8	6	6	10	5	5	11	5	4	11	4	5	10.0	5.0	5.0
对照	17	3	0	18	2	0	16	4	0	16	4	0	16.8	3.2	0.0

注：在每一个重复区内各处理随机抽取 20 株成活株进行统计；对照的不足，则将 4 个重复的对照样本混合后，随机抽取 20 株进行统计。

从表 3 可以看出：根据发根数量的平均值，处理区发根数 3~6 条和 7 条以上的明显高于对照，其中 3~6 条高于对照 56.25%~281.25%；处理 5 发根数量最佳，其中发根 3~6 条的占 61%，1~2 条的占 4%，7 条以上的占 35%；其次是处理 4，发根 3~6 条的占 52.5%，1~2 条的占 20%，7 条以上的占 27.5%；处理 3，发根 3~6 条的占 42.5%，1~2 条的占 32.5%，7 条以上的占 25%；而对照的发根 3~6 条的仅占 16%，7 条以上的为 0，1~2 条的占 84%，发根数量极少。

3.2 扦插成活植株的高生长

2009 年 12 月测定各处理扦插成活株的生长高度，按每个处理（对照）抽取 20 株，逐株测量生长高度，其平均数统计见表 4。

表 4 不同处理扦插成活株高生长

处理	Ⅰ	Ⅱ	Ⅲ	Ⅳ	平均值（cm）	高于对照（%）
1	54.2	55.6	51.5	54.7	54.0d	16.13
2	59.3	57.7	57.9	58.3	58.3bc	25.38
3	58.5	57.1	54.3	57.1	56.8c	22.15
4	61.4	58.5	59.3	60.7	60.0b	29.03
5	62.3	61.4	64.7	65.2	63.4a	36.34
6	53.3	55.5	54.2	53.6	54.2cd	16.56
对照	44.1	43.2	48.5	50.2	46.5e	—

注："平均值"栏标有不同字母的表示该对应处理的株高在 0.05 水平上有显著差异。

从表 4 看出：处理 5 的生长高度为 63.4cm，高于对照的 36.34%；处理 4 的生长高度为 60.0cm，高于对照的 29.03%；其次是处理 2 和处理 3，生长高度分别为 58.3cm、56.8cm，分别高于对照的 25.38% 和 22.15%。

表5　不同处理扦插成活株高方差分析表

变异来源		平方和	df	均方	F	F临界值
处理	组间	695.68	6	115.95	33.50	F(6，21)=2.57
	组内	72.69	21	3.46		
	总数	768.37	27			
重复	组间	9.86	3	3.29	0.10	F(3，24)=3.01
	组内	758.51	24	31.61		
	总数	768.37	27			

从表5可以看出："处理"变量的 $F=33.50>F(6,21)=2.57$，则 $P<0.05$，说明各处理间存在显著差异；"重复"变量 $F=0.10<F(3,24)=3.01$，则 $P>0.05$，说明各重复间无显著差异。

4　讨论与结论

(1)采用ABT生根粉1号溶液进行银杏扦插处理，对提高扦插成活率、成活株的发根数量及扦插苗的高生长都有显著的效果。其中处理5，即速蘸法的ABT生根粉1号500mg/L效果最佳，扦插成活率达98.38%，高于对照处理37.59%，发根数量3～6条的、7条以上的达96.0%，二年生苗木的平均高度达63.4cm，高于对照处理36.34%；其次是处理4，即速蘸法的ABT生根粉1号250mg/L，扦插成活率达97.15%，发根数量3～6条的、7条以上的达80%，二年生苗木的平均高度为60.0cm。

(2)从试验结果分析看出：采用ABT生根粉1号溶液处理银杏插条进行扦插育苗，使用浓度不宜过大，浓度过大影响扦插成活率、成活株的根系生长和高度生长。

(3)银杏根蘖苗扦插繁殖成活与成活后的生长优劣，关键在于插枝选择、插枝使用的激素的浓度及扦插后的遮荫、抚育及水肥管理等等，十分重要。

(4)银杏根蘖苗扦插繁殖是银杏苗木培育的有效途径之一，它成活率高，能节约购种成本，苗木的木质化程度高，解决了种子育苗而大量发生苗木茎腐病的问题。

参考文献

[1]曹福亮．中国银杏志[M]．北京：中国林业出版社，2007，11：1-2.
[2]曹福亮．银杏文化[M]．南京：南京林业大学出版社，2002，5：7-10.
[3]刑世岩．银杏丰产栽培[M]．济南：济南出版社，1993，8：1-8.
[4]毛伟勤．银杏简易扦插育苗技术[J]．广西林业，1989，(3)：18.
[5]邓荫伟，毛伟勤．银杏良种壮苗繁殖技术[J]．广西林业科学，1995，24(4)：202-204.
[6]庞正轰．经济林病虫害防治技术[M]．南宁：广西科学技术出版社，2006，3：257-261.

银杏嫁接后管理措施

项庆峰　李　斌　张　慧
（邳州市农业委员会，江苏邳州　221300）

摘要：本文总结了邳州市银杏嫁接后管理的一些具体做法和经验，以期为银杏生产嫁接提供技术参考。

关键词：银杏；接后；管理

实践证明，银杏的嫁接技术十分重要，但接后管理更不应该忽视，稍有疏忽即有前功尽弃的危险。

1　松绑

银杏嫁接后愈合较慢，所需时间较长。据试验证明，劈接的愈伤组织先从髓部开始，然后才是形成层。又据试验证明，当劈接后的接芽已抽生出20cm长的枝条时，如解除绑扎，则接口处仍可出现开裂现象。因此，松绑时间应掌握宁晚勿早的原则。只要不出现“蜂腰”现象，尽量拖后松绑。一般应在嫁接3～4个月之后，方可考虑松绑。如大砧嫁接，松绑后还需松松地扎上，翌年春天再除去绑扎物，以利愈合。绿枝嫁接则应在翌年春天发芽前松绑，否则容易引起抽生枝条的角度增大。

2　除萌

嫁接后的砧木，由于生长受到抑制，容易在砧干上发生大量萌蘖，且生长很旺，如不及早处理，不但影响接芽的成活，而且影响接芽抽枝。会出现两种情况，一是接芽棱包围在萌蘖中间，所抽枝条生长很弱；二是接芽抽枝后，被挤成偏枝，所以要及时处理萌蘖。根据邳州市几年来的试验，应视不同情况采取不同的疏除方法。如嫁接高度在1m以下，当接芽抽生的新梢达10cm以上时，可以疏除砧木上萌发的全部枝叶。扣嫁接高度在1.5m以上，接芽抽生的新梢达到上述长度时，则可疏除接口下20～30cm范围内的枝叶，其下10～20cm处的枝条可行摘心或将枝条扭曲。但主干上直接发生的叶片应全部保留。在接后2～3年内，再将萌蘖逐步疏除。在砧木根际发生的萌蘖，应及早疏除，或适当保留2～3根可作为根苗来培养。

3　剪砧

嫁接成活后，用平腹接、带木质部的“丁”字形芽接和嵌芽接等嫁接的植株，在接芽之上的一段砧木，需适当剪除，称为剪砧。如春季嫁接的植株，就需在接芽萌发以后剪砧。夏秋嫁接的植株，可于翌年春天接芽萌动剪砧。剪砧的部位应选择在接芽之上 0.5cm 处。在那些春旱少雨的地区，剪砧一般应分 2 次进行，即春天在接芽上 2cm 处剪砧，待抽枝达半木质化后再剪去多余的枝段，以防出现抽干现象，影响成活率。

4 缚梢

银杏树的大砧嫁接，尤其是高接换头，由于新梢生长很快，枝条嫩，极易被风折断。因此，在新梢长达 10~20cm 时，结合松绑可立支柱。为使支柱牢固，可将支柱绑于大枝上或用小铁钉钉于大枝上，用软绳或塑料带以“8”字形把新梢松松地绑在支柱上，待新梢坚实后再将支柱除去。

沙地银杏栽植试验初报

宫永红　李连茹　刘　枫　姜立耘
（辽宁省经济林研究所，辽宁大连　116031）

摘要：为了研究银杏苗在沙地困难立地条件下栽植中保水保湿提高成活率的方法，我们在沙地上进行了银杏苗栽植试验。对栽植的银杏苗进行了地上覆膜、地下铺膜、上覆下铺膜等3种不同保水保湿技术处理，以无膜栽植为对照。秋后调查4种不同处理方式对苗木栽植成活率及生长量的影响。综合分析结果表明，在干旱的沙地困难立地条件下，采用上覆下铺膜技术栽植银杏苗木效果最佳，而只在地下铺膜的方法效果最差。该项研究为沙地困难立地条件下成功栽植银杏树提供技术措施和理论参考。

关键词：银杏苗；保湿技术；成活率；生长量

1　材料和方法

1.1　试验地概况

本试验在辽宁省黑山县新兴镇芍药村进行。黑山县地处辽西走廊的东部，松辽平原西南边缘，试验地地处东经122°25′，北纬41°36′，属温带大陆性季风气候。年平均气温8℃，1月平均气温-10.7℃，最低气温-27.6℃；7月平均气温24.2℃，最高气温35℃。年平均降水量586mm，无霜期160天左右。试验地为平缓沙地，土壤类型为沙土，沙层达3m，土壤养分低，春季风沙较大。

1.2　试验材料

本试验中铺设的薄膜为黑色农用地膜。苗木采用一年生银杏实生苗，来源于辽宁岫岩。苗木于2012年晚秋起苗，在假植沟存放。栽植前一天从假植沟将苗木取出，裸根苗于编织袋封闭保湿，当天运往试验地后，马上进行栽植试验。因土壤墒情好，栽后未灌水。

1.3　试验方法

为了研究银杏苗在栽植过程中的保水保湿方法，试验设计采用完全随机区组设计，共设4个处理、5次重复。处理方式分别为：地上覆膜、地下铺膜、上覆下铺膜及无膜栽植，其中无膜栽植为对照。在5次重复试验里，每个处理的小区栽植有6株银杏苗，总计栽植苗木为$4\times5\times6=120$株。2013年5月3日栽植，10月15日进行成活及生长情况调查。苗木生长期间只进行地面除草管理，未进行施肥和灌水。期间降雨4次，总降水量约300mm。

1.4　数据处理

试验调查了栽植前苗木的高度和地径。秋季停止生长后，调查了各处理的成活率，同时对成活苗木调查了苗高和地径。对所得数据采用SPSS13.0软件进行统计分析，采用邓肯新复极差法测验。

银杏苗木定植成活率及生长情况方差分析表

处理	成活率(%)	高生长量(cm)	地径生长量(mm)
地上覆膜	60ab	7. 28ab	1. 50a
地下铺膜	26. 67a	6. 80ab	1. 54a
上覆下铺膜	73. 33b	8. 47b	1. 88a
无膜(对照)	56. 67ab	5. 71a	0. 99a

2　结果与分析

2. 1　不同处理间苗木栽植成活率比较

从调查表中可以看出，对照无膜栽植条件下，苗木成活率为 56. 67%；只在上面覆膜的苗木成活率与对照接近，成活率为 60%；在苗木下铺地膜，同时栽植后上覆地膜，可大幅度提高苗木栽植成活率，可达到 73. 33%；而只在苗木下面铺膜则会大幅度降低栽植成活率，只达 26. 67%。方差分析结果也显明，在苗木成活率方面，上覆下铺膜处理与地下铺膜处理之间存在显著差异，与对照和地上覆膜处理之间则差异不显著。表明在春季干旱风沙较大的地方，如果在苗下铺膜，当风力带走地表及苗木体内水分的同时，地膜阻隔了苗木根系吸收地下水，从而增加苗木干枯死亡的机会；无膜和上覆膜条件不妨碍苗木根系对地下水的吸收，苗上覆膜减少了水分的流失；而上覆下铺地膜的方法，可有效防止苗木水分的流失，保湿保温，使其根系萌动生长穿透地膜，吸收地下水，从而最有效地利用苗木体内和地下的水分，提高了成活率。

2. 2　不同处理间生长量比较

从方差分析结果来看，不同处理间苗木地径生长量之间没有显著差异，而在高生长(新梢生长)量方面，上覆下铺膜处理与对照之间存在显著差异。结合 Excel 柱形图分析则可看出，成活苗木的生长量也与不同地膜处理有关系，不论是高生长量(新梢生长量)或是粗生长

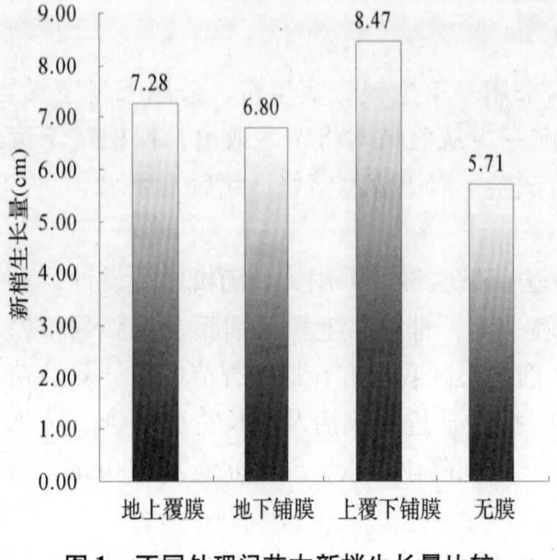

图 1　不同处理间苗木新梢生长量比较

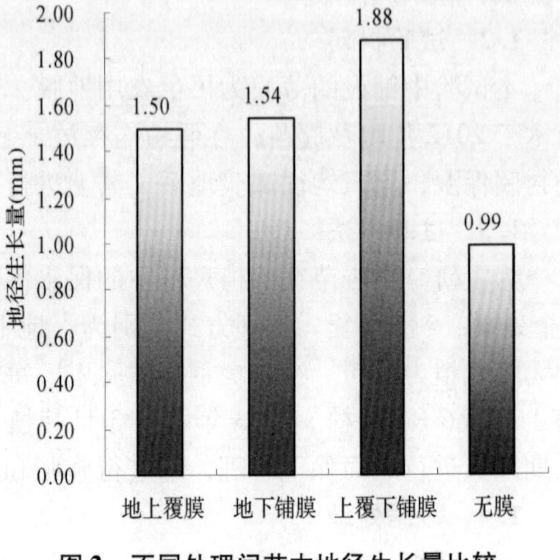

图 2　不同处理间苗木地径生长量比较

量(地径)，上覆下铺地膜处理都明显高于其他处理，苗木新梢平均生长量为8.47cm，地径粗生长量平均为1.88mm。对照无膜处理生长量最小，新梢平均生长量和地径粗平均生长量分别为5.71cm和0.99mm。地上覆膜和地下铺膜处理生长情况相当，其新梢生长量和地径粗生长量的平均值分别为7.28cm、1.50mm和6.80cm、1.54mm。这表明，只要苗木栽植达到成活，采取任何覆膜保湿措施，都会促进苗木的生长，而在无任何保湿条件的情况下，在春季干旱风沙较大的地方苗木生长都要受到不利影响。

3 结论与讨论

本次试验地点为平缓沙地，沙层深达3m，春季风沙大，风速快，干旱少雨，土壤地下水位较低。试验结果表明，在这种困难立地条件下栽植银杏苗木，必须采取必要的保水保湿措施，才能有效提高苗木栽植成活率，促进苗木生长，然而不正确的措施反而会大大地影响苗木的成活。本次试验中不采取任何措施栽植的银杏苗成活率只达56.67%，只在苗下铺膜的成活率只有26.67%，最好的措施是在苗下苗上都使用地膜，进行保水保湿，可大幅度提高苗木栽植成活率，达到73.33%。而且苗木成活后的生长也明显受到湿度情况的影响，在上覆下铺地膜保湿条件好的措施下，生长量也明显好于自然状态和保湿条件差的状态。由于春季风沙较大，强劲的风沙能迅速带走苗木及地表的水分，使其抽干死亡，必要且正确的保水措施可以有效降低苗木和地表的水分流失，使苗木有效利用自身和地下水分，正常生根生长。

关于在沙地困难立地条件下栽植银杏苗，不同的保湿技术对苗木生长的影响，本次试验只采用了少量苗木进行单次试验，有待于在以后的工作中进行更细致深入的研究，才能得出更确定的结果和结论。通过本项研究，探讨在干旱、风沙地区栽植银杏苗的最佳技术，为生产应用提供技术依据和指导，并可借鉴应用到其他树种苗木的栽植中。

银杏用材林胸径与冠幅相关性及合理经营密度研究*

刘莉娟[1]　邢世岩[1①]　曹福亮[2]　汪贵斌[2]　付兆军[1]　吴崎奎[1]　刘晓静[1]　辛　红[1]

([1]山东农业大学，山东泰安　271018；[2]南京林业大学，江苏南京　210037)

摘要：本研究以山东郯城、临清以及北京的5～19年银杏用材林为研究对象，在研究树冠冠幅与胸径相关关系的基础上，根据林木生长所需营养面积等于林木树冠面积，得到用材林胸径与经营密度的相关关系，编制了银杏用材林合理经营密度表。研究结果表明：立地条件对银杏用材林冠幅、胸径的相关性影响不显著，冠幅与胸径成正相关关系，随胸径的增大，冠幅增加。经营密度与胸径呈负相关关系，随胸径的增大而逐渐减小。幼年期，银杏用材林应适当密植，促进高生长。随树龄的增长，树木胸径达5cm后，应适当减小经营密度。胸径为5～19cm的银杏用材林，经营密度控制在4037～505株/ hm^2。

关键词：银杏；冠幅；胸径；经营密度

Study on Relevance between Breast Diameter and Crown Width of Ginkgo Timber and Reasonable Operating Density*

Liu Lijuan[1①]　Xing Shiyan[1]　Cao Fuliang[2]　Wang Guibin[2]

Fu Zhaojun[1]　Wu Qikui[1]　Liu Xiaojing[1]　Xin Hong[1]

([1]*College of Forestry Shandong Agricultural University*, *Tai' an Shandong* 271018, *China*;

[2]*Nanjing Forestry University*, *Nanjing Jiangsu* 210037, *China*)

Abstract: In this study, Tancheng, Linqing (a county in Shandong Province) and Beijing 5～19 years ginkgo timber stands are taken as the research object. On the basis of relation between crown width and diameter at breast height, according to the need of standing area to trees' growth is equal to the area of forest canopy, we get the correlation between timber forest DBH and management density, and ginkgo timber forest rational management density table was compiled. The research results show that the ginkgo timber stands had no significant correlation between growth and site conditions, the crown width is positively correlated with diameter at breast height. Along with the increase of diameter at breast height, crown width is increased. Management density are negatively related with diameter at breast height, and decreases with the in-

---

* 基金项目：国家科技支撑计划课题(2012BAD21B04)。作者简介：刘莉娟(1987—)，女，硕士生，研究方向为人工林培育。①通讯作者：邢世岩(1959—)，男，教授。E-mail：xingsy@sdau.edu.cn。

crease of diameter at breast height. Infancy, ginkgo timber forest should be appropriate density, which will promote high growth. Along with the growth of the old, after 5 cm diameter at breast height of trees, the management density should be appropriate reduced so as to promote the thickening growth of trees. , we should control the operation density of ginkgo timber stands whose diameter at breast height of is 5 ~ 19 cm in 4037 ~ 505 plants/hm^2.

Key words: Ginkgo; Crown width; Diameter at breast height; Management density

银杏(*Ginkgo biloba* L.)是中国的乡土树种，干形通直，木材性质优良，具有很好的材用价值，素有“银香木”之称，在林业界视为不可多得的珍贵用材树种。但通常人们认为银杏生长缓慢、周期长，不适合发展用材林。据报道，银杏树干的生长较快，完全可以作为人工用材树种进行培育。因此，影响银杏用材林生长的主要因素成为国内外研究的热点[1]。吴济生等[2]研究发现对银杏人工林生长影响最大的3个因素主要是立地选择、种源选择、密度调控。刘代汉[3]通过研究杉木人工林胸径与冠幅、密度相关规律时发现，在胸径相同时，无论是林龄还是立地条件对冠福的影响均未达到显著水平，不同树龄、立地条件下的冠幅基本一致。林金根[4]在对银杏调查时发现，银杏用材林的形数随年龄增加而减少。肖新华等[5]通过8年田间试验对全国范围银杏种源进行研究发现，材用银杏种源选择途径为家系选择，湖南新宁和安化、辽宁丹东、湖北安陆、浙江富阳、广西安兴以及安徽金寨7个种源表现出早期速生性。林分密度调控是人工林经营管理工作的关键，目前，林分在不同生长阶段的合理密度是林业科研工作者研究的重点。今野敏雄[6]对日本山形县发现的栽植在山地的银杏人工林进行了调查，发现林分密度对直径生长的影响较大。吴跃先[7]、时明芝[8]、何开伦[9]、罗玲[10]等先后用经验方程模拟的方法分别对落叶松人工林、杨树、榆林等林木冠幅与胸径的关系进行研究，并在林业生产中林分密度的确定得到广泛应用。

为了能有效解决银杏人工林的密度调控问题，本研究通过对银杏用材的胸径和冠幅的相关性研究。利用胸径与冠幅的相关关系，可求出林木的适宜营养面积，从而计算出单位面积上应保留的株数，以期为林分密度调控科学化提供一种简便的方法。

1 材料与方法

1.1 试验地概况

山东省临沂市郯城县属温带半湿润大陆性季风气候区，E118°05′~118°31′、N34°22′~34°56′，海拔26m，年均温13.2 ℃，年均降水量835.5mm，无霜期212天，年均日照时数2354.5h，月温度1月份最低，平均-1.1℃。植苗造林，沙质土壤，中性偏碱。

山东省聊城市临清县鑫兴银杏大观园，地势平坦，海拔36m，属半湿润大陆性气候，E115°37′43.7″、N36°44′20.9″，年均温12.9℃，年均降水量557.1mm，无霜期193天，年均日照时数2567h，月温度1月份最低，平均-2.5℃，植苗造林，沙质土壤，中性偏碱。

北京鲁能银杏园位于北京市顺义区潮白河东岸，海拔25m，E116°42′29.6″、N40°09′1.4″，年均温11.5℃，年均降水量约625mm，无霜期195天，年均日照时数2750h，月温度1月份最低，平均气温4.9℃，属暖温带半湿润大陆性季风性气候。植苗造林，沙质土壤，中性土壤。

1.2　试验设计与方法

1.2.1　试验设计

本研究设置 44 块临时标准地，分别位于聊城市临清县鑫兴银杏大观园、临沂市郯城县以及北京鲁能银杏园 3 个试验点，每个试验点设置面积 600m^2 数量不等的标准地，郁闭度 0.7 以上。

1.2.2　调查方法

在标准地内进行每木检尺，用钢围尺测量每木胸径，用加权平均法计算整个标准地的平均胸径。冠幅测定用皮尺分别测量东西和南北方向冠幅，取其平均值作为冠幅直径，将标准地内所有冠幅平均求出其标准地的平均冠幅。

1.2.3　数据统计方法

利用 EXCEL 统计软件进行数据分类并计算平均值，利用 SAS 软件对不同立地条件、不同树龄银杏用材林冠幅进行差异性检验著并进行相关关系分析。根据冠幅与胸径的相关性分析结果，求出各径阶平均冠幅估计值，进而按 $\pi d^2/4$ 计算营养面积，再用单位面积去除营养面积，就可以求出每公顷应有株数[11]。

2　结果与分析

2.1　调查结果

共搜集样木 1548 株，年龄 5 ~ 19 年，密度为 400 ~ 1250 株/hm^2。胸径分布在 5 ~ 26cm，按照 2cm 一个径阶进行统计分析。根据银杏用材林的胸径与冠幅调查数据，将不同地区的银杏用材林的冠幅按照不同径阶进行统计归类(表 1)。

表 1　径阶冠幅统计表

郯城								北京				临清			
径阶	株数	$\overline{D}$	$\overline{CW}$	径阶	株数	$\overline{D}$	$\overline{CW}$	径阶	株数	$\overline{D}$	$\overline{CW}$	径阶	株数	$\overline{D}$	$\overline{CW}$
5	16	5.0	1.50	19	89	18.9	5.66	7	5	7.7	2.07	5	102	5.0	1.84
7	36	7.3	2.08	21	41	20.9	5.85	9	12	9.3	2.30	7	224	6.9	2.17
9	125	9.0	2.45	23	12	22.6	6.45	11	43	11.0	2.80	9	138	8.9	2.32
11	64	10.9	2.90	25	4	24.8	6.50	13	70	13.0	3.02	11	69	10.7	3.07
13	31	13.0	3.65					15	115	14.9	3.33	13	15	12.4	4.05
15	38	15.2	4.51					17	72	16.8	3.44				
17	85	16.9	5.00					19	12	18.6	3.74				

2.2　数据分析结果

2.2.1　冠幅差异性分析

为了检验冠幅随胸径的变化规律是否因林分年龄、立地条件不同而改变，对收集的资料分别进行了方差分析(表 2)，结果表明：郯城、北京不同树龄的银杏用材林冠幅均差异性显著，达 0.01 显著水平。临清不同树龄银杏用材林的冠幅也存在显著差异，达 0.05 显著水平。这说明相同立地条件下，银杏用材林树冠结构存在显著差异。

表 2　不同龄组冠幅差异性检验表

来源	郯城					北京					临清				
	自由度	均方和	均方	F 值	P 值	自由度	平方和	均方	F 值	P 值	自由度	平方和	均方	F 值	P 值
回归	1	18.563	18.563	81.81	0.0001	1	0.492	0.492	41.16	0.003	1	2.360	2.360	32.69	0.0106
剩余	6	1.362	0.007			4	0.048	0.012			3	0.217	0.072		
总和	7	19.925				5	0.54				4	2.576			

2.2.2　冠幅与胸径相关性分析

从表 1、表 2 中可以看出，3 个不同地区的银杏用材林的冠幅均随着胸径的增长而加大。根据“胸径生长与冠幅大小的相关规律不受立地条件与树龄差异的影响”[3] 这一特点，分别对郯城、北京、临清 3 个试验地的样木实测胸径与冠幅进行回归分析。通过观察散点的形状与趋势，可以初步判断胸径冠幅成直线相关关系，因此，设定冠幅与胸径两个变量模型为：

$$y = a + bx$$

式中：y—平均冠幅；x—平均胸径；a、b 为参数。

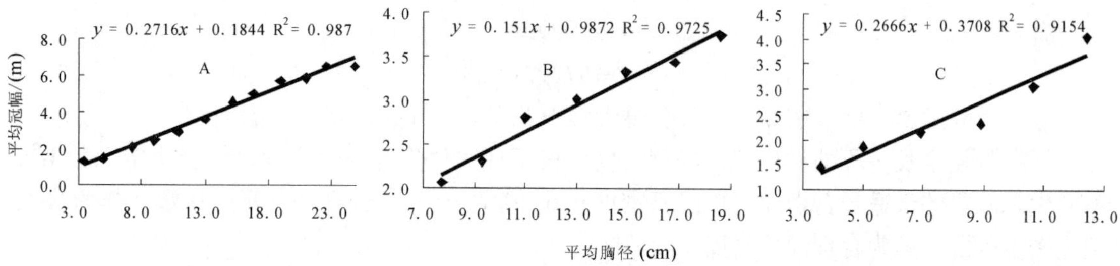

图 1　郯城(A)、北京(B)、临清(C)银杏用材林胸径冠幅相关图

不同地区银杏用材林胸径与冠幅的最佳回归方程(图 1)，通过“R^2是否接近 1”可以看出：3 个试验点树冠与胸径二者之间的相关性较大，R^2均在 0.9 以上。通过比较方程中参数 a、b 值可以看出郯城、北京银杏用材林生长状况相对较好，但林木达到同一胸径时，郯城银杏用材林所需要的生长空间相对较大。

2.3　模型建立与分析

2.3.1　经营密度表研制

郯城(y_1)、北京(y_2)、临清(y_3)3 个试验地胸径与冠幅之间合理的相关模型分别为：

$$y_1 = 0.2716x + 0.1844$$

$$y_2 = 0.151x + 0.9872$$

$$y_3 = 0.2666x + 0.3708$$

根据冠幅计算林木生长所需的营养面积从而得到理论经营密度(表 3)。通过比较分析，胸径在 5～11cm 时，郯城银杏用材林冠幅较小，初植密度相对较大，随着胸径的增大，需要加大经营密度调整力度，控制在 1300～10000 株/hm^2；北京和临清地区的银杏用材林生长情况趋于一致，初植密度较小，随胸径的增大适当进行经营密度的调整，控制在 1000～4000 株/hm^2。胸径在 13～15cm 时，3 个试验地经营密度的调整幅度趋于一致，平均胸径每增加 1cm，经营密度需减少 100～200 株/hm^2。胸径在 17～19cm 时，平均胸径每增加 1cm，经营密度需减少 50～80 株/hm^2。

表 3 银杏人工林理论经营密度(株/ hm^2)计算表

胸径(cm)	郯城			北京			临清		
	平均冠幅(m)	营养面积(m^2)	理论密度	平均冠幅(m)	营养面积(m^2)	理论密度	平均冠幅(m)	营养面积(m^2)	理论密度
5	1.09	0.9297	10756	1.78	2.4773	4037	1.81	2.5617	3904
7	1.76	2.4384	4101	2.08	3.3914	2949	2.38	4.4339	2255
9	2.44	4.6606	2146	2.38	4.4488	2248	2.95	6.8164	1467
11	3.11	7.5964	1316	2.68	5.6495	1770	3.52	9.7093	1030
13	3.78	11.2458	889	2.98	6.9934	1430	4.09	13.1125	763
15	4.46	15.6088	641	3.29	8.4806	1179	4.66	17.0261	587
17	5.13	20.6854	483	3.59	10.1110	989	5.23	21.4501	466
19	5.81	26.4755	378	3.89	11.8847	841	5.80	26.3844	379

2.3.2 最适经营密度表的导出

由表 3，绘制郯城、北京、临 3 个地区胸径与经营密度相关图以及回归方程(图 2)，回归方程式分别为：

$$y = 537944x^{-2.4863}$$

$$y = 10000x^{-1}$$

$$y = 57297x^{-1.6878}$$

表 3 中的理论密度，实际上是林分最大经营指数(1.0)的密度。根据回归方式，可求出不同平均胸径生长阶段的林分理论经营密度，根据现实林分的经营密度，结合决定系数 R^2，不同生长阶段的最适经营密度，以经营密度 0.6、0.7、0.8 的合理经营密度指数，作为最大理论密度范围，即为合理经营密度。

根据 R^2 大小判断，北京试验区的经营密度相对合理，计算在不同经营指数下的最适经营密度(表 4)。

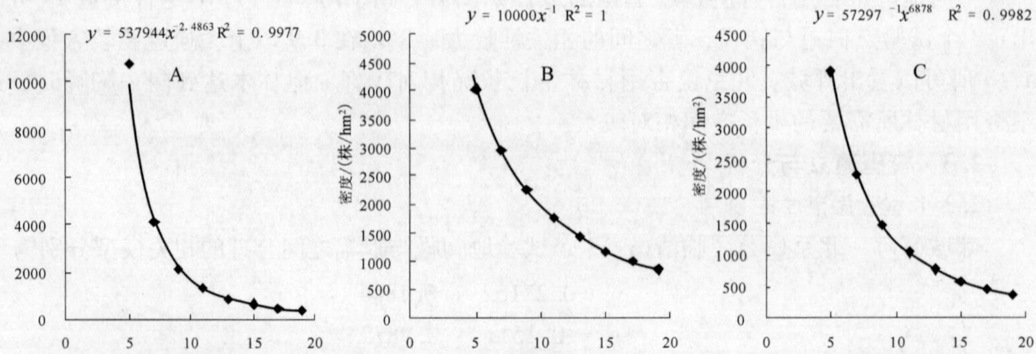

图 2 郯城(A)、北京(B)、临清(C)银杏用材林胸径与经营密度相关图

表 4 不同经营指数下的最适经营密度(株/ hm^2)

胸径(c)	理论密度(株/hm^2)	0.6 经营度	0.7 经营度	0.8 经营度
5	4037	2422	2826	3229
7	2949	1769	2064	2359
9	2248	1349	1573	1798
11	1770	1062	1239	1416

（续）

胸径(c)	理论密度(株/hm²)	0.6经营度	0.7经营度	0.8经营度
13	1430	858	1001	1144
15	1179	707	825	943
17	989	593	692	791
19	841	505	589	673

4 结论

4.1 冠幅与胸径间的相关性

通过相关性分析，冠幅与胸径之间存在紧密的直线相关关系，并且随胸径的增大而增加。这种相关关系不因树龄及立地条件的差异而改变。

4.2 冠幅与经营密度的相关性

通过冠幅计算银杏用材林不同生长阶段的营养面积，得到理论经营密度，结合冠幅与胸径的相关关系，从而导出胸径与经营密度间呈负相关关系，中幼林时期，银杏用材林的经营密度随胸径的增大逐渐减小。但随着树龄的增大，胸径及冠幅的增长速率逐渐减缓，林分整体的经营密度变化不大。

4.3 经营密度表的应用

通过测量林分样木胸径，求得平均胸径大小，参照经营密度表即得到理论经营密度，从而确定不同生长期银杏用材林的合理经营密度。对于胸径为5~19cm的银杏用材林，经营密度控制在4037~505株/ hm^2。当然，经营密度表还需要生产实践进行验证，注意林木生长状况，根据冠幅、胸径的变化，及时调整林分密度，对于培育大径材银杏用材林有一定的指导意义。

参考文献

[1]林金根，陶银周．银杏干才生长规律研究简报[J]．浙江林业科技，1994，15(4)：35-37.

[2]吴济生，刘恩海，张万荣，等．人工林定向培育密度控制的研究[J]．林业科技，1994，19(1)：12-14.

[3]刘代汉．杉木人工林胸径与幅冠、密度相关规律及其应用[J]．中南林业调查规划，1987(2)：41-45.

[4]林金根，陶银周．银杏干才生长规律研究简报[J]．浙江林业科技，1994，15(4)：35-37.

[5]肖新华，张云跃，刘佳强，王巨生，王以平，蒋剑军，彭建都，黄能超，何国强，夏国新，喻成春，尹解明，简梦完，周俊杰，彭勇强，刘爱云．银杏种源、家系、无性系选择研究[J]．经济林研究，2002，20(2)：1-50.

[6]今野敏雄，许绍远(译)．银杏人工林生长过程调查[J]．浙江林业科技，1982(4)：44-46.

[7]吴跃先．按胸径与冠幅的相关理论确定落叶松人工林适宜密度的研究[J]．辽宁林业科技，1983(03)：30-34.

[8]时明芝，张凡东．107杨树阳性冠幅与胸径关系的研究[J]．福建林业科技，2005(04)．

[9]何开伦，魏安世，余松柏．广东省主要用材林树种胸径与冠幅相关性研究及应用[J]．广东林业科技，2006(01)

[10]罗玲，廖超英．榆林沙区樟子松冠幅与胸径的相关关系分析[J]．安徽农学通报，2007(24)．

[11]董键，田志和，王喜武，刘强，惠淑荣．辽宁省日本落叶松冠幅与胸径树高和林分密度相关模型及合理经营密度的研究[J]．辽宁林业科技，1995(1)：24-27.

银杏施肥指标体系建设试验初探

李明光　刘　丽　杨克圣　孙华铭　张竹青　高建玲　王　慧

（郯城县农业局，山东郯城　276100）

摘要： 对郯城县银杏种植土壤取样进行养分含量分析，结果显示整体呈偏酸性 pH 值为 6.0，碱解氮含量中等平均为 79.0mg/kg，速效钾含量较高为 141.8mg/kg，有效磷的含量极高，平均值达到 90.4mg/kg。单因素试验结果表明，以每亩施用 N-P_2O_5-K_2O 为 20-8-12 或 30-8-12kg 为最佳，产量最高。以每亩施用 N-P_2O_5-K_2O 为 20-8-12 或 20-12-12kg 为最佳，产量最高。3414 试验结果表明以 N-P_2O_5-K_2O 为 25-15-22.5 或 37.5-15-15kg 产量最高。三因素用量梯度试验结果表明，以每亩用纯氮 30～40kg、磷（P_2O_5）10～15kg、钾（K_2O）11.67～17.5kg 的配比为最佳配方。

关键词： 银杏；施肥；指标体系；试验

银杏是我国特有的经济、观赏树种。银杏叶的开发利用已成为当今世界植物开发的热点之一。银杏也是我县种植规模较大的高效经济树种，年产银杏果大 2750t，银杏叶 2.25 万 t，年加工银杏茶、开心果等制品 586t，银杏系列酒 8200t，各类银杏制成品、半制成品总计销售额达 23.4 亿元，出口创汇达 1200 万美元。

银杏叶提取物中含有的黄酮类化合物能清除自由基、扩张冠状动脉、解除冠状动脉痉挛、增加冠状动脉血流量。银杏叶提取物制剂可防止血管老化，促进脑血流量，消眩晕、麻木，显著降低胆固醇。银杏萜内酯类化合物具有抗血小板活化因子的作用，用来治疗冠心病、心绞痛。银杏叶提取物还有降低血液黏稠度、降血脂的作用。目前，我县银杏制药产品产量较高，年产片剂 1.5 亿粒，口服液 5000 万支，银杏叶提取物 180t，银杏制药产值达 4 亿元。

化肥作为影响银杏生长及产量性状的主要因素，目前在我县尚未形成标准的施肥指标体系。因此，郯城县土肥站进行肥料使用的相关试验研究，为银杏施肥指标体系建设打下基础，相关试验结果总结叙述如下：

1　银杏施肥现状及存在问题

随着银杏种植经济效益的增加，农民逐渐重视肥料的施用。具体的生产过程中，往往认为“我施的肥越多，树长得肯定越好”，因此在肥料的施用上，投入过多。据调查，有的农户每亩银杏年施用尿素 100kg、磷酸二铵 150kg，或复合肥 200kg，且多是一次性施用。施肥过多或一次性施肥造成了肥料的大量浪费，同时也导致银杏生长速度过快，木材密度降低，枝条顶端秋后不能很好地完成木质化过程，冬天造成顶端生长点坏死，树顶封头分杈，失去良好树形的构造机会，造成巨大的经济损失，并且造成土壤的板结和酸化，对银杏树的健康生长不利。以致造成叶子质量下降，经济效益亦受到很大影响。

因此，加强对银杏采叶园施肥技术的研究，指导农民合理、科学地施用肥料是提高银杏叶产量及质量的有效途径。

2 银杏土壤养分含量状况

为充分利用我县丰富的银杏资源优势，指导农民合理施肥，郯城县土肥站于2010年和2011年进行土壤养分分析和银杏肥效试验，现将有关试验结果初步总结如下：

表1 银杏土壤养分测试结果统计

养分项	pH	全氮(g/kg)	有机质(g/kg)	碱解氮(mg/kg)
平均值	6.0	1.0	13.3	79.0
标准差	0.27	0.94	3.08	35.21
样本容量	141	99	141	141
A类标准不确定度(U_A)	0.023	0.094	0.259	2.965

表2 银杏土壤养分测试结果统计

养分项	有效磷(mg/kg)	速效钾(mg/kg)	缓效钾(mg/kg)	有效锌(mg/kg)
平均值	90.4	141.8	874.3	1.9
标准差	53.05	54.98	258.39	0.96
样本容量	99	99	39	99
A类标准不确定度(U_A)	5.332	5.526	41.376	0.096

表3 银杏土壤养分测试结果统计

养分项	有效硼(mg/kg)	有效铁(mg/kg)	有效锰(mg/kg)	有效铜(mg/kg)
平均值	0.20	27.9	27.3	1.9
标准差	0.33	9.04	6.74	0.62
样本容量	99	99	99	99
A类标准不确定度(U_A)	0.033	0.909	0.677	0.062

表4 银杏土壤养分测试结果统计

养分项	有效钼(mg/kg)	交换性钙(mg/kg)	交换性镁(mg/kg)	有效硫(mg/kg)
平均值	0.10	1274.5	277.0	42.0
标准差	0.02	472.98	92.52	39.08
样本容量	26	26	26	26
A类标准不确定度(U_A)	0.004	93.69	18.33	7.74

注：表中计算A类标准不确定度的置信概率为68.3%。

通过土壤养分分析可以发现，土壤整体呈偏酸性，碱解氮含量中等，速效钾含量较高，有效磷的含量极高，平均值达到90.4mg/kg。

3 试验点结果汇总与分析

3.1 单因素试验结果汇总

2010 年，在截干后 2 ~ 3 年的叶用银杏林进行氮肥试验 3 次。试验 1 选址在新村乡孙埠村丁凤文地块(记为 N1)；试验 2 选址在港上镇姜庄村王绍荣地块(记为 N2)；试验 3 选址在港上镇樊埝村樊唐生地块(记为 N3)。试验结果证明，以每亩施用 N-P_2O_5-K_2O 为 20-8-12 或 30-8-12kg 为最佳，产量最高。

2010 年，在截干后 2 ~ 3 年的叶用银杏林进行磷肥试验 2 次。试验 1 选址在港上镇姜庄村王绍荣地块(记为 P1)；试验 2 选址在港上镇樊埝村樊唐生地块(记为 P2)。试验结果证明，以每亩施用 N-P_2O_5-K_2O 为 20-8-12kg 或 20-12-12kg 为最佳，产量最高。

3.2 3414 试验结果汇总

2010 年，在截干后 2 ~ 3 年的叶用银杏林进行 3414 肥效试验 2 次。试验 1 选址在港上镇姜庄村丁明跃地块(记为 3414-1)；试验 2 选址在港上镇姜庄村王宗喜地块(记为 3414-2)。试验结果表明，以 N-P_2O_5-K_2O 为 25-15-22. 5kg 或 37. 5-15-15kg 产量最高。氮肥试验地块土壤养分分析结果，见表 5。

表 5 氮肥试验地块土壤养分分析结果

试验地点代号	取样层次(cm)	全氮(mg/kg)	速效钾(mg/kg)	缓效钾(mg/kg)	有效磷(mg/kg)
N1	0-20	0. 424	133	432	45
N2	0-20	0. 561	105	705	43. 3
N3	0-20	0. 288	92	713	30

氮肥试验产量最高前 2 位施肥模式与不施肥产量比较，见表 6。

表 6 氮肥试验产量最高前 2 位施肥模式与不施肥产量比较(单位：g/株，鲜重)

试验地点代号	高产施肥配方		对照不施肥	产量增长(%)	
	$N_{20}P_8K_{12}$	$N_{30}P_8K_{12}$	$N_0P_0K_0$	$N_{20}P_8K_{12}$	$N_{30}P_8K_{12}$
N1	85. 6	86	68	25. 9	26. 5
N2	83. 3	86. 8	67	24. 3	29. 6
N3	84	87	64. 7	29. 8	34. 5

磷肥试验地块土壤养分分析结果，见表 7。

表 7 磷肥试验地块土壤养分分析结果

试验代号	取样层次(cm)	全氮(mg/kg)	速效钾(mg/kg)	缓效钾(mg/kg)	有效磷(mg/kg)
P1	0-20	0. 561	105	705	43. 3
P2	0-20	0. 288	92	713	30

磷肥试验产量最高前 2 位施肥模式与不施肥产量比较，见表 8。

表 8　磷肥试验产量最高前 2 位施肥模式与不施肥产量比较(单位：g/株，鲜重)

试验地点代号	高产施肥配方		对照不施肥	产量增长(%)	
	$N_{20}P_8K_{12}$	$N_{20}P_{12}K_{12}$	$N_0P_0K_0$	$N_{20}P_8K_{12}$	$N_{30}P_8K_{12}$
P1	83.6	84.8	66.3	26.1	27.9
P2	88.7	89.3	67	32.4	33.3

3414 肥效试验地块土壤养分分析结果，见表 9。

表 9　3414 肥效试验地块土壤养分分析结果

试验地点代号	取样层次(cm)	有机质(g/kg)	碱解氮(mg/kg)	有效磷(mg/kg)	速效钾(mg/kg)	pH
3414-1	0-20	7.7	49	36.8	65.5	5.8
3414-2	0-20	6.9	50	20.6	58.7	6.5

3414 肥效试验产量最高前 2 位施肥模式与不施肥和常规施肥产量比较，见表 10 和表 11。

表 10　3414 肥效试验产量最高前 2 位模式与不施肥产量比较(单位：kg/亩，干叶)

试验地点代号	高产施肥配方		对照不施肥	产量较不施肥增长(%)	
	$N_{25}P_{15}K_{22.5}$	$N_{37.5}P_{15}K_{15}$	$N_0P_0K_0$	$N_{25}P_{15}K_{22.5}$	$N_{37.5}P_{15}K_{15}$
P1	271	269	176	54.0	52.8
P2	256	255	170	50.6	50.0

表 11　3414 肥效试验产量最高前 2 位模式与常规施肥产量比较(单位：kg/亩，干叶)

试验地点代号	高产施肥配方		对照不施肥	产量较常规增长(%)	
	$N_{25}P_{15}K_{22.5}$	$N_{37.5}P_{15}K_{15}$	$N_{21.3}P_{7.5}K_{7.5}$	$N_{25}P_{15}K_{22.5}$	$N_{37.5}P_{15}K_{15}$
P1	271	269	240	12.9	12.1
P2	256	255	240	6.7	6.3

3.3　三因素用量梯度试验结果分析

2011 年春季对 4 年生银杏截干苗分别设置氮、磷、钾不同配比试验，对各处理当年叶片的黄酮含量、叶产量进行测定，探索出最佳施肥量与施肥配方，为银杏采叶园的合理经营提供科学依据。

试验地设在郯城县新村乡孙埠村。4 年生银杏截干苗，长势中等均匀，株行距 40cm × 80cm。该地年降水量 843 ~ 900mm，年平均温度 13.5℃，有效积温 4400℃。土壤为面黄土，土壤有机质含量 1.33%，全氮 1.0mg/kg，有效磷 30mg/kg，速效钾 92mg/kg。

采用单因素完全随机试验，分为氮、磷、钾等 3 种肥料处理，每种处理设 5 个水平。尿素(含 N 46%)，过磷酸钙(含 P_2O_5 12%)，硫酸钾(含 K_2O 50%)，分 2 次施用。冬季亩施土杂肥 5000kg 做基肥，第一次于 2011 年 3 月 10 日施入，用量为总量的 60%，第二次于 5 月 20 日施入。在离苗木两侧 15cm 开沟，深 10cm，将 3 种肥料按比例混合均匀后施入沟内覆土。

每一处理面积为4m×4m，重复3次，完全随机排列，共15个处理，45个小区。各肥料的5个水平设置相同。具体结果见表12。

表12　氮、磷、钾肥5个水平的施肥量

氮(N)处理			磷(P_2O_5)处理			钾(K_2O)处理		
代号	用量(g/株)	折合亩用量(kg)	代号	用量(g/株)	折合亩用量(kg)	代号	用量(g/株)	折合亩用量(kg)
N1	0	0	P1	0	0	K1	0	0
N2	4.8	10	P2	2.4	5	K2	2.8	5.8
N3	9.6	20	P3	4.8	10	K3	5.6	11.7
N4	14.4	30	P4	7.2	15	K4	8.4	17.5
N5	19.2	40	P5	9.6	20	K5	11.2	23.3

为避免单因素施肥时其他肥料成为限制因素，对每个单因素的处理均配施了其他2种肥料，其用量分别为：氮肥处理每个水平均配施P_2O_5 4.8g/株，K_2O 5.6g/株；磷肥处理每个水平均配施氮素9.6g/株，K_2O 5.6g/株；钾肥处理每个水平均配施氮素9.6g/株，P_2O_5 4.8g/株。

9月20日于每一试验小区随机抽取10株苗木计算全部叶片数，求出平均每株苗木的叶片数，同时随机选取30片叶片测量单叶面积(采用cx求积仪测定)，单叶质量(采用BS210S电子自动天平测定)，计算出单株叶质量。烘干后送样化验测出叶片中氮、磷、钾含量及黄酮、内酯含量。

3.3.1　氮肥的效应分析

不同氮肥水平处理下，银杏叶单叶面积、单叶产量、单株叶产量及全氮含量随施氮量水平的提高而增加，增长指数最大的是处理N4和处理N5，然而处理N5较处理N4增长量较小，相对不经济，而以处理N4表现最佳。黄酮和内酯含量最高的是处理N4，处理N3次之，而处理N5较处理N4已开始下降。所以可以认为，使银杏获得最佳生长环境的施肥水平N4能最大量地获得叶产量和黄酮、内酯数量，具体结果见表13、表14。

表13　施氮肥对银杏叶面积、单叶质量和单株产叶量的影响

处理	单叶面积(cm^2)	增长百分数(%)	单叶质量干重(g)	增长百分数(%)	单株产叶量干重(g)	增长百分数(%)
N1(对照)	21.08		0.148		53.98	
N2	23.12	9.7	0.169	14.2	64.78	20
N3	24.35	15.5	0.180	21.6	75.25	39.4
N4	26.58	26.1	0.188	27.0	78.61	45.6
N5	27.16	28.8	0.189	27.7	79.63	47.5

表14　施氮肥对银杏叶氮、磷、钾含量及黄酮、内酯含量的影响

处理	全氮含量(%)	全磷含量(%)	全钾含量(%)	黄酮含量(%)	内酯含量(%)
N1(对照)	2.13	0.59	0.98	0.52	0.43
N2	2.21	0.597	1.01	0.64	0.52
N3	2.33	0.61	1.02	0.74	0.59
N4	2.38	0.58	1.025	0.79	0.57
N5	2.39	0.575	0.99	0.77	0.46

3.3.2　磷肥的效应分析

从处理P1到处理P3施肥水平处理下，银杏叶单叶面积、单叶产量、单株叶产量及全磷含量随施磷量的提高而增加，以处理 P4 和处理 P3 单株产叶量较高，而到处理 P4 时较处理 P3 产量增加已相对较少。说明过多的施用磷肥，可以造成投入、产出比降低，不经济。黄酮和内酯含量最高的是处理 P3，其次是 P4 和 P2，具体结果见表 15、表 16。

表 15　施磷肥对银杏叶面积、单叶质量和单株产叶量的影响

处理	单叶面积(cm^2)	增长百分数(%)	单叶质量干重(g)	增长百分数(%)	单株产叶量干重(g)	增长百分数(%)
p1(对照)	22.06		0.170		58.73	
p2	23.67	7.3	0.183	7.6	62.96	7.2
p3	25.48	15.5	0.190	11.7	68.49	16.6
p4	25.50	15.6	0.191	12.4	68.93	17.4
p5	25.51	15.6	0.192	12.9	68.98	17.5

表 16　施磷肥对银杏叶氮、磷、钾含量及黄酮、内酯含量的影响

处理	全氮含量(%)	全磷含量(%)	全钾含量(%)	黄酮含量(%)	内酯含量(%)
p1(对照)	2.19	0.504	0.99	0.56	0.44
p2	2.23	0.52	1.012	0.62	0.46
p3	2.31	0.57	1.028	0.69	0.52
p4	2.35	0.59	1.03	0.64	0.49
p5	2.32	0.60	1.031	0.59	0.42

3.3.3　钾肥的效应分析

不同氮肥水平处理下，从处理 K1 到处理 K4 施肥水平处理下，银杏叶单叶面积、单叶产量、单株叶产量及全磷含量随施磷量的提高而增加，以处理 K4 和处理 K3 单株产叶量高，而到处理 K5 时较处理 K4 产量增加已相对较少。在处理 K5、K4 条件下单株产叶量最高。黄酮和内酯含量以处理 K4 最大，处理 K3 次之，而处理 K4 较处理 K3 表现增长量幅度很小。因此可认为，处理 K3 为最佳施肥处理，具体结果见表 17、表 18。

表 17　施钾肥对银杏叶面积、单叶质量和单株产叶量的影响

处理	单叶面积(cm^2)	增长百分数(%)	单叶质量干重(g)	增长百分数(%)	单株产叶量干重(g)	增长百分数(%)
k1(对照)	21.96		0.168		57.82	
k2	22.83	4.0	0.185	10.1	65.77	13.7
k3	25.17	14.6	0.191	13.7	72.04	24.6
k4	26.24	19.5	0.193	14.9	74.43	28.7
k5	26.36	20.0	0.194	15.5	74.45	28.8

表 18　施钾肥对银杏叶氮、磷、钾含量及黄酮、内酯含量的影响

处理	全氮含量(%)	全磷含量(%)	全钾含量(%)	黄酮含量(%)	内酯含量(%)
k1(对照)	2.13	0.59	0.98	0.54	0.47
k2	2.21	0.597	1.11	0.61	0.50
k3	2.30	0.61	1.12	0.72	0.56
k4	2.33	0.58	1.125	0.75	0.58
k5	2.29	0.575	1.01	0.68	0.51

综上试验分析，叶用银杏收获部分是营养器官叶，施肥能促进营养生长，增加产叶量，且相应能提高黄酮和内酯含量。施氮肥对银杏叶产量、黄酮和内酯含量的影响最大，其次是

钾肥和磷肥。试验结果表明，在当地条件下，各处理以 N5、P4、K4 处理银杏叶产量最高，N4 处理和 N3 处理、P3 处理、K3 处理次之，以处理 N4、P3、K4 黄酮和内酯含量最高，N3 处理、P4 处理、K3 处理次之。即以每亩用纯氮 30～40kg、磷（P_2O_5）10～15kg、钾（K_2O）11.67～17.5kg 的配比为最佳配方。依此可以作为施肥指标体系的建设依据。

4 施肥指标体系建设存在的不足

施肥措施是叶用银杏林最重要的栽培技术之一，但肥料的增产效益还要受土壤条件、施肥技术和管理水平的影响。另外，本试验仅限于对当地条件下施肥技术的研究，其他区域应根据当地的土壤条件，采取合理的施肥技术和科学的管理，才能获得最大的增长效益。

施肥指标体系的建设需要大量的试验和各地区的试验汇总，本站所做的试验仅作为其中的部分内容，距离施肥指标体系的建设完善尚有很长的一段路要走，希望我们银杏研究事业的同仁共同合作，为银杏施肥指标体系的建设尽心尽力。

银杏愈伤组织胚诱导条件初探*

李琳玲[1,2]　廖咏玲[1]　程　华[1,2]　袁红慧[1,2]　程水源[1,2]①

([1] 经济林木种质改良与资源综合利用湖北省重点实验室，湖北黄冈　438000；
[2] 黄冈师范学院 化学与生命科学学院，湖北黄冈　438000)

摘要：以银杏种子的活性胚为材料，MS为基本培养基，探讨不同条件(激素、光照等)对银杏愈伤组织胚诱导培养及继代培养的影响。本实验研究了9种不同激素配比和光照条件对愈伤组织诱导及长期继代培养的影响。结果表明，所有激素配比都能诱导外植体形成愈伤组织，但在完全黑暗的条件下所得到的愈伤组织颜色浅绿，叶绿素含量低，完全黑暗培养条件不利于愈伤组织继代培养；NAA和6-BA不同浓度的激素配比组合均有利于愈伤组织的胚诱导。在激素配比为1.0mg/L NAA +1.0mg/L 6-BA中生长的愈伤组织的生长量显著高于其他处理；NAA和KT组合适合愈伤组织长期继代保存，胚诱导的愈伤组织最佳继代培养基为NAA 2.0mg/L + KT 3.0mg/L，在这两种激素组合下置于光照条件下继代培养的愈伤组织色泽鲜绿，叶绿素含量高；置于暗处理条件下的愈伤组织色泽泛白，质地疏松。实验研究表明，将愈伤组织由诱导培养基转接到继代培养基上后，先暗处理十天左右再置于光照下处理，部分疏松愈伤组织上又形成较为致密的愈伤组织，并能诱导产生胚状体。

关键词：银杏；愈伤组织；继代培养；叶绿素含量；胚状体

Study of the Embryo and Callus Induction Conditions in *Ginkgo biloba* L. *

Li Linling[1,2]　Liao Yongling[1]　Cheng Hua[1,2]　Yuan Honghui[1,2]　Cheng Shuiyuan[1,2]①

([1] *Economic Forest Germplasm Improvement and Comprehensive Utilization of Resources of Hubei Key Laboratories*, *Huanggang Hubei* 438000, *China*; [2] *Huanggang Normal University*, *College of Chemistry and life science*, *Huanggang Hubei* 438000, *China*)

Abstract: Activity seeds with embryo of *Ginkgo biloba* as material, MS as basic medium, different conditions (hormones, light, etc.) on callus induction and embryo culture of subculture were studied. Nine different hormones and light on callus induction and subculture of long-term were studied in this experiment. The results showed that all hormones could induce the formation of callus explants; but in total darkness obtained light green callus, chlorophyll content is

* 基金项目：国家自然科学基金项目(30971974，31270717)；湖北省自然科学基金创新群体项目(2011CDA117)。①通讯作者：程水源(1965—)，男，教授，博士生导师，现从事经济林种质资源评价与利用方面研究。E-mail：s_y_cheng@sina.com。

low, conditions that completely dark are not contributed to the callus subculture culture; NAA and 6-BA combination of different concentrations of hormones were both favorable to promote activity seeds with embryo of *Ginkgo biloba* to induce callus embryos. Hormone ratio in the 1. 0 mg/L NAA + 1. 0 mg/L 6-BA in the growth of callus growth was significantly higher than other treatments; Combination of NAA and KT for the long-term subcultured callus, the best embryo callus subculture medium was NAA 2. 0mg/L + KT 3. 0mg/L, the callus in the combination of these two hormones placed under light conditions subculture are fresh green color, the chlorophyll content is higher, but placed in dark the color of the callus is white, and with loose texture. Experimental studies have shown that the callus induction medium transferred to the subculture medium, the first about ten days placed in dark and then transferred to the light treatment, some loose callus tend to be the callus with more compact, and can induce embryoids.

Key words: *Ginkgo biloba*; Callus; Subculture; Chlorophyll content; Embryoid

1 前言

银杏(*Ginkgo biloba* L.)是新生代第四纪冰川期的孑遗植物，被誉为裸子植物“活化石”，为我国独存的珍稀名贵树种，也是目前世界上珍稀裸子植物之一，含有黄酮和萜内酯类化合物等多种具有药用的生理活性物质[1]。目前，生产上主要是从银杏叶中分离提取银杏活性成分。据不完全统计，全球每年用于制药所需要的银杏叶原料大约为1500～2000t，这一数字还在以每年25%的速度递增[2,3]。银杏叶提取物具有广阔的市场前景，全世界每年银杏制品的销售额大约为4.5亿～10亿美元。但银杏繁殖困难，生长缓慢，通过扩大银杏种植面积短期内很难满足市场需求，因此，通过植物细胞工程的方法来生产银杏制品，是解决生产上原料短缺、提高细胞次生代谢物的含量和生产效率的一条有效途径[4,5]。

目前，要实现银杏的快速繁殖必须依靠组织培养技术，这是实现银杏快速繁殖的重要突破口，在生产上具有明显的优势[6]。银杏组织培养的试验研究正处于不断地探索中，由于影响组培效果的因素众多，要获得优质高产的细胞培养物，就要对培养条件进行筛选[2,5]。本试验应用正交设计探讨不同植物生长调节物质及其不同质量浓度组合对银杏愈伤组织的诱导、生长及胚性愈伤组织发生的影响，筛选其最佳培养条件，旨在为优化银杏培养体系、进行大规模生产银杏细胞培养物及银杏的快速繁殖提供依据。

2 材料与方法

1.1 材料

试验材料为银杏种子幼胚，银杏果采于黄冈师范学院银杏园，品种为‘家佛手’。

将银杏种子去除骨质中种皮后，在无菌条件下，用70%的酒精消毒30s，无菌水冲洗3次，再用0.1%升汞加2滴吐温浸泡8min，再用无菌水冲洗3次，在超净工作台上取出银杏幼胚切成小段(2～3mm)分别接种于不同的培养基上。

1.2 方法

半固体培养基用已配制好的MS培养基大量元素、微量元素、有机物质、铁盐以及向其中加入30g蔗糖，7.8g琼脂粉末直接溶于水加热配制。边加热边搅拌，直至溶液成为透明均一的半流体，然后加水定容到1000mL。用pH计测定pH值，要使用1mol·L^{-1} NaOH和1mol·L^{-1} HCl滴定使MS培养基pH调定为5.5~5.8。依据表2、表3中所示的各组中不同激素浓度向培养基中添加激素及继代培养基中要加入抗褐化剂，按每瓶40~50L的标准分装培养基(之前各瓶上都贴好标签，标明实验序号、各种激素浓度、日期)。

表1 愈伤组织诱导培养基的分装情况

Tab.1 Callus induction medium-packing case

编号	培养基类别	NAA浓度(mg/L)	6-BA浓度(mg/L)	处理方式
1	MS	1	1	光照处理
2	MS	2	1	光照处理
3	MS	3	1	光照处理
11	MS	1	1	黑暗处理
22	MS	2	1	黑暗处理
33	MS	3	1	黑暗处理
4	MS	1	2	光照处理
5	MS	2	2	光照处理
6	MS	3	2	光照处理
44	MS	1	2	黑暗处理
55	MS	2	2	黑暗处理
66	MS	3	2	黑暗处理
7	MS	1	3	光照处理
8	MS	2	3	光照处理
9	MS	3	3	光照处理
77	MS	1	3	黑暗处理
88	MS	2	3	黑暗处理
99	MS	3	3	黑暗处理

表2 愈伤组织继代培养基的分装情况

Tab.2 Callus subculture medium-packing case

编号	培养基类别	NAA浓度(mg/L)	KT浓度(mg/L)	Vc浓度(mg/L)	处理条件
1	MS+Vc	1.0	1.0	5.0	光照处理
2	MS+Vc	2.0	1.0	5.0	光照处理
3	MS+Vc	3.0	1.0	5.0	光照处理
11	MS+Vc	1.0	1.0	5.0	黑暗处理
22	MS+Vc	2.0	1.0	5.0	黑暗处理
33	MS+Vc	3.0	1.0	5.0	黑暗处理
4	MS+Vc	1.0	3.0	5.0	光照处理
5	MS+Vc	2.0	3.0	5.0	光照处理
6	MS+Vc	3.0	3.0	5.0	光照处理
44	MS+Vc	1.0	3.0	5.0	黑暗处理
55	MS+Vc	2.0	3.0	5.0	黑暗处理
66	MS+Vc	3.0	3.0	5.0	黑暗处理
7	MS+Vc	1.0	5.0	5.0	光照处理
8	MS+Vc	2.0	5.0	5.0	光照处理
9	MS+Vc	3.0	5.0	5.0	光照处理
77	MS+Vc	1.0	5.0	5.0	黑暗处理
88	MS+Vc	2.0	5.0	5.0	黑暗处理
99	MS+Vc	3.0	5.0	5.0	黑暗处理

3 结果与分析

3.1 愈伤组织的诱导培养情况

表 3 愈伤组织胚诱导培养的情况

Tab. 3 Embryogenic callus induction culture situation

编号	培养基中激素的质量浓度(mg/L)	诱导率(%)	生长量(g)	生长情况
1	MS + 6-BA1 + NAA1	90	0. 3387	较致密，小颗粒，浅绿
2	MS + 6-BA1 + NAA2	50	0. 2751	较疏松，大颗粒，黄色
3	MS + 6-BA1 + NAA3	100	0. 2622	较疏松，大颗粒，黄色
4	MS + 6-BA2 + NAA1	50	0. 2049	较疏松，大颗粒，浅绿
5	MS + 6-BA2 + NAA2	80	0. 3678	较致密，小颗粒，浅绿
6	MS + 6-BA2 + NAA3	65	0. 3332	较疏松，大颗粒，浅绿
7	MS + 6-BA3 + NAA1	70	0. 6409	较疏松，大颗粒，浅绿
8	MS + 6-BA3 + NAA2	45	0. 2323	较疏松，大颗粒，黄色
9	MS + 6-BA3 + NAA3	100	0. 3391	较疏松，大颗粒，黄色

注：银杏胚外植体小，较之愈伤组织的重量胚自身的重量差异可忽略不计，每组 5 瓶，每瓶接种有 4 小块，光处理条件下一共 45 瓶，共 45 个外植体，上表中所标注的生长量为每一浓度下愈伤组织培养 30 天后的平均干重量。

Note：Gingko embryo explant small compared to the callus weight embryo itself weight difference negligible，each group of five bottles of bottle four small pieces，vaccinations light processing conditions were altogether 45bottles，45 the graph explant with the growth for each concentrations callus cultivating the average dry weight after 30d.

3.1.1 愈伤组织的形态分析

本实验中，银杏胚形成两种形态的愈伤组织：其中一类为疏松愈伤组织，多由外植体在黑暗条件下形成，泛白色，表面凹凸不平，随着培养时间加长，在固体培养基上逐渐白化死亡；另一类为致密愈伤组织，一般由外植体在光照条件下形成，深绿色，表面较光滑，肥厚，中间向外拱起，结构致密，较坚硬分化率高于疏松愈伤组织，适于继代培养。因本实验是为了探究愈伤组织诱导的最佳条件，而经比较分析可知完全的暗培养条件并不适于愈伤组织的诱导培养，故不再对其数据进行统计分析。

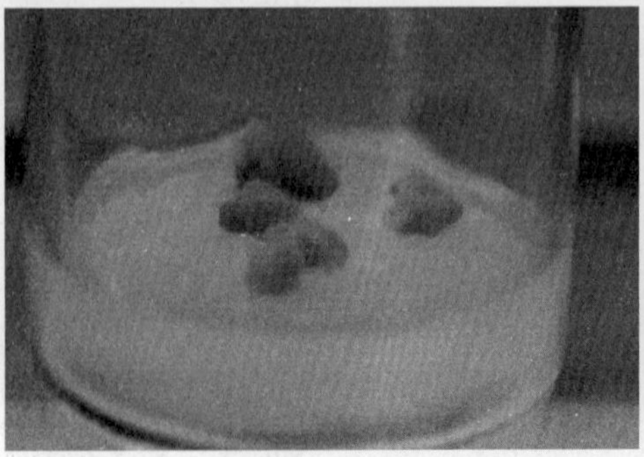

图 1 光培养条件下的愈伤组织

Fig. 1 The callus in the light

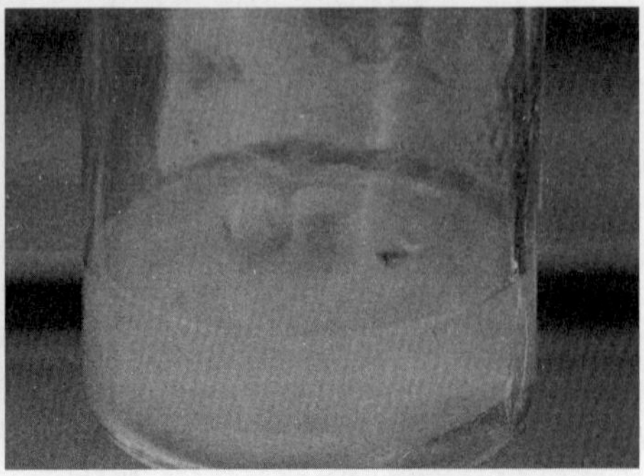

图 2 暗光培养条件下的愈伤组织

Fig. 2 The callus in the darkness

3.1.2 方差分析探究两种激素对愈伤组织诱导的影响

为得到银杏外植体胚诱导愈伤组织增重的最优配方，在此采用交互作用的双因素方差分析，分析涉及的两个因素分别为：NAA 和 6-BA 的浓度变化，两者均有三个浓度水平，响应变量为不同浓度配比下愈伤组织的生长量，通过方差分析是为了得到两种激素各自对于生长量的影响是否显著。

表 4　银杏愈伤组织生长量方差分析结果

Tab. 4　Callus growth culture ANOVA

差异源	SS	df	MS	F	P-value	F crit
样本	0. 04748	2	0. 02374	5132. 957	1. 74E-14	4. 256495
列	0. 037095	2	0. 018548	4010. 318	5. 28E-14	4. 256495
交互	0. 183224	4	0. 045806	9903. 975	2. 21E-16	3. 633089
内部	4. 16E-05	9	4. 63E-06			
总计	0. 26784	17				

由表 4 给出的结果中，样本表示因素激素 NAA 的浓度，列表示因素激素 6-BA 的浓度。从计算结果看：因素 NAA 的 F 统计量值 5132. 957 大于临界值 4. 256495；因素 6 – BA 的 F 统计量值 4010. 318 大于临界值 4. 256495；交互作用的 F 统计量值 9903. 975 大于临界值 3. 633089。因此，不同的 NAA 的浓度对愈伤组织的生产量的影响是显著的，而不同的 6-BA 对产量也有显著影响，且作用强度 NAA > 6-BA。但两种激素之间存在交互作用，交互作用所产生的效应对生产量的影响是显著的。也就是说应充分考虑两种激素相互作用产生的效应对产量的影响，寻找两因素的最佳组合。综合考虑表 3 中的诱导率、生长量、生长情况以及观察记录各个浓度配比下的生长时间，可知 MS + 6-BA 1 + NAA 1 为最佳的愈伤组织胚诱导的激素条件。

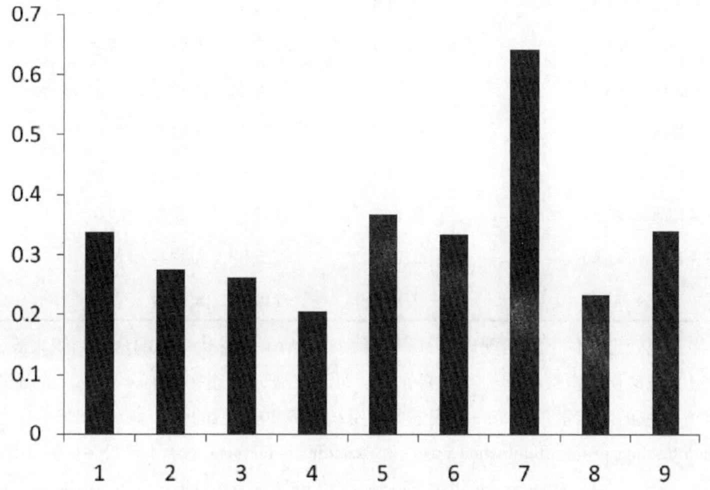

图 3　银杏愈伤组织生长量柱状图分析结果

Fig. 3　Callus growth histogram analysis

注：上表中 X 轴(水平轴)表示实验组编号，

Y 轴(垂直轴)表示愈伤组织的生长量(g)

Note：The graph the horizontal axis shows，the vertical

axis says the Numbers of callus tissue growth(g)

3.1.3　柱状图分析银杏愈伤组织胚诱导光照条件下的生长量

从图3可以看出实验组七号，即NAA 1.0mg/L、6-BA 3.0mg/L愈伤组织的生长量显著高于其他实验组，但在此实验组下愈伤组织的诱导率较低，故不可作为最佳培养基配比。当6-BA浓度为3.0mg/L时，观察实验组1、2、3，可以看到随着NAA浓度的增加愈伤组织的生长量呈下降趋势；当6-BA浓度为2.0mg/L时，观察实验组4、5、6，可以看到随着NAA浓度的增加愈伤组织的生长量趋势无规律；当6-BA浓度为3.0mg/L时，观察实验组7、8、9，可以看到随着NAA浓度的增加愈伤组织的生长量趋势无规律。同理分析，当NAA浓度固定时，随着6-BA浓度的变化愈伤组织的生长量无一定的规律，此结果有可能是由实验过程的不规范性所造成的。

3.2　愈伤组织的继代培养情况

3.2.1　观察情况的记录与分析

取诱导培养中在激素配比为NAA 1.0mg/L、6-BA 1.0mg/L，光处理条件下长势良好的愈伤组织，接种于加入了抗褐化剂的继代培养基上进行继代培养，设置了9种不同的激素配比，分别置于光照和黑暗条件下培养，经观察记录表明黑暗条件下不利于愈伤组织的继代培养，黑暗条件下生长缓慢，且叶绿素含量早期(前一个星期左右)无明显变化，第十天明显观察到愈伤组织色泽泛白，质地疏松。光处理条件下愈伤组织的生长情况如下表4所示：

表5　愈伤组织胚继代培养的情况

Tab.5　Embryogenic callus subculture situation

编号	培养基中激素质量浓度(mg/L)	叶绿素质量分数(mg/g)	生长情况	处理条件
1	MS+KT1+NAA1	0.083	致密，小颗粒，绿色	光照处理
2	MS+KT1+NAA2	0.068	较疏松，大颗粒，黄色	光照处理
3	MS+KT1+NAA3	0.074	较疏松，大颗粒，黄色	光照处理
4	MS+KT3+NAA1	0.087	较疏松，大颗粒，绿色	光照处理
5	MS+KT3+NAA2	0.129	较致密，大颗粒，绿色	光照处理
6	MS+KT3+NAA3	0.066	较疏松，大颗粒，黄色	光照处理
7	MS+KT5+NAA1	0.067	较疏松，大颗粒，绿色	光照处理
8	MS+KT5+NAA2	0.068	较疏松，大颗粒，黄色	光照处理
9	MS+KT5+NAA3	0.092	较疏松，大颗粒，黄色	光照处理

注：选取诱导培养中光照处理条件下激素配比为MS+6-BA1+NAA1为继代培养的愈伤组织来源，因来源相同，接种及培养条件相同，故没有考虑愈伤组织接种前的叶绿素含量。每组5瓶，每瓶接种有4小块，光处理条件下一共45瓶，共45个外植体，上表中所标注的叶绿素量为每一浓度下愈伤组织培养30天后的量。

Note: Select induction training in the illumination processing conditions hormone ratio for MS+6-for JiDai BA1 +NAA1 cultivate callus sources, because same, vaccination and cultivate sources, so did not consider same terms before the callus vaccination of chlorophyll content. Each group of five bottles of bottle four small pieces, vaccinations light processing conditions, altogether 45 bottles of 45 explants, the graph of chlorophyll marked for each volume concentrations callus cultivating the amount after 30d.

该种激素配比诱导较缓慢，但后劲较足，生长持续时间长，生长量大。愈伤组织继代培养过程中一旦由绿色变为黄色，其叶绿素含量会一直持续减少最后愈伤组织变为褐色，最终导致愈伤组织死亡。因此，愈伤组织中叶绿素含量可以作为鉴定愈伤组织诱导和继代培养过程中最佳培养条件的一个重要指标。愈伤组织叶绿素含量越高表明愈伤组织越健康，活力越

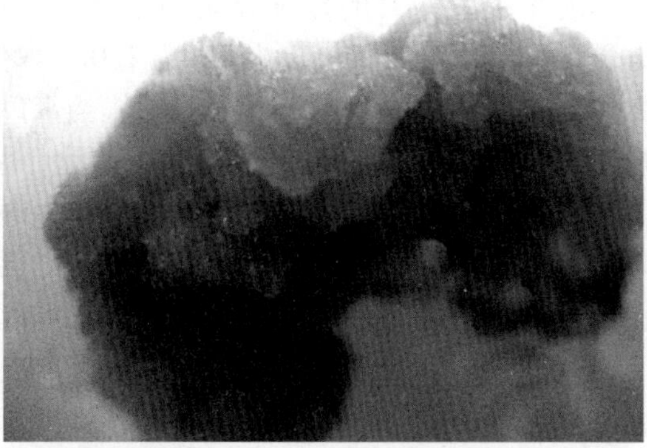

图4 光培养条件下的愈伤组织继代培养的情况

Fig. 4 The embryogenic callus subculture situation in the light

强。愈伤组织在不同激素组合条件下继代培养过程叶绿素含量见表4所示，由方差分析结果得出：对愈伤组织中叶绿素含量影响 KT > NAA，最佳组合为 NAA 2.0mg/L、KT 3.0mg/L。光照下愈伤组织继代生长的情况如图4所示：

3.2.2 方差分析叶绿素质量分数的影响情况

表6 银杏愈伤组织叶绿素含量方差分析结果

Tab. 6 Callus chlorophyll content analysis of variance

差异源	SS	df	MS	F	P-value	F crit
样本	0.001367	2	0.000683	141.3908	1.59E-07	4.256495
列	0.000415	2	0.000207	42.90805	2.5E-05	4.256495
交互	0.005124	4	0.001281	265.0287	2.52E-09	3.633089
内部	4.35E-05	9	4.83E-06			
总计	0.006949	17				

量分数，通过方差分析是为了得到两种激素各自对于叶绿素质量分数的影响是否显著。为得到银杏外植体胚继代培养愈伤组织生长的最优配方，在此采用交互作用的双因素方差分析，分析涉及的两个因素分别为：NAA 和 KT 的浓度变化，两者均有三个浓度水平，响应变量为不同浓度配比下叶绿素质量。

由表6给出的结果中，样本表示因素激素 KT 的浓度，列表示因激素 NAA 的浓度。从计算结果看：因素 KT 的 F 统计量值 141.3908 大于临界值 4.256495；因素 KT 的 F 统计量值 42.90805 大于临界值 4.256495；交互作用的 F 统计量值 265.0287 大于临界值 3.633089。因此，不同的 KT 的浓度对愈伤组织的生产量的影响是显著的，而不同的 NAA 对产量也有显著影响，且 KT 的影响强于 NAA，但两种激素之间存在交互作用，交互作用所产生的效应对生产量的影响是显著的。也就是说，应充分考虑两种激素相互作用产生的效应对产量的影响，寻找两因素的最佳组合。综合考虑表3中的诱导率、叶绿素的含量、生长情况以及观察记录各个浓度配比下的生长时间，可知本实验中 MS + KT 3 + NAA 2 为最佳的愈伤组织胚继代培养的激素条件。

3.2.3　柱状图分析银杏愈伤组织光照条件下继代培养叶绿素的含量

从图 5 中可以看到实验组 5 中叶绿素的含量显著高于其他实验组，即当激素配比为 NAA 2.0mg/L、KT 3.0mg/L 时叶绿素含量最高。当 KT 为 1.0mg/L 时观察实验组 1、2、3，可以看到随着 NAA 浓度的变化，叶绿素含量的变化不显著；当 KT 为 3.0mg/L 时观察实验组 4、5、6，可以看到随着 NAA 浓度的变化，叶绿素含量的变化显著；当 KT 为 5.0mg/L 时观察实验组 7、8、9，可以看到随着 NAA 浓度的变化，实验组 9 叶绿素含量的变化显著，实验组 7、8 相对其他组无明显变化。当 NAA 浓度为 1.0mg/L 时，观察实验组 1、4、7，可以看到随着 KT 浓度的变化，叶绿素含量变化相对其他组较显著；当 NAA 浓度为 2.0mg/L 时，观察实验组 2、5、8，可以看到随着 KT 浓度的变化，叶绿素含量变化实验组 5 相对其他组非常显著；当 NAA 浓度为 3.0mg/L 时，观察实验组 3、6、9，可以看到随着 KT 浓度的变化，叶绿素含量变化相对其他组较显著。由此可见，对叶绿素含量变化量的作用强度 KT > NAA，与方差分析的结果一致。

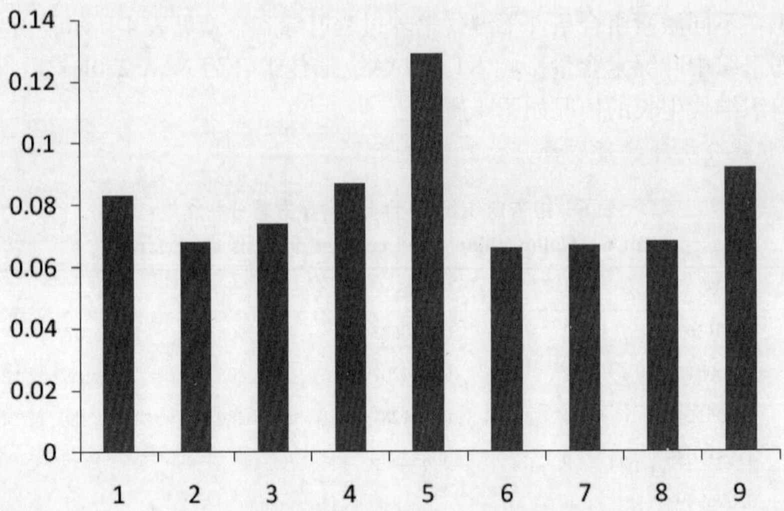

图 5 银杏愈伤组织叶绿素含量柱状图分析结果

Fig. 5　Callus histogram analysis of chlorophyll content

注：上表中 X 轴(水平轴)表示实验组编号，Y 轴(垂直轴)表示愈伤组织叶绿素的量(g)

Note: The graph the horizontal axis shows, the vertical axis says the Numbers of callus chlorophyll content(g)

3.3　愈伤组织在光暗交替处理的条件下继代培养情况

3.3.1　培养情况的分析

通过观察记录可知，完全的暗培养处理形成的愈伤组织质地疏松，颜色泛白，不利于愈伤组织的长期继代生长；完全的光照培养所得到的愈伤组织质地致密，色泽鲜绿，但所形成的愈伤组织易褐化，且不易诱导形成胚状体。本实验中采取了将暗处理 10 天的愈伤组织转移到光培养室中继续培养，通过拍摄的图片观察分析可知：在光照条件下继续培养 15 天左右，可发现部分疏松愈伤组织上又形成较为致密的愈伤组织，并能诱导产生胚状体，且与完全光照培养的培养基相比褐化程度低，因此，光暗交替处理更适于今后大面积的幼苗繁殖。

3.3.2 培养结果

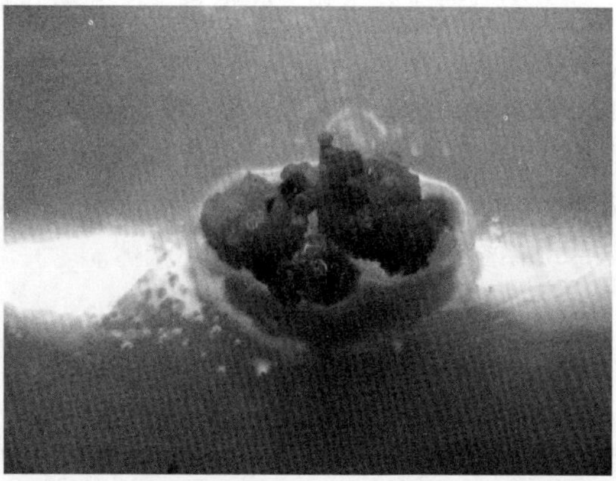

图6 光暗交替培养条件下的愈伤组织继代培养的情况
Fig. 6 The embryogenic callus subculture situation in the darkness and light

4 讨论

4.1 光处理条件对愈伤组织生长的影响

光照对愈伤组织的诱导影响不大。银杏的活性胚在光照和全黑暗培养条件下均能诱导产生愈伤组织，而且形成愈伤组织的时间差异也不是很大，但是在黑暗条件下形成的愈伤组织质地较为疏松，颜色较淡，接近无色，在随后的继代培养过程生长状况不是很好，继代培养4次后所有愈伤组织全部褐化死亡，张君诚的研究也发现了类似的现象[7]。因此，没有对黑暗培养条件下的愈伤组织生长状况进行分析。而在光照条件诱导产生的愈伤组织颜色为绿色，并能很好地长期继代保存。值得注意的是，光照培养条件下的愈伤组织比暗培养条件下易褐化，所以为了更好地长时间保持愈伤组织的色泽可以考虑光处理与暗处理交替进行。

4.2 激素对愈伤组织生长情况的影响

单一的植物激素（生长素和细胞分裂素）虽然可以诱导愈伤组织，但诱导效果不如生长素和细胞分裂素配合使用效果好[8]。在本实验中不论是诱导培养还是继代培养我都采用了生长素和细胞分裂素的结合使用，实验过程中通过对实验数据的方差分析，我们知道了NAA和6-BA对愈伤组织的诱导是交互起作用的，且两者对愈伤组织的生长量都有显著的作用，NAA的作用强度大于6-BA，综合多方面因素考虑最佳的激素配比为NAA 1mg/L + 6-BA 1mg/L。在继代培养的过程中同样得知，KT与NAA是交互作用的，且两者对叶绿素的生成量均有显著的影响，KT的作用强度要大于NAA，综合多方面的指标考虑可知最佳的激素配比为NAA 2mg/L + KT 3mg/L。

4.3 愈伤组织在组织培养过程中的褐化现象

褐化是指外植体或培养材料接种后在组织培养过程中，由于切割造成机械损伤，伤口处分泌出酚类化合物在有氧的条件下切面细胞中的酚类物质为多酚氧化酶催化氧化为醌，醌再通过非酶促反应产生有色物质而导致组织褐变，变成棕褐色或暗褐色，并逐渐扩散到培养基中抑制细胞内其他酶的活性，影响细胞的正常代谢毒害整个组织，甚至导致组织死亡，尤其是木本植物组织的外植体褐变死亡是其培养难度较大的主要因素。在组织培养过程中为了避免外植体因褐化而死亡，一般在诱导培养30天左右我们即将外植体转入加入了抗褐化剂的培养基中进行进一步的扩大培养。有研究表明，暗处理下，酚氧化酶的活性减弱，酚类化合物的合成减少，其氧化产物醌类也相应减少[9]，所以降低了植物组培中的褐化。但是长期的暗处理削弱了繁殖体的生物合成，影响了其生长和增殖。所以，暗处理的时间要适度，一般以10天内为好[10]。在本实验中我采取了将诱导培养得到的愈伤组织转接到继代培养基中后，先在黑暗条件下培养了10天，然后转移到光照情况下继续培养，观察发现部分疏松愈伤组织上又形成较为致密的愈伤组织，并能诱导产生胚状体。

参考文献

[1] Tulecke W R. A haploid tissue culture from the female gametophyte of *Ginkgo biloba* L. [J]. Nature, 1964, 20(3): 94-95.

[2] 郝岗平，等．银杏幼嫩茎段培养诱导愈伤组织及其细胞学研究[J]．西北植物学报，2008，23(4)：648-652.

[3] 胡蕙露，等．银杏茎段组织培养正交试验[J]．安徽农业大学学报，1997，24(2)：129-133.

[4] 王洪善，等．银杏愈伤组织培养形态建成的研究[J]．林业科技通讯，1997，9(6)：27-28.

[5] 徐利均，谢永红，甘霖，等．银杏组培繁殖及黄酮糖苷的产生[J]．西南农业大学学报，2007，23(4)：368-370.

[6] 丁青龙，王云征，顾卫忠，等．银杏叶及其制剂的质量研究[J]．中国现代应用药学，1998，15(5)：10-15.

[7] 高国训．植物组织培养中的褐变问题[J]．植物生理学通讯，1999，35(6)：501-506.

[8] 于荣敏，赵鸿莲，邓玉果，等．银杏愈伤组织培养及其代谢产物银杏内酯的研究[J]．生物工程学报，1999，15(1)：52-58.

[9] 郭艳，杨海玲．植物组织培养中的褐化现象及解决途径[J]．山西农业科学，2010，37(7)：14-16.

[10] Zhang J C(张君诚). Studies on the effects of the induction and proliferation of callus from *Ginkgo biloba* L. J Chongqing Teachers Coll[J]. Nat Sci, 1999, 16(3): 41-48.

培育银杏大苗胸径与生长时期关系的试验

冯现林[1] 项庆峰[2] 石红卫[1] 王克服[3] 王振金[4]

[1]邳州市邹庄镇农业技术推广中心，江苏邳州 221333；[2]邳州市农业委员会，江苏邳州 221300
[3]邳州市铁富镇农业技术推广中心，江苏邳州 221300；[4]邳州市港上镇农业技术推广中心，江苏邳州 221300

摘要：胸径是反映银杏苗木生长的重要指标之一，银杏苗木在年生长时期很大程度上影响到苗木胸径的生长，本试验以10年生银杏大苗作为试验对象，探讨生长时期与胸径的相关关系，结果表明，银杏在每年的5月至10月有生长量，最大的胸径生长量为1.9cm，最小的为1.2cm。11月到次年4月银杏几乎不生长，且银杏在6、7、8三个月的生长最为旺盛，至少长0.38cm；在6、7、8三个月中银杏的胸径生长呈现波浪式发展，银杏胸径在其生长期的生长速度最快，生长量最高达到全年生长量的100.0%，最低都达到全年生长量的83.3%，平均达到97.6%。

关键词：银杏大苗；胸径；生长时期

银杏是目前珍贵树种之一，生长缓慢，从栽种到结果至少需要20多年。银杏全身是宝，具有较高的观赏价值和药用价值。其对气候条件的适宜性较强，在我国多地都有种植。近年来，银杏绿化大苗作为绿化树木在我国苗木市场十分畅销，特别是目前银杏已经初步被评为我国国树。随着我国城市化进程的不断加快和西部大开发战略进一步实施，国内许多大中城市甚至是小型城市的绿化事业也得到了迅速发展，作为城市绿化主要树种，银杏大苗已经成为国内苗木市场的紧俏货，未来银杏的发展前景也是一片大好。

胸径是反映银杏苗木生长的重要指标之一，银杏苗木在年生长时期很大程度上影响到苗木胸径的生长。

针对上述情况，本人于2011~2012年开展了银杏大苗的培育工作，重点进行了银杏大苗胸径生长速度与其不同生长时期之间的关系，现将结果叙述如下：

1 试验地点情况

试验地点位于江苏省邳州市邹庄镇孟桥村银杏园，试验面积为0.2hm^2。试验地点地处沂河冲积平原，为沙质壤土，属于温带季风气候，年平均气温为13.5℃，年平均降水量为900mm左右，地势平坦，地下水位为100cm，pH值约为7.1(呈中性)。

2 材料与方法

2.1 银杏种植

选取10年生银杏苗木，于2000年2月1日进行种植。种植时，株行距为4m×2m，共栽植银杏苗木240株。

其中，2010 年 2 月移植苗木 120 株，移植的银杏苗木中，最小胸径为 9.7cm，最大胸径为 12.0cm。目前，全园还有银杏苗木 120 株，每年秋施基肥一次，每亩 2～3m^3，3～6 月份追肥用 45% 全价复合肥，年追肥 2 次，每株银杏单次施肥量约为 1.0kg。根据天气情况每年浇水 3～5 次，遇涝自然排水，确保无积水，年除草约 3～5 次。

2.2 试验方法

2.2.1 随机调查

本试验采取随机取树的方式，选取园区内 9 棵银杏树苗进行试验，并对其进行统一编号。选取固定高度(选取离地面 1.2m 处)进行胸径测量，测量时间集中，一般在 1h 内完成测量工作。

2.2.2 试验步骤

各月份银杏胸径生长量测量：通过相关的资料收集发现，每年 11 月到次年 2 月，银杏胸径基本不增长。因此，连续 2 年用测树尺进行测量，从 3 月份开始测量，到 10 月底落叶结束，每月测量一次。然后进行数理统计，求年生长量最高峰的月份。

生长旺盛时期银杏胸径生长量测量：通过相关的资料收集发现，每年的 6、7、8 三个月是银杏胸径生长的最旺盛时期。连续 2 年用测树尺进行测量，这三个月中每月的上、中、下旬进行三次共 9 次测量。然后进行数理统计，求年 6、7、8 三个月内生长量最高峰的时间段。

3 结果与分析

经过 2 年的测量后，取 2 年的平均值，各月份银杏胸径的生长量数据如表 1，生长旺盛时期(6～8 月)内银杏胸径生长量数据如表 3，不同生长期时期银杏胸径生长量数据如表 4。取两年生长量的平均值。

表 1 各月份银杏胸径的生长量统计(单位：cm)

编号	3 月	4 月	5 月	6 月	7 月	8 月	9 月	10 月	合计
1	0	0	0.2	0.4	0.4	0.3	0	0	1.3
2	0	0	0.3	0.5	0.4	0.7	0	0	1.9
3	0	0	0	0.5	0.4	0.4	0.1	0.1	1.5
4	0	0	0.2	0.4	0.6	0.4	0	0	1.6
5	0	0	0	0.5	0.6	0.5	0	0	1.6
6	0	0	0.1	0.3	0.3	0.3	0.1	0.1	1.2
7	0	0	0.1	0.5	0.7	0.3	0.1	0	1.7
8	0	0	0	0.4	0.5	0.5	0.1	0	1.5
9	0	0	0.1	0	0.9	0.1	0.1	0	1.2

2 年内，根据各月份银杏胸径的生长量数据可知，银杏在每年的 5～10 月有生长量，其中 9 棵银杏树苗中最大的胸径生长量为 1.9cm，最小的为 1.2cm。11 月到次年 4 月银杏几乎不生长，且银杏在 6、7、8 三个月的生长最为旺盛。

对不同月份的条件下，银杏苗木胸径的生长量进行方差分析，结果见表 2：

表2　各月份银杏胸径生长量方差分析表

变异来源	自由度	离差平方和	均方	F值	F(a)值=0.05
组间	4	1.49	0.37	18.5	2.61
组内	40	0.83	0.02		
总的	44	2.32			

从表2可以看出，银杏各月份胸径的生长量有极其显著的差异。

表3　年生长旺盛时期银杏胸径生长量统计表(单位：cm)

编号	6月			7月			8月		
	上旬	中旬	下旬	上旬	中旬	下旬	上旬	中旬	下旬
1	0.1	0.2	0.1	0.1	0.1	0.2	0	0.3	0
2	0.2	0.1	0.2	0.4	0	0	0.2	0.5	0
3	0	0.2	0.3	0.1	0.1	0.2	0.1	0.3	0
4	0	0.1	0.3	0.2	0	0.4	0.1	0.3	0
5	0.2	0.3	0	0.4	0	0.2	0	0.3	0.2
6	0.1	0.1	0.1	0.1	0	0.2	0	0.2	0.1
7	0.1	0	0.4	0	0.2	0.5	0.1	0.2	0
8	0	0.1	0.3	0.1	0	0.4	0.2	0.1	0.2
9	0	0	0	0.4	0.1	0.4	0	0	0.1
合计	0.7	1.1	1.7	1.8	0.5	2.5	0.7	2.2	0.6

由表3年生长旺盛时期银杏胸径生长量数据可知，在6、7、8三个月中银杏的胸径生长呈现波浪式发展，首先在6月上旬开始快速生长，7月上旬生长量达到峰值，然后生长量回落，到7月下旬之间银杏的胸径生长量又有一次生长高峰，8月中旬其胸径生长量迅速生长，再次达到一个小的峰值，8月下旬以后生长开始回落。

表4　各生长期银杏胸径生长量统计表(单位：cm)

编号	生长前期3~5月		生长期6~9月		生长后期9月~次年2月	
项目	生长量	占全年百分比(%)	生长量	占全年百分比(%)	生长量	占全年百分比(%)
1	0.2	15.4	1.1	84.6	0	0
2	0.3	15.8	1.6	84.2	0	0
3	0	0	1.4	93.3	0.1	6.7
4	0.2	12.5	1.4	87.5	0	0
5	0	0	1.6	100.0	0	0
6	0.1	8.3	1.0	83.3	0.1	8.3
7	0.1	5.9	1.6	94.1	0	0
8	0	0	1.5	100.0	0	0
9	0.1	8.3	1.1	91.7	0	0
合计	1.0	0.8	12.3	97.6	0.2	1.6

银杏按生长速度来分，每年一般包括3个时期：生长前期(3 ~ 5月)、生长期(6 ~ 9月)和生长后期(9月至次年3月)。

由表3各生长期银杏胸径生长量统计表可知，银杏胸径在其生长期的生长速度最快，生长量最高达到全年生长量的100.0%，最低都达到全年生长量的83.3%，平均达到97.6%。

4　小结与讨论

由上述试验结果可知，该地区种植的银杏生长规律。银杏在 6 ~ 8 月处于生长高峰期，其生长量占到了全年生长量的 77.8%~100.0%，而在其生长前期和生长后期的生长量很小，不足十分之一，这主要是因为银杏生长期的气象条件造成的。由于正好处于夏季，光照、湿度、温度等气象条件非常适宜其生长。在生长期内，6 月中旬到 7 月下旬以及 8 月中旬的胸径生长速度有所降低，这可能是由于太阳光过度的暴晒、气温过高和空气湿度过低或者过高引起的。

综上所述，银杏苗木在一年内的 6 ~ 8 月份是胸径加粗生长最迅速的时期，其中 7 月份是全年的生长旺盛期，依据这一生长规律，适期施肥、浇水，方能达到培育高效、优质的银杏大苗的目的。

银杏的胸径生长还受栽植密度、施肥的种类和施肥量及其他因子的影响。培育银杏优质绿化苗木，是一个综合概念，从现实情况看随着绿化苗木标准的提高，不仅讲究粗度，还应从高度、干形、冠形、皮色、品种等多方面考量，以后加以探讨。

本实验得到了江苏省邳州市农业委员会赵洪亮研究员的大力指导，在此表示感谢。

参考文献

[1]邓荫伟，李晓铁，王光平，周新富，邓业成．银杏良种早实技术研究[J]．林业科学，2006(05).

[2]潘伟明，李华军，许凤英，彭文畅，何娟华．银杏夏季生长光温条件的初步研究[J]．农业与技术，2004(01).

[3]付玉东，李军，姚国年，闫树明，王春．不同生态因子对银杏生长的影响[J]．防护林科技，2012(03).

泰兴市银杏虫害普查及分析

印福女①

（泰兴市林业技术推广中心，江苏泰兴 225400）

摘要：2004～2011年，我们对全市的银杏虫害进行了全面系统的普查。共发现在泰兴市危害银杏的害虫有12种，分别隶属于3目7科。其中丝棉木金星尺蠖、蛞蝓、后黄卷叶蛾3种害虫，是首次发现危害泰兴市银杏。特别是后黄卷叶蛾，现已成为危害泰兴市银杏叶片和果实的主要害虫之一。

关键词：泰兴；银杏；虫害；普查；分析

Abstract: We have carried out a comprehensive and systematic census on ginkgo biloba pest from 2004 to 2011. We find there are twelve kinds of hazard ginkgo pests in Taixing city and they are respectively belonging to three orders and seven families. The three kinds of insects, such as the silk cotton wood venus inchworm, slugs and after yellow tortricid , was been firstly found . Especially after yellow tortricid has become a danger to *ginkgo biloba* leaves and fruit of the main insect pests.

Key words: Taixing; *Ginkgo biloba*; Pest; Census; Analysis

泰兴银杏栽培历史悠久，随着栽植面积的不断扩大，一些害虫也“乘虚而入”，造成其生态系统发生了变化。2004～2011年，我们对全市的银杏虫害进行了全面系统的普查，共发现害虫有12种，分别隶属于3目7科。其中丝棉木金星尺蠖、蛞蝓、后黄卷叶蛾3种害虫，是首次发现。特别是后黄卷叶蛾，以前是危害果树类的害虫，现已成为危害泰兴市银杏叶片和果实的主要害虫之一。

1 普查点

1.1 银杏主产区

宣堡镇张河古银杏生态园、泰兴镇戴巷村古银杏、胡庄镇宗林村古银杏。

1.2 成片林

胡庄镇肖林村（银杏果树林）—泰兴镇林场（纯林）—张桥镇西桥村（银杏桑树林）—分界镇沈界村（银杏桑树林）。

---

①作者简介：印福女，1975年生，女，江苏泰兴人，毕业于南京林业大学风景园林专业，本科，农学学士学位，林业工程师。专门从事森林病虫害预测预报、调查、检疫、防治等工作。

1.3　苗圃地

姚王镇周庆生银杏种苗场—市第二捕捞公司银杏苗圃地—市果园场银杏苗圃地—分界镇沈界村银杏苗圃地。

2　普查方法

根据不同的虫害种类，采取普查和定点观察相结合的方法。在银杏主产区、成片林和苗圃地的每个普查点，采取对角线方法选择样株，随机抽取具有代表性的银杏进行逐株调查，将树冠分为上、中、下3层，每层选取东、西、南、北四个方向4个50cm长的标准枝，分别查数标准枝上的幼虫数量，以了解危害程度为主。

3　普查结果

通过普查，发现在泰兴危害银杏的害虫有12种，分别隶属于3目7科[1]。具体是：银杏超小卷叶蛾、大袋蛾、小袋蛾、茶袋蛾、白茧小袋蛾、黄刺蛾、丽绿刺蛾、扁刺蛾、铜绿金龟子、丝棉木金星尺蠖、蛞蝓、后黄卷叶蛾(见表1)。其中丝棉木金星尺蠖、蛞蝓、后黄卷叶蛾3种害虫，是首次发现在我市危害银杏。

表1　泰兴市银杏主要虫害种类

害虫种类	分类地位	危害树龄	危害程度
银杏超小卷时蛾	鳞翅目，小卷叶蛾科	挂果树	+
大袋蛾	鳞翅目，袋蛾科	挂果树	+
小袋蛾	鳞翅目，袋蛾科	挂果树	+ +
茶袋蛾	鳞翅目，袋蛾科	挂果树	+
白茧小袋蛾	鳞翅目，袋蛾科	挂果树	+
黄刺蛾	鳞翅目，刺蛾科	挂果树	+
丽绿刺蛾	鳞翅目，刺蛾科	挂果树	+ +
扁刺蛾	鳞翅目，刺蛾科	挂果树	+
铜绿金龟子	鞘翅目，金龟子科	挂果树	+
丝棉木金星尺蠖	鳞翅目，尺蛾科	幼树	—
蛞蝓	柄眼目，蛞蝓科	幼树	+ +
后黄卷叶蛾	鳞翅目，卷蛾科	挂果树，幼树	+ + +

注：“+”一般；“+ +”中等；“+ + +”严重；“—”转移危害，发生较轻。

4　普查分析

通过普查，发现泰兴地区危害银杏的主要害虫有12种。在野外普查时，已对绝大部分危害症状、虫态进行了摄影记录，共拍摄照片400多张，制作完整的生活史标本12个。对于危害较严重、分布较广的害虫种类，采用诱虫灯诱捕与林间捕捉相结合，室内人工饲养与林间定点观察相结合的方法，了解、观察并记载生活史。对于未成熟的虫态带回室内饲养，收集各种虫态标本。

通过普查，发现有3种害虫是以前所有关于银杏病虫害防治[2]书籍上没有记载过的，首次发现在我市危害银杏，分别是丝棉木金星尺蠖、蛞蝓、后黄卷叶蛾。丝棉木金星尺蠖是从银杏树旁的绿化树种大叶黄杨上转到银杏树上危害的。附近的大叶黄杨已被食成精光。蛞蝓是由于地下水位比较高，适合蛞蝓生长的环境，爬到银杏树上，啃食叶片，使叶片成孔洞或缺刻。后黄卷叶蛾，在泰兴市的老、中、幼、苗圃地银杏树上均发现了该虫危害，特别是幼树上危害比较重，不仅危害银杏叶片，而且危害银杏果实。后黄卷叶蛾危害银杏叶片时，常吐丝将2~3张银杏嫩叶叠在一起，藏匿于其中，嚼食叶肉，严重影响枝梢生长，低龄幼虫食叶成孔洞或缺刻。3龄后常吐丝缀叶成叶包，躲藏其中危害。幼虫很活泼，可转苞危害，当食料不够时，即迁移重新结包取食。幼虫老熟后在被害叶苞内化蛹或转到邻近老叶上，吐丝缀叶在其中结薄茧化蛹。危害果实时，幼虫将吐丝粘附在果皮上，啃食表皮，使银杏外种皮形成褐色凹陷，（使幼果干瘪脱落），幼虫则转移到旁边的叶片上继续危害，或随果落地。以往是危害果树类的害虫，现已成为危害泰兴市银杏叶片和果实的主要害虫之一。

参考文献

[1]李群．银杏栽培技术200问[M]．上海：上海科学普及出版社，2000.
[2]李群，承仰周，张宏章．银杏病虫草鼠害防治[M]．北京：中国农业出版社，2004.

银杏大蚕蛾发生规律及绿色综合防控技术

冷 鹏[1] 刘延刚[1] 崔爱华[1] 高 森[2] 宿刚爱[1] 王 斌[1] 崔晓梅[1]
([1]临沂市农业科学院，山东临沂 276012；[2]郯城县新村银杏产业开发区，山东郯城 276000)

摘要：本文主要介绍银杏大蚕蛾不同生长时期的形态特征，阐述了银杏大蚕蛾的危害情况和发生规律，并从农业防治、生物防治、化学防治方面总结出了其绿色防控技术，以期为银杏大蚕蛾的科学防治提供理论依据。

关键词：银杏大蚕蛾；形态特征；危害；发生规律；防治方法

银杏(*Ginkgo biloba* L.)是现存最古老的种子植物，浑身是宝。干是优质木料，果是美味食品，叶是良效药材，树是极佳珍贵的城乡绿化美化树种。郯城是全国著名的银杏之乡，银杏成片栽植面积多达1.5万hm^2，已发展成为当地的主导支柱产业[1]。过去，银杏树很少发生病虫危害，近年来，随着银杏面积的不断扩大和栽培集约化程度的提高，内外交流的日益频繁及不少杨树等“杂树”被伐，林区的生态环境有了一定的改变，作为杂食性害虫的银杏大蚕蛾(*Dictyoploca japonica* Butler)，对银杏有加重危害的趋势，严重时会造成植株死亡。目前已成为当地银杏树上的主要害虫之一，严重影响了银杏产业的可持续健康发展。鉴于此，我们对银杏大蚕蛾不同生长时期的形态特征、危害情况和发生规律进行了调查研究，并从农业防治、生物防治、化学防治方面总结出了其绿色防控技术，以期为银杏大蚕蛾的科学防治提供理论依据。

银杏大蚕蛾又名核桃大蚕蛾、白果蚕，俗称白毛虫，属鳞翅目大蚕蛾科胡桃大蚕蛾属[2]。其寄主植物很多，主要有银杏、核桃、漆树、李树、梨树、柿树、苹果、板栗、枫杨、柳树、朴树、樟树、樱花、梅花、紫薇、盐肤木等。银杏大蚕蛾的危害，主要是幼虫取食银杏叶片，大发生时可将整株银杏的叶片全部吃光，严重影响银杏生长和产量。银杏大蚕蛾的科学防治，可以采取营林措施，提高林分抗性，也可采取生物防治措施，或使用无公害农药进行防治。

1 生物学特性

1.1 成虫

雄蛾体深褐色，翅展约125mm，体长约35mm，触角羽毛状；雌蛾体红褐色，翅展约135mm，体长约40mm，触角稍齿状[2]。触角颜色同体色。前翅外缘略向里凹，近顶角处有一明显黑斑，后翅中室有一明显的眼状斑。前后翅均有一条很明显的波状横线，并与外缘基本平行。

1.2 卵

初产卵鲜绿色，后渐变为灰白色，常附有米黄色花纹。椭圆形，两端略平，顶端有一明显的小黑点。长径2.2～2.5mm，短径1.2～1.5mm，排列不整齐。

1.3 幼虫

胸腹部共10节，足8对。初孵幼虫腹部呈黄色或灰白色，具黑线；头部与体背黑色；体背有白色毛束。3龄后逐渐变成浅绿色，6～7龄转为绿色。各龄期体背每节均附有先为黄绿色后变成白色的毛囊2对，着生于4个瘤上。除尾节外，每节2侧下方有一直立的眼状蓝色椭圆斑。老熟幼虫体背毛囊连成整齐的毛带，体长100～120mm，宽5～10mm。

1.4 茧

初为银白色，后渐变成褐色。椭圆形，长50～55mm，宽20～25mm。茧壳具孔，孔形不规则。茧丝质粗，表面光滑无毛，革质。茧后端具开放孔。

1.5 蛹

长38～44mm，宽13～17mm。复眼棕色凹陷。附肢及分节清晰，尤其是第5、6、7腹节，具3条棕色带。腹节两边下侧各生1个椭圆形的棕色斑。羽化前，蛹变为褐色。

2 危害情况

银杏大蚕蛾以幼虫为害银杏叶片，成缺刻或食光叶片，危害后一般可损失叶片10%～15%，严重时可损失叶片30%以上[3]。往往在银杏成熟前(8月下旬至9月上旬)，导致叶片脱落，直接影响叶子的产量和黄酮素的提取，同时还影响银杏果实产量和品质(主要表现为银杏的等级下降)，使果农的经济收益受到损害。

3 发生规律

该虫在当地1年发生1代，以卵越冬，卵集中成堆或单层排列，多产于老龄树干表皮裂缝或凹陷地方，位置在树干1～3m之间。第二年4月底至5月初越冬卵开始孵化，5～6月进入幼虫活动期，7月中旬开始结茧，经1周左右化蛹，蛹期约40天，9月上旬为成虫期，成虫羽化期约10天，羽化后交尾产卵，从9月上旬开始到中旬产卵完成[2]。一般产卵3～4次，1头雌蛾可产卵250～400余粒。幼虫一般7龄，少有8龄。每个龄期约1周，整个幼虫期约60天。4月中旬进入2龄期，4月下旬至5月中旬为3～5龄期，食量增加，5龄食量最大，占全部取食量的70%以上，危害最重。进入6月上中旬，幼虫老熟后即爬至1～3m高的灌木枝干、矮墙或石缝中结茧，蜕皮化蛹，8月底9月初羽化成虫，成虫期约10天，交尾产卵后死亡，卵堆积在一起越冬。

银杏大蚕蛾羽化多在傍晚，以17:00～22:00为盛，羽化时将茧壳冲开，蛹体先露出1/3。刚羽化时，蛾体周身潮湿，翅紧贴体壁，1～2h后即能飞翔。一般羽化后4～12h内交尾，交尾后很快产卵。成虫夜间活动，趋光性弱，白天静伏在叶片背面。成虫寿命4～7天。幼虫一般白天孵出，初孵幼虫先取食卵壳，然后取食叶片的下表皮和叶肉，形成圆形透明的小斑，幼虫3龄前喜群集，4～5龄时开始逐渐分散，能将叶片食成孔洞，5～7龄时单独活动，能将叶片吃光，仅剩下叶柄和叶脉。幼虫前后共7龄，一般都在白天取食，一天中以10:00～14:00取食量最大。

4　绿色防控技术

4.1　农业防治

4.1.1　采取科学的营林措施提高林分抗性

单株银杏一般较少发生病虫害。但是，在主产区的银杏园，不仅病虫害种类繁多，而且也会成灾，造成严重的损失。尽管银杏的病虫害种类繁多，但没有给银杏造成毁灭性的打击。这里，除了银杏本身具有一系列物质可以抵御相当多的病虫害外，还与其分散种植的复杂生态环境直接有关。因此，筹建银杏园时，尽量减小规模，分散种植。分散种植，周围存在多种其他生物，为各种天敌生存营造了优良环境。即使某些病虫害一时危害相当严重，也会因随后天敌的大量发展而迅速得到控制。深入研究银杏生态环境与病虫害发生发展的关系，科学利用这一关系，可以为银杏及其他植物病虫害的防治提供有益的借鉴。

4.1.3　人工摘除卵块

银杏大蚕蛾的虫卵越冬历期长，一般达200天以上(10月至次年4月)。在卵期，根据其产卵地点选择性强、卵期长、卵块集中并易于清除的特点，在银杏大蚕蛾大发生时，组织人力清除卵块，如：冬季结合树木修剪刮树皮，铲除附在上面的卵块[4]，可减少越冬虫卵；在蛹期结合银杏园管理，利用银杏大蚕蛾幼虫缀叶结茧化蛹的特性，可在周围的灌木杂草上拾摘银杏大蚕蛾缀叶茧蛹，然后集中销毁。

4.1.3　摘除虫叶

银杏大蚕蛾的幼龄幼虫都为群集危害，常使被害叶呈枯黄膜状，目标明显，易于发现，可组织人力及时摘除消灭，防止扩散蔓延危害。

4.1.4　灯光诱杀

成虫有较强趋光性，飞翔能力强，于8~9月雌蛾产卵前，用黑光灯诱杀成虫，效果良好。

4.1.5　药剂涂干

秋、冬季在树干基部(从地面到树干1.5m处)用石灰浆或石硫合剂涂干，可消灭卵块。

4.2　生物防治

银杏大蚕蛾生活周期长，其天敌较丰富，如寄生卵的有平腹小蜂、赤眼蜂，寄生蛹的有姬小蜂，寄生幼虫的有追寄蝇。低龄幼虫常被多种蜘蛛捕食，高龄幼虫常受多种鸟类捕食。在9月雌蛾产卵期释放赤眼蜂，对防治银杏大蚕蛾有一定效果，赤眼蜂在大蚕蛾上的寄生率可达80%。在幼虫盛发期将含孢子100亿个/g以上的青虫菌粉稀释成1000倍液喷雾，可使幼虫感病率达80%。充分利用天敌，可节省人力、财力，减少环境污染。

4.3　科学化学防治

由于该幼虫3龄前虫体小，危害轻，有群居习性，3龄后虫体迅速增大、食量增大，危害加重，加之抗药性增强，防治难度加大。因此，在最佳防治期即幼虫1~3龄(4月中旬至5月上中旬)时进行集中扑灭是防治的关键[5]。应采用无公害农药进行防治，如：苯氧威1500~3000倍液或阿维菌素3000~5000倍液喷雾，防治效果在98%以上；采用生物防治效果也很好，如用白僵菌、苏云金杆菌(Bt)混合粉剂林间撒施；用敌敌畏、敌杀死、天王星、灭扫利等药剂喷雾可达到控制此虫的目的。银杏大蚕蛾每一雌虫大多产卵200~300粒，飞翔力强，扩散蔓延快。因此，在防治时群防群治显得尤为重要。

施药时应注意以下6个方面：第一，喷雾必须喷洒在叶片的背面；第二，成年大树使用手动喷雾器时，可在喷管上接皮管进行高枝喷雾；第三，使用高压泵喷雾，雾滴大，应适当扩大稀释倍数；第四，弥雾机喷雾雾点细，应缩小稀释倍数，一般弥雾机只适用于中小型树喷雾；第五，操作时要穿长袖、长裤并佩戴手套、口罩，配药、喷药后均要用肥皂洗净手、脚；第六，药具在用前、用后均要洗净，防止除草剂等药液污染叶片。

参考文献

[1] 顾前广，苏明洲，顾金峰．郯城银杏病虫害及其防治[J]．吉林农业(学术版)，2012，7：76-77.
[2] 桂红兵．银杏大蚕蛾的生物学特性与科学防治[J]．现代农业科技，2007，18：86.
[3] 唐志丁，张亚静，丁义才．银杏大蚕蛾发生成因及防治对策[J]．陕北林业科技，2008，5：39.
[4] 郑家勇．银杏大蚕蛾的发生为害与防治[J]．植物医生，2004，17(2)：20.
[5] 冯连芬，王景兰．银杏大蚕蛾在康县的发生与防治[J]．山西果树，2008，6：17-18.

银杏树三种袋蛾防治试验研究

邹大颂　古立来　邵士娟　宗学美　冯艳霞　陈远亮

（山东省郯城县林业局，山东郯城　276100）

摘要： 采用25%灭幼脲Ⅲ号喷雾，以90%晶体敌百虫为对照的防治试验表明，2000倍25%灭幼脲Ⅲ号防治茶袋蛾、白袋蛾和褐袋蛾，效果达95%以上，喷药一次三年有效，且成本低、无残留、无毒害、不污染环境、不杀伤天敌，达到控制目的。可在防治中推广使用。

关键词： 银杏；袋蛾；灭幼脲；防治试验

1　概　况

袋蛾又名蓑蛾、债蛾，俗名吊死鬼、布袋虫等，属鳞翅目袋蛾科。此虫繁殖力强、食性杂、暴发性强、危害严重。

袋蛾类在郯城银杏树上最早只见有零星的大袋蛾发生，但构不成危害。2003年后又不见踪影，随之而来的是茶袋蛾、白袋蛾和褐袋蛾三种袋蛾混合暴发成灾，同一株银杏树上同时发生这三种袋蛾。为掌握其形态特征和生物学特性，摸清其发生危害规律，科学地做好防治工作，我们在多年测报观察的基础上，进行了室内饲养观察和防治试验，其形态特征和生物学特性已在《第十四次全国银杏学术研究会论文集》中有所叙述（详见第123页），在此不再重复，仅就25%灭幼脲Ⅲ号防治试验总结报告如下。

对于此虫的防治，以前多是应用有机磷农药，对人、畜、天敌等产生了极大的毒害作用，且使害虫易产生抗药性、污染环境、影响果品品质等。为解决这些缺点，我们于2012年采用新型仿生制剂灭幼脲Ⅲ号对茶袋蛾、白袋蛾和褐袋蛾进行了防治试验。灭幼脲是一种激素类生物杀虫剂，能抑制昆虫几丁质合成，使幼虫不能正常脱皮、变态而死亡，而对人、畜及天敌非常安全。

1.1　试验方法

试验地点选在郯城县人民路西段，供试株数12株，树龄13年。试验采用原国家林业部安阳农药厂生产的25%灭幼脲Ⅲ号，分为3个不同浓度即1500倍、2000倍、2500倍，每个浓度做3个重复，采用90%敌百虫晶体1000倍作对照，用工农36型机动喷雾机进行叶面喷雾，喷雾时期选在幼虫2龄期。

1.2　试验结果与分析

1.2.1　林内试验防治效果调查

用25%灭幼脲Ⅲ号1500倍、2000倍、2500倍三个处理，自7月10日喷药至8月10日分期调查，历期30天，最后一次性调查防治效果（见表1）。

表1　25%灭幼脲Ⅲ号胶悬剂防治银杏袋蛾效果调查表

浓度	供试株数	调查虫数	死亡虫数	杀虫率(%)
1500倍	3	216	213	98.6
2000倍	3	232	226	97.4
2500倍	3	267	238	89.1
对照1000倍(90%晶体敌百虫)	3	306	270	88.2

由表1说明，用25%灭幼脲Ⅲ号胶悬剂1500倍和2000倍液杀虫率均达95%以上，2500倍液杀虫效果不到90%，而对照90%敌百虫1000倍幼虫死亡率仅为88.2%。

1.2.1.1　方差分析

用1500倍、2000倍、2500倍、对照作为处理单元，各处理间的重复作为区组，进行方差分析，结果见表2。

表2　方差分析表

方差来源	离差平方和	自由度	方差	F	$F_{0.05}$	$F_{0.01}$	显著性
A处理	987	3	329	33.17	3.59	6.22	* *
B(区组)	54.5	2	27.2	52.75	3.98	7.21	
E	59.5	6	9.92				
总和	1101	11					

由表2可知：经F检验各处理间差异显著。另外，再对各处理进行多重比较(Q检验)(见表3)。

表3　多重比较(Q检验)表

处　理	x_i	对 照	2500倍	2000倍
1500倍	197	20 * *	19 * *	3
2000倍	194	17 * *	16 * *	
2500倍	178	1		
对　照	177			

经过Q检验可以看出，1500倍的杀虫效果最好，2000倍次之，但两者之间防治效果差异不显著。从经济有效的角度看，生产应用中应提倡2000倍液，既能节省费用又能达到防治目的。

1.2.2　利用灭幼脲防治对银杏袋蛾越冬死亡率影响的调查

我们在用25%灭幼脲Ⅲ号2000倍试验区及1000倍90%敌百虫对照区连续2年进行越冬基数调查，其调查结果见表4。

表4　银杏袋蛾越冬基数调查表

年度	试验	调查虫数	死亡虫数	死亡率(%)
2011	(试验前)	26	4	16
2012	灭幼脲Ⅲ号	23	6	26
	敌百虫	26]	5	20
2013	灭幼脲Ⅲ号	20	5	25
	敌百虫	21	4	19

从表 4 看出，利用 25% 灭幼脲Ⅲ号防治银杏袋蛾，其越冬死亡率明显高于用敌百虫防治的越冬死亡率。

1. 2. 3　天敌寄生情况调查

试验防治后，对袋蛾天敌进行了观察和调查，利用灭幼脲和敌百虫防治，二者对袋蛾天敌的影响是显著的，从表 5 中可以看出 25% 灭幼脲防治银杏袋蛾后，天敌寄生率达到 19%，而用敌百虫防治，天敌寄生率为 11%。

表 5　天敌(寄生蜂、蝇)寄生情况调查表

农药类型	调查虫数	寄生数	寄生率(%)
灭幼脲Ⅲ号	33	6	19
90% 敌百虫	38	4	11

2　结论

(1)利用 25% 灭幼脲Ⅲ号 2000 倍液防治银杏袋蛾，3 年只需防治一次，平均每亩每年防治费用仅为 2. 2 元，与用有机磷农药敌百虫相比，每亩节约防治费用 5. 8 元，成本仅为化学防治的 27. 5%，且省工省时。

(2)通过林内和室内饲养喷药试验对比表明，两者幼虫死亡趋势基本一致。喷药第 3 天后开始有死虫，5 天后死虫明显增加，7 天后达到高峰，直到 30 天后仍有幼虫死亡现象，幼虫中毒后，行动迟缓，食量大减，体躯变黑，逐渐消瘦，直到死亡后只剩下一层皮。未死亡的虫子，虫体明显变小，体躯瘦弱，直接影响下一代成虫产卵量，卵的孵化率也降低。

(3)25% 灭幼脲Ⅲ号防治银杏袋蛾，不杀伤天敌，具有明显保护天敌的作用。

(4)采用边试验边推广的办法，2012 年推广防治 1410 株，均取得了较好的防治效果，经济效益明显提高，比用化学防治节约防治费用 72. 5%，而且不杀伤天敌，不污染环境，基本达到了有虫不成灾的控制目的。

郯城银杏偶发性害虫的发生与防控对策

古立来　陈远亮　邹大颂　宗学美　冯艳霞
（山东省郯城县林业局，山东郯城　276100）

摘要： 根据郯城银杏偶发性害虫的发生情况，结合有关资料，列举了自郯城银杏大发展以来偶发性害虫的典型事例，并分析了其发生原因，认为气候异常、适宜的环境条件、以往害虫防治措施的倾向性以及纯林面积大是导致偶发性害虫暴发的主导因子。据此，提出了防控策略。

关键词： 银杏；偶发性；害虫；原因；防治对策

植物保护中所谓偶发性害虫，是指与常发性害虫相比，通常年份种群数量极少，不易被人们发现，构不成危害的，但在某些年份遇到适宜的环境条件，种群数量激增，短期内造成严重危害的那些种类。其特点往往具有突发性和暴发性。特别是在银杏生产中，有着白果不招虫的传统观念，忽视银杏害虫的发生，更易发生偶发性害虫，隔不几年就会突发一种成灾的新害虫。如今年发现的卫矛矢尖蚧，就是新增的其中一例。如不采取有力措施防控，还会发生新的偶发性害虫。这些偶发性害虫的发生，都对银杏生产构成了较大威胁。偶发性害虫在郯城银杏上，还有另一层意思，就是局部极小范围内暴发成灾。就算是同一片上百亩的林地内，也只有几亩地的银杏突然发生成灾的害虫。现将郯城银杏偶发性害虫的发生危害状况作一介绍，并分析其发生原因，提出防控对策，以供同仁参考。

1　发生事例

1.1　银杏茶黄蓟马

最初于1995年发生，当时正是银杏苗木价格上涨期，随着银杏面积的不断扩大，银杏蓟马也突发成灾。2004年又一次大发生，在发生地调查，郯城县高峰头镇曹村银杏园内，平均每叶片达12头，平均虫株率为86%，远看叶子发黄，甚至枯萎。近几年又未见大发生。

1.2　袋蛾类

首次发生危害在2003年，暴发成灾于2004年，且有茶袋蛾、白袋蛾和褐袋蛾混合同时发生。以前在别的植物上也未发现这三虫同时暴发过，就这么不见征兆地在银杏树上突发成灾，以至老百姓说是从外国传来的。当时在发生最重的郯西路路段上的银杏树叶子已被吃得残缺不全，沿树干向下爬行寻找食物的幼虫群群蠕动；地上的害虫也是各奔东西；空中吐丝下垂的小袋袋更是像众多飞行员跳伞表演一样，层层叠叠，纷纷坠落。有的爬到附近的墙上；有的进攻到商店的屋里，可想而知，当时虫口密度是如何之大。时隔七年的2012年又一次大发生，只是发生程度比上次小，最重的地点在人民路西段，其中最严重的一株 10cm 左右的银杏树被吃得枯萎。为此，我们在此做了专题的防治试验。在郯东路北段一株 16cm 的银杏树已被吃得二次发芽。

1.3　桃蛀螟

1995 年 7 月首次在郯城林业局院内发现。当时在路两边银杏树下遍地落了花生米一样大小的白果，经查证才知道是桃蛀螟危害所致，幼虫已蛀入果内，将果内吃空或啃食外种皮，造成落果。

1.4　桑白盾蚧

2004 年 8 月 11 日发现。发生于新村乡新五村的银杏苗圃地内，几百亩的苗木地，也单单只有 5 亩地的银杏发生，苗干及小枝全为灰白色，远看像是刷了一层石灰，致使叶片变黄，树势衰弱。据说，此地原来是一桃园。

1.5　银杏超小卷叶蛾

自 2000 年发生以来，隔几年就发生一次，如最近的 2009 年、2011 年、2012 年都发生比较严重。2011 年高峰头镇的林农还拿着被害枝来局咨询，经查正是银杏超小卷叶蛾幼虫，已蛀入皮干内准备休眠，造成枝条枯萎，产量降低，影响生长。

1.6　卫矛矢尖蚧

2013 年刚刚发现，就在 5 月份，我一朋友的银杏树不发叶，让去看看，我们就去了高峰头镇的银杏林地，发现整片林子已是展叶，就要绿树成荫了，可偏偏我这位朋友 2 亩地的银杏树发不出叶，发出的叶也是稀稀拉拉，又小又卷曲，与整个林子相比，很不协调。仔细一看在小枝上布满了灰色点状突起，有的小枝已被吸干枯死。奇怪的是周围别的树都发叶很好，就这 2 亩地的几十棵的银杏树发生，且往年也未发现在银杏树上发生过，这种虫灾，太偶然了。

2　原因分析

2.1　气候异常

如温度比往年同期偏高，超出变化范围，形成“暖秋”，树木延迟了落叶时间，水分大量蒸发，致使树木含水量骤减；温度偏低，又对树木造成伤害；再有个“暖冬”、干旱、少雨雪，使害虫越冬死亡率大大降低，为各种害虫的生长发育提供了适宜的条件，种群密度增加，而易暴发成灾。

2.2　适宜的环境条件

某些在正常气候条件下受到抑制的种类，异常气候反而成为其适宜的生存环境条件，为其提供了种群大量繁殖的机遇。如暖冬和高湿，不仅使越冬种群存活率增高，而且高温又促进繁殖；再就是银杏林密度过大，通风不良，温度高，因此而形成大暴发。

2.3　防治措施的倾向性

人们认为白果树不招虫，也就轻视了防治。且以往的防治中，只重视地下害虫的防治，往往倾向于常发性主要害虫的种类，有很强的针对性，而忽视了次要害虫或潜在性害虫的防治。而防治方法又是单一的随浇水而灌入“3911”，重化学防治，轻生物防治和综合治理，对次要害虫起不到预防作用。即便是某些农药有兼治作用，但由于发生时期和发生部位的不同，而不能起到应有的效果。长此以往，本来种群数量低的次要害虫或潜在性害虫逐渐发展起来，种群密度不断增加，遇到适宜的生育环境后，便形成暴发。

2.4　苗木调运传播

新村乡已成为苗木集散地，形成了一定规模的苗木市场，到全国各地采挖银杏树的四季不断，调运苗木的车辆从四面八方而来，也可能成为传播害虫的途径。

2.5　纯林面积大

混交林对害虫的预防作用不言而喻，但纯林对害虫发生的促进作用却未能深刻理解，尤其是某些外行领导，为建造所谓的"形象工程"，"××样板林""××示范园""××基地"等，违反科学规律，强行营造大片大片的纯林。为此后害虫的暴发埋下了隐患。这恐怕是郯城银杏偶发性害虫发生的主要原因。

3　主要应对策略

3.1　真正落实植保方针的控灾措施，并始终贯穿于银杏生产的各个环节，落实在工程规划、设计和实施的全过程。尽可能不造或改造纯林，利用营林措施，把虫害控制在有虫不成灾的范围内。

3.2　在生态公益林的经营中，以灾害控制为目标。实现现有林分逐步转向自然林状态，在经营中取消单纯的经济观念，尽量减少人为活动干扰，以提高自然平衡能力。

3.3　加强银杏林内昆虫种类的调查研究。明确当地银杏林内常发性、偶发性和潜在性以及中性昆虫种类，摸清家底，建立详细的名录档案。一旦偶发性害虫发生后，便会明确是否当地种或外来种，有的放矢地采取防治措施。

3.4　加强生物防治措施，保护林内生物多样性。使林内害虫的防治实现以"自然调控为主，人为促进为辅"的可持续治理。必须改变传统的防治观念，禁止使用剧毒化学农药，大力提倡推广新生物农药，以虫治虫，以微生物治虫等各种生物防治措施。

3.5　加强植物检疫，在苗木市场设立检疫机构，负责进出车辆、苗木及人员的检疫检查，严禁危险性病虫的传播，做好产地检疫工作，每年进行2次产地检疫普查，发现危险性病虫及时封锁并就地消灭，确保银杏产业健康发展。

丝棉木金星尺蠖在银杏上的危害及防治

印福女

（泰兴市林业技术推广中心，江苏泰兴　225400）

摘要：丝棉木金星尺蠖又名丝棉木金星尺蛾，属鳞翅目尺蛾科，是近几年危害银杏的新害虫。根据泰兴近几年对银杏虫害的调查和观测，此虫一年发生四代，以蛹在土中越冬。采取人工防治、生物防治和化学防治相结合的综合防治技术，可有效地控制该虫的发生。

关键词：银杏；丝棉木金星尺蠖；发生与危害；防治方法

自2004年到现在，我们每年都要对全市的银杏虫害进行系统的调查。通过几年的调查发现，危害银杏的害虫有16种，其中丝棉木金星尺蠖在以往的《银杏病虫害防治》、《林木病虫害防治》等书籍上是没有记载的，而且以往是危害大叶黄杨、女贞、丝棉木等多种园林植物的害虫，未见报道过在银杏上危害。近几年，我们在银杏苗圃地上发现了该虫危害，有虫株率可达90%～100%，现已成为危害我市银杏叶片的主要害虫之一。严重时将叶片食光，影响银杏的正常生长。为保证银杏正常生长发育，进行科学防治便显得尤为重要。

1　发生与危害

1.1　发生

丝棉木金星尺蠖又名丝棉木金星尺蛾，属鳞翅目尺蛾科。根据我们对银杏近几年的虫害调查和将老熟幼虫带回室内饲养观测。此虫在江苏泰兴一年发生四代，以蛹在土中越冬，翌年3月上中旬越冬代成虫羽化，产卵于叶背、枝干或杂草上成块状。第一代幼虫始见于4月中下旬，第二代幼虫始见于6月上中旬，第三代幼虫始见于7月中下旬，第四代幼虫始见于9月中下旬。

1.2　危害特点

2004年在银杏苗圃地发现丝棉木金星尺蠖危害时，已经将苗圃地旁边的大叶黄杨绿篱带食成精光，造成黄杨绿篱成片枯死，严重影响环境美化。初孵幼虫群集危害，嚼食叶肉，残留上表皮，群居取食幼嫩叶片成透明斑状，3龄后分散危害，从叶缘取食，食叶成大小不等的孔洞或缺刻，有时亦取食嫩芽。幼虫具有假死性，受惊即吐丝下垂或坠地卷曲在地面上或飘移到周围枝条上。幼虫很活泼，可转包转移危害，当时大叶黄杨已食成精光，转移到附近银杏苗圃地上危害的，由于防治不及时，造成现在已成为银杏的主要食叶害虫之一。4龄幼虫取食整个叶片仅留叶柄，5龄幼虫不仅可取食叶柄，还可啃食枝条皮层和嫩茎。幼虫老熟后大部分沿树干爬至植株附近的表土中作很薄的土室化蛹，少数吐丝下坠落地，然后爬行到树干基部周围疏松表土3cm中或地被物下化蛹，化蛹场所多选择有枯、落叶覆盖的较荫蔽且湿润的地方。

2 防治方法

2.1 人工防治

冬季清除杂草、落果、枯枝枯叶等工作的同时，松土灭蛹。在银杏园内设置黑光灯，诱杀成虫，重点是防治好越冬代和第一代的成虫，从而保护银杏正常生长。

2.2 化学防治

当第一代卵孵化达50%时或幼虫发生初期及时喷药防治。药剂可选用2.5%溴氰菊酯乳油3000倍液，或用90%晶体敌百虫800~1000倍液，喷药1~2次即可。

2.2 生物防治(保护天敌)

现已发现该虫的天敌有：寄生卵的有松毛虫赤眼蜂、寄生幼虫的有黄赤茧蜂、寄生蛹的有费氏大腿蜂等，应加以保护和利用。

参考文献

[1]徐公天．园林植物病虫害防治原色图谱[M]．北京：中国农业出版社，2003.
[2]杨子琦，曹华国．园林植物病虫害防治图鉴[M]．北京：中国林业出版社，2003.
[3]李群，承仰周，张宏章．银杏病虫草鼠害防治[M]．北京：中国农业出版社，2003.
[4]江苏省林业科学研究所．林木病虫害防治[M]．江苏：江苏科学技术出版社，2003.

邳州国家级银杏标准化示范区内有害生物调查及防治策略

孔祥永[1] 花春艳[2] 王克服[3] 张 敏[4] 崔茂彬[2] 张 慧[1] 黄立民[4]

([1]江苏省邳州市林业技术指导站，江苏邳州 221300；[2]江苏省邳州市森检站，江苏邳州 221300；[3]江苏省邳州市铁富镇农业技术推广中心，江苏邳州 221300；[4]邳州质量技术监督局，江苏邳州 221300)

摘要：通过对邳州国家级银杏标准化示范区建设前后有害生物的调查分析，掌握示范区内和外来潜在有害生物的种类及其变化，提出有害生物的监测及防控策略。

关键词：有害生物；调查；银杏标准化示范区

2004 年 1 月邳州国家级银杏标准化示范区经国家标准化管理委员会批准建设，示范面积 1.2 万 hm^2，2006 年 10 月通过国家标准化管理委员会组织的验收。为搞好示范区内有害生物的防治工作，2004 年 5～7 月和 2006 年 5～7 月对银杏标准化示范区进行了有害生物调查。

1 银杏标准化示范区概况

邳州国家级银杏标准化示范区位于江苏省邳州市东北部，地理坐标为东经 117°42′～180°10′，北纬 34°10′～34°40′，涉及邳州市港上、铁富和陈楼等 3 个镇，总面积 1.2 万 hm^2，约占邳州市总面积的 6%，处于鲁南丘陵山区和苏北平原之间的过渡地带，属沂武河流域。土壤以沂武河两岸潮土为主。有沂河、䌹河、武河、邳苍分洪道、燕子河、小涑河和黄泥沟、十里长沟等多条水系，水域面积占示范区总面积 25% 左右，水质良好。

示范区属暖温带季风气候区，四季分明，光照和雨量较充足，全年多东北风向。气候年际变化大，年均气温 13.9℃，7 月中旬至 8 月上旬最热，极端最高气温 39.8℃；1 月最冷，极端最低气温-23℃。年均降水 936mm，全年无霜期长，平均无霜期 212 天，最晚解冻日期为 2 月 15 日，最大冻土深度 28mm。示范区所在的邳州市物种资源丰富，木本植物资源共有 50 科 171 种，其中裸子植物 2 科 23 种，被子植物 45 科 148 种。水杉和银杏是境内特种林木，果树有苹果、桃、杏、梨、柿、枣等，林木有柳、杨、泡桐等；动物资源有陆生爬行动物、水生动物、两栖动物、野生鸟类等，鸟类 34 科 189 种，鱼类 14 科 45 种，其他水生动物 34 种。

2 调查方法

2004 年 5～7 月和 2006 年 5～7 月，以示范区为主，延伸至示范区周围 1km 区域，选取银杏、杨、柳、水杉、女贞、桃、板栗、石榴及其他绿化树种，对有害生物进行调查。调查中特别关注银杏及外来植物上的有害生物种类。调查以踏查和专题调查相结合，踏查主要采集有害生物的标本，了解危害植物程度；专题调查是在部分大量发病的寄主上进一步调查有害生物发生情况。

3 结果分析

3.1 调查到的有害生物种类

共调查寄主植物19种，采集有害生物标本43种，主要病害种类有银杏叶枯病、叶斑病、猝倒病、煤污病、黄化病、霉烂病、干枯病、茎腐病、白粉病、丛枝病、溃疡病、炭疽病、锈病、缩叶病、果腐病等，大部分为叶部病害；主要虫害有银杏蓟马、超小卷叶蛾、大袋蛾、尺蠖、金龟子、金针虫、蝼蛄、蛴螬、桃蛀螟、桃小食心虫、豆荚螟、桑天牛、褐天牛、棉铃虫、山楂红蜘蛛、草履蚧等。危害银杏的有害生物种类有17种。

3.2 调查分析与评价

3.2.1 有害生物种群呈上升趋势

银杏标准化示范区建立前后2次有害生物调查结果表明，由于寄主植物种类的增多，特别是示范区交通干道沿线高标准绿色通道工程建设和示范区周边观光农业的快速发展，有害生物种类逐年显著增加。由于两次调查均是在以化学农药进行常规防治的基础上进行的，对一些潜在的危险性有害生物有发生的可能性。

3.2.2 出现外来有害生物传入现象

邳州是全国银杏资源重要的集散地，示范区内还沿“310国道”兴建了长达5km银杏专业市场，银杏种核、苗木、银杏叶及其制品的频繁流通，给银杏标准化示范区的——铁富、港上镇和陈楼等地增加了外来有害生物种类和危害程度。如银杏茶黄蓟马和银杏超小卷叶蛾，在20世纪80～90年代邳州没有发生，但目前已在银杏示范区内造成危害，成为重要的防治对象。

3.2.3 生态隔离意识不强

银杏盆景已是银杏标准化示范区重要的生态景观，对观赏价值的追求，忽视了某些有害生物的预防。古桩银杏盆景来源广泛，大多没有得到良好的产地检疫；又如引入的花叶银杏品种，由病毒引起的花叶部位增大，出现白化现象，但却没有视作病害。这些具有潜在病源的植株，在条件适宜的情况下有可能感染其他健康植株。

4 防治策略

4.1 落实植物检疫措施

在今后的标准化示范区建设中，确需引进的一些植物，应施行隔离试种措施，避免危险性病虫害的引入、发生。

4.2 落实生物隔离措施

如梨锈病的寄主和转寄主分别是桧柏类和山楂、海棠、梨等，在规划种植时应考虑建立隔离。在秋冬季节组织人工摘除桧柏类等寄主上的菌瘿，施用杀菌剂防治，以防止该病害连年发生并加重的趋势。

4.3 落实综合防治措施

在做好监测预报的基础上，进行有效的适期防治，减少用药量和频率，减轻环境污染。

树干、叶部和果实病虫害防治方法要有区别；银杏叶 GAP 基地要使用生物防治，不能进行化学药剂防治，减少残毒含量；注重采用生物防治、物理防治和低毒、低残留的防治方法，如对杨树食叶害虫进行基部注射法进行防治；泡桐丛枝病进行人工剪除；使用见光分解的辛硫磷或低毒、低残的农药，防治银杏茶黄蓟马。冬季是防治病虫害的佳期，应搞好病虫植物清理，修剪病虫枝条，收集病叶、病果烧毁或深埋；对连续多年发生叶枯病的病株，及时处理掉；树干能涂白的要涂白，并深翻园地，通过冬天的低温，杀灭病菌和虫卵，减少来年的防治次数和用药量。生长季节及时摘除有病枝叶、病果，拔除病株，并对病土进行消毒；及时收集、处理病虫害残体，可以烧毁、深埋或化学药剂处理，减少病虫传播。

4.4　注重广谱性药剂的使用

示范区内的经济林类植物，应在病虫害较轻的时候使用波尔多液和石硫合剂，不但效果好、成本低，更重要的是药效好并对环境污染小。对一年只发生一次的病害，如桃缩叶病，只在夏季连阴雨时发病。在早春花初开时，喷洒 5 波美度左右的石硫合剂 1 ~ 2 次做好预防，效果甚好。但对一年发生多次的病害，如多数真菌引起的观叶植物叶部病害，可多次进行防治。

4.5　完善有害生物监测和防控措施

2004 年和 2006 年的调查都是在已大量施用化学农药的情况下进行的，对有些潜在的危险性病虫害有掩盖的可能性。在这种条件下，仍有病虫害发生，说明可能是药剂选择或施药方法不当，还有可能是有些病虫已产生抗药性；示范区内有害生物和有益生物之间的相互抑制平衡目前还未有效形成。因此，对示范区内有害生物监测和防控措施还应不断完善，切实提高防治效果。

银杏—茶树间作系统中土壤有机碳矿化

宋丽红[1] 郁万文[2] 黄诗卉[2]
([1]威海出入境检验检疫局，山东威海 264200；[2]南京林业大学，江苏南京 210000)

摘要：针对银杏—茶树复合模式，开展银杏落叶分解对土壤有机碳矿化及土壤微生物量碳、氮的影响的研究，探讨银杏—茶树系统中土壤有机碳矿化特征，以期为银杏—茶树复合系统的土壤肥料和效益评价、模式筛选、结构优化及可持续经营提供参考。主要结论如下：(1)不同模式土壤有机碳含量随土层的加深而显著降低。不同银杏间作密度对表层土壤养分无显著影响，仅土壤总有机碳含量差异显著，表现为高密度银杏间作林大于低密度银杏间作林。(2)不同模式土壤微生物生物量季节变化显著，总体表现为夏秋季节大于冬春季节。不同模式土壤微生物生物量在垂直方向上均具有明显的分层现象。间作林表层土壤微生物生物量高于纯茶林。不同土层土壤基础呼吸间作林表现出较强的呼吸强度。土壤微生物代谢商随土层加深显著升高。(3)不同模式土壤有机碳矿化速率前期较高，后期下降并逐渐趋于平稳。培养期间各模式各土层有机碳矿化速率符合对数函数，土壤有机碳累积矿化量符合线性函数。三种模式土壤碳矿化速率和累积矿化量均随土层的加深而递减。银杏—茶间作林与纯林的差异主要在0~20cm土层，而在底层土壤中，三种模式均无显著差异。

关键词：凋落物分解；银杏—茶树间作系统；土壤碳矿化

残落物是森林土壤养分和有机质的主要来源，其分解速度不仅制约了林木的养分供应，还影响了森林生态系统中碳的循环。不同种类残落物的混合，会增加资源异质性，改变土壤微生物和土壤动物等分解者的活动和群落结构，而土壤微生物正是土壤中养分、碳转化和循环的动力。目前，关于天然林、人工林中不同树种残落物对其分解、养分释放及土壤理化性质的影响已有报道，但对于农林复合生态系统系统中，林木残落物的分解情况研究较少。有机碳的矿化主要指土壤生物通过自身活动、分解和利用土壤中活性有机组分来完成自身代谢，同时释放出CO_2的过程，是土壤中最重要的生物化学过程，直接关系到土壤中养分元素的释放与供应、温室气体的形成及土壤质量的保持等。土壤有机碳矿化是土壤向大气释放CO_2的最大净输出途径，其与植被的净初级生产力的差值是判断生态系统碳“源”或“汇”的关键。大量研究表明，土壤有机碳的矿化速率和矿化量除与土壤微生物数量和活性有机碳有关外，还受到土壤理化性质、农业经营管理措施以及环境因子等因素的影响。由于土壤碳矿化与土壤碳分解过程密切相关，将不同土地利用方式下的土壤在相同条件下培养，根据有机碳矿化释放CO_2-C的数量，可以理解土地利用方式的改变对土壤有机碳动态的影响。茶树作为多年生植物，每年都有大量的凋落物归还土壤，林木凋落物分解矿化是茶园生态系统中碳循环的一个关键环节。银杏与茶树间作，使茶园土壤凋落物组成发生改变，加上土壤微环境的变化，对茶园土壤有机碳矿化产生一定的影响。本文针对银杏—茶树复合模式，开展银杏落叶分解对土壤有机碳矿化及土壤微生物量碳、氮的影响的研究，探讨银杏—茶树系统中土壤有机碳矿化特征，以期为银杏—茶树复合系统的土壤肥料和效益评价、模式筛选、结构优化及可持续经营提供参考，对认识林农复合生态系统有机碳的分解及其对陆地碳循环和全球气候变化的影响提供科学依据。

1 材料与方法

1.1 试验地概况

试验地设在江苏常熟市虞山林场三峰管理区(31°40′N，120°33′E)，属北亚热带南部湿润气候区，全年四季分明。土壤母质属沉积砂岩，土质黄棕壤，土层厚度约 70 ~ 80cm，pH 值5.5 ~ 7.0。

试验园于 1990 ~ 1992 年建立，茶树品种为‘龙井 43’，行距 1.5m。银杏品种为‘泰兴大佛指’，均为 5 年生高杆嫁接大苗。银杏与茶树间作形式有两种，如图 1 所示，一种是银杏行距 8m，株距 10m；另一种是银杏行距 6m，株距 6m，分别用 G_1、G_2表示。纯茶林用 G_0表示。采用随机区组试验设计，每个样地 666.7m^2，设 3 个重复。所选茶林均采用相同的管理措施。

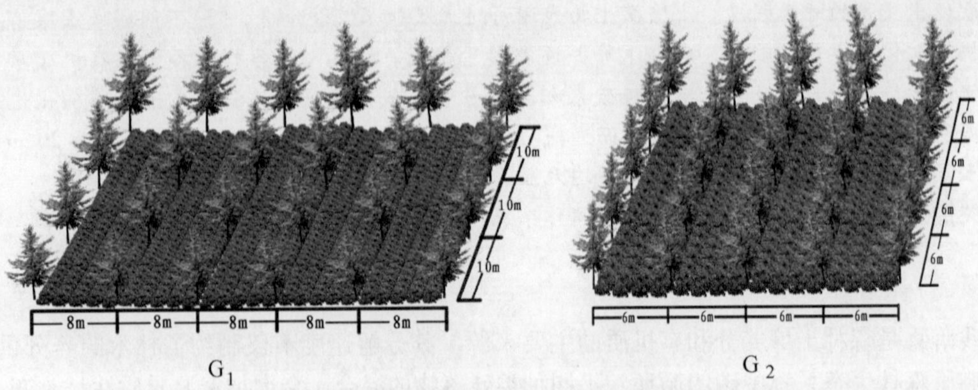

图 1 银杏茶树间作示意图

1.2 样品采集

于 2012 年 7 月采集土壤样品，分 0 ~ 10cm、10 ~ 20cm、20 ~ 30cm 三个层次，按“S”型多点采集混合样，装入灭菌保鲜袋内，带回实验室后，过 2mm 筛，装入塑料袋中在冰箱保存(4℃)，供土壤有机碳矿化的测定。

1.3 测定方法

1.3.1 土壤总有机碳含量测定

采用重铬酸钾容量法测定土壤总有机碳(GB7857-87)。

1.3.2 土壤微生物生物量碳测定

土壤微生物生物量碳采用氯仿熏蒸法测定。具体方法如下：称取新鲜土壤样品 5g 于 25mL 烧杯。与盛有 15mL 氯仿的烧杯一起放入真空干燥器中，抽真空至氯仿沸腾后保持 3min，关闭活塞，将干燥器放入恒温培养箱中，于 25℃黑暗条件下培养 24h。熏蒸结束后，打开活塞(应听到空气进入的声音)，取出氯仿(可重复利用)，再次抽真空至完全去除土壤中的氯仿。用25mL 0.5mol·L^{-1} K_2SO_4溶液振荡提取30min，过滤，同时浸提未熏蒸的对照样品。用TOC仪测定提取液中有机碳。计算公式如下：

$$土壤微生物生物量碳(SMB\text{-}C)(mg \cdot kg^{-1}) = E_C/0.38$$

其中，E_C为熏蒸和未熏蒸土壤K_2SO_4提取液的碳含量差值；0.38为微生物生物量碳系数。

1.3.3 土壤有机碳矿化量和矿化率测定

试验采用室内恒温培养，碱液吸收法测定土壤有机碳矿化量。称取新鲜土壤样品20g（相当于烘干土重），调节土壤含水量至田间持水量的60%，装于具塞的250mL广口瓶中，内置装有10mL 0.1mol·L^{-1}的NaOH溶液的小玻璃瓶，用以吸收有机碳分解释放出的CO_2，每个处理3个重复。于25℃的恒温培养箱内培养，分别在培养的第1、4、7、14、21和28天取出装有NaOH溶液小瓶，加入$BaCl_2$溶液，用HCl滴定，测定土壤中CO_2-C的释放量。同时设不加土样的空白对照。每个处理3个重复。

2 结果与分析

2.1 不同模式土壤总有机碳含量

土壤有机碳是土壤养分的重要组成部分，在全球碳储量中，森林土壤有机碳储量占到73%，是影响森林生态系统生产力和生态系统稳定性的主要因素。

由图2可知，三种模式土壤总有机碳含量存在差异。在0~10cm土层中，总有机碳含量为：$G_2 > G_1 > G_0$，G_2显著高于G_0和G_1，分别比它们高9.5%和6.5%。在10~20cm土层中，总有机碳含量为：$G_2 > G_1 > G_0$，G_1和G_2显著高于G_0（$P<0.05$），分别比G_0高10.9%和14.0%，G_1和G_2差异不显著。在20~30cm土层中，总有机碳含量为：$G_2 > G_1 > G_0$，G_1和G_2土壤总有机碳含量无显著差异，而G_0显著低于其他两种模式（$P<0.05$），分别比G_1和G_2低15.7%和18.7%。

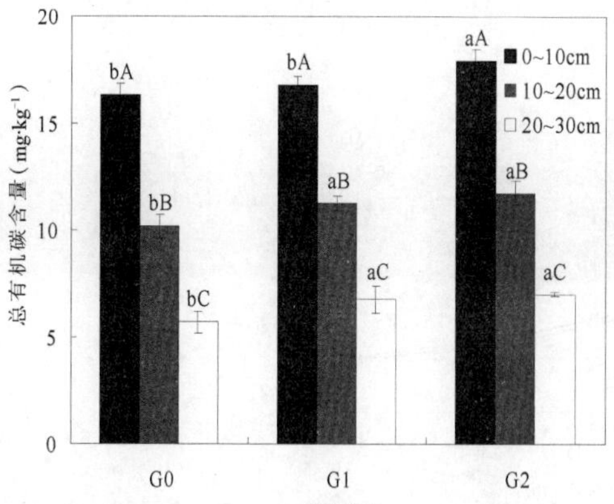

图2 不同模式土壤总有机碳含量

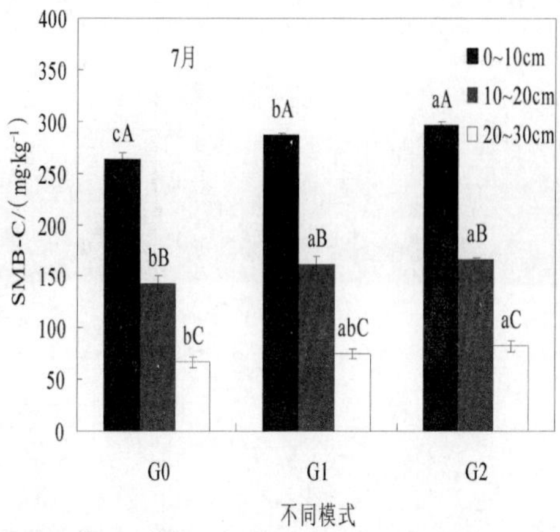

图3 土壤微生物生物量碳含量(7月)

（图中不同大写字母表示同一模式不同土层0.01水平显著差异，不同小写字母表示同一土层不同模式0.05水平显著差异，下同）

2.2 土壤微生物生物量碳含量与年动态

土壤微生物生物量碳是指土壤中所有活微生物体中碳的总量，通常占微生物干物质的

40% ~50%，是反映土壤微生物生物量的重要微生物学指标。微生物生物量碳可以反映土壤养分的有效状况和生物活性，能在很大程度上反映土壤微生物数量，对土壤扰动非常敏感，但不受无机氮的直接影响，常作为土壤对环境响应的指示剂。

由图 3 可知，银杏—茶树间作林表层(0 ~ 10cm)土壤微生物碳量均高于纯茶林。随着土层的加深，茶树纯林与间作林土壤微生物生物量碳含量显著降低($P<0.05$)，降幅较大，其中茶树纯林与间作林 10 ~ 20cm 土层降幅范围为 43.6%~45.8%。方差分析表明，在 0 ~ 10cm 土层，不同模式土壤微生物生物量碳含量差异均显著($P<0.05$)，碳含量为 $G_2>G_1>G_0$；在 10 ~20cm 土层，G_2土壤微生物生物量碳含量显著高于 G_0和 G_1($P<0.05$)，G_0和 G_1差异不显著；在 20 ~30cm 土层，G_2土壤微生物生物量碳含量显著高于 G_0($P<0.05$)，G_1和 G_2差异不显著。

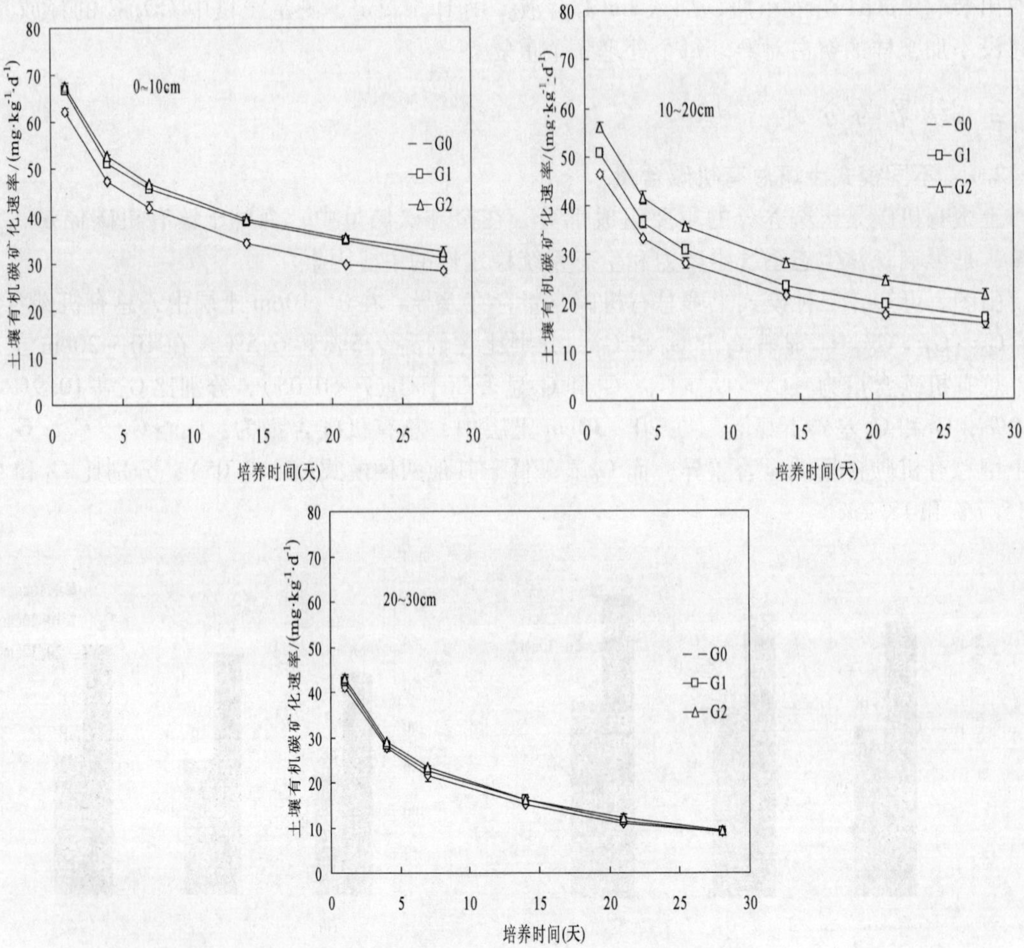

图 4　不同层次土壤有机碳矿化速率动态

2.3　不同模式土壤有机碳矿化速率

土壤有机碳矿化过程动态是有机碳日均矿化量随着培养时间的变化关系，用释放出 CO_2 的量表示，可以表征在培养过程中不同时间有机碳矿化快慢的高低。由图 4 可知，在 28 天的培养期内，纯茶林和银杏—茶间作林各层次土壤有机碳的矿化速率均表现出随时间延长而

逐渐下降的趋势。各模式 3 个土层矿化速率的最高值出现在培养初期，在培养的前两周内快速下降，第 14 天 G_0、G_1和 G_2表层(0～10cm)土壤有机碳矿化速率分别为第 1 天的 55.1%、58.0%和 58.1%，第 14 天以后矿化速率趋于稳定。到培养结束时，G_0、G_1和 G_2表层土壤矿化速率分别降至起始时的 45.3%、46.2%和 47.9%。

三种模式有机碳矿化速率均随土层的加深而降低，这种变化趋势与土壤有机碳含量的变化趋势相似，且同一模式不同土层间的差异达显著水平($P<0.05$)。而同一土层不同模式间土壤有机碳矿化速率也各不相同。整个培养过程中，在 0～10cm 土层，两种银杏—茶间作林土壤有机碳矿化速率均显著高于纯茶林($P<0.05$)。而在 10～20cm 土层中，三种模式之间土壤有机碳矿化速率差异显著($P<0.05$)，间作林均高于纯林。而在 20～30cm 土层中，三种模式之间土壤有机碳矿化速率差异均不显著。

有机碳矿化速率曲线能够很好地反映土壤有机碳变化趋势，常常被用来描述土壤有机碳矿化动态。总体来说，培养期间土壤有机碳矿化速率变化符合对数函数，且相关性较好。相关方程如表 1 所示。式中，Y为有机碳矿化速率($mg \cdot kg^{-1} \cdot d^{-1}$)，$X$为培养时间(天)。

表 1　培养期间有机碳矿化速率拟合方程

土层	模式	有机碳矿化速率曲线	决定系数
0～10cm	G_0	$Y = -10.411\mathrm{Ln}(X) + 62.062$	$R^2 = 0.998$
	G_1	$Y = -10.613\mathrm{Ln}(X) + 66.535$	$R^2 = 0.958$
	G_2	$Y = -10.572\mathrm{Ln}(X) + 67.424$	$R^2 = 0.989$
10～20cm	G_0	$Y = -9.3878\mathrm{Ln}(X) + 46.407$	$R^2 = 0.949$
	G_1	$Y = -10.253\mathrm{Ln}(X) + 50.763$	$R^2 = 0.909$
	G_2	$Y = -10.445\mathrm{Ln}(X) + 56.070$	$R^2 = 0.959$
20～30cm	G_0	$Y = -9.6895\mathrm{Ln}(X) + 40.912$	$R^2 = 0.938$
	G_1	$Y = -10.026\mathrm{Ln}(X) + 42.360$	$R^2 = 0.969$
	G_2	$Y = -10.166\mathrm{Ln}(X) + 43.173$	$R^2 = 0.987$

2.4　不同模式土壤有机碳累积矿化量

土壤累积矿化量是在一段培养时间内土壤 CO_2的总释放量。由图 5 可知，土壤有机碳累积矿化量随着培养时间的延长而增加，受矿化速率的影响，有机碳累积矿化量前期增长迅速，后期增长缓慢，最初 2 周，土壤有机碳累积矿化量达到了总矿化量的 60.6%～89.8%，而后两周仅分解了矿化总量的 11.2%～39.4%

三种模式均表现出矿化量随土层的加深而降低。至培养结束时为止，同一模式不同层次土壤累积矿化量差异显著($P<0.05$)。同一土层不同模式间土壤有机碳累积矿化量不同。至培养结束时为止，在 0～10cm 土层，两种银杏—茶间作林土壤有机碳累积矿化量均显著高于纯茶林($P<0.05$)，G_1、G_2分别比 G_0高 9.5%和 14.6%。在 10～20cm 土层，G_2土壤有机碳累积矿化量显著高于其他模式($P<0.05$)，G_2比 G_0和 G_1分别高 38.0%和 28.9%。在 20～30cm 土层，三种模式之间土壤有机碳累积矿化量差异均不显著。

不同模式不同土层土壤有机碳累积矿化量与培养时间符合线性关系，且相关性较好。相关方程如表 2 所示，式中，Y为有机碳累积矿化量($mg \cdot kg^{-1}$)，X为培养时间(天)。

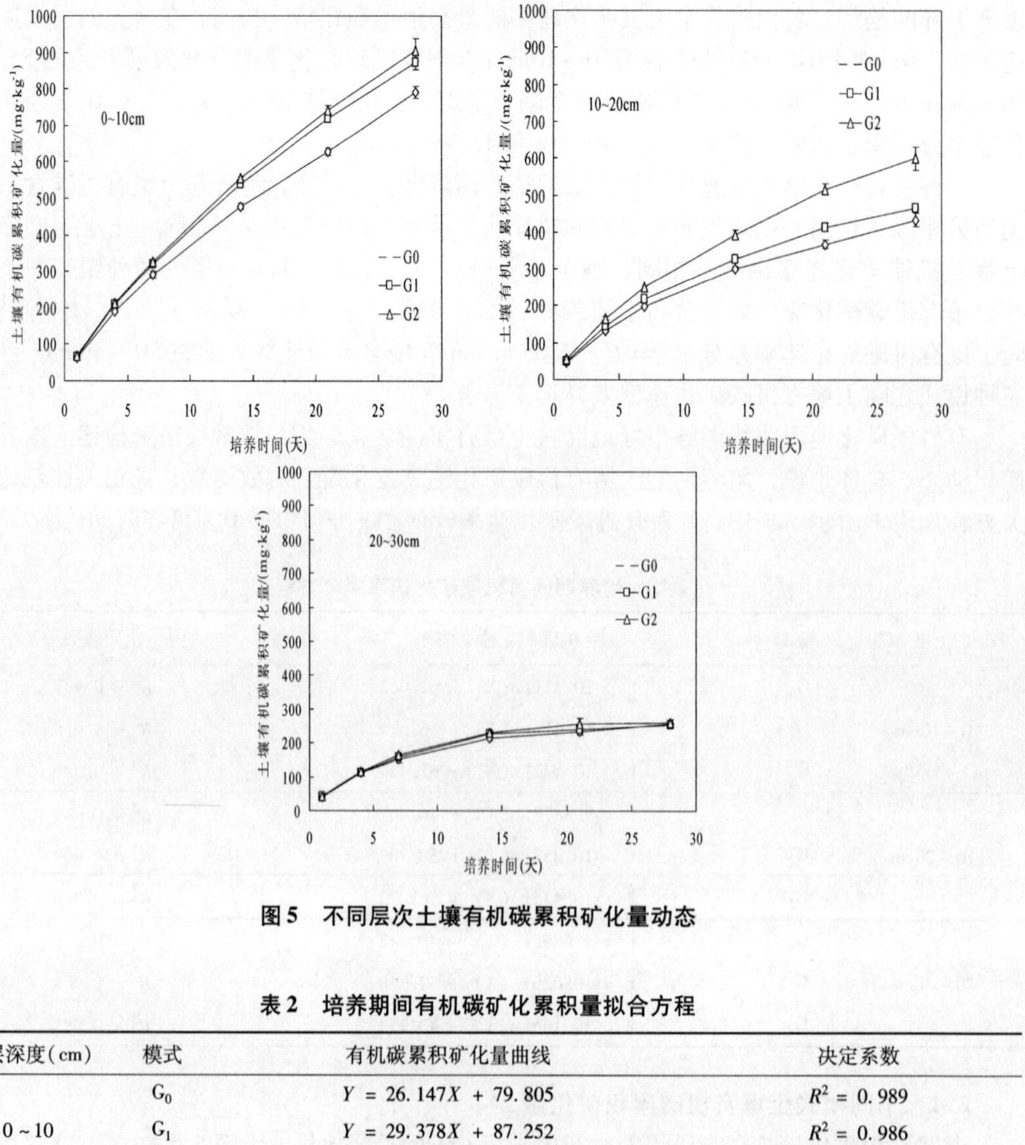

图5　不同层次土壤有机碳累积矿化量动态

表2　培养期间有机碳矿化累积量拟合方程

土层深度(cm)	模式	有机碳累积矿化量曲线	决定系数
0~10	G_0	$Y = 26.147X + 79.805$	$R^2 = 0.989$
	G_1	$Y = 29.378X + 87.252$	$R^2 = 0.986$
	G_2	$Y = 30.616X + 85.615$	$R^2 = 0.988$
10~20	G_0	$Y = 13.752X + 74.852$	$R^2 = 0.959$
	G_1	$Y = 14.908X + 83.605$	$R^2 = 0.953$
	G_2	$Y = 19.701X + 83.742$	$R^2 = 0.973$
20~30	G_0	$Y = 7.3503X + 75.798$	$R^2 = 0.877$
	G_1	$Y = 7.2927X + 81.937$	$R^2 = 0.832$
	G_2	$Y = 7.6213X + 82.991$	$R^2 = 0.842$

2.5　不同模式土壤有机碳矿化率

土壤有机碳的矿化率表示一段时间土壤有机碳矿化释放的CO_2数量占土壤有机碳含量的比例，也是土壤碳矿化速率的表征。土地利用方式改变后，土壤有机碳含量和土壤有机碳矿化速率都有改变，但改变的幅度不同，这些差异体现在土壤有机碳矿化率的改变。由表3可知，土壤有机碳矿化率随土层的下降而逐渐降低，纯茶林土壤有机碳矿化率层次差异不显著，而两种间作林层次间存在显著差异。与表层土相比，G_1和G_2底层(20～30cm)土壤有机碳矿化率，降幅分别达26.6%和26.5%。总体上，这些变化幅度比土壤累积矿化量在土壤剖面的变化幅度小。

不同模式土壤有机碳矿化率在0～10cm土层差异不显著；在10～20cm土层，G_2显著高于G_0和G_1($P<0.05$)；在20～30cm土层，纯茶林高于两种银杏—茶间作林，但差异不显著。这种变化不同与土壤有机碳和土壤有机碳矿化速率的变化趋势。土壤有机碳矿化率越高，说明土壤有机碳的稳定性越低。

表3　不同土层土壤有机碳矿化率

土层深度(cm)	G_0	G_1	G_2
0～10	4.83±0.21	5.14±0.18A	5.05±0.06A
10～20	4.28±0.42b	4.12±0.19bB	5.02±0.31aA
20～30	4.24±0.40	3.78±0.39B	3.71±0.14B

2.6　土壤有机碳矿化相关分析

通过对土壤有机碳总累积矿化量与土壤总有机碳、微生物生物量碳含量之间的相关分析，从表4可知，土壤有机碳总累积矿化量与总有机碳和微生物生物量碳均呈极显著正相关($P<0.01$)。与土壤有机碳矿化率与土壤总有机碳、微生物生物量碳含量无显著相关($P>0.05$)。

表4　土壤有机碳矿化与不同形态碳之间的相关关系

因素	总有机碳	微生物生物量碳
累积矿化量	0.98**	0.80**
矿化率	0.42	0.30

3　结论

(1)不同模式土壤有机碳含量随土层的加深而显著降低。不同银杏间作密度对表层土壤养分无显著影响，仅土壤总有机碳含量差异显著，表现为高密度银杏间作林大于低密度银杏间作林。

(2)不同模式土壤微生物生物量季节变化显著，总体表现为夏秋季节大于冬春季节。不同模式土壤微生物生物量在垂直方向上均具有明显的分层现象。间作林表层土壤微生物生物量高于纯茶林。不同土层土壤基础呼吸间作林表现出较强的呼吸强度。土壤微生物代谢商随土层加深显著升高。

(3)不同模式土壤有机碳矿化速率前期较高，后期下降并逐渐趋于平稳。培养期间各模式各土层有机碳矿化速率符合对数函数，土壤有机碳累积矿化量符合线性函数。三种模式土壤碳矿化速率和累积矿化量均随土层的加深而递减。银杏—茶间作林与纯林的差异主要在0～20cm土层，而在底层土壤中，三种模式均无显著差异。

参考文献

[1] 李凤珍，刘瑞君，李琦．森林凋落物分解过程中糖类组成变化的研究[J]．林业科学，1989，25(4)：289-296.

[2] 王瑾，黄建辉．温带地区主要树种凋落物分解过程中主要元素释放的比较[J]．植物生态学报，2001，25(3)：375-380.

[3] 陈伏生，曾德慧，何兴元．森林土壤氮素的转化与循环[J]．生态学杂志，2004，23(5)：126-133.

[4] 陈印平，潘开文，吴宁，等．凋落物质量和分解对中亚热带栲木荷林土壤氮矿化的影响[J]．应用与环境生物学报，2005，11(2)：146-151.

[5] 周刁平，欧阳华等．温度和湿度对长白山两种林型下土壤氮矿化的影响[J]．应用生态学报，2001，(4)：505-508.

[6] 莫江明，彭少麟，方运霆．鼎湖山马尾松针阔仆卜混交林土壤有效氮动态的初步研究[J]．生态学报，2001，21(3)：492-497.

[7] 胡启武，欧阳华，刘贤德．祁连山北坡垂直带上壤碳氮分布特征[[J]．山地学报，2006，24(6)：654-661.

[8] 吕国红，周莉，赵先丽，等．芦苇湿地土壤有机碳和全氮含量的垂直分布特征[J]．应用生态学报，2006，17(3)：384-389.

[9] 王清奎，汪思龙，于小军，等．杉木与阔叶树叶凋落物混合分解对土壤活性有机质的影响[J]．应用生态学报，2007，18(6)：1203-1207.

[10] 陈兴丽，周建斌，刘建亮，等．不同施肥处理对玉米秸秆碳氮比及其矿化特性影响[J]．应用生态学报，2009，20(4)：314-319.

叶用银杏与万寿菊间作技术初探

李　峰　杜胜春　宗莲香　刘秀龙
（山东省郯城县林业局，山东郯城　276100）

叶用银杏与万寿菊间作就是依托郯城县的银杏资源优势，选择优质万寿菊品种，进行空间立体栽植，根据植物生长周期，充分利用光热自然资源及不同的土壤养分，做到既能提高土地利用率，增加生态效益和经济效益，又能保持水土，降低生产成本，减少冲蚀，抑制杂草，实现叶菊双丰收。遵照市场需求，5～8年后把银杏苗培育为绿化苗木，努力实现利益最大化。现将叶用银杏与万寿菊间作技术总结如下。

1　建园前准备

1.1　银杏育苗

选择优质银杏种实（可以选用叶用银杏品种），要求品质优良、健壮、叶片厚实。经过催芽后，采取早春点播，行宽40cm、株距15cm，播沟深3～4cm，覆土厚3～4cm；若条播要求条距25～30cm，每隔10cm播1粒种子，覆膜。每亩播种量50kg左右，亩产苗1万株。幼苗出土后，于5月中旬亩施尿素20～30kg；6月中旬亩施复合肥30kg；8月上旬亩施磷酸二氢钾30kg，追肥时应离开苗株5～10cm，以免烧伤苗木。在5月中旬前一般不宜浇水，汛期应注意排涝。

1.2　万寿菊育苗

于3月下旬左右。要求种子用量50g/亩，备好细沙、床土（禁用上年施用过除草剂的土壤）、农膜及草帘。苗床土化至20cm深时，进行翻地，同时混入腐熟农家肥2kg/m^2，铺好床土，床面上铺一层10cm左右的腐殖土，每100m^2施二铵1kg+硫酸钾1kg，耙细、整平、压实，做成畦床，用恶霉灵3000倍液进行土壤消毒，于播前1～2天浇透水。再用2.5%适乐时悬浮种衣剂4～6mL加水10mL拌1kg种子，阴干后，拌10～15倍的干细沙土备播。育苗后待移栽。

2　建园技术

2.1　高标准选择园址

按照国家标准《空气环境质量标准》和《土壤环境质量标准》（GB15618-1995）二级以上标准，灌溉水质量符合《农田灌溉水质量标准》（GB5084-1992）建园，要求沙质土壤，土层深厚，土质疏松，地势开阔。

2.2　科学规划路渠

间作园要求生产路与运输路规划合理，以便于采摘与运输银杏叶和万寿菊花，另外合理布局排水与灌溉设施，做到排灌自如。

2.3　建园

间作园采用银杏株行距为 10cm × 20cm 5 行一畦，间隔 30cm 作业路，万寿菊株行距为 5 × 50cm 宽垄。冬末秋初每亩施腐熟农家肥 5000kg，然后深翻改土，整平地面，做好畦。次年春季 3 月上旬栽植 1 年生银杏实生苗，采取株行距为 10cm × 20cm，5 行一垄，间隔 30cm 移栽万寿菊。5 月上旬移栽为宜，苗高 10 ~ 15cm，叶片 20 左右对移栽为佳。

3　间作园管理

3.1　配方施肥

根据间作园内土壤成分特点，结合银杏与万寿菊生长发育规律确定施肥数量和施肥种类。提前充分腐熟厩肥、土粪或鸡粪等有机肥料，50t/hm^2 左右，禁止使用尚未腐熟的人粪尿。5 ~ 6 月间用尿素配合磷酸二氢钾 0.3% 等进行叶面喷肥。在 7 月前进行土壤追肥，依据测土配方，适当调整氮、磷、钾比例。在万寿菊花盛开时进行根外追肥，喷施时间以下午 6 时以后为好，每亩喷施尿素 30g、磷酸二氢钾 30g。

3.2　给水管理

银杏和万寿菊都是喜湿怕涝，根据降水状况及时调节水分供应。要求灌溉水无污染，每年至少浇水 4 ~ 5 次，一般在春秋季进行，即发芽水、展叶水、壮叶水。此外，每次根外施肥都要及时浇水。在雨季来临时注意排水，防止土壤内涝积水。针对万寿菊的生长，根据土壤墒情进行浇水，每次浇水量不宜过大，勿漫垄，保持土壤见干见湿。间作园要防止内涝，及时排水。

3.3　病虫害防治

3.3.1　防治原则

坚持“预防为主，综合防治”的原则，以农业和物理防治为基础，充分利用万寿菊驱虫特点，重点采用物理防治，使用最小剂量并用高效、低毒、低残留农药，科学使用化学防治技术，有效防治病虫害。

3.3.2　银杏与万寿菊病虫害

银杏主要有银杏叶枯病、茶黄蓟马、蝼蛄、蛴螬、地老虎等。万寿菊病虫害较少，主要是病毒病、枯萎病、红蜘蛛。用菌毒清进行防治对枯萎病用 75% 百菌清进行防治；对红蜘蛛在初期进行防治，用 40% 氧化乐果 1000 ~ 1500 倍液，隔 7 天喷 1 次，连喷 2 次。

3.3.3　方法要求

实施深翻，加强土肥水管理等农业措施，保持良好的通风透光条件，减少病虫源，增强树势，提高自身抗病能力。间作园内间隔 20m 挂红色和蓝色挡板，辅以人工捕捉害虫。搞好虫情、病情预测预报，及时掌握病虫害发生发展状况，针对性地适宜用药。我县银杏茶黄蓟马最为严重，防治茶黄蓟马可在 6 月中旬和 7 月上旬选用 1.8% 阿维菌素 EC3000 倍液或 10% 吡虫啉 WP2000 倍液防治 2 次，效果较好。

4　采收

每年的 7 月上旬开始采摘万寿菊，8 ~ 10 月份分批采摘银杏叶，以 9 ~ 10 月作为主要采摘期。采花标准是花瓣由外向内全部展开，雄蕊 8 ~ 9 分熟为综合产量最高。采收银杏叶第一次于 8 月采摘枝条下部、内膛的成熟叶，第二次于 9 月采摘枝条中部叶子，第三次于 10

月，在银杏叶变黄前采摘剩余的全部叶子。

5 注意事项

叶用银杏与万寿菊间作园严禁使用剧毒、高残留农药，万寿菊生长土壤忌用除草剂。禁止大水漫灌。2 年后，对银杏苗进行隔行移栽，再间作万寿菊。5 ~ 8 年后把银杏苗培育为绿化苗木。既解决万寿菊的重茬，又培育出绿化苗木，实现生态效益与经济效益双丰收。

参考文献

[1] 曹福亮. 中国银杏[M]. 南京：江苏科学技术出版社，2002.
[2] 苏明洲. GAP 银杏采叶园栽培技术[M]. 济南：山东科学技术出版社，2006.
[3] 张彦军. 万寿菊露地栽培技术[J]. 山西林业，2011，2.
[4] 黄前昌. 色素万寿菊与小麦套作丰产栽培技术研究[J]. 内蒙古农业科技，2010，5.
[5] 刘友森. 银杏茶黄蓟马为害特性观察与防治技术研究[J]. 山东林业科技，1997，1.

一级古银杏树的养护管理措施

田金余① 李 群 袁 觉 匡立业 印 珏 奚明成
（泰兴市林业中心，江苏泰兴 225400）

摘要：泰兴市是全国著名的“银杏之乡”，银杏栽培历史悠久，古银杏资源十分丰富，全市三级以上古银杏6186株，其中一级34株，近年来我市古银杏保护得到社会各界大力支持，一些企业、个人捐款自觉保护古银杏，使古银杏的生长环境得到了改善，生长势得到了加强，但仍有一些古银杏生长的立地条件较差，经我们多年来对古银杏抢救性保护和现场勘察及专家论证，我市还有9株一级古银杏生长濒危，现结合银杏的生物学特性，提出了一级古银杏的养护保护管理措施。

关键词：一级；古银杏；养护；管理；措施

为弘扬银杏文化，展示古银杏文化丰富内涵，保护古树名木，提升泰兴“银杏之乡”形象和文化品位，促进泰兴经济的发展。近年来，我市对古银杏的现状进行调查，据《泰兴县志》记载及有关专家论证，我市银杏栽培历史已有1000多年。现有500年以上古银杏34株，其中千年以上的12株。嫁接历史也相当悠久，据有关资料记载，早在300多年前我市就采用嫁接技术繁殖“泰兴白果”优良银杏品种。全市现存100年以上的银杏嫁接树6186株，就目前的古银杏生长状况来看不容乐观，特别是部分一级古银杏树生长环境条件随着时间的变迁逐渐恶化，使得部分古银杏树遭受雷击、火烧及人为破坏等环境影响，生长状态不良，给人沧桑的感觉。一级古银杏濒危的有宣堡镇银杏村1株、元竹镇丁庄村1株、济川街道办3株，生长环境及立地条件较差的有河失镇车马村1株、分界镇2株、黄桥镇1株，共9株。经人大、政协提案或其他渠道要求市政府保护的还有广陵镇1株、根思乡1株，共2株。根据现场勘察论证和专家意见决定采取抢救与保护相结合的措施。具体是：

1 古银杏树的复壮措施

1.1 埋条法

分放射埋条和长沟埋条。

放射埋条的方法是以古树为圆心，在树冠投影外侧，挖放射沟4～12条，每条沟长150cm，宽为50cm左右，深80cm。沟内先垫放10cm厚的良土，再把秸秆、树枝、花生滕等缚成捆，平铺一层，厚高20cm左右上撒少量松土，同时施入复合肥200g左右，覆土10cm后再施第二层秸秆等，最后覆土踏平。

---

①作者简介：田金余，男，46岁，泰兴市林业中心林业高级工程师。电话：0523-82968709 地址：泰兴市泰兴镇国庆东路75号，E-mail：YX2968703@ sina. com。

如立地条件好，也可采用长沟埋条，沟宽 80cm，深 80cm，长 200cm 左右，然后分层埋树条施肥，覆盖踏平。

1.2 作渗井

依埋条法挖深 120～140cm，直径 110～120cm 的渗井，井底壁掏 3～4 个小洞，内填树枝、腐叶土，微量元素等井壁用砖砌成坛子形，不用水泥砌实，周围埋树条，施肥，井口盖盖。其作用主要是透气存水，将新根引过来，改善根的生长条件。

(3)安放透气管。在树冠半径 4/5 以外挖放射状沟，一般宽 80cm，深 80cm，长度视条件而定，挖沟时保留 1cm 以上的根，1cm 以下的可以断根，在沟中适当位置安放透气管，每株树 2～4 根管径 10cm，管壁有孔，管外缠棕，外填树枝、秸秆、腐叶、微量元素。

2 古银杏树的抢救措施

2.1 树干伤口治疗

对树干及主枝伤口的治疗，首先用锋利的刀刮净削平四周，看到新鲜的木材为止，然后用 5B°石硫合剂处理伤口，保护木质部防止腐朽，再用油灰和麻刀灰封闭，涂以白灰乳胶、颜料粉面，以增加美观，还可以在上面压树皮状纹或钉上真树皮。

2.2 枯死枝条的保护

用钢筋由树干向上穿到枝条顶部，再用铅丝连接捆绑，起到连接和夹紧的作用，然后消毒涂保护剂，最后再用油灰和麻刀灰封闭造型，再涂以白灰乳胶、颜料粉面，压树皮状纹。

2.3 树干保湿防日灼

从树干基部由下而上用 φ2～3cm 的草绳圈好，夏季高温季节喷水保湿防日灼。

2.4 桥接集中养分

对有生命力的地方，利用该树现有根蘖苗，桥接到健康树皮上，使地下部养分集中供应古树的生长，恢复树势。

3 古银杏树的保护措施

(1)安装避雷针，防止雷击。

(2)开挖排水沟，排水沟宽 1m，深 1.5m。上边盖板，能排能灌。

(3)改良土壤。冬至前加土 30cm 左右，同时地面覆草 5cm 左右，增加土壤通气性。

4 古银杏树的管理措施

(1)施肥。从 2014 年开始，在该树四周枝条多的地方施经过发酵的豆饼肥或鸡粪等有机肥，生长季节对树冠进行根外喷施 3% 的磷酸二氢钾。

(2)水分管理。春季浇水促发芽，夏季向树冠及草绳浇喷水保湿减少水分蒸腾，延缓衰老。

(3)禁止人为破坏。春季禁止采摘花粉，防止伤及枝叶，限制烧香敬佛或远离树干 15m 以外。

(4)防治病虫害。及时防治食叶害虫、蛀干害虫及叶枯病。

(5)整形修剪。及时剪除枯枝、重叠枝、弱枝、病虫枝，本着“少修剪，少短截，多回放”的原则；对衰老树将病虫枝、干枯枝、交叉枝、重叠枝从基部剪除，同时对多年生枝条剪去1/3～1/2，其剪口不超过5cm，剪口下需留隐芽或结果枝，促其复壮。

5　古银杏树的组织措施

(1)市建立以分管领导为组长的实施领导小组，由财政局、财政局、林业局负责人组成，同时建立有关人员参加的实施班子。建议制定《古银杏树保护条例》，明确相关部门责任，政府应加大资金投入力度，建立古银杏保护专项资金；林业绿化部门适时开展古银杏资源的调查，建立档案，分类指导，对一级古树要实行抢救性保护，二、三级古银杏挂牌保护，实行动态监测；政府要成立专门班子建立市、乡、村三级保护体系，落实专人负责养护，确保古银杏完好健壮，同时鼓励单位、企业、团体、个人认领、认养古银杏，向社会拍卖银杏文化冠名权，大力弘扬古银杏文化。

(2)加强科研，促进古银杏的生长。要加强古银杏保护的科研工作，组织林业科技人员对古银杏树下土壤理化状况，古银杏树的生长规律，老枝的更新能力，伤口的愈合能力等方面的研究。

(3)落实施工单位及常年管理人员，施工单位必须是有一定园林施工资质的单位参加。

参考文献

[1] 李群. 银杏栽培技术200问[M]. 上海：上海科学普及出版社，2000.
[2] 田如男. 园林树木栽培学[M]. 南京：东南大学出版社，2006.
[3] 田金余. 古银杏树的养护管理措施. 全国第十六次银杏学术研讨会论文集.

银杏采叶园剪枝销售与采叶销售比较试验

李明光 高建玲 刘 丽 邓世民 王 慧 李 青

（郯城县农业局，山东郯城 276100）

摘要：通过2011 年和2012 年进行银杏采叶园剪枝销售与采叶销售比较试验表明，虽然在第一年剪枝销售价值高于常规采叶销售价值，但在2 年销售过程中在离地100cm 处剪枝销售比常规采叶销售每亩减少价值1724 元13.6%，平均每亩每年减少862 元；离地100cm 处剪枝销售比常规采叶销售每亩减少价值1520 元11.9%，平均每亩每年减少760 元；剪截当年生新枝带枝销售比常规采叶每亩减少价值1382 元10.9%，平均每亩每年减少691 元。由于7 月份的剪枝带枝销售带走了树体大量的养分，影响了树体的发育，严重削弱了二茬叶及下年的生长，导致产量的降低，总体比较来看单纯销售鲜叶优于剪枝带枝销售。

关键词：银杏；采叶园；剪枝销售；带枝销售

最近几年，国内银杏采叶园的面积逐渐增多，各地在银杏鲜叶的采收上都有不同的模式，有的分期分批采，有的一年采一次，有的一年采2 次，还有的剪枝带叶采收销售。尤其在邳州港上镇，7～8 月份的银杏鲜叶采收季节，很多农户为了采收方便，用剪刀将当年生枝条剪掉带叶销售，对银杏树的生长造成不利的影响，甚至还认为枝条能够卖钱很合算，为此笔者于2011 年和2012 年进行银杏采叶园剪枝销售与采叶销售比较试验，现将试验结果进行总结陈述如下。

1 材料与方法

1.1 试验用银杏采叶园立地条件

试验用银杏采叶园位于郯城县胜利乡花园村，具体位置处于东经118.2°，北纬34.7°。地处沂蒙山南麓，为沂河、武河冲积平原，土壤类型为潮土，属暖温带季风气候，雨热同季，年平均降水量843mm。

采叶园建于2004 年，将7 年生实生苗距地30cm 处截干，以40cm×80cm 的株行距栽植，行向为南北向，面积为16hm^2。栽植后头3 年每年秋季采叶一次，以后每年7 月中下旬采叶一次，秋季霜降来临前，进行第2 次采叶。采叶园南方相连地块种植有银杏树和小麦、花生等粮食作物，西方地块紧邻开阔农田，种植小麦、玉米和花生，北方与一片农田有一路之隔，种植小麦、玉米和花生，其中偏东部分种植一片杨树，东方地块与农田相隔一条排水沟，沟边20m 范围内种植杨树，杨树以东种植小麦、玉米和花生。

1.2 试验方法

试验选择采叶园中生长较好的均匀地块进行。2009 年冬季，地块内银杏树在离地

110cm 处进行剪截，2010 年采收 2 次鲜叶，2011 年 7 月 20 日银杏鲜叶采收时进行不同的试验处理。其中，处理 A 在离地 100cm 处剪截(在 2009 年剪枝处之下 10cm 处)；处理 B 在离地 120cm 处剪截(在 2009 年剪枝处之上 10cm 处)；处理 C 只剪截当年生新枝；对照 CK 为采收鲜叶。试验中 A1 代笔处理 A 第一次采叶(2011 年 7 月)，A2 代笔处理 A 第 2 次采叶(2011 年 10 月)，A3 代笔处理 A 第 3 次采叶(2012 年 7 月)，A4 代笔处理 A 第 4 次采叶(2012 年 10 月)；其余类推。每处理选择 100 株银杏树进行试验，结算结果皆取平均值。价格以当时市场价格为依据进行计算。

2 结果与分析

2.1 试验结果

试验结果表 1 可以看出：处理 A1 比对照 CK1 每株可以增值 0.56 元 28.6%；处理 A2 比对照 CK1 每株可以增值 0.2 元 10.2%；说明剪枝带枝销售比单纯鲜叶销售获利大。只剪截当年生新枝则比单纯鲜叶销售获利小，减少 8.2%。

表 1 带枝销售与纯叶销售价值比较(2011 年 7 月)

处理	平均每株叶重(kg)	平均每株纯枝重(kg)	叶子价格(kg)	带枝叶子价格(元/kg)	每株卖叶价值(元)	每株卖带枝叶子价值(元)	卖带枝叶子比卖纯叶子增值(元)	卖带枝叶子比卖纯叶子增值(%)
A1	0.4	0.3	4.9	3.6	1.96	2.52	0.56	28.6
B1	0.4	0.2	4.9	3.6	1.96	2.16	0.2	10.2
C1	0.4	0.1	4.9	3.6	1.96	1.8	-0.16	-8.2
CK1	0.4	0	4.9	3.6	1.96		0	0

试验结果表 2 可以看出：二茬叶处理 A2 比对照 CK2 每株减少价值 0.48 元 47.7%；处理 B2 比对照 CK2 每株减少价值 0.31 元 30.3%；处理 C2 比对照 CK2 每株减少价值 0.13 元 12.9%。

表 2 二茬叶销售价值比较(2011 年 10 月)

处理	平均每株叶重(kg)	叶子价格(kg)	每株卖纯叶价值(元)	比对照增值(元)	比对照增值(%)
A2	0.12	4.4	0.53	-0.48	-47.7
B2	0.16	4.4	0.70	-0.31	-30.3
C2	0.2	4.4	0.88	-0.13	-12.9
CK2	0.23	4.4	1.01		0

试验结果表 3 可以看出：第二年头茬叶处理 A3 比对照 CK3 每株减少价值 0.64 元 29.0%；处理 B3 比对照 CK3 每株减少价值 0.45 元 20.2%；处理 C3 比对照 CK3 每株减少价值 0.25 元 11.3%。

试验结果表 4 可以看出：第二年二茬叶处理 A4 比对照 CK4 每株减少价值 0.30 元 25.3%；处理 B4 比对照 CK4 每株减少价值 0.20 元 16.9%；处理 C4 比对照 CK4 每株减少价值 0.15 元 12.8%。

表3　第二年头茬叶销售价值比较(2012 年 7 月)

处理	平均每株叶重(kg)	叶子价格(kg)	每株卖纯叶价值(元)	比对照增值(元)	比对照增值(%)
A3	0.32	4.9	1.57	-0.64	-29.0
B3	0.36	4.9	1.76	-0.45	-20.2
C3	0.4	4.9	1.96	-0.25	-11.3
CK3	0.45	4.9	2.21	0	0

表4　第二年二茬叶销售价值比较(2012 年 10 月)

处理	平均每株叶重(kg)	叶子价格(kg)	每株卖纯叶价值(元)	比对照增值(元)	比对照增值(%)
A4	0.18	4.9	0.88	-0.30	-25.3
B4	0.2	4.9	0.98	-0.20	-16.9
C4	0.21	4.9	1.03	-0.15	-12.8
CK4	0.24	4.9	1.18	0	0

试验结果表 5 可以看出：2 年销售过程中，处理 A 比对照 CK 每亩减少价值 1724 元 13.6%，平均每亩每年减少 862 元；处理 B 比对照 CK 每亩减少价值 1520 元 11.9%，平均每亩每年减少 760 元；处理 C 比对照 CK 每亩减少价值 1382 元 10.9%，平均每亩每年减少 691 元。

表5　不同处理 2 年内销售价值比较(2011 年 7 月～2012 年 10 月)

处理	1	2	3	4	合计	折合每亩价值(元/2 年)	比对照增值(元/2 年)	比对照增值(%)
A	2.52	0.53	1.57	0.88	5.50	10996	-1724	-13.6
B	2.16	0.70	1.76	0.98	5.60	11200	-1520	-11.9
C	1.8	0.88	1.96	1.03	5.67	11338	-1382	-10.9
CK	1.96	1.01	2.21	1.18	6.36	12720	0	0

2.2　结果分析

从试验结果可以看出，剪枝带枝销售虽然第一次销售价值高于单纯的鲜叶销售价值，但由于 7 月份的剪枝带走了树体大量的养分，影响了树体的发育，严重削弱了二茬叶及下一年的生长，导致产量的降低。总体来看单纯销售鲜叶优于剪枝带枝销售。

3　小结与讨论

本试验结果表明，单纯销售鲜叶优于 7 月份剪枝带枝销售。从树体正常生长的常规原理来讲，最好是每年在秋后采收一次最有利于树体生长，但由于银杏鲜叶的收购厂家对银杏鲜叶黄酮和内酯含量的要求较高，因此，种植户进行每年的 2 次采收。至于每年的一次采收与 2 次采收的销售价值比较，尚需进行有关试验验证比较。

浅谈银杏大树移栽的“天时”与“地利”

李　峰　杜胜春　宗莲香　刘秀龙
（山东省郯城县林业局，山东郯城　276100）

银杏是珍贵的孑遗树种之一，其叶翩如飞蝶，其树姿挺拔优美，病虫害少，适应性广泛，是优良的观赏绿化树种。近年来，随着小城镇建设的发展，银杏大树被广泛运用到街道绿化中。笔者根据多年的摸索，在银杏大树绿化工程中，紧紧抓住银杏大树移栽的“天时”与“地利”，其成活率能够达到95%以上。

1　银杏大树移栽的“天时”是保证成活的根本

1.1　移栽时机最关键

多年实践表明，秋冬季最适合于栽植银杏大树。银杏树，因其生理特性的原因缓苗期长，素有公孙树“之称”。另外一个重要原因是，其根部所受损伤较难愈合，而秋冬季节随着气温下降，树叶已落，树液回流，树体停止生长，不再大量消耗养分，树根的工作量因而大大减轻。起苗时受伤的树根，经过一段时间的休养生息，伤口便会很快愈合，恢复运输、吸收、积累营养，进入一年中的第二个发育高峰期，为次年开春后树体的发芽生长做好充分准备。所以说，秋冬季移栽银杏大树最易成活。另外，依据移栽时的天气选择最佳时间，移栽的时间最好能选择在阴天进行，如必须在晴天移栽，则以下午日落前后移栽为最好，清晨次之，切忌在中午移栽。移栽前须对银杏树冠进行喷水处理，这样能减少树体水分的散失，有利于树体移栽成活。

1.2　“因时利导”加强管护促成活

一是移栽后使用三角支撑架，固定树体。银杏大树树冠往往比较大，易受风的影响发生倾斜，使土球与栽植的土壤分离，影响根系对水分的吸收，导致死亡。所以树体移栽以后要及早用木棍等对树体进行支撑，固定树体。二是做到随起随栽。生长季节的银杏树，水分的蒸发往往比较快，因此挖好的银杏树不宜较长时间放置，一旦挖起，就要抓紧时间对银杏树冠进行喷水保湿、疏叶，促生根等处理工作，及时进行栽植，尽可能减少起苗与栽植的时间间隔。三是银杏树栽植后3～5周内，除阴雨天外，每天须用喷雾器对银杏树冠进行喷清水或喷012%～015%的尿素水溶液或012%～015%磷酸二氢钾水溶液，以补充叶片水分，增加空气湿度，早晚各1次，有利于减少树体水分的散失。必要时可用遮阳网对银杏树冠进行遮阳处理。四是刻芽促萌。移栽后次年春3月上旬，在银杏树芽的上方0.2～0.3cm处用刀刻一月牙形切口，深达木质部，迫其积累营养促进发芽。五是在5月份给移栽后的银杏树打点滴，注射树体营养液。在树的根颈部位，刮掉树干周围的老皮，以稍露出新皮为宜。然后在干周每隔120°找出三个方位点（要求干周光滑无伤损部位），将安装好的针头插入髓心层或形成层，再用胶布贴严插孔，把药瓶吊在高处输液。

2 银杏大树移栽的"地利"为树体成活提供物质保证

2.1 银杏树移栽后成活与否和土壤立地条件息息相关

银杏的根系属肉质根，好气性强，对氧气的要求非常高，喜疏松透气忌阴暗易涝的土壤条件。银杏是喜光性树种，对光照要求比较高，光照不足，往往树体生长不良，且易滋生病虫害，影响树势。因此，移栽的地点一般应选择在光线充足、地势平坦，pH 值在 7～7.15 之间，地下水位在 115cm 以下，排灌方便，无积水的地方。土壤质地为沙壤土的地方栽植最好。

2.2 做好移前栽后各项工作

一是提前做好移栽及栽植的各项准备工作。在选好的定植地点按照移栽树土球的大小提前开挖好栽植穴，并做好吊运、灌水等各项准备工作，确保银杏树能随到随栽，栽植是尽可能按照原先的姿势。二是先用较粗的稻草绳对银杏整个树干进行缠扎，然后用水喷湿，再用塑料薄膜进行包裹，包裹时塑料薄膜的下部要连接到地面，下面用土覆盖，这样才能保持草绳的湿润状态，起到树干的保湿效果。三是培土覆膜。对离树干 1m 范围内的地面进行培土覆膜处理，培土的厚度约高出地面 20cm 左右，培土后用塑料薄膜进行地面覆盖。四是带土移栽。为避免根系受伤严重，枝叶萎蔫，影响移栽成活率，故移栽银杏树时一定要带土球移栽。挖好的土球要用稻草绳进行捆扎保护，以防破碎。五是促根处理。为提高银杏树的移栽成活率，促使根系伤口早日愈合，早生新根，移栽前要对银杏树体进行促生根处理。方法是用 25～50mg/kg 的 ABT6 号生根粉或 ABT10 号生根粉对挖掘好的银杏树土球进行灌根处理，使土球充分湿润。为保证药效，灌根后应保持 2h 左右再行栽植。

影响银杏叶有效成分含量因素研究的综述

杨一强[1]　李明光[2]　高建玲[2]

([1]郯城街道办事处，山东郯城　276100；[2]郯城县农业局，山东郯城　276100)

摘要：本文搜集大量文献资料就当今国内外有关影响银杏叶有效成分含量(黄酮甙和内酯)因素的研究进行了全面的综述。认为主要有立地条件、产地、环境条件、生长季节、品种与单株、树体不同器官、树龄与叶龄、树体性别、繁殖方法、密度与树形、光照和密度、肥料及生长调节剂、采收时间、干燥方式、树龄与叶色等影响因素。并对银杏专用采叶圃的成熟经验研究提出了展望。

关键词：银杏叶；有效成分；黄酮甙；内酯；影响因素

银杏原产于中国，是既古老又年轻的树种，有植物“活化石”之美称(杨光，2001)。在中国，银杏有很悠久的栽培利用历史，由于其用途和经济价值远非其他树种可比，因而拥有中华树木之“国宝”的美名。我国银杏资源极为丰富，约占世界总量的70%。自20世纪70年代以来，银杏栽培区域和面积不断扩大，全国32个省(自治区、直辖市)都有银杏栽培和引种。目前国外在法国的波尔多(Brodeaux)和美国的南卡罗莱纳州的萨姆特(Sumter，South Carolina)各建了500hm^{2}的银杏采叶园，年产3000～4000t干叶(邢世岩，2002)，其他国家多为零星种植。国外在银杏病虫害和栽培研究方面研究报道极少，但对银杏叶提取物的研究却居于世界前列。

目前已知银杏叶含有化学成分240多种，银杏叶提取物(EGB)的主要有效成分为银杏内酯、半倍萜类、白果内酯和黄酮甙。其中银杏内酯类迄今尚未发现存在于其他任何植物中，具有独特的生理作用和治疗价值，是与多种疾病有关的血小板活化因子(PAF)最强的拮抗剂。银杏成药在治疗动脉硬化、心脑缺氧、降低血脂、加快血流量、软化血管等心脑血管疾病方面具有其他药品不可比拟的疗效，在改善心脑血管功能、抗记忆力减退(蔡其武等，2010)和老年性痴呆(美国 Jiangtao He，2008；意大利 Francesca Cole. Aghi，2004；印度 Amitava Das，2002；德国 H . Woelk，2007；德国 K . Maurer，2002；美国 Steven T. DeKosky，2007)等方面具有独到的医疗保健作用。除了作为药物外，近年来作为园林植物，其在城市绿化美化中发挥越来越重要的作用。

黄酮类是银杏叶中最早研究的成分，也是银杏叶提取物(EGB)制剂的主要成分。作为衡量银杏叶质量高低的主要标准是以黄酮甙(主要以槲皮素、山萘酚、异鼠李素作为化验标准)和内酯的含量高低为判断依据(邢世岩，2002)。高含量的银杏叶主要来源于银杏专用采叶园，市场上果、材、叶兼用的银杏叶有效成分含量不高，基本达不到国家规定的药典要求，在市场上的价格远低于银杏专用采叶园的叶子价格。因此，提高银杏叶的黄酮甙和内酯的含量和产量的技术显得越来越重要。

银杏作为一种植物，在其生长过程中，不可避免地受到各种病虫害的影响及其他各种因素的影响。由于银杏提取物的药用价值越来越大，市场越来越广泛，因此将制造银杏提取物的原料——银杏叶的有效成分(黄酮甙和内酯类)研究资料进行相关总结分析，加以综述如下。

1 影响银杏黄酮甙含量的因素

1.1 立地条件

银杏叶是营养器官，进行光合作用，制造有机物质，辅养树体。同时银杏叶又是经营采叶园收获的唯一产品。因此，二者产生激烈的矛盾。为此，必须满足银杏生长发育的必须营养元素，而且质优量多，否则采收的叶达不到高产优质的要求。选地是关键，必须选用土壤深厚(1.0m 以上)(梁立兴，1993)、肥沃、疏松的沙壤土或壤土。土壤酸碱度以中性为宜。凡土壤全盐含量高于0.3%及 pH 值大于8.5 的土壤不可建立采叶园(郭成源，1993)。黏重土壤、山岭薄地、盐碱低洼、粗沙地，地面积水或者地下水位过高等均不宜建叶用银杏园(曹福亮等, 2011)。

1.2 产地

由于地理、气候、土壤条件的差异，不同产地银杏叶黄酮含量差异较大，因此，黄酮含量与生长地域密切相关。总体来说，产量大的江苏邳州、广西兴安、贵州正安、湖北安陆等地的银杏叶总黄酮含量较高。王宗德等(1998)报道，测得11 月份的江西省武宁地区的黄酮含量为2.97%，而波阳地区的含量仅为0.84%。不同产地之间槲皮素、山萘酚、异鼠李素等黄酮类成分差异也较大(王弘等，2000)。刘叔倩等(2000)的研究结果表明，贵州高原区银杏叶中总黄酮的含量明显高于其他地区。从不同地域来看，长江流域各地银杏叶中总黄酮的含量大多数高于黄河流域；黄河流域各地又以位于黄河中游的陕西、山西、河南的银杏叶中总黄酮含量较高，而黄河上游的甘肃、宁夏，下游的山东、河北的银杏叶中黄酮含量较低；长江流域则以位于长江中上游的四川、云南、贵州、湖北的银杏叶中总黄酮含量较低；无论长江流域还是黄河流域，又以位于我国中部各地的黄酮含量为高，而北部、东南部的含量较低(岳红等，2000)。即使是同一省份，不同地区之间也有差异。王宗德等(1998)报道江西省不同产地银杏叶在同一生长季节韵黄酮含量差异较大，如 11 月份武宁地区为2.97%，而波阳地区只有0.84%。陕西省银杏叶黄酮含量为0.885%～1.487%，表现出明显的地域分布差异，从高到低依次为陕北 > 陕南 > 渭北 > 关中(许春霞等，2003)。但也有研究表明，不同产地的老树叶中的总黄酮含量差别不大(吴红菱等，1995)。

1.3 环境条件

银杏叶黄酮积累的重要环境因子是纬度、日照百分率、年降水量和年平均温度。在纬度(28°19′±2°34′)N 或(38°6′±2°34′)N、年降水量(762.3±114.5)mm、日照百分率35.3%±63%、年平均温度(15.95±2.15)℃的条件下，最利于银杏叶黄酮的积累(孙视等，1998)。高海拔区独特的生态条件能够促进银杏叶中黄酮苷的积累(汪海峰，2002)，但有利于叶内黄酮积累的生态条件并非银杏生长发育的最适条件，选择有一定逆境胁迫的次适宜环境建立银杏采叶园，有利于提高叶内黄酮含量。适度缺水有利于黄酮和内酯类物质的积累(谢宝东等，2002)。通过测定陕西省银杏叶黄酮含量和分析该省热值的时空分布规律，发现热值的地域分布规律与黄酮含量相同，银杏叶黄酮含量和热值极显著正相关，与表观比热值呈负相关关系(许春霞等，2003)。光照条件是影响黄酮积累的重要因素，王华田等(1997)发现成年大树树冠不同部位的叶片，其黄酮含量差异很大，以光照充足的南侧叶片黄酮含量最高，东西两侧及内膛叶片黄酮含量偏低。曹福亮等(1998)研究了光、水、肥因子对银杏叶黄酮含量的影响，结果表明，充足的光照、肥料和水分能提高单位面积银杏黄酮的产量。程水源等(1999)的研究指出，在具体的生态因子中，光和温度对银杏叶黄酮的影响最大。在黑暗条件下，无黄酮合成，且黄酮的合成速率及最终含量与光照强度和密度密切相关。就温度而言，适当的低温和较大的温差有利于黄酮合成。冷平生等(2002)对2年生银杏苗进行遮荫和光膜处理，发现覆膜和遮荫显著减少银杏黄酮苷含量。这可能与紫外辐射强度减弱有关，因为适量的紫外辐射可诱导苯丙氨酸解氨酶(PAL)活性，从而激活苯丙烷代谢途径，增加黄酮的含量。

1.4　生长季节

银杏黄酮含量随季节变化而变化。一般来说，从4~10月，银杏叶中总黄酮含量基本呈上升趋势，9月最高(吴红菱等，1995；张秀全等，1995；杨柳等，1997；蒋明廉，1997；唐新莲等，2000)，而不同地区可能因温度的差异，其最高值也会出现在8月(史继孔等，1998)和10月(孙震等，1996；王宗德等，1998；杨柳等，1999；陈鹏，2000)，之后下降，可能与秋天叶黄有关。但也有研究表明，在发育早期4月(王华田等，1997；苑可武等，1997；仲英等，1999；冷平生等，2001)或5月(周开志等，1999；钱大玮等，2002；鞠建明等，2003)黄酮含量最高，之后开始逐月下降，达到最低值后，到后期又有一定幅度的回升，并持续至落叶。综合考虑叶片中黄酮和内酯的含量，一般认为8~10月是银杏叶的适宜采收季节，不同地区根据具体情况而定。除了季节变化外，一天中不同时段，银杏叶黄酮含量也有差别，汤国红(2002)发现，银杏叶中总黄酮在中午12:00含量最高，14:00~24:00含量最低。

1.5　品种与单株

不同品种和单株之间银杏叶黄酮含量差异较大。王宗德等(1998)对江西各地不同品种的银杏叶黄酮含量的测定结果表明不同银杏单株黄酮含量差异较大。但也有研究表明不同品种之间银杏叶黄酮含量无显著差异(杨柳等，1999)，这可能与所选取的银杏树树龄较大有关。杨义芳等(1996)分析了30个单株银杏叶黄酮含量，发现单株间差异较大，以芦丁干燥品计总黄酮的含量2.851~5.128mg/g，平均值为4.099mg/g。陈学森等(1997)选用全国银杏主要产区50个雌株品种和优良单株的3~5年嫁接树叶进行测定，结果表明，'泰山4号'黄酮含量最高，达2.64%，其次，'泰山5号'为2.22%，'甜白果'为2.21%，'马铃2号'为2.02%，黄酮含量最低的品种有'尖底圆铃'，为0.95%。曹福亮等(2001)的研究结果表明，不同银杏品种或单株间黄酮苷含量的差异较大(表7-1)。不同单株含量最大的达1.1%，最小的仅为0.55%。银杏的雄株品种、核用品种、观赏品种等，不同类群和品种的叶产量和质量差异很大。一般叶用良种的产叶量高于实生苗。叶用良种叶大、肥厚、浓绿、裂刻小或全缘，因此，叶面积大、生物产量高(李群等，2006)。曹福亮等(2007)进行了不同杂交组合、半同胞家系叶用良种苗期选择，汪贵斌等(2000)从13个优良单株中选出最好的叶用园优良单株E4，邢世岩等(2000)进行了"高黄酮甙银杏良种选育"课题研究，从收集的14个种源148个无性系中选育出3个高黄酮甙含量叶用无性系；《中国银杏志》记载了24个叶用优系或优株。由于当前叶用良种选育仍处于起步阶段，不仅可用于生产的品种较少，且嫁接繁殖苗木周期长、繁殖系数低，难于满足生产中对种苗的大量需求。

1.6 树体不同器官

通过对银杏营养器官测定指标综合分析发现，黄酮含量依次为：芽 > 叶 > 根 > 枝；吸收根 > 根皮部 > 根木质部；一年生长枝上、中、下枝段黄酮分布呈现出高—低—高的变化规律；各枝段的皮部均大于木质部；长枝上的叶黄酮含量 > 短枝上的叶，一年生枝上、中、下枝段上的叶黄酮含量呈明显的下降趋势；芽、叶、根和枝黄酮含量依次为：4.75%、4.04%、2.14%和1.94%(邢世岩等，1998)。陈鹏等(2000)也发现银杏长枝叶片类黄酮含量显著高于中短枝。曹福亮(2000)研究了银杏不同器官中总黄酮的含量，结果表明，叶 > 侧根 > 主根 > 枝。不同部位叶片除了总黄酮含量不同，其具体成分也会有差别，长枝叶中槲皮素较多，而短枝叶中山萘酚较多(冷平生等，2001)。

1.7 树龄与叶龄

总体来说，银杏幼树叶片总黄酮含量明显高于老树叶片(吴红菱等，1995)。银杏幼树(1~5年)实生苗叶的黄酮苷含量一般在1.0%左右，而老树叶含量一般≤0.60%(郁青等，1998)。史继孔等(1998)报道了银杏叶中黄酮类化合物的含量随树龄的增加而呈逐渐减少的趋势。其中以1~3年生银杏实生幼树叶黄酮的含量最高，15年生的含量明显下降，只有1~2年的1/4。张迪清等(1998)的测定结果表明，老树叶与幼树叶中黄酮苷含量的变幅特别大，老树叶的变幅为0.2%~0.7%，幼树叶0.7%~1.8%。5年生以下幼树叶含量高(杨柳等，1999)，尤以二三年生的为高(钱大玮等，2002)。杨柳等(1997)认为银杏叶黄酮含量高低随树龄增长呈递减趋势，但10年以下幼树含量较老树高。而15年生后随树龄增大，其叶黄酮含量迅速下降(孙震等，1996)。管玉民等(2000)报道，采自济南的样品银杏叶中黄酮醇苷含量4月最高，以后逐渐降低，8月后又渐渐升高，至11月叶子变黄时又降低，整个走势呈S型。张迪清等(1998)报道整个生长周期内以春季叶中黄酮含量最高，4月幼叶为2.75%，老树叶为0.81%，夏季末黄酮含量最低，7月幼叶为1.04%，老树叶为0.47%，因而银杏叶最佳采收时间应在秋季落叶前叶子尚绿时。但由于南北方气温的差异，黄酮最高产量的月份可能略有不同。曹福亮等(2001)的报道也进一步证明了银杏叶中黄酮含量随季节变化而变化的规律。针对银杏叶质量受树龄影响明显，可采取截干平茬，实行灌丛经营的方式及时更新，更新周期以8年左右为宜，截干高度一般掌握在20~30cm(王华田等，1997)。李群(2006)记载就实生苗而言，法国研究证明，不同苗龄叶子内萜类含量也不同。1株15年生实生树，1992年10月5日测定黄酮总量达1.17%，萜类总量达0.51%，目前结论是银杏叶内有效成分含量受其树龄影响较大，树龄越大，含量越低。若树势衰弱、叶子出现叶边发黄，则会明显降低叶子质量。

1.8 树体性别

一般认为银杏雌雄株间叶片黄酮含量差异不显著(史继孔等，1998；杨柳等，1999)，但也有雄株高于雌株(范怡梅等，1998)或雌株高于雄株(余丽娟等，1995)的报道。但有些品种，银杏雄株的黄酮含量高于雌株。陈学森等(1997)把银杏按雌、雄分类后进行性状平均值累加再平均后统计分析，结果表明，随机参试的6个银杏品种的雌雄间差异不显著。

1.9 繁殖方法

银杏实生苗叶片黄酮含量比同龄嫁接苗高(杨柳等，1997，1999；郁青等，1998；史继孔等，1998)，嫁接有利于提早结果而不利于叶用。银杏幼树(1~5年)实生苗叶的黄酮苷含量一般在 1.0% 左右，而同龄嫁接树苗叶，黄酮苷含量只有 0.60% 左右(郁青等，1998)。

1.10 密度与树形

许慕农(1993)研究认为叶用园不提倡采用高干树形，树冠庞大，产叶量多，但超出树干断面的负载量，树势易衰弱，特别是修剪过重，萌生枝多，消耗树体养分和水分更严重。树形采用无干密植树形(离地面 7 ~ 10cm 处剪掉苗干)、低干密植树形(离地面 20cm 处剪掉苗干)、(离地面 40 ~ 50cm 处剪掉苗干)。郭成源(1993)认为在高密度条件下因通风透光不足，影响叶子品质，要在行间及时修剪，保留 1/3 的行间空隙，以确保采叶园内的通风透光量。李群等(2006)认为因采叶园密度过高，通风透光不足，不仅使叶形态指标差，产量下降，叶内黄酮甙和内酯含量将大幅度下降(10% ~ 50%)。

1.11 肥料及生长调节剂

在镁缺乏的红壤上种植银杏，在合理施用一定的氮肥基础上，增施适量的镁肥，对银杏叶黄酮含量的提高有良好效果(唐新莲等，2000)。蔡耕鸣等(2003)研究表明，红壤上种植 3 年的银杏树，在配施有机肥的基础上增施化肥可促进银杏营养生长，在旺长期的 6 月黄酮含量较高，但化肥对秋后银杏叶黄酮积累有副作用。通过对盆栽银杏进行不同水平氮肥、磷肥试验，吴家胜等(2002，2003)推荐氮素 15g/株、磷素 2.71g/株(以 P_2O_5 计)为 2 年生银杏叶用园的施用量，可望获得单位面积上最高的黄酮产量。罗勇(2000)的研究表明，对叶片重量的影响为绿粉葳 > 光合微肥 > 赤霉素 > 磷酸二氢钾，浓度以 0.4% 的绿粉葳、0.2% 的光合微肥、0.3g/L 的赤霉素、1.5% 的磷酸二氢钾为最佳。杜国坚(2009)认为叶用林应以有机肥为主，要求总氮的 80% ~ 90% 来自有机肥。

乙烯利显著影响银杏叶光合速率、PAL 活性、相对生长量，喷施乙烯利对银杏叶黄酮和内酯类物质的含量有明显影响，且随乙烯利浓度的增加而增加(谢宝东等，2002b)。王燕等(2002)采用脱落酸、乙烯利、氮肥 + 乙烯利、地膜处理，均提高了叶片黄酮含量，以脱落酸效果最优。

1.12 采收时间

许慕农(1993)认为制药用叶大都在 10 月上旬至 11 月上旬采收。郭成源(1993)报道根据制药厂家对银杏叶品质的有关要求，以 2 ~ 5 年生幼树绿叶最好，收购价最高；黄叶和落黄叶品质变差，价格低。故生产上在叶子变黄以前应及时采摘。一般采叶期以 9 月中下旬为宜。采摘过早，不仅影响叶子产量，且严重影响树木的生长。采叶圃树木密度较大，树木上部和下部叶子变黄的时间不一，基部叶子通风、光照条件较差，叶子变黄的时间较早，应提早采摘。山东和苏北一般在 9 月中旬左右，对采叶圃下部(地上树高 1/3 范围内)的叶子进行采摘；9 月底对采叶圃树木中上部叶子全部进行采摘。1 年生苗木的叶子应在 10 月下旬采摘，或让其自然枯落，以确保苗木来年生长不受影响。曹福亮(2011)认为银杏叶宜分期、分批采收，一般从 8 月上旬开始，先采树冠内部、下层枝条的叶片，再陆续采收中部和上部叶片，最后一次在银杏叶即将变黄时一次采完。在当地早霜来到之前，保留顶梢的 3 ~ 5 片叶，不可全部采完。

1.13 干燥方式

讲究采收季节和干燥方式也是把握好产品质量的重要关口，应综合考虑银杏叶量及叶内黄酮、内酯含量的变化确定合理的采收期，山东郯城以 7 ~ 9 月份采收为宜，可分 3 次完成。叶子采收后应采取机械烘干法尽快干燥，防止霉变，烘干温度以 90 ~ 100℃ 条件最好。在采收、烘干及运输过程中，要加强规范管理和生产过程中的全程质量监控，严把环境关、设备关和检验关，防止重金属等的进一步污染(程华平等，1998)。郭成源(1993)认为叶子采下后，应及时装在大的塑料袋内，集中在一起，尽快到收购单位进行销售。如在2~3天内不能及时销售，应将叶子摊晾在室内，并每天翻动两次，以防叶子变黄和发霉。如鲜叶短期内无法售出，应及时将鲜叶晒干后进行贮藏，待有机会时再行销售。一般在晴天条件下，3~4天即可将鲜叶晒干，晒干后应及时装入大塑料袋内，扎好口，密封贮藏。周维书等(1995)建议大规模采收用干燥设备，但应防止温度过高，以低于60℃为宜。李群等(2006)认为自然干燥以阳光曝晒内含物损失最小，而阴干内含物明显下降；机械干燥以温度高(80~100℃)、快速干燥处理效果最好；利用"油热干燥"并利用高温快速杀毒效果较好；干燥后的叶色浓绿无黄边，含水量均匀一致，利于长期储存。

2 影响银杏内酯含量的因素

2.1 环境条件

曹福亮等(1999)研究了不同的光、热、水、肥条件对银杏叶中萜内酯含量的影响，发现银杏叶中萜内酯含量受光照强度、温度、水分和施肥种类及多少的影响也很大。戚向阳(2003)研究不同产地的银杏叶中内酯含量差异较大，在从湖北和山东6个地区采集的银杏叶中，湖北省枣阳县出产的银杏叶萜内酯含量最高，达6.254mg/g。

2.2 生长季节

银杏叶中的萜内酯含量随季节的变化而变化。曹福亮等(1999)的研究结果表明，银杏叶中的萜内酯含量在1年中以8~9月达到最高，然后急剧下降。冷平生等(2002)报道银杏幼苗叶中的总萜内酯含量在夏季后期达到最高，约为2.307mg/g，落叶前仅为0.77mg/g，相当于最高期的1/3。同时研究还发现在1年中，银杏内酯A、B、C和白果内酯这4种萜类内酯所占的份额略有变化，但没有明显的规律性。

2.3 品种与单株

银杏叶中的萜内酯含量受品种的影响较大。曹福亮等(1999)研究了13个银杏单株叶中的萜内酯含量，发现不同银杏单株萜内酯含量差异很大。最高的含量可达0.2%，而最小的仅达到0.09%。张云跃等(2002)对全国7个银杏产区，有广泛代表性的28个家系的2年生幼苗叶，用HPLC法测定结果表明，家系间各化学成分差异十分显著，萜内酯含量最低的只有0.3%，最高的却达3.75%，二者相差12.5倍。从个别化学成分看，如白果内酯最低家系仅0.06%，最高则达1.22%。二者相差20.3信。陈学森等(1997)用甲醇提取法测44个银杏品种3~5年生嫁接苗叶萜内酯发现，泰山2号银杏内酯含量比其他品种都高，达0.38%。泰山1号黄酮含量为2.15%，银杏内酯含量达0.25%，为选测品种中的双高品种。贵州也发现有一批黄酮苷与萜内酯含量均高的银杏优良单株，其中黄酮苷含量最高2.74%，萜内酯最高为1.17%。

2.4 树龄与叶色

银杏树的树龄对叶中萜内酯的含量影响较大，一般随树龄的增加，萜内酯的含量呈现下降的趋势。郁青等(1998)报道银杏幼树(1~6年)叶萜内酯含量在0.30%~0.50%之间，个别高达0.89%，而大树叶的萜内酯含量一般≤0.10%。据贵州大学报道，银杏1~6年幼树叶萜内酯含量高，一般都在0.30%~0.50%之间，个别高达0.89%，而大树叶萜内酯含量低，一般≥0.10%。白果内酯含量约占内酯含量的1/3~1/2，其含量变化与总内酯含量变化趋势相同。而贵州的银杏老树叶与幼树叶测定的内酯含量结果普遍较高，老树叶萜内酯含量变幅为0.02%~0.4%。大于0.2%者占测定数(140)13.6%，幼树叶萜内酯含量变幅为0.1%~1.0%，大于0.2%者占测定数(169)94.9%。由此可见，银杏幼树叶的萜内酯含量明显高于老树叶。钱大玮等(2002)研究了2~6年生银杏叶中内酯含量的差异，表明以3年生银杏叶中含量最高，以后随树龄增长呈下降趋势。法国学者证明，1~3年生苗木春天叶子较嫩，萜类含量较低，夏季绿叶含量最高，而秋季黄叶明显下降。我国研究资料证明，西阿多黄素、银杏黄素、异银杏黄素、白果黄素春季总量为0.5%，夏季绿叶为0.44%，而秋季绿叶为1.72%，黄叶高达1.9%(干重)。即从目前研究结果来看，银杏叶内萜类含量夏季绿叶最高，但黄酮类以黄叶最高。这说明，银杏黄叶仍有较高的利用价值(李群等，2006)。

2.5　光照和密度

现已证明，银杏叶内萜类含量主要取决于叶子成熟度和光照强度两个方面。即随叶子成熟度及光照强度的增加，叶内萜类含量大幅度提高。在自然光照和人工气候室内生长的银杏，最初的2个月叶内萜类含量几乎相同(0.2%干重)。但5月份后，自然光照条件下的叶内萜类积累明显增加，夏季达0.6%，而人工气候室内(光照强度1.43lx)叶内苦内酯和白果内酯含量较低(0.2%~0.25%)。银杏采叶园随密度加大，对空间及光能利用率、群体叶面积指数及单位面积的产叶量明显增加，加大初植密度，有利于提高群体早期对光能的利用率、提高产叶量。叶面积指数和单位面积产叶量随密度的增加而增加。密度与叶面积指数呈极显著的正相关。一般叶面积指数以3~6为宜，3年生采叶园密度以5000株/亩为宜。银杏光合作用光补偿点在800~1000lx，叶用园叶幕层只要达到自然光照强度的10%以上，便能满足有效光合作用的需要。北方生长季节空旷地光照强度达8万~10万lx，只要叶幕层内达8000~10000lx即可。因此，采叶园应严禁过密，否则因透光、通气不良，不仅使叶形态指标差，产量下降，更重要的是叶内黄酮甙和内酯含量将大幅度下降(10%~50%)(李群等，2006)。

3　银杏采叶园的专项研究

2005年全球银杏叶提取物制品的销售额为50亿美元，成为植物药制剂的全球冠军品种。我国银杏类制剂产品占据着植物药类心血管药30%的市场份额，成为心脑血管系统植物药的领先品种。从银杏制剂及保健品、化妆品等销售额分析，国际市场对于银杏浸膏的年需求量为500~700t。我国可生产300t，其中80%用于出口(李明光等，2010)。

郯城县1999年被中国特产之乡组委会授予“中国银杏之乡”称号(申为宝等，2005)，是我国栽培银杏最早的地区之一，已有3000多年的历史。目前，郯城县银杏种植面积达1万hm^2，定植银杏1400万株，现有银杏结果树20万株，银杏林网长度1200km，拥有各种规格苗木3亿余株，银杏盆景100余万盆，年产银杏干叶超2万t，已成为郯城农村经济发展的重要支柱产业。

山东郯城、江苏邳州作为银杏的适生区，规模位居全国第二大银杏果产区，全国第一大银杏叶产区，在国际、国内银杏叶市场中具有不可替代的地位。近几年随着银杏林木市场的起伏波动，林木价格下滑，银杏干叶价格逐渐升高，当地很多农民开始兴建银杏专用采叶园，以获取稳定的经济收益。但由于影响银杏叶产品质量和产量的因素很多，过于复杂，没有成熟的银杏采叶园经验可借鉴，银杏专家发表的关于银杏叶质量的科研资料，也由于影响因素过多，选材过细，并没有大面积的银杏采叶园推广经验可供农民借鉴。农民纯粹是出于一种盲目的、摸索的、自认为合理的生产过程中。

基于以上原因，探索提高银杏采叶园银杏叶产品质量和产量的方法和途径显得异常重要和紧迫。作为银杏主产区的科技人员，我们将积极探索提高银杏叶产品质量和产量的方法，切实提高银杏采叶园的经济效益，为制药企业提供高质量的银杏干叶产品，生产更高质量的银杏药品，提高人类生命健康。

参考文献

[1] Jiangtao He, Ana C. Petrovic, Sergei V, et al. USA. Spectroscopic investigation of *Cinkgo biloba* terpene trilactones and their interaction with amyloid peptide Aβ(25 ~35) [J]. Spectrochimica Acta Part A: Molecular and Biomolecular Spectroscopy, Volume 69, 2008: 1213-1222.

[2] Francesca Colciaghi, Barbara Borroni, Martina Zimmermann, et al. Itaiy. Amyloid precursor protein metabolism is regulated toward alpha-secretase pathway by *Cinkgo biloba* exrracts [J] . Neurobiology of Disease, Volume 16, Issue 2, 2004: 454-460 .

[3] Amitava Das, Girja Shanker, Chandishwar Nath, et al. India. A comparative study in rodents of standardized extracts of Bacopa monniera and *Ginkgo biloba* Anticholinesterase and cognitive enhancing activities [J]. Pharmacology Bioc. hemistry and Behavior, Volume 73, Issue 4, 2002: 893-900 .

[4] H Woeik, K H Arnoldt, M. Kieser, R. Hoerr, Cermany. *Cinkgo biloba* special extract EGb 761 in generalized anxiety disorder and adjustment disorder with anxious mood: A randomized, double-blind, placebo-controlled trial[J] . Journal of Psychiatric Research, Volume 41, Issue 6, 2007: 472-480.

[5] K Maurer, R Ihl, T Dierks, L Frölich, Germany. Clinical efficacy of *Ginkgo biloba* special extract EGb 761 in dementia of the Alzheimer type[J]. Journal of Psychiatric Research, Volume 31, 1997: 645-655.

[6] Steven T. DeKosky, Annette Fitzpatrick, Diane G. Ives, et al. USA. The Ginkgo Evaluation of Memory (GEM) study: Design and baseline data of a randomized trial of biloba extract in prevention of dementia[J] . Contemporary Clinical Trials, Volume 27, Issue 3, 2006: 238-253.

[7] 蔡耕鸣，傅其伍，覃步生，等. 黄化肥对幼龄银杏树生长和叶片黄酮含量影响的分析[J]. 广西农学报，2003，S1: 82 - 87.

[8] 蔡其武，蔡荟梅. 银杏健康疗法—古今良方精选[M]. 合肥：安徽科学技术出版社，2010.

[9] 曹福亮. 银杏培育机理及综合开发利用[M]. 北京：中国林业出版社，2000.

[10] 曹福亮等. 银杏不同杂交组合叶用良种苗期选择. 银杏资源培育及高效利用[M]. 北京：科学技术文献出版社，2007.

[11] 曹福亮等. 银杏半同胞家系叶用良种苗期选择. 银杏资源培育及高效利用[M]. 北京：科学技术文献出版社，2007.

[12] 曹福亮，金继良，王贵斌，等. 截干萌芽在银杏叶用园培育中的应用机理[J]. 南京林业大学学报，1999，23(5): 60-63.

[13] 曹福亮，郁万文. 银杏丰产栽培实用技术 [M]. 北京：中国林业出版社，2011.

[14] 陈鹏，陶俊，周宏根，等. 银杏雄株叶片类黄酮含量及其相关因子的变化研究[J]. 扬州大学学报(自然科学版)，2000，3(4): 40-43.

[15] 陈西娟，王成章，叶建中. 银杏叶化学成分及其应用研究进展[J]. 生物质化学工程，2007，42(4): 57-62.

[16] 陈学森，章文才，邓秀新．树龄及季节对银杏叶黄酮与萜内酯含量的影响[J]．果树科学，1997，14（4）：226-229.
[17] 程华平，等．烘干温度对银杏黄酮含量的影响[J]．安徽农学通报，1998，4(4)：36-37.
[18] 程水源，顾曼茹，束怀瑞．银杏叶黄酮研究进展[J]．林业科学，2000，36(6)：110-115.
[19] 范怡梅，王勇，谭仁祥，等．银杏叶黄酮甙含量与生长季节和植株性别的相关性研究[J]．中国中药杂志，1998，23(5)：267-269.
[20] 郭成源．银杏栽培与初加工加工技术[M]．北京：中国林业出版社，1993.
[21] 蒋明廉，不同采收期银杏叶总内酯及黄酮甙的含量测定[J]．广西植物，1997，17(3)：283-285.
[22] 鞠建明，段金廒，钱大玮，等．不同栽培模式的银杏叶在不同生长季节中总黄酮醇苷和总内酯的含量变化[J].药物分析杂志，2003，23（3）：195-198.
[23] 李群，等．怎样种银杏赚钱多［M］．南京：江苏科学技术出版社，2006.
[24] 李明光，魏海，高建玲，等．银杏 GAP 采叶园防除茶黄蓟马药效试验[J]．现代农业科技，2010，(17)：169-170.
[25] 梁立兴．中国当代银杏大全[M]．北京：北京农业大学出版社，1993.
[26] 冷平生，苏淑钗，王天华，等．光强与光质对银杏光合作用及黄酮苷与萜类内酯含量的影响[J]．植物资源与环境学报，2002，11(1)：1-4.
[27] 冷平生，王天华，苏淑钗，等．银杏黄酮苷和萜类内酯含量的季节变化[J]．植物资源与环境学报，2001，10（3）：15-18.
[28] 刘叔倩，郑俊华，王弘，等．不同气候区银杏叶中黄酮和萜内酯含量的变化[J]．中草药，2006，31（6）：424-426.
[29] 刘学奋．银杏黄酮相关基因的克隆及转化[D]．复旦大学博士学位论文.
[30] 戚向阳，陈维军，谢笔钧．银杏叶萜内酯含量的动态变化的研究[J]．中成药，2003，(6)：46-49.
[31] 钱大玮，鞠建明，朱玲英，等．不同树龄银杏叶在不同季节中总黄酮和总内酯的含量变化[J]．中草药，2002，33 (11)：1025-1027.
[32] 申为宝，陈修会．临沂果茶志[M]．北京：方志出版社，2005.
[33] 史继孔，王发渝，李荣春，等．银杏树龄、性别、繁殖、采叶期对叶片中黄酮、内酯含量的影响[J]．经济林研究，1998，16(2)：34-35.
[34] 孙视，刘晚苟，潘福生，等．生态条件对银杏叶黄酮积累的影响[J]．植物资源与环境学报，1998，7（3）：1-7.
[35] 孙震，刘泽勇，陈玉娥，等．河北省银杏叶黄酮含量的初步研究[J]．河北林业科技，1996，(4)：8-9.
[36] 汤国红．银杏树 24 小时内叶中总黄酮的含量变化[J]．时珍国医国药，2002，13（6）：347-348.
[37] 唐新莲，白厚义，陈佩琼，等．氮、镁对银杏叶黄酮含量的影响[J]．广西农业生物科学，2000，19（3）：165-167.
[38] 汪贵斌等．银杏叶用园建园材料选择的研究[J]．林业科学，2000.
[39] 汪海峰，鞠兴荣，何广斌，等．不同海拔高度和生长季节对银杏叶中黄酮苷含量的影响[J]．林产化学与工业，2002，22(4)：47-50.
[40] 王华田，等．影响银杏叶黄酮含量的相关因素[J]．山东农业大学学报，1997，28(3).
[41] 王华田，孙明高，程鹏飞．影响银杏叶黄酮含量的相关因素[J]．山东农业大学学报(自然科学版)，1997，28(3)：342-346.
[42] 王宗德，揭二龙．江西银杏叶黄酮含量及其变化规律研究[J]．江西林业科技，1998，(6)：1-2.
[43] 王宗德，邱业先，揭二龙，等．江西银杏叶黄酮类化合物含量及变化规律研究(Ⅰ)[J]．江西农业大学学报，1998，20(4)：511-513.

[44] 吴红菱，刘先林，龚坚，等．不同季节银杏叶中总黄酮的测定[J]．中草药，1995，26(8)：445.
[45] 吴家胜，应叶青，曹福亮，等．施氮对银杏叶产量及黄酮含量的影响[J]．浙江林学院学报，2002，19(4)：372-375.
[46] 吴家胜，应叶青，曹福亮．施磷对银杏叶产量及黄酮含量的影响[J]．东北林业大学学报，2003，31(1)：17-18.
[47] 谢宝东，王华田，常立华，等．土壤水分含量对银杏叶黄酮和内酯含量的影响[J]．山东林业科技，2002a，(4)：1-3.
[48] 谢宝东，王华田，吴国意，等．乙烯利对银杏叶黄酮和内酯含量的影响[J]．山东林业科技，2002b，(3)：1-3.
[49] 邢世岩．银杏种质资源评价与良种繁育[D]．北京林业大学博士学位论文，2002.
[50] 邢世岩，有祥亮，李可贵，等．银杏营养器官黄酮含量及变化规律的研究[J]．林业科技通讯，1998，(1)：10-12.
[51] 许春霞，李向民，张一平，等．陕西银杏叶黄酮含量和热值的时空分布规律研究[J]．西北植物学报，2003，23(9)：1522-1527.
[52] 许慕农，胡大维．银杏栽培和产品加工技术[M]．北京：中国林业出版社，1993.
[53] 薛萍，李柏海，肖新华，等．银杏叶中化学成分地理种源的变异[J]．经济林研究，2000，18(3)：31-33.
[54] 杨光．银杏树的文化和推广价值. 首都医药[J]，2001，(10)：65.
[55] 杨柳，欧阳绍湘，辜忠春，等．银杏生长中黄酮含量变化规律研究初报[J]．湖北林业科技，1997，(3)：5-7.
[56] 杨柳，欧阳绍湘，张仕斌，等．银杏叶黄酮含量变化规律及其干燥方式的研究[J]．林产化学与工业，1999，19(2)：31-34.
[57] 杨义芳，谢海琳，王晖，等．良种单株银杏叶中黄酮定量分析简报[J]．江西中医学院学报，1996，(S1)：28-29.
[58] 郁青，沈兆邦，陈祥，等．银杏叶中黄酮苷含量变化规律研究[J]．林产化工通讯，1998，(2)：3-6.
[59] 苑可武，孟宪惠，徐文豪．银杏叶中黄酮含量的季节性变化[J]．中草药，1997，28(4)：211-212.
[60] 岳红，胡小玲，苏克和，等．不同地域银杏叶中总黄酮的测定及开发价值评价[J]．经济林研究，2000，18 (1)：32-33.
[61] 张迪清，何照范．银杏叶黄酮醇苷和萜内酯变化规律研究[J]. 西南农业大学学报，1998，20(6)：631-634.
[62] 张秀全，蒲风玲，潘桂珍．银杏叶在不同月份的水分和总黄酮含量测定[J]．中国中药杂志，1995，20 (12)：723-724.
[63] 张云跃，林睦就．银杏叶中化学成分的遗传变异[J]. 林业科学，2002，38(4)：35-41.
[64] 仲英，唐文照，丁杏苞，等．不同树龄的银杏叶在不同生长季节中银杏总黄酮和总内酯的含量变化[J]. 中草药，1999，30(12)：909-910.
[65] 周开志，叶春，叶在荣．对不同生长时期银杏叶总黄酮含量的测定[J]．山地农业生物学报，1999，18(6)：407-408.
[66] 周维书，黄振安，郑爱云．银杏叶及其制剂 [M]．北京：化学工业出版社，1995.

论银杏树在造林树种中的地位

李连茹　宫永红　刘枫
（辽宁省经济林研究所，辽宁大连　116031）

摘要：森林的树种组成决定了森林对环境作用的效果；科学选择树种，对于造林后形成高效的森林极为重要；银杏树在造林树种中具有极为重要的地位，但至今没有得到重视；本文从银杏树的持久生态效益、经济效益和经营成本低廉三方面，论述了银杏树在造林树种中的地位。建议国家有关部门在未来造林中，在银杏的生态适宜区范围内，把银杏作为造林首选树种。

关键词：银杏；造林；首选树种

由于森林在应对气候变化、减少温室气体、改善全球生态环境方面起着极为重要的作用。因此，造林已成为全世界极为关注的一项改善环境的极为重要的措施之一。然而，人们在造林工作中，对造林树种的选择没有引起足够的重视，直接影响了森林的生态、经济和社会三重效果。由于忽视了对造林树种的筛选。其后果是造林后形成的森林质量差，效果不好。甚至会有大片林木自然死亡。因此，必须科学地选择造林树种造林，才会有高质量的森林产生。向银杏树这样的树种，不仅可以长期发挥生态效益，还能够直接产生经济效益，而且经营成本又低，应该作为造林的首选树种。但是，我国许多林业工作者特别是决策者们，还没有充分认识到把银杏树作为造林首选树种的重要性，因此，银杏树这样一种可以功在当代利在千秋的树种，一直被排斥在造林树种之外。为此，本文将从三个方面论述银杏在造林树种的地位并建议做出相应的决策。

一方面，从银杏树的特殊生态效果看其在造林树种中的地位：所有的树种，几乎无一例外地具有一定的生态效益。但银杏树的生态效益与其他树种相比，具有特殊性。这源于它具有的千年以上的寿命。因此，它具有长期而稳定的固定温室气体二氧化碳的功能，其他寿命短的树种，则不具备这个本领。为了说清这个事情，我们看看世界上极为关注的全球气候问题。

众所周知，大气中的温室气体逐年在增加，地球气候也在一年比一年地变暖！南北两极的冰川不断地融化，正在导致海平面的上升，许多沿海城市将来都面临着被海水淹没的危险。所以，减少二氧化碳气体的排放或者是从大气中捕捉固定二氧化碳气体已经列为是拯救人类生存环境的一项势在必行的工作。2007 年大气中二氧化碳浓度达到了 379ppmv，是地球历史上 65 万年以来的最高值。过去十年中大气二氧化碳浓度以每年 1.8ppmv 的速度增长。大气层中的二氧化碳年增长率达到 0.3% ~0.4%。而且由于二氧化碳是化学惰性的，不能通过光化学或化学作用去除。而且，二氧化碳大约占了温室效应的 26%。由于二氧化碳不断被排放到大气层，下个世纪地球的温度将会上升 2 华氏度(1.1℃)。20 年内，北极的夏天暖和了6℃，而且从20世纪60年代到80年代初，秘鲁境内安第斯山脉的冰川融化速度加快了2倍。1988年在洛杉矶，温度计的水银柱指向了110华氏度(43℃)，一天之内有400个变压器爆炸。中西部遭受了自黑风暴以来最严重的旱灾，而黄石国家公园几乎要燃烧起来了。69个美国城市，还有莫斯科，创下了最高的单日高温记录。在这次浩劫期间，詹姆斯·汉森——美国国家航空和航天局戈达德空间研究中心的主任，在美国参议院能源和自然资源委员会上作证时说："温室效应的存在业已查明，此时它正改变着我们的气候。"他百分之九十九地相信，目前的高温表明确有天气变暖的趋势，而不仅仅是自然变化。他补充说，"我们正在以不正当的手段破坏气候。"可以说，由汉森这样的专家在美国参议院庄严的会议厅中所作的这番陈辞，标志着人类阻止全球气候变暖行动的真正开始。这才敲响了全球气候变暖的警钟。就在那个冗长的夏季，联合国环境规划署在多伦多召开会议，成立了政府间气候变化专门委员会，并开始着手准备即将于1992年6月在里约热内卢召开的环境与发展大会(即后来人们熟知的地球峰会)。全世界开始采取行动，以减少温室效应气体的排放量。人们熟知的《联合国气候变化框架公约》和《联合国气候变化框架公约 <京都议定书>》就是在这种情况下出台的。我国是《联合国气候变化框架公约》和《联合国气候变化框架公约 <京都议定书>》签署国之一，为应对气候变化我国政府正在积极地行动。时至今日，地球变热的程度更为惊人，我国部分地区的高温，甚至超过了43℃。据报道，个别环境下的蔬菜都被高温烤焦。由此不难看出，固定温室二氧化碳的重要性。

所有的绿色植物，都具有固定二氧化碳的本领。但从二氧化碳被固定后，再次被释放出来的时间，则存在着天壤之别。为了描述银杏树特殊的固碳效果，我们引进"碳循环周期"这个概念。碳循环周期是指绿色植物固定二氧化碳后，再次地把二氧化碳"释放"出的时间长度。有了碳循环周期这个概念，解释不同树种的生态效果就容易多了。碳循环周期，取决树木的自然寿命，寿命越长，碳循环周期也就越长。诸如杨、柳、榆、槐、松等这些树种，自然寿命几十年，少数达百年以上。其碳循环周期也就是数十年。而银杏树的自然寿命则长达数千年。2002年，《中国银杏》一书中记载，中国有银杏古木30多万株。历史长河里，银杏树把大气中的二氧化碳牢牢地固定在它的根系和树体木材中。它的碳循环周期长达数千年之久。这样的生态效果，又有哪个树种能与它相媲美呢？所以，仅从这一点看，银杏树就应该成为首选的造林树种。

第二方面，从银杏树的经济效益看银杏树在造林树种中的地位：银杏树的果实药食俱佳。银杏果，是大自然赐予人类的一种健康食品。仅仅是我们的宣传还不到位，人们还没有认识到它的真实价值！一旦认知，银杏果就会成为人们生活中不可缺少的一种食品，这将是必然的发展趋势。银杏的果园，可以达到每亩1000kg的产量，从这一点看，银杏树无愧于木本粮食树种的称号；银杏树的叶子里，含有黄酮和苦内酯，提取物是世界公认的治疗心脑血管疾病的良药；银杏树一直都是园林绿化喜欢的树种，作为景观树，一直发挥着可观的经济效益。银杏树的木材，国际市场上标价为3000美元一立方米，但始终是有价无货。一种树本身有着这么多的综合经济效益，试问又有哪个树种能与之媲美呢？

第三方面，从银杏树的经营成本看银杏树在造林树种中的地位：银杏树几乎没有毁灭性的病虫害。经营中很少甚至是不使用农药。银杏树风刮不倒，火烧不死。它的生态适应范围广阔，抵御干旱能力超强。对于核辐射也具有非凡的防御能力。第二次世界大战期间，日本的长崎和广岛，遭遇了原子弹的打击，几乎所有的林木都被彻底毁灭。只有银杏树，在第二年春天又重现了生机！如此看来，银杏树的经营成本之低、抗逆性之强，又有哪个树种能与之媲美呢？从这个角度看，银杏树也应该成为首选的造林树种！

综合以上三个方面的论述，银杏树在其适宜的生态范围内，理应成为造林树种的首选树种。在今后的造林工作中，应增加银杏树的栽培比例。从而营造出高质量的森林，为人类的生存环境改善做贡献！

银杏大树古树资源保护初探

张振学　孟宪红　苏明洲　殷瑞雪　陈国宪
（郯城县林业局，山东郯城　276100）

摘要：受到近年来“大树进城”之风的影响，银杏大树古树资源的保护形势严峻，本文通过总结郯城县多年来银杏资源保护经验，探讨银杏资源保护有效途径，实现银杏资源的保护和开发利用有机结合。

近年来，由于各地开展森林城市建设和城市绿化，对银杏大树古树的需求急骤增长。广泛的市场需求、高额的利润空间，使得采挖或盗挖银杏大树甚至古树名木的势头愈演愈烈，加强银杏大树古树资源保护刻不容缓。郯城县作为全国著名的银杏之乡，栽培银杏历史悠久，境内保存数量庞大的古银杏群，拥有丰富的种质资源，银杏种植面积达到24万亩，定植银杏1400万株，其中胸径25cm银杏大树30万株，百年生银杏古树3.2万株，千年以上银杏古树6株，是全国最大的银杏苗木交易市场。在“大树进城”风潮的冲击下，为有效保护当地银杏大树资源，郯城县委、县政府高度重视，采取了一系列措施，银杏大树古树资源保护工作成效显著。

1　从宣传入手，让保护银杏资源成为全社会共识

将银杏大树古树资源保护作为社会主义新农村建设的一项重要内容，列入社会文化发展规划。在宣传形式上采取全方位多层次的宣传，把经常性的宣传与重点时期的宣传结合起来：一是将银杏古树保护纳入公益性宣传范畴。充分利用各种媒体和多种渠道，采取图片展、电视专题片、报刊系列报道等多种形式，充分利用报纸、电视、网络、宣传牌等媒介，开辟宣传专栏。二是通过举办银杏学术交流大会等重大活动扩大影响。先后举办了三届“中国郯城银杏节”，承办了第三次和第十四次全国银杏学术研讨会，扩大郯城银杏知名度，让公众倍加珍惜作为“银杏之乡”的荣誉。在宣传内容上做到丰富多彩：一是宣传银杏经济、科研、历史、人文价值，让公众对银杏这一珍贵资源有个基本认识，努力提高全民保护银杏资源的意识；二是宣传普及林木保护的《中华人民共和国森林法》、《中华人民共和国环境保护法》和国务院颁布的《城市绿化条例》、建设部发布的《城市古树名木保护管理办法》、全国绿化委员会下发的《关于禁止大树进城的有关规定》等有关法律、法规、政策，结合农村的具体情况开展针对性的宣传，提高保护银杏资源的法制观念；三是让群众知道银杏是我县的特色优势产业，是我县的县树。在增加群众收入，提高郯城知名度，改善招商引资环境，促进全县经济社会可持续发展中发挥了极其重要的作用。通过宣传，使全社会都明白了加强银杏大树古树资源的重要意义，让公众知道银杏大树古树是难以再生的珍贵资源，切实增强保

护意识，在全社会营造保护爱护银杏古树的良好社会氛围。所以银杏树在当地被称为“宝树”，在银杏生产重点乡镇被广大农民亲切地称为“摇钱树”、“养老树”。当地一株有3000年树龄的古银杏树被群众称为“老神树”，当地人对其“顶礼膜拜”。

2　开展资源清查，建立资源档案，设置保护区

为加快银杏产业发展，加强对银杏资源的保护，县委、县政府于2004年《关于加快银杏产业发展的决定》，成立郯城县银杏产业发展工作领导小组，设立了郯城县银杏产业发展中心，为正科级事业单位。由县林业局和县银杏产业发展中心负责，从全县林业系统抽调30余名技术人员，成立了6个外业调查组和1个内业汇总组，开展了为期2个月的银杏资源普查。在普查的基础上，县政府组织林业部门、城市绿化管理部门、文化部门对银杏古树进行认定，对认定的银杏古树进行统一登记，设置标志，修建护栏进行保护。对全县银杏大树、古树资源建立动态数据库，对胸径大于25cm以上的银杏定植树都编号挂牌，登记造册、建立档案。

从2004年开始设立银杏保护区对银杏大树古树资源进行保护，目前，以沂河银杏产业带为中心，全县已建立古银杏森林公园保护区、银杏种质资源保护区、银杏雄树群落保护区、树居古银杏群保护区等6个银杏大树古树资源保护区，凡保护区内的银杏树一律不准采挖。绿色通道等重点绿化工程、农田林网等定植的银杏树木及城镇乡村四旁散生银杏树木（胸径25cm以上）不得采挖（或移植）。

3　深化林权改革，落实银杏大树古树产权

对农户宅院、宅旁隙地和属于个人的银杏树，坚持“谁栽谁有”的原则，树权永远归个人，并确权发证，允许继承。林网银杏、间作银杏和银杏片林，以产权制度改革为突破口，明晰所有权。凡在承包地进行银杏种植的，承包期应保持相对稳定，不得随意终止合同，单方终止合同的，一切损失由违约方承担；承包期满的，由原承包户优先续包，原承包户不愿继续承包的，可以对树木折价转包给他人，但无论何人承包，都不准毁坏银杏古树。

村集体所有的银杏大树古树由乡镇政府统一管理，不得随意转让、私自采挖、出售或变更银杏林木的所有权。由于村庄规划、园区建设、水利建设工程等确需移挖银杏大树的或变更银杏林木所有权的，必须经所在乡镇人民政府、县林业主管部门同意，严格按程序进行采挖或变更。

4　严格程序，规范银杏大树采挖移栽行为

按照《全国绿化委员会 国家林业局关于禁止大树古树移植进城的通知》和《国家林业局关于规范树木采挖管理有关问题的通知》（林资发〔2003〕41号）精神，结合本地实际，县政府制定《关于加强银杏大树古树资源保护管理的暂行规定》，对银杏大树采挖移栽植行为进行规范，制定出了严格的程序。对列入保护区的银杏树、百年以上银杏古树、防护林、风景林、母树林以及名胜古迹、革命纪念地银杏树木禁止移植。对确因基本建设征占用林地或道路拓宽、旧城改造等特殊情况，需要移植树木的，需由建设单位提出申请，报林业等有审批权的部门审批后，在林业技术人员指导下方可移植。

凡经营、运输银杏树木的必须到县级林业主管部门办理林木种苗经营许可证，实行凭证

经营、凭证运输。任何单位和个人不得收购未经批准采挖的银杏树木。申请办理银杏树木采挖必须提交有关采挖目的、地点、数量、编号、树龄、采挖方式和更新措施的书面报告及《林木采伐(挖)申请书》和树木权属证明。属集体所有的银杏树木须经村民会议通过。由乡镇林业站人员现场核查，报乡镇政府审查后再上报林业主管部门，县林业主管部门派专人到现场实地调查，填写调查表，符合条件的签发《林木采伐许可证》后，方可进行采挖。

5 建立银杏大树古树资源保护基金，加大资金投入

保护银杏大树古树是一项公益性事业，由于郯城银杏大树古树数量大，需要投入资金多。从2004年开始，县政府成立了银杏产业发展和保护基金，县财政将银杏古树的保护纳入年度财政预算，每年拿出100万用于保护银杏大树古树资源，银杏重点乡镇同时按照3：1的比例拿出相应的配套资金，设立银杏古树保护管理基金，建立以县乡两级财政投入主，合理的、稳定的、多渠道资金筹集渠道，建成了多渠道的投入机制和管护责任制。5年来，投入到银杏大树古树保护的资金达到了800余万元。一是对银杏古树进行设栏保护，对部分树势弱的古树进行复壮；二是对个人银杏大树古树给予补贴，确保管护到位；三是广泛采取银杏大树认养等形式，充分调动社会各界参与银杏古树保护管理的积极性。由政府与树木拥有者签订管护责任状，落实责任，并在经济上给予一定的补贴，确保管护到位。

6 加强林业执法，严厉打击非法采挖银杏大树古树行为

严格执法，依法保护银杏古树。严格执行《中华人民共和国森林法》、《城市绿化管理办法》中的相关规定，依法加强对银杏古树的保护管理。对砍伐、贩卖和毁坏银杏古树的行为，加大惩戒力度，体现出与一般树木毁坏行为的差异。

7 正确处理开发利用与保护的关系，以开发促保护

坚持“保护为主，合理利用，加强管理”的原则，把银杏古树保护同经济建设结合起来，纳入城乡建设规划，对全县的银杏古树资源合理开发利用。应充分利用新村“老神树”和万亩古银杏群的知名度和自然景观，大力开展旅游开发，通过开发旅游，更好地保护古树资源，实现经济发展与古树保护的双赢。

银杏种质异地保存与品种初试园同步建立技术初探*

邵士娟　苏明洲　殷瑞雪　张振学
（郯城县林业局，山东郯城　276100）

摘要：在全面调查、充分掌握我国银杏种质资源现状及分布的基础上，进行了银杏种质资源异地保存与品种初试园相结合的银杏种质资源库建立模式的研究与实践，建成了保存164份银杏种质资源的异地保存库。

关键词：银杏；异地保存；品种初试园；建立模式

银杏为第四纪冰川后唯一在我国保存下来的一科一属一种的孑遗树种，有“活化石”和“植物界的熊猫”之称。中国是世界现存银杏的起源地和栽培中心，银杏种质资源十分丰富。为更好地保护珍贵的银杏种质资源，进一步挖掘、开发和利用，实现银杏产业永续发展，自2011年开始，我们进行了银杏种质资源异地保存与品种初试园同步建立技术的研究，取得了初步成效。

1　研究方案的设计思想

坚持收集已有资料与跟踪最新技术相结合，种质汇集保护与引种驯化、科普展示、园林景观营造相结合，传统技术与高新技术相结合，科研与生产相结合，定位测定与普遍调查相结合，在充分利用前人调查成果，网络查询、电话访问与现场核实相结合，全面掌握我国银杏种质资源现状及分布的基础上，以观赏、古树、特异种质为保存重点，调查与搜集、保存与评价、研究与利用同时进行，达到最大限度地保护和利用银杏的遗传多样性。

2　入选资源的确定

2.1　资源现状

采用收集资料、电话和网上查询、现场调查相结合的方法，较全面了解我国银杏资源分布状况、集中分布区和种质资源状况。根据收集到的200余篇论文、研究报告和查询、调查结果，我国银杏分布范围广泛，全国34个省(自治区、直辖市)都有银杏分布和引种，但由于受土壤、气候和人为影响，表现出不连续性，往往在一个省区内的几个市县，或一个市县的几个乡镇集中分布，尤以山东郯城，江苏邳州、泰兴，浙江诸暨，湖北安陆，广西灵川等分布面积较大。种质资源丰富，除核用、叶用资源外，还有材用、观赏用、花粉用、古树资

* 本研究得到了林协研究员、邓荫伟教授、邢世岩教授、赵明水高工、陈德明高工、潘小平副局长及有关县市林业部门领导和同仁的关心、帮助和指导，深表感谢。

源及特异种质资源。曹福亮教授将以核用为目的的银杏品种划分为长子、佛指、中子、圆子4个品种群，并在《中国银杏品种图鉴》一书中记载了各类银杏品种和无性系100多个。邢世岩教授在《中国银杏种质资源》一书中描述了120个叶用优系或优株、26个国外引进及国内观赏品种、59个雄株优系或优株、98个材用优系或优株，实测和统计了古树名木49120株。

2.2 收集保存原则

一是本地优先，集中分布区为重点，兼顾散生资源的原则。二是观赏、珍稀特异种质优先，注重现实和潜在开发利用价值大的种质，兼顾典型性、多样性和全面性原则。三是根据银杏的多用途、雌雄异株等特性，针对不同性状分别收集，最大限度地保存遗传多样性原则。

2.3 收集保存范围

一是观赏、珍稀特异种质；二是古树资源；三是重要的具有优良性状的核用、叶用、雄株栽培品种、品系及某些突变型；四是由近及远，突出重点，保存山东、江苏、浙江、湖北、广西、河南及上海等地的种质资源。

3 异地保存与品种初试园的建立

3.1 建立总则

一是保存、评价、利用相结合，异地保存与品种初试园相结合，同时设计、同步建设。二是按照种质类别，分为引种过渡及繁育圃，古树、核用资源保存及品种初试区，观赏、珍稀特异资源保存及品种初试区，分区建设、分类保存。三是采用不同嫁接方式、二次嫁接繁殖技术。

3.2 建设地点概况

种质资源异地保存与品种初试园建设在郯城县育森林业科研中心，地理坐标是北纬34°39′，东经118°22′，属暖温带季风气候，光照充足，年平均气温一般在13.1～13.7℃，无霜期206天，年平均降水量为843mm。土壤为潮土类沙壤土，土层深厚，土质疏松、肥沃，水资源条件良好。

3.3 引种过渡及繁育圃建立

2012年2月下旬，从七省(自治区、直辖市)母树上采集接穗，蜡封处理，混湿沙贮藏。4月7－8日，购植2年生银杏实生壮苗4000余株作砧木，按株行距0.5m×0.5m栽植，采用平头嫁接将采集到的穗条全部嫁接上，建成了引种过渡及繁殖圃。

3.4 古树、核用资源保存及品种初试区建立

2012年3月10日～4月4日，选用胸径8～10cm，有两层以上分枝，每层分枝有3个以上粗大枝条的粗壮银杏实生苗作定植苗。按株行距为4m×8m，南北行向，随起苗随栽植，共定植银杏实生大苗450株。

2013年2月从穗条繁育区采集接穗，蜡封混沙保存，4月15～16日，采用随机区组排列，三个重复设计，分层嫁接，每株树木嫁接一份种质，嫁接一轮侧枝(3～7个)，共嫁接86份种质资源，完成了古树、核用资源保存及品种初试区的建设。

3.5 观赏、珍稀特异资源保存及品种初试区建立

选用3年生银杏实生壮苗按株行距1.5m×3m，南北行向定植作砧木，2013年4月15～16日，采用随机区组排列，三个重复设计，平头嫁接，将81份观赏、珍稀特异、叶用、雄

株、材用资源嫁接，建成了观赏、珍稀特异资源保存及品种初试区。

4　收集保存种质资源概况

本次共收集保存银杏种质资源 164 份(见表 1)。

4.1　从母树的地域分布看

山东省 78 份，占 47.6%；浙江省 22 份，占 13.4%；湖北省 14 份，占 8.5%；河南省 11 份，占 6.7%；上海市 8 份，占 4.9%；江苏省 4 份，占 2.4%。

4.2　从母树的性别看

雌株 82 份，占 50%；雄株 31 份，占 18.9%；雌雄同株 2 份，占 1.2%；性别未知 49 份，占 29.9%。

4.3　从母树的树龄看

树龄小于 100 年的 102 份，树龄 100 ~ 500 年的 19 份，500 ~ 1000 年的 12 份，超过 1000 年的 31 份。最大树龄 1.2 万年，为浙江省天目山的"五世同堂"古银杏。

4.4　从母树类型看

古树资源 62 份，观赏资源 60 份，珍稀特异资源 23 份(包括雌雄同株银杏、垂枝银杏、叶籽银杏、叶花银杏、垂乳银杏、甜白果、黑白果、老和尚头等)，核用资源 41 份，雄株资源 16 份，叶用资源 10 份，材用资源 3 份。

表 1　保存银杏种质资源母树概况表

编号	当地名称或品系号	母树地点	类型	编号	当地名称或品系号	母树地点	类型
广西 001	垂枝银杏	广西灵川	观赏	泰邢 97	97#	山东泰安	叶用
广西 002		广西灵川	雄株	泰邢 27	27#	山东泰安	叶用
广西 003	桐子果	广西灵川	古树、核用	沂源 001	玉镶金	山东沂源	观赏
广西 004	棉花果	广西灵川	古树、核用	沂源 002	垂裂叶银杏	山东沂源	观赏
广西 005	圆底果	广西灵川	古树、核用	沂源 003	窄冠银杏	山东沂源	观赏
广西 006	橄榄果	广西灵川	古树、核用	沂源 004	叶籽银杏 1 号	山东沂源	古树、观赏
广西 007	青皮果	广西灵川	古树、核用	沂源 005	叶籽银杏 2 号	山东沂源	古树、观赏
广西 008	黄皮果	广西灵川	古树、核用	沂源 006	叶花银杏	山东沂源	观赏
广西 009	梅核果	广西灵川	古树、核用	罗 001		山东罗庄	古树
广西 010	枣子果	广西灵川	古树、观赏	罗 002	塔形银杏	山东罗庄	观赏
广西 011	葡萄果	广西灵川	古树、观赏	罗 003	塔形银杏	山东罗庄	观赏
广西 012	皱皮银杏	广西灵川	核用、古树	罗 004	塔形银杏	山东罗庄	观赏
广西 013	银杏王后	广西灵川	古树	郯 001		山东郯城	古树
广西 014	白果王	广西灵川	古树	郯 002	窄冠银杏	山东郯城	观赏
广西 015	泰兴大佛手	广西桂林	核用	郯 003		山东郯城	古树
广西 016	桂 047	广西桂林	核用	郯 004		山东郯城	古树
广西 017	桂 048	广西桂林	核用	郯 005		山东郯城	古树
广西 018	滕久郎	广西桂林	核用	郯 006		山东郯城	古树
广西 019	粘浆果	广西桂林	核用	郯 007	甜白果	山东郯城	古树
广西 021	海洋皇	广西桂林	核用	郯 008	I	山东郯城	雄株
广西 022	马铃果	广西桂林	核用	郯 009	F	山东郯城	雄株

（续）

编号	当地名称或品系号	母树地点	类型	编号	当地名称或品系号	母树地点	类型
广西 023	长柄佛手	广西桂林	核用	郯 010		山东郯城	古树
广西 024	叶籽银杏	广西桂林	观赏	郯 011	L	山东郯城	雄株
广西 025	华口大白果	广西桂林	核用	郯 012	B	山东郯城	雄株
广西 026		广西桂林	雄株	郯 013	E	山东郯城	雄株
广西 027	桂 028	广西桂林	核用	郯 014	J	山东郯城	雄株
广西 028		广西桂林	雄株	郯 015	A	山东郯城	雄株
泰邢 75	75#	山东泰安	叶用	郯 016	H	山东郯城	雄株
泰邢 87	87#	山东泰安	叶用	郯 017	D	山东郯城	雄株
泰邢 51	51#	山东泰安	叶用	郯 018	G	山东郯城	雄株
泰邢 29	29#	山东泰安	叶用	郯 019	C	山东郯城	雄株
泰邢 31	31#	山东泰安	叶用	郯 020	K	山东郯城	雄株
泰邢 040	040#	山东泰安	叶用	郯 021		山东郯城	古树
泰邢 006	006#	山东泰安	叶用	郯 022		山东郯城	古树
泰邢 50	50#	山东泰安	叶用	郯 023		山东郯城	古树
郯 024		山东郯城	古树	金东区 - 001	垂枝银杏	浙江金华	古树、观赏
郯 025		山东郯城	古树	金东区 - 002	垂枝银杏	浙江金华	古树、观赏
郯 026	老神树	山东郯城	古树	婺城区 - 003		浙江金华	古树
郯 027	窄冠银杏	山东郯城	观赏	金东区 - 004		浙江金华	古树
郯 028	窄冠银杏	山东郯城	观赏	西湖区 - 001	窄冠银杏	浙江西湖	材用
郯 029	老和尚头	山东郯城	观赏	西湖区 - 002	窄冠银杏	浙江西湖	材用
莒南 001		山东莒南	观赏	西湖区 - 003	窄冠银杏	浙江西湖	材用
莒南 002		山东莒南	观赏	富阳市 - 001	雌雄同株	浙江富阳	古树
莒南 003		山东莒南	观赏	富阳市 - 002		浙江富阳	雄树
莒南 004		山东莒南	观赏	富阳市 - 003	富阳六号	浙江富阳	核用
莒南 005		山东莒南	观赏	富阳市 - 004	阔基佛手	浙江富阳	古树、核用
莒南 006		山东莒南	观赏	富阳市 - 005	洞庭皇	浙江富阳	核用
莒南 007		山东莒南	观赏	临安市 - 001	五世同堂	浙江天目山	古树
莒南 008		山东莒南	观赏	临安市 - 002	五世同堂	浙江天目山	古树
莒南 009		山东莒南	观赏	临安市 - 003	甜白果	浙江天目山	古树、核用
莒南 010		山东莒南	观赏	临安市 - 004	梅核	浙江天目山	古树、核用
莒南 011		山东莒南	观赏	临安市 - 006	黄金丸	浙江临安	核用
莒南 012		山东莒南	观赏	临安市 - 007	藤久郎	浙江临安	核用
莒南 013		山东莒南	观赏	临安市 - 008	岭南	浙江临安	核用
莒南 014		山东莒南	观赏	临安市 - 009	金兵卫	浙江临安	核用
莒南 015		山东莒南	观赏	临安市 - 010	六代同堂	浙江临安	古树
莒南 016		山东莒南	观赏	临安市 - 011	六代同堂	浙江临安	古树
莒南 017		山东莒南	观赏	浦东新区 - 001		上海浦东	观赏
莒南 018		山东莒南	观赏	浦东新区 - 002		上海浦东	观赏
莒南 019		山东莒南	观赏	浦东新区 - 003	黄叶 1 号	上海浦东	观赏
莒南 020		山东莒南	观赏	浦东新区 - 004		上海浦东	观赏
莒南 021		山东莒南	观赏	浦东新区 - 005		上海浦东	观赏
莒南 022		山东莒南	观赏	浦东新区 - 006		上海浦东	观赏

（续）

编号	当地名称或品系号	母树地点	类型	编号	当地名称或品系号	母树地点	类型
莒南 023		山东莒南	观赏	浦东新区 - 007	金叶 2 号	上海浦东	观赏
莒南 024		山东莒南	观赏	浦东新区 - 008		上海浦东	观赏
莒南 025		山东莒南	观赏	泰兴 - 001	七星果	江苏泰兴	核用
莒南 026		山东莒南	观赏	泰兴 - 002	大佛指	江苏泰兴	核用
莒南 027		山东莒南	观赏	泰兴 - 003		江苏泰兴	古树
莒南 028		山东莒南	观赏	泰兴 - 004		江苏泰兴	古树
莒南 029		山东莒南	观赏	获嘉 - 1	蝶叶银杏	河南获嘉	观赏
获嘉 - 2	金条银杏	河南获嘉	观赏	安陆 - 3	灵眼	湖北安陆	古树、核用
车村 - 1		河南嵩县	古树	安陆 - 4	梅核王	湖北安陆	古树、核用
白河 - 1	雌雄同株	河南嵩县	古树	随州 - 1	梅核类	湖北随州	古树、核用
白河 - 2	银杏王	河南嵩县	古树	随州 - 2	梅核类	湖北随州	古树、核用
下寺 - 1		河南嵩县	古树	随州 - 3	佛手类	湖北随州	古树、核用
下寺 - 2	黑白果	河南嵩县	古树、观赏	随州 - 4		湖北随州	古树
千斤 - 1	面白果	河南新县	古树、观赏	京山 - 1	长佛手	湖北京山	古树、核用
卡房 - 1	豫银杏 1 号	河南新县	核用	京山 - 2	马玲类	湖北京山	古树、核用
卡房 - 2	三棱白果	河南新县	古树、核用	巴东 - 1		湖北巴东	古树
郭家河 - 1	雌雄同株	河南新县	古树、核用	巴东 - 2		湖北巴东	古树
安陆 - 1	家佛手	湖北安陆	核用	巴东 - 3	甜白果	湖北巴东	古树、核用
安陆 - 2	安陆 1 号	湖北安陆	核用	神农架 - 1		湖北神农架	古树

5　小结

(1)在开展了国内银杏种质资源的全面调查基础上，以山东、江苏、浙江、湖北、河南、广西、上海为重点收集区域，以观赏、珍稀特异、古树资源和重要的具有优良性状的栽培品种、品系及某些突变型为重点收集保存对象，收集保存银杏种质资源 164 份，最大限度地保存了银杏遗传多样性。

(2)采取不同嫁接方式、二次嫁接繁殖，分类保存、分区建设，探索出了银杏种质资源异地保存和品种初试园相结合，同时设计、同步建立的新模式。

参考文献

[1] 曹福亮. 中国银杏品种图谱[M]. 北京：科学出版社，2011.
[2] 邢世岩. 中国银杏种质资源[M]. 北京：中国林业出版社，2013.
[3] 曹福亮. 中国银杏志[M]. 北京：中国林业出版社，2007.

银杏资源加工利用

永春堂牌银杏虫草颗粒干预动物硅肺的研究

李岱龙[1①]　邢盈盈[2]　李　娟[1]　王建伟[1]　孙茂刚[3]　朱　敏[3]　贺　梅[3]
([1] 山东永春堂集团有限公司，山东济宁　273200；[2] 山东春天药业有限公司，山东济宁　273200；
[3] 山东农业大学，山东泰安　270016)

摘要：职业性硅肺病是困扰社会的一个顽固性职业病，目前国内预防和改善此类疾病的产品并不多见，本研究探讨银杏虫草颗粒对动物（大鼠）实验性硅肺的干预作用。方法用超细石英粉注入大鼠气管，造成硅肺动物模型。4周后按性别体重均衡随机分成5组：模型组、千金藤素对照组和银杏虫草颗粒高、中、低剂量组，每组10只，分别每日灌胃给予蒸馏水，千金藤素40mg/kg，银杏虫草颗粒20、10、5g/kg，12周处死动物，做肺组织常规病理学检查、羟脯氨酸含量和肺干重测定；对肺组织切片用免疫组化法进行碱性磷酸酶及Ⅰ型、Ⅲ型胶原原位定量分析。结果银杏虫草颗粒各组肺干重、羟脯氨酸含量明显低于模型组；肺组织病变程度减轻；银杏虫草颗粒高剂量组肺组织内碱性磷酸酶较模型组显著降低；干预各组Ⅰ型胶原纤维显著减少。结论：银杏虫草颗粒可以明显减轻大鼠实验性硅肺的病变程度，改变胶原沉着比例，减轻肺纤维化。

关键词：银杏虫草颗粒；大鼠；硅肺；羟脯氨酸；Ⅰ型、Ⅲ型胶原蛋白

A Preliminary Study on the Effects of Ginkgo Cordyceps Granule Onexperinental Silicosis in Rats

Li Dailong[1①]　Xing Yingying[2]　Li Juan[1]　Wang Jianwei[1]　Sun Maogang[3]　Zhumin[3]　He Mei[3]
([1] *Shandong YCT Group* Inc, *Jining Shandong* 273200, *China*; [2] *Shandong Academy of Traditional ChineseMedicine*, *Jinan Shandong* 250014, *China*; [3] *Shandong Agricultural University*, *Tai' an Shandong* 270016, *China*)

Abstract: Objective To explore the effects of Ginkgo Cordyceps granule on silicosis in rats. Methods The silicosis model was prepared by intratracheal injection of silicon powder. Four weeks later, the rats were randomly divided into 5 groups by Weight and sex(n = 10, each): Model group, Cepharanthine control group, Ginkgo Cordyceps granule high, middle, low dose group. The rats model were gavage daily given distilled water, cepharanthine 40 mg/kg, Ginkgo Cordyceps granule 20, 10, 5g/kg respectively. After a 12-week administration, regular lung

① 作者简介：李岱龙(1970—)，男，山东永春堂集团有限公司副总经理，高级工程师，主要从事食品、药品开发。

pathological changes in the silicosis rats were observed, and HP, CAKP, collagen Ⅰ and Ⅲ in lung were tested. Results Compared with the model group, Ginkgo Cordyceps granule significantly decreased the dry lung weight , the contents of HP and collagen Ⅰ in lung, the CAKP in the Ginkgo Cordyceps granule high group was significantly lower than in the model group. Conclusion The results suggested that the Ginkgo Cordyceps granule had the protective effects on experimental silicosis in rats. The mechanism may include accelerating damage repairing, changing collagen accumulation and inhibiting pulmonary fibrosis.

Key words: Ginkgo cordyceps granule; Rat; Silicosis; HP; Collage Ⅰ and Ⅲ

永春堂牌银杏虫草颗粒(商品名：银杏清尘颗粒)为山东永春堂集团有限公司应用八种药食同源物质(银杏、蛹虫草、霜桑叶、罗汉果、枸杞、桃仁、杏仁和绿茶)研制开发的对预防和辅助改善硅肺不良症状具有明显作用的产品(产品标准号 Q/SYC0003S-2011)，对硅肺人群具有清肺润燥、补肾益气、活血祛瘀的作用。该项目产品被列入山东省济宁市 2010 年社会发展计划，其制剂技术——银杏虫草颗粒生产工艺及制剂技术获山东省 2011 年科技成果鉴定[鲁科成鉴字(2011)第 310 号]，并于 2011 年 12 月获济宁市科技进步奖(证书号 K2011-3-32-1)。为验证其功效作用，进行了对实验性大鼠硅肺干预作用的药效学观察，为其应用提供依据。

1 材料和方法

1.1 动物

Wistar 大鼠，雌雄兼用，180 ~ 200g；购自山东大学实验动物中心。动物许可证号：SCXK 鲁 20090004。

1.2 药品与试剂

银杏虫草颗粒为山东永春堂集团有限公司产品，每包 12g，成人日用量 1 ~2 包。二氧化硅(SiO_2)，河北省化工三厂产品，分析纯($SiO_2 \geq 99.99\%$)，由山东永春堂集团公司加工粉碎成超细粉尘，其中细度 $<5\mu m$ 的颗粒数超过 99.5%。千金藤素片，为贵阳金桥制药厂产品，批号 200901103。天狼猩红(SIRIUSRED)染色液为美国 SIGMA 公司产品，购自北京化学试剂公司，羟脯氨酸(HP)试剂盒、细胞碱性磷酸酶(CAKP)染液等均购自南京建成生物工程研究所。

1.3 仪器

WFZUV-2000 紫外可见光分光光度计，德国产 LEIZI 生物切片机。

1.4 造模[1,2]

取 Wistar 大鼠，雌雄各半，体重 180 ~200g，用乙醚麻醉后，丝线套住门牙，挂在染尘架上呈仰卧位(染尘架抬高成 45°角)。用镊子将舌头拉出固定，用耳镜观察到声门开口，再用 12#钝头穿刺针穿入气管内，一次性注入经高压蒸气消毒的 5% 的超细石英粉生理氯化钠 1mL/只(加入青霉素 2×10^7U/L)，然后捏住大鼠头部皮肤垂直旋转动物身体，使气管内的粉尘液均匀分布到肺部组织。

1.5 分组

染尘后的动物正常饲养 4 周后，处死 3 只造模动物，肉眼检查可见肺组织切面有散在分布的灰白色或灰褐色病变，直径0.1～0.3cm不等，质较硬，界不清晰，说明硅肺初期病变已经形成，造模成功。之后按性别体重均衡随机分成5组(每组10只)：模型组、千金藤素对照组(千金藤素组)和银杏虫草颗粒高、中、低剂量组(高剂量组、中剂量组、低剂量组)，分别每日灌胃给予蒸馏水、千金藤素40mg/kg、银杏虫草颗粒20、10、5g/kg，给药容积都是20mL/kg，另设同批购入但未造模的10只动物作为正常对照组，给予等容量蒸馏水。连续给药12周。

1.6 观察指标及其方法

末次灌胃后24h动物脱颈椎处死。解剖取肺脏称全重，每份标本中定量称取少量新鲜肺组织，加生理氯化钠制成2%的组织匀浆，用于测定HP含量(消化法)。再定量称取0.5g肺组织剪碎后丙酮脱脂3天，105℃烘箱烘烤12h，称干重，换算成全肺的干重。其余的肺组织经10%中性福尔马林液48h充分固定，梯度酒精脱水，二甲苯透明，石蜡包埋，每一组织蜡块连续4μm切片4张，分别进行常规HE染色，3张免疫组织化学染色。HE染色后，进行常规病理学检查和矽结节分级计分。光镜检查将硅肺分为4级，即Ⅰ级：细胞性结节，结节中以细胞成分为主，伴有少量胶原纤维；主要由尘细胞组成，可间有少量网织细胞，但无胶原纤维；Ⅱ级为纤维细胞性结节；Ⅲ级为细胞纤维性结节，结节中胶原纤维增多，细胞成分明显减少；Ⅳ级完全由胶原纤维构成的典型硅结节，呈玻璃样变。硅结节计分方法为：每一个标本切片在低倍镜下观察5个视野，每看到1个Ⅰ级结节计1分，1个Ⅱ级结节计1.2分，1个Ⅲ级结节计1.4分，1个Ⅳ级计1.6分，然后将所有的结节合计为该组总分，再除以每组动物数为该组硅结节均值。

除常规病理学检查外，肺组织石蜡切片还分别进行CAKP(重氮胺盐法)和Ⅰ、Ⅲ型胶原(天狼猩红染色)组织化学染色，应用CMIAS彩色医学图像分析仪，对各组大鼠肺脏切片随机选取10个视野，分别测量CAKP、Ⅰ、Ⅲ型胶原表达程度，阳性染色面积经计算机图像灰度扫描数字转换为占肺脏视野面积比，进行原位定量分析。

1.7 统计学分析

所有计量数据输入电脑，Excel统计软件进行处理，所得参数以 $\bar{x} \pm s$ 表示，Student's t检验比较组间差异的显著性。

2 结果

2.1 肺组织羟脯氨酸及肺干重。

结果见表1，干预各组肺组织中的HP含量都明显低于模型组；肺组织干重的差异更加明显。

表1 银杏虫草颗粒对大鼠实验性硅肺肺组织HP含量和肺干重的影响 n=10

组 别	剂量	HP(mg/g)	肺干重(g)
正常对照组	—	0.67±0.16***	0.268±0.042***
模型组	—	1.28±0.51	0.583±0.129
高剂量组	20g/kg	0.86±0.36*	0.407±0.090**
中剂量组	10g/kg	0.89±0.33*	0.419±0.138**
低剂量组	5g/kg	0.95±0.22*	0.431±0.084*
千金藤素组	40mg/kg	0.97±0.20*	0.462±0.087*

与模型对照组相比，*P<0·05，**P<0·01，***P<0·001。

2.2 对实验性硅肺的病理学形态观察

与正常对照组相比，模型组有大量硅结节形成，周围有明显的瘀血。有些区域的肺泡结构尚存在，但肺小动脉管壁明显增厚。典型的结节中央区为粉尘物质、周围大量的尘细胞，最外层为纤维母细胞或纤维细胞，严重者完全为纤维组织，甚至发生玻璃样变。硅结节周围的肺泡结构大部分破坏，残留的肺泡有代偿性扩张，肺泡间质大量纤维母细胞增生。银杏虫草颗粒各组及千金藤素组的病变特征与模型组相似，但程度较轻，肺泡结构基本存在硅结节，分级计分情况见表2。

表2　银杏虫草颗粒对大鼠实验性硅肺硅结节的影响 n=10

组　别	剂量	硅结节计数(个/分)					
	—	Ⅰ级	Ⅱ级	Ⅲ级	Ⅳ级	总分	均值
模型组	—	12	23	24	2	76.4	7.64
高剂量组	20g/kg	21	10	11	0	38.4	3.84
中剂量组	10g/kg	20	13	11	0	51.	5.1
低剂量组	5g/kg	17	13	15	0	56.6.	5.66
千金藤素组	40mg/kg	16	11	17	0	63.	6.3

结果显示，除模型组出现少量Ⅲ级结节及个别早期Ⅳ级结节外，各组主要都是Ⅰ级和Ⅱ级结节，银杏虫草颗粒各剂量组的均值都明显降低，并呈现一定的剂量—效应关系，效果优于千金藤素组。

2.3 细胞碱性磷酸酶及Ⅰ、Ⅲ型胶原的定量分析

CAKP染色显示，正常肺组织中只有极少的CAKP阳性颗粒，模型组则大量增加，并主要围绕在硅结节周围及瘀血区域。天狼猩红染色显示：硅结节中主要以Ⅰ型胶原为主，在偏光显微镜下呈红色、双折射的粗纤维；只有少量Ⅲ型胶原，呈黄绿色、弱双折射的细纤维只在肺泡残存较多的区域或增厚的血管壁能看到。CAKP、Ⅰ、Ⅲ型胶原表达的定量分析见表3。

表3　银杏虫草颗粒对大鼠实验性硅肺CAKP、Ⅰ、Ⅲ型胶原的影响 $n=10$

组　别	剂量	CAKP	Ⅰ型胶原	Ⅲ型胶原
正常对照组	—	0.41±0.16**	1.26±0.48***	1.09±0.61***
模型组	—	1.46±0.55	13.93±4.24	3.64±0.49
高剂量组	20g/kg	0.90±0.34*	7.83±2.06***	3.41±1.68
中剂量组	10g/kg	1.09±0.36	8.73±2.49**	3.21±1.65
低剂量组	5g/kg	1.28±0.61	8.81±3.50**	3.31±1.58
千金藤素组	40mg/kg	1.31±0.45	8.99±1.96**	3.36±1.22

与模型对照组相比，*P<0.05，**P<0.01，***P<0.001。

由表3可见，模型组的CAKP和Ⅰ、Ⅲ型胶原均明显增高，银杏虫草颗粒高剂量组CAKP较模型组显著降低，银杏虫草颗粒各组和千金藤素组Ⅰ型胶原显著降低，干预各组对Ⅲ型胶原未见明显影响。

3　讨论

本产品以银杏果、蛹虫草、绿茶、霜桑叶、枸杞、桃仁、杏仁、罗汉果 8 种物质为主要原料，这 8 种物质分别具有止咳平喘、提高人体免疫力、改善肺纤维化的良好作用，是改善尘肺病患者不良症状的最佳组合。现代药理研究证明银杏叶提取物能有效减少 CTGF(结缔组织生长因子)在肺组织中的表达，可通过抑制肺组织中 CTGF 蛋白的表达而对肺纤维化大鼠起治疗作用。桑叶内含有多种生物学活性物质，Ohsugi 筛选观察 70 种中草药清除活性氧的作用，发现桑叶的水提液表现出较强的羟自由基清除活性。Kim 等也报道，从桑叶分离出的类黄酮具有显著的自由基清除作用，而活性氧族(ROS)是硅尘致病的一类重要中间活性物，可导致 DNA 修饰、促炎、致纤维化、诱导细胞凋亡。樊黎生通过实验发现桑叶汁对大多数革兰阴、阳性菌以及部分酵母菌有良好的抑制生长作用，而且所需的抑菌浓度低[4]。蛹虫草具有镇咳、祛痰及解除支气管痉挛的作用，而且有明显的抑菌作用[5]。洪民福等研究发现桃仁提取物(苦杏仁甙)能显著抑制硅肺大鼠胶原蛋白合成，减少血清铜蓝蛋白，表明桃仁提取物有明显抑制硅肺纤维化的作用[6]。

千金藤素片对 59 例硅肺患者进行 5 ~ 17 个月治疗，各疗程的临床症状有显著效率。说明千金藤素对缓解硅肺患者的临床症状，稳定病情，控制早、晚期硅肺的 X 线进展和促进病变好转有一定效果，以之为阳性用药对照组具有确切的临床意义[7]。

脯氨酸经羟化作用转化成羟脯氨酸是胶原合成的重要过程，羟脯氨酸含量测定被认为间接反映胶原含量的敏感指标而被广泛应用于肺纤维化的研究[3]。HP 在胶原蛋白中占 13.4%，在弹性蛋白中占极少量，其他蛋白中均不存在，因此 HP 含量可以反映机体或组织中胶原代谢的情况[1,8,9]。银杏虫草颗粒明显减少肺组织中的 HP 含量，提示能够阻止胶原蛋白的生成。

本实验中，模型组肺组织中的Ⅰ型和Ⅲ型胶原均有明显增加(与正常对照组相比，$P < 0.001$)；连续给药 12 周，银杏虫草颗粒组动物肺组织中的Ⅰ型胶原明显低于模型组，差异非常显著($P < 0.01$ 或 $P < 0.001$)，而Ⅲ型胶原的含量则改变不明显，提示银杏虫草颗粒不仅影响胶原的含量，也影响Ⅰ型和Ⅲ型胶原的比例，对大鼠硅肺中的硅结节和胶原蛋白有明显降低作用，为本产品的实际应用提供了一定的依据。实验显示，银杏虫草颗粒对实验性大鼠硅肺组织的病理学有明显的改善作用。表现在肺干重的降低($P < 0.05$ 或 $P < 0.01$)，硅结节总分和均值的降低，并呈现一定的剂量-效应关系。其相关作用机理还需继续深入研究。

参考文献

[1]徐书云，汴如濂，陈修．药理实验方法学 3 版[M]．北京：人民卫生出版社，2002：1395.

[2]孙瑞清，朱位华，陈淼．亚硒酸钠对实验性硅肺作用的病理研究[J]．中国职业医学，2003，30（1）：5-7.

[3]何明，张晓梅，苑惠青，等．银杏叶提取物治疗肺纤维化的临床研究[J]．中国中西医结合杂志，2005，25（3）：222.

[4]崔萍，侯强，刘光峰，李侠，高娟，复方霜桑叶治疗尘肺病的疗效观察[J]．中国工业医学杂志，2007，20(4)：225-230.

[5]朱铁珍、张英平、朱铁英，蛹虫草菌粉胶囊治疗慢性气管炎(肺肾气虚证)30 例[J]．中国中医药信息杂

志，2006，13(5)：64-65.

[6]洪民福，娄金萍，周华仕，等．桃仁提取物对大鼠实验性硅肺纤维化的影响[J]．浙江省医学科学院学报，2000，1（1）：7.

[7]曾莉瑛，吴顺模，肖文达，千金藤片治疗硅肺患者的临床疗效及副反应观察[J]．劳动医学，1994，11(3)：47-50.

[8]范贤明，刘春涛，湛晓勤，等．转录活化蛋白1反义寡核苷酸对肺成纤维细胞增殖及分泌羟脯氨酸的影响[J]．中华结核和呼吸杂志，2005，28（10）：709-713.

[9]刘瑞，李成刚，梁欣，等．博莱霉素诱导大鼠肺纤维化过程中羟脯氨酸及氧化应激指标的变化[J]．第四军医大学学报，2004，25(23)：2202-2205.

[10]付承英，肖长义，屈峰，等．免疫抑制剂对实验性硅肺的影响研究[J]．现代医药卫生，2004，20(18)：1845-1846.

[11]陈莹，刘万洋，董静，等．干扰素治疗大鼠实验性硅肺的疗效观察[J]．中华劳动卫生职业病杂志，2004，22（1）：67.

[12]Ruiz V，Ordone R M，Berumen J，et al. Unbalanced collage 2 nases /TIMP21 exp ression and ep ithelial apop tosis in experimental lung fibrosis[J]. Am J Physiol Lung Cell Mol Physiol，2003，285（5）：L1026-1036.

[13]Ghosh A K. Factors involved in the regulation of type Ⅰ collagen gene exp ression：imp lication in fibrosis [J]. Exp Biol Med，2002，227（5）：301-314.

金耳菌种与银杏发酵工艺的研究

陈 斌 蔡向群 马维新

（江苏同源堂生物工程有限公司，江苏泰兴 225401）

摘要： 在全国范围内银杏产业化研究开展的较多，然而将食用真菌与银杏相结合通过发酵工艺制备下游产品的报道较少，本文通过金耳菌种发酵银杏进行了实验性研究和探讨，结果表明两者结合的可行性。两者结合后，在发挥银杏产品功效的同时，将金耳独特的菌香、成分和有效分解银杏中的有毒成分进行了有机融合，发挥了两者之间的协同作用，尝试走出另一条银杏产业化研究之路。

关键词： 银杏；金耳；发酵

金耳（*Tremella aurantialba* Bandoni et Zang），因其颜色金黄，又称黄木耳，因其形似人脑，又称脑耳。金耳含有丰富脂肪，蛋白质和磷、硫、锰、铁、镁、钙、钾等微量元素，是一种营养滋补品，并可作为药用。金耳的滋补营养价值优于银耳、黑木耳等胶质菌类，是一种理想的高级廷宴佳肴和保健佳品。据《中国药用真菌》一书介绍，金耳性温中带寒，味甘，能化痰、止咳、定喘、调气、平肝肠，主治肺热、痰多、感冒咳嗽、气喘、高血压等，而且有清心补脑的保健作用。金耳多糖由鼠李糖、甘露糖、葡萄糖、半乳糖、岩藻糖、鼠李糖等组成，药用功能：①提高机体代谢机能，抑制肿瘤细胞的生长。②调节机体代谢机能，改善机体营养状况，提高机体血红蛋白和血浆的含量。③提高机体抗衰老、抗缺氧能力，降血脂、降胆固醇。④促进肝脏脂代谢，防止脂肪在肝脏积累，提高肝脏解毒功能。经常食用可有效地防病健身，延缓衰老。

银杏具有欣赏、经济、药用价值，全身是"宝"。银杏树是第四纪冰川运动后遗留下来的最古老的裸子植物，是世界上十分珍贵的树种之一，因此被当作植物界中的"活化石"。银杏果仁具有医疗保健作用，据《本草纲目》记载："熟食温肺、益气、定喘嗽、缩小便、止白浊；生食降痰、消毒杀虫"。现代科学证明：银杏种仁有抗大肠杆菌、白喉杆菌、葡萄球菌、结核杆菌、链球菌的作用。中医素以银杏种仁治疗支气管哮喘、慢性气管炎、肺结核、白带、淋浊、遗精等疾病。银杏种仁还有祛斑平皱，治疗疮、癣的作用。

江苏省银杏的叶、果产量占全国 1/3 以上。20 世纪 80 年代，银杏树是农民的致富树。90 年代，随着银杏树种植规模迅速扩张，而银杏综合开发利用严重滞后，出现了资源过剩、价值与价格失衡的现象，果叶价格大幅度降低，出现增产减收，严重挫伤了农民种植银杏的积极性，农村许多地区出现了砍树毁林的现象，直接影响到银杏业的生态保护及银杏产业的发展。本单位采用生物工程技术对银杏果进行脱毒预处理，然后用药食用金耳菌种发酵开发银杏功能性产品，尝试走出另一条银杏产业化之路。

针对金耳、银杏对食疗和保健治疗都有很好的互补作用，我们制定了一套初步的发酵工艺进行研究。

1 材料与方法

1.1 材料

银杏果：江苏泰兴本地产大佛指白果；金耳菌种：（中国科学院微生物研究所外购）本单位实验室扩大培养；马铃薯、麸皮等：本地市场获得；琼脂：济南格艾特仪器设备有限公司；酶制剂：无锡雪梅酶制剂科技有限公司，其他。

1.2 仪器及设备

YXQ－LS－50S11 立式压力蒸汽灭菌器，上海博讯实业有限公司医疗设备厂；

HH. B11 电热恒温培养箱，上海跃进医疗器械厂；

SPX－250 生化培养箱，上海源生实验仪器设备厂；

YJ－875S/DB 医用净化工作台，吴江市蓝天净化设备有限公司；

FZ－100D 全自动发酵罐，江苏丰泽生物工程设备有限公司；

BLX－20A/8 博莱特空压机，瑞典阿特拉斯公司；

部分设备为单位自制。

1.3 方法

1.3.1 金耳菌种的培养

综合 PDA 琼脂：其配方是去皮马铃薯 200g，葡萄糖 20g，琼脂 20g，水 1000mL，pH 值调节，制作方法介绍如下：

①将马铃薯洗净去皮(已发芽的要挖掉芽眼)，称取 200g 切成小块，置于电热锅加水煮沸 30min，用纱布过滤取汁，补足水分到 1000mL；琼脂 20g，剪碎后加入马铃薯汁液内，微火加热，不时搅拌至琼脂全部溶化，再加入葡萄糖，稍煮几分钟，其培养基装入试管。

②趁热分装入管，装量为试管长度的 1/4～1/5，紧塞棉塞。分装时应注意不使培养基黏附在试管口上，以免杂菌感染。

③及时高压灭菌，灭菌时将试管每 6～7 支扎成一捆，棉塞一端用牛皮纸或干净的报纸包好，直立放入高压锅内进行蒸汽灭菌，121℃灭菌 30min 左右即可。

④试管取出后趁热将试管摆成斜面，使管内培养液斜面上长度达 2/3～3/5，冷却后即成斜面固体培养基。

⑤灭菌后置常温下 48h，未发现有杂菌产生，即可接种、培养。

从试管种斜面上挑一小块菌丝放于已准备好的培养基斜面上，放置培养箱中 25℃培养 7 天，即可使用。

1.3.2 金耳菌种麸曲培养

1.3.2.1 麸曲培养基

其方法是麸皮 15g，水 20mL，搅匀，用棉塞塞好，外加干净的报纸包好，于高压锅内进行蒸汽灭菌，121℃灭菌 60min 即可。

1.3.2.2 待麸曲冷却后接种

将试管种接到灭菌好的麸曲培养基上，放置培养箱中 27℃培养 7 天，即可供生产使用。

1.3.3 白果水解

将一定量的白果仁进行胶体磨打浆处理好，加水混合倒入水解罐内，打开搅拌桨，上盖。夹套加热升温到90℃，关闭夹套蒸汽进气阀，加入液化酶，液化1h。冷却降温到70℃加入糖化酶，糖化1h，自然降温到55℃加入蛋白酶，蛋白水解2h，自然降温。

1.3.4　发酵

1.3.4.1　空消及实消

利用蒸汽压力和温度，将发酵罐的内囊进行高温灭菌，温度121℃，压力在0.1～0.15之间，保持1h；将水解的料液转移的发酵罐内(已经空消过的)，进行高温灭菌，温度121℃，压力在0.1～0.15之间，保持1h。

利用自来水降温发酵罐内的料液，同时通空气保持罐内压力在0.05，出气流量$8m^3/h$，温度降到32℃以下。

1.3.4.2　菌种投料

接种口套上蘸有酒精的棉圈，扭送接种口，关闭进气阀，打开出气阀，点燃火焰圈，完全打开接种口，接菌种。

1.3.4.3　发酵

接菌种完毕扭紧接种口，压力0.5，出气流量$8m^3/h$，温度28℃，发酵7天。从发酵的48h后能观察到发酵液中的金耳菌丝小球开始生长，直径约为2～3mm，发酵液中的小球直径与搅拌的速度有关，在随后的生长过程中菌丝小球的数量成几何倍数增长，第5天后悬浮于整个发酵液中，并伴随于整个发酵过程。

2　检测及分析

2.1　观察及成分检测

7天后取出发酵液，并对其进行观察，发酵液为棕色混浊液体，有淡淡的果香及金耳菌香，自然沉降后内部金耳菌丝小球约占整个体积比的2/5。对发酵液进行初过滤和细过滤，对过滤后的液体进行观察，液体呈综黄透明澄清状，pH值约为5左右，样品经江南大学食品科学与技术国家重点实验室进行成分检测得出结果如下表(见表1)：

表1　发酵液成份及含量表

序号	成分表	检测结果
1	多糖含量(mg/100mL)	34.22
2	蛋白质含量(%)	0.27
3	总黄酮含量(mg/100mL)	55.01
4	槲皮素含量(μg/mL)	0.85
5	总萜类含量(mg/100mL)	21.11
6	总氨基酸含量(mg/mL)	0.1832

2.2　毒理性安全分析

因银杏种仁特别是胚和子叶中含少量银杏酸、银杏酚和银杏醇等有毒物质，生食或熟食过量可能会引起人体中毒，因此对于用银杏果发酵的产品可进行安全性评价分析，以确保生产出的产品安全、可靠，将上述实验中的发酵液样品分别送至国家轻工业食品质量监督检测南京站进行银杏酸检测和南京医科大学卫生分析检测中心进行口毒性试验分析结果表明产品均为安全，其中编号为(2012)食检字第SW12－1652号报告中总银杏酸未检出，编号为bg

-12NYQT-WT019号报告中小鼠经口毒性试验结论为安全。

2.3 衍生产品

根据金耳发酵银杏所得到的发酵液的成分分析可知，该发酵液营养丰富，综合了金耳与银杏的功效，特征指标明显。因此，可针对发酵液进行加工，可生产提高免疫力、改善心脑血管、调节血糖等功能的保健口服液。另外，也可将发酵液继续进行厌氧发酵，在一定的C/N比作用下，将其中的还原糖进行转化，提高总氨基酸等营养物质的含量，产生出含有一定酒精度的银杏果酒产品，目前我们已经进行了这部分的产业化工作。

3 结论

进过初步多次实验证明银杏和金耳菌种的发酵工艺是可行的。经发酵后物料不仅保留了银杏的功效成分，同时融合了金耳独特的香型及营养成分，发挥了两者之间的协同作用。发酵液中所含成分营养物质丰富，特征指标明显，另外经评价发酵产品是安全的。本研究表明将生物发酵技术和银杏能有机地结合起来，拓宽了银杏开发的思路，也为银杏的精深加工方面提供了有力的支持。

Effect of Dietary Supplementation with Fermented Ginkgo-leaves on Performance, Egg Quality, Lipid Metabolism and Egg-yolk Fatty Acids Composition in Laying Hens

(Xuhui Zhang[1] Linguo Zhao[2] Fuliang Cao[1] Wanwen Yu[1] Xiaohu Yang[1]

[1]*College of Chemical Engineering, Nanjing Forestry University, Nanjing, Jiangsu* 210037, *China*;

[2]*College of Forest Resource and Environment, Nanjing Forestry University, No.* 159, *Longpan Road, Nanjing Jiangsu* 210037, *China*)

Abstract: The present study was conducted to investigate the effect of 3 types of fermented *Ginkgo*-leaves (FGL) on layer performance, egg quality, lipid metabolism, microbial populations, and egg-yolk fatty acids composition in laying hens. A total of 432 Lohmann Brown laying hens, 49 wks of age, were randomly allocated to 4 dietary treatments with 6 replications of 18 birds each. Layers were fed basal diets (Control) or basal diets supplemented with 0.5% *Ginkgo*-leaves fermented with *Candida utilis* (CF group), *Aspergillus niger* (AF group), or their combined fermentation (CAF group), respectively, for an 8-week feeding trial. Compared with the control group, AF and CAF supplementation improved ($P<0.05$) laying rate and feed conversion ratio. Birds fed FGL (CF, AF and CAF) supplemented diet had a decrease ($P<0.05$) in cracked-egg rate, egg yolk cholesterol, serum total cholesterol, triglyceride and low density lipoprotein cholesterol levels, while serum high density lipoprotein cholesterol concentrations of birds from CF and AF groups were increased ($P<0.05$) compared with that of the control. The concentrations of C18:1 (n-9), C18:2 (n-6), total polyunsaturated fatty acids (PUFA), ratio of PUFA/saturated fatty acids (SFA) and n-6 : n-3 was increased ($P<0.05$ or $P<0.01$) with FGL supplementation. While FGL supplementation led to a decrease in total saturated fatty acids ($P=0.01$) concentrations. In addition, ileal and caecum *Lactobacilli* and *Bifidobacteria* populations of birds fed FGL were increased ($P<0.05$) compared with the control group, while ileal *Escherichia coli*, *Salmonellas*, and cecal *Salmonellas* were decreased in birds fed FGL. In conclusion, dietary supplementation of FGL, especially AF and CAF, in layer diets may be a feasible means of producing eggs with lower cholesterol and higher PUFA contents for health conscious consumers.

Key words: Fermented ginkgo; Leaves; Laying hen; Performance; Egg traits; Egg cholesterol; Egg yolk fatty acid

1 Introduction

During the last decades, the phytogenic compounds have been incorporated into the diet to improve animal productivity by enhancing the production performance and the quality of food derived from those animals (Yan *et al.*, 2011). Therefore, a number of medicinal herbs have been considered most acceptable because of their positive effects on growth performance and lipid metabolism (Park and Yoo, 1999). Chicken eggs are well established as an excellent source of all essential nutrients for persons of all ages. However, to avoid elevations in blood cholesterol and reducing the risk of coronary heart disease (CHD), consumption of no more than 300 mg of cholesterol per day has been recommended (Weggemans *et al.*, 2001). Therefore, approaches of nutritional interventions with natural products have been investigated to reduce the cholesterol content in egg yolk (Ting *et al.*, 2011).

As atraditional natural medicinal herb in China, *Ginkgo biloba* L. (Family: Ginkgoaceae) is one of the oldest living plant species (Jacobs and Browner, 2000). Leaves of *Ginkgo biloba* are well known for its high content of flavonoids. Chemically, the active components of *Ginkgo biloba* leaf are flavonoids (flavonol and flavone glycosides, primarily composed of quercetin), polysaccharides (polymers of glucose, rhamnose, arabinose, mannose, galactose and xylose) and terpenoids (ginkolides and bilobalides) (van Beek and Montoro, 2009; Li *et al.*, 2012). China has a large scale production of ginkgo leaves for years, about forty thousand tons every year. In the last few years, large-scale cultivation of *ginkgo* has been initiated. Therefore, it is important to find out a way to utilize this herbal resource as feed ingredient and unveil its potential economic value in feed industry.

Probioticsstrains are commonly used to preserve feed stuffs or ferment feeds for many years with beneficial effects (Cumby, 1986; Boguhn *et al.*, 2006). Previous study showed that the use of solid-state fermentation may improve the nutritive value of botanical resource when it is fed to poultry (Chen *et al.*, 2009). Presently *A. niger* and *C. utilis* are the major probiotic strains applied in broilers (Chen *et al.*, 2009). *A. niger* is a fungus that has the capacity to produce enzymes such as hemicellulases, hydrolases, pectinases, protease, amylase, lipases, and tannases (Pinto *et al.*, 2001; Mathivanan *et al.*, 2006), and is one of the major probiotic strains applied in broilers (Tannock, 2001; Dei *et al.*, 2008). *C. utilis* belongs to *Saccharomyces*, and can secrete protease, amylase, and lipase (Santoso *et al.*, 2001; Koh *et al.*, 2002). Chen *et al.* (2009) reported that the beneficial effects of broilers fed fermented feed was probably not through single-strain fermentation, but due to the 2-stage combined fermentation process using *Bacillus subtilis* and *Saccharomyces cerevisiaewere* strains. To promote processing of ginkgo leaves, we have developed a process for *Aspergillus niger* (*A. niger*) fermentation wherein the functionality of this resource is preserved and enhanced. Our previous researches confirmed that the use of *A. niger*-fermented-*Ginkgo biloba* leaves (FGL) had a positive influence on growth performance and lipid metabolism in broiler chicks (Cao *et al.*, 2012; Zhang *et al.*, 2012). Dietary total flavonoids and polysaccharides were most likely the key compounds responsible for the health-improving effect of the fermentation products (Zhang *et *al* . , 2012). Despite these findings, there has been a dearth of information on the possible beneficial effect of FGL on layer hens. The aim of the present study was to compare the effects of *Ginkgo* leaves processed with single strain (*C. utilis or A . niger*) or combined (*C. utilis* + *A. niger*) fermentation on layer performance, egg quality, lipid metabolism, and microbial populations of laying hens.

2 Materials and methods

2. 1. Culturing of *Candida utilis* and *Aspergillus niger*

The *Candida utilis* (*C . utilis* , NFU-Y-186) and *A . niger* NL-1 used in this study was a laboratory strain isolate obtained from the College of Chemical Engineering, Nanjing Forest University, Nanjing, Jiangsu, *P. R.* China. The seed culture of *C . utilis* , containing (g/L) glucose 20, peptone 10, and yeast extract 10 at pH 5. 0, was prepared in a flask on a reciprocal shaker at 200 *rpm* at 30℃ for 24 h. Medium for shake flask culture contains (g/L): glucose 30, ammonium sulphate 8, KH_2PO_4 3 and anhydrous $MgSO_4$ 0. 25. The final amount of *C. utilis* was 6-9 × 10^9 CFU/ml. *A. niger* was cultured by an agar plating technique using sabouraud dextrose agar (Oxoid Ltd. , Basingstoke, UK) and incubated at 24℃ for 7 d. *A . niger* spores were harvested by tapping the top of the plate when turned upside down. Spore counts were determined using a haematocytometer according to the Fuchs-Rosenthal technique to be approximately 4. 0 × 10^6 spores/ml, which were equivalent to 0. 25 g.

2. 2 Preparation of fermented-ginkgo leaves sample

Comminuted (2. 0-mm sieve) dried *ginkgo* leaves picked during the last third September (ginkgo garden for leaf use, Nanjing Forestry University, Jiangsu Province, P. R. China) were used for this study. They were divided into 3 lots after autoclave sterilization, and were fermented using yeast *C. utilis*, *A. niger* or their combination, respectively.

Thesolid-state fermentation medium contained 10 g solid medium (*ginkgo* leaves : wheat bran : corncob = 8:1. 5:0. 5) and 16 ml nutritive salt [glucose: urea: $(NH_4)_2SO_4$: peptone: KH_2PO_4: $MgSO_4 \cdot 7H_2O$ = 4:2:6:1:4:1] and was inoculated with 10% (mL/mL) of the *C. utilis* and *A. niger* seed for an aerobiotic fermentation. 0. 1% of the C. utilis and *A. niger* seed was inoculated into the fermentation medium for an aerobiotic fermentation. Both the samples were fermented for 48h at 28℃ ~30℃. For the combined fermentation, medium was inoculated with 1ml *C. utilis* seed at 28℃ ~30℃ for a 24 h aerobic fermentation in the first stage and then 2ml *A. niger* seed *was* inoculated for a 84 h aerobic fermentation in the second stage.

Six fermented samples were taken randomly, and were spread on a polythene sheet in a room at 30 ~40℃, dried for 6 d up to about 900 g/kg of the dry matter, and ground to pass through a 0. 15-mm sieve. The changes of the ingredients before and after the fermentation were shown in Table 1. Repetitious examination showed that the proportion of components in polysavone was constant within a minute range.

Tab. 1 Changes in the main nutritional ingredients in *ginkgo* leaves before and after fermentation using *C. utilis*, *A. niger* or their combination

Items	Before fermentation	After *C. utilis* fermentation	After *A. niger* fermentation	Aftercombined fermentation
Total flavonoids of quercetin equivalents(mg/g)	26.45	24.67	27.46	26.82
Polysaccharides(g/kg)	4.37	6.46	6.51	6.43
Protein(g/kg)	136.4	270.1	261.1	269.34
Total ginkgolic acid(g/kg)	1.665	0.056	0.045	0.052
Total amino acid(g/kg)	95.98	135.11	171.97	172.45
Indispensable amino acid(g/kg)	36.30	41.65	61.44	61.98
Ferment cells number(g)	0	2.65×10^9	-	2.50×10^9
Cellulase(IU/g)	0	-	2129.4	1500
Hemicellulase(IU/g)	0	-	21990.6	16000
Glucosidase(IU/g)	0	-	6499.8	4500

2.3 Husbandry, diets and experimental design

A total of 432 Lohmann Brown laying hens 49 wks of age, having an average body weight of 1.858 ± 7 g were used in this experiment. Birds were fed on the maize-based basal diet for 4 weeks before the experiment to allow them to adapt and reach a standard rate of egg production. After a one-week adaptation period to cages (70 cm length × 30 cm width × 40 cm height), the birds were allocated to 4 groups with 6 replicates of 18 birds (6 adjacent cages, 3 birds per cage) each. No difference ($P>0.05$) was observed on the egg production and egg weight between the 4 groups before the experiment (day 0). The replications were allotted equally into the upper and lower cages to minimize the effects of cage level. The cages were equipped with nipple drinker and trough feeders, and hens were housed in a windowless laying house at approximately 21℃.

The4 treatment groups were allocated to the control group (basal diet), CF group (containing 0.5% *C. utilis*-fermented Ginkgo-leaves), AF group (containing 0.5% *A. niger* fermented Ginkgo-leaves), and CAF group (containing 0.5% Ginkgo-leaves fermented with both *C. utilis and A. niger*, called combined fermentation), respectively, for 8wks. The diets were formulated to be isocaloric, isonitrogenous and to meet the nutrient requirements of laying hens of the Management Guide of Lohmann Brown (2005). Nutrient requirements are shown in Table 2. Ginkgo-leaves additions were made to the control diet at the expense of wheat bran. The dietary total flavonoids and polysaccharides contents for the layers are shown in Table 3. All the diets were prepared every other week. Birds were allowed *ad libitum* access to mash feed and water through the experiment and were exposed to a 16∶8 light∶dark cycle. All procedures were approved by Nanjing Forestry University Institutional Animal Care and Use Committee.

Tab. 2 Ingredient composition and analyzed nutrient contents of the basal diet (g/kg, as-fed basis)

Ingredients		Analysed nutrient compositions[c]	
Maize	615	Dry matter	911
Soybean meal, 470 g CP[a]/kg	230	Crude protein	156
Wheat bran	20	Ether extract	28
Maize oil	10	Calcium	40
Limestone	95	Total phosphorus	5. 5
Dicalcium phosphate	17		
Sodium chloride	3		
Premix[b]	10		
Calculated nutrientcompositions			
Apparent metabolisable energy (MJ/kg)	11. 1		
Crude protein	161		
Lysine	7. 6		
Methionine	3. 5		
Total sulphur amino acids	6. 1		
Threonine	6. 3		
Tryptophan	2. 0		
Ether extract	34		
Calcium	39		
Total phosphorus	6. 4		
Non-phytate phosphorus	4. 3		

[a] Crude protein.

[b] Supplied per kilogram of diet: transretinyl acetate, 10, 000 IU; cholecalciferol, 2, 500 IU; *all-rac*-α-tocopherol acetate, 20 mg; menadione, 1. 5 mg; thiamin, 1 mg; riboflavin, 6 mg; nicotinamide, 40 mg; choline chloride, 350 mg; calcium pantothenate, 10 mg; pyridoxine · HCl, 2 mg; biotin, 0. 04 mg; folic acid, 1 mg; cobalamin, 0. 012 mg; Fe (ferrous sulphate), 60 mg; Cu (copper sulphate), 5 mg; Mn (manganese sulphate), 100 mg; Zn (zinc oxide), 65 mg; I (calcium iodate), 0. 8 mg; Se (sodium selenite), 0. 3 mg; zinc bacitracin, 30 mg; DL-methionine, 1 g.

[c] Determined in duplicate.

Tab. 3 Total flavonoids and polysaccharides contents in the diets of broilers

Dietary treatments[1]	Totalflavonoids of quercetin equivalent (mg/kg)	Totalpolysaccharides(mg/kg)
Cont.	0. 084	0. 059
CF	0. 538	0. 356
AF	0. 546	0. 367
CAF	0. 542	0. 364

[1] Cont. = Basal diet; CF = Basal diet with 0. 5% *Ginkgo*-leaves fermented with *C. utilis*, AF = Basal diet with 0. 5% *Ginkgo*-leaves fermented with *A. niger*, CAF = Basal diet with 0. 5% *Ginkgo*-leaves fermented with *C. utilis and A. niger*.

2. 4 Sampling and analysis

2. 4. 1 *Laying performance*

Egg production, egg weight, cracked-eggs and mortality of birds were recorded daily and feed consumption was recorded weekly per replicate. Laying rate (including cracked-egg), cracked-egg rate, egg mass and feed conversion ratio were calculated.

2.4.2 *Egg quality*

At the end of the experiment, 36 salable eggs (no shell defects, cracks, or double-yolks) per treatment (6 eggs per replicate) were collected and used to determine the egg quality. The egg quality of the collected eggs was then determined at 20: 00 h on the day of collection. Egg shape index was measured as egg width ×100 divided by egg length. Egg shell strength was evaluated using a press meter (FHK, Japan) to gauge the force producing cracking under longitudinal compression, and the shell maximum deformation was recorded (g/cm^2). The average shell thickness was measured on the large end, equatorial region and small end using a dial pipe gauge (Ozaki MFG. Co., Ltd., Japan). Finally, Egg weight, egg yolk height, egg yolk color, and Haugh units were evaluated using an egg multi-tester (Touhoku Rhythm Co., Ltd., Tokyo, Japan).

2.4.3 *Egg-yolk cholesterol and yolk fatty acid composition*

At the end ofthe experiment, another 24 eggs were randomly selected from each group (four eggs per replicate) to determine yolk cholesterol and yolk fatty acid composition. For cholesterol assay, eggs were boiled for 5 min. They were allowed to cool and then broken. 3 g of egg yolk was diluted with 27 mL NaCl solution (20 g/kg), stirred for 2 h by using a magnetic stirrer, then 1 mL (egg yolk and NaCl solution) was further diluted with 9 mL NaCl solution (20 g/kg). A cholesterol reagent kit (Cat. No., 11491458, Roche Cholesterol assay) was used for enzymatic determination using cholesterol esterase and cholesterol oxidase according to the previous methods (Elkin, 2009; Ting *et al.*, 2011). The colour intensity was determined photometrically at 540 nm, using a spectrophotometer (Hitachi U-2000, Japan). The total cholesterol/yolk was calculated as yolk cholesterol times yolk weight (mg of cholesterol/g of egg yolk).

Yolk lipids wereextracted by the method of Folch *et al.* (1957) to determine fatty acid composition. After alkaline hydrolysis, fatty acids were methylated with boron trifluoride. The fatty acid methyl esters (FAMEs) obtained were analysed by gas chromatography (GC; HP 6890, Agilent, Wilmington, Deleware, USA) using an HP-88 column for FAMEs (100m ×250 μm ×0.25 μm; Agilent). The GC conditions were as follows: injector temperature, 250℃; detector temperature, 280℃, carrier gas, H_2; split ratio, 1/50 to 1/25. The temperature programme was as follows: 120℃ for 1 min; increase of 10℃ min^{-1} to 175℃; 175℃ for 10 min; increase of 5℃ min^{-1} to 210℃; 210℃ for 15 min; increase of 5℃ min^{-1} to 230℃; 230℃ for 5 min. Peaks were identified by comparison of retention times with those of the corresponding standards of FAMEmix-37 and FAMEmix-C8-C24 (Supelco, Bellefonte, PA, USA). Identification of the peaks included fatty acids between 4:0 and 24:0. Amounts of fatty acids were expressed as a percentage (w/w) of total FAMEs (Yalçin et al., 2010).

2.4.4 *Blood sampling and serum traits measurement*

Blood samples werecollected from vena brachialis under the wing from 24 hens randomly chosen from each treatment (1 from each replicate, 6 hens per treatment) at the end of the experiment. Samples were left to stand at room temperature for clotting, and then the serum was obtained by centrifugation at 1500 × *g* for 10 min and stored at-20℃. After slaughter, intestinal contents were immediately collected into sterile tubes in ice and transferred to the laboratory for microbial populations contents assay.

For determination of serum total triglyceride (TG), TC, high density lipoprotein-cholesterol (HDL-C), and LDL-C concentrations the corresponding diagnostic kits (Nanjing Jiancheng Bioengineering Institute, Nanjing, *PR* China) were used according to the instructions of the manufacturer. The lipoproteins LDL-C and HDL-C were fractionated by a dual precipitation technique (Wilson and Spiger, 1973). After fractional precipitation, lipoprotein cholesterol was estimated.

2.4.5 *Ileum and caecum microflora populations*

The contents fromileum and caecum (right section, 1 g) were homogenized with 99 ml of a sterile solution of 0.9% (w/v) NaCl and shaken vigorously for about 5 min. Further 10-fold serial dilutions were made. *Lactobacilli* were assessed on the LBS agar incubated aerobically and anaerobically (in an anaerobic cabinet) at 37℃ for 48 h (GB/T 4789.35-2008, China). *Bifidobacteria* were cultured on BBL agar incubated anaerobically at 37℃ for 48 h (GB/T 4789.34-2008, China). *Escherichia coli* were measured on eosin methylene blue agar incubated aerobically at 37℃ for 24 h (GB/T 4789.38-2008, China). *Salmonellas* were cultured on S.S agar incubated aerobically at 37℃ for 24 h (GB/T4789.4-2008, China). The counts were reported as log10 cfu/g of digesta.

2.4.6 *Measurement of the main nutritional ingredients in FGL*

The aluminum chloride colorimetric method described by Chang *et al.* (2002) and Verzelloni *et al.* (2007) was used to determine the total flavonoids content with some modifications. Briefly, aliquots of 1.0g fermented samples or diets were dissolved and extracted with 200 mL of 80% alcohol for 6 to 8 h at 90℃. The extraction was made up to 200mL with distilled water after filtration. One milliliter solution or standard solution was mixed with 1.5mL methanol, 1mL of 1% aluminum chloride (substituted with distilled water in blank probe), 0.1mL of 1M potassium acetate, and 2.8 mL of distilled water. After 30 min incubation, absorbance at 415 nm was determined against a distilled water blank on a UV-1206 spectrophotometer (Shimadzu, Kyoto, Japan). All samples were made in triplicate, and mean values of total flavonoids contents are expressed as milligrams of quercetin equivalents per gram of product calculated according to the standard calibration curve. Quercetin standard solutions were prepared by dissolving catechin in water at a concentration ranging from 2.5 to 25mg in 100mL.

The concentration of total polysaccharides was determined by colorimetric method of phenol-suluric acid assay (Dubois *et al.*, 1956) taking D-glucose as standard control. The protein content was determined by the method described by Bradford (1976). Content of the crude protein was determined by Kjeldahl determination assay, nitrogen was determined using the Kjeltec Analyzer Unit (2300, Sweden).

The amino acid composition of the unfermented and fermented products was determined using an automatic amino acid analyzer L-8500 (Hitachi, Tokyo, Japan) after the samples were hydrolyzed in6M HCl for 22h at 110℃, as described in Gui *et al.* (2010).

The contentof total ginkgolic acids in *Ginkgo biloba* leaves was determined by HPLC. The FGL was milled, and extracted with 4.8mL methanol, shake 3min, then mixed with 1.2mL water.

The mixture was sonicated for 20min, and centrifuged at 14000 *rpm* for 10min. After that, the supernatant was filtrated through 0.45μm. A Alltima C18 (4.6mm × 250mm, 5 microm) and the mobile phase of methanol and 1% acetic acid (90:10) were used, the flow rate was 1.0 mL × min ($^{-1}$), and the wavelength was 310nm. The content was calculated with external standard method.

One gram of each sample was taken and mixed with 15 mL of 100 mM citrate buffer having pH 4.8. The samples were incubated for 30 min in shaker at 200 *rpm* followed by centrifugation at 9000 × *g* and 4 ℃ for 15 min and supernatant was analyzed for cellulase and hemicellulase enzyme activities. Cellulase and hemicellulase activity was determined using standard curves by the method of colorimetric (Pancholy & Rice, 1973).

Cellulase activity was determined by using carboxymethyl cellulose (CMC, Sigma) 1% (w/v) at 50 ± 1℃ (Wood and Bhat, 1988). Hemicellulase enzyme activity was determined by using 1% xylan as substrate. One international unit of enzyme activity was expressed as the amount of enzyme that liberates 1μmol of glucose/xylose per min under the assay conditions and was expressed as IU/gds (international units per gram dry substrate).

β-glucosidase activity was determined by modified method ofHang and Woodams (1994). The reaction was carried out by incubating 0.2 ml *p*-nitrophenyl β-d-glucopyranoside (*p*NPG) (9mM) with 0.2mL crude enzyme and 1.6 ml sodium acetate buffer (200 mM, pH 4.6) at 50 ± 1 C for 15 min. The reaction was stopped by adding 2 ml of sodium carbonate (100 mM). The release of *p*-nitrophenol was measured at 405 nm from a *p*-nitrophenol standard curve. One international unit of β-glucosidase activity is defined as the amount of enzyme that releases 1μmol of *p*-nitrophenol per min under given assay conditions.

2.5 Statistical analysis

The design for this experimentwas a completely randomized design with 6 replications. Unless otherwise stated, all data are presented as means and pooled S.E.M. The statistical significance of differences among the treatments (Cont., CF, AF or CAF) was evaluated using the MIXED procedure of SAS ® version 9.1 (SAS Institute, Inc., Cary, NC). The statistical differences between treatments were determined by one-way ANOVA. Statements of significance were $P < 0.05$ unless noted otherwise.

3 Results

3.1 Laying performance

As shown in Table 4, there were no significant differences in egg mass output, egg weight or feed intake observed among treatment groups during the whole experimental period ($P > 0.05$). Compared with the control and CF groups, birds fed AF and CAF supplemented diets had an increase ($P < 0.05$) in laying rate. In addition, feed conversion ratio of birds from groups AF and CAF were improved ($P < 0.05$) compared with the control.

Tab. 4 Effects on laying performance of laying hens following 8 weeks of being fed on diets supplemented with fermented ginkgo leaves

Items	Dietary treatments[1]				SEM[2]	Probability of diet effect
	Cont.	CF	AF	CAF		
Laying rate (%)	81.54[b]	82.43[b]	85.34[a]	84.86[a]	0.054	0.043
Egg mass output (g/hen/d)	54.37	56.15	54.86	55.83	0.056	0.065
Egg weight (g)	61.55	60.27	62.49	62.34	0.189	0.054
Feed intake (g/hen/d)	123.27	120.75	121.49	119.55	0.854	0.754
Feed conversion ratio (g/g egg)	2.27[a]	2.21[ab]	2.15[b]	2.14[b]	0.016	0.043

[a, b] Means in the same row not sharing a common superscript differ significantly at $P < 0.05$.

[1] Cont. = Basal diet; CF = Basal diet with 0.5% Ginkgo-leaves fermented with *C. utilis*, AF = Basal diet with 0.5% Ginkgo-leaves fermented with *A. niger*, CAF = Basal diet with 0.5% Ginkgo-leaves fermented with *C. utilis and A. niger*.

[2] Standard error of means (n = 6).

3.2 Egg quality

Compared with the control groups, birds fedFGL supplemented diets had a decrease ($P <$ 0.05) in cracked-egg rate and egg yolk cholesterol levels (Table 5). No significant difference was observed for egg shape index, shell strength, shell thickness, Haugh unit or yolk color ($P >$ 0.05).

Tab. 5 Effects on egg quality of laying hens following 8 weeks of being fed on diets supplemented with fermented ginkgo leaves

Items	Dietary treatments[1]				SEM[4]	Probability of diet effect
	Cont.	CF	AF	CAF		
Cracked-egg rate (%)[2]	0.47[a]	0.19[b]	0.12[b]	0.31[b]	0.002	0.042
Egg shape index[2]	77.54	76.34	76.36	78.45	0.853	0.654
Shell strength (g/cm^2)[2]	4.13	4.18	4.18	4.18	0.056	0.053
Shell thickness (mm)[2]	0.363	0.369	0.385	0.370	0.001	0.055
Haugh unit[2]	86.5	87.3	86.9	85.5	0.045	0.064
Yolk colour[2]	8.34	8.36	8.41	8.38	0.009	0.063
Cholesterol/g yolk (mg/g)[3]	15.52[a]	13.75[b]	13.67[b]	14.22[b]	0.009	0.034
Total cholesterol (mg/yolk)[3]	249.10[a]	224.36[b]	221.72[b]	223.94[b]	0.552	0.025

[a, b] Means in the same row not sharing a common superscript differ significantly at $P < 0.05$.

[1] Cont. = Basal diet; CF = Basal diet with 0.5% Ginkgo-leaves fermented with *C. utilis*, AF = Basal diet with 0.5% Ginkgo-leaves fermented with *A. niger*, CAF = Basal diet with 0.5% Ginkgo-leaves fermented with *C. utilis and A. niger*.

[2] n = 36.

[3] n = 24.

[4] Standard error of means.

3.3 Lipid metabolism

At the end of the experiment, all treatment groups supplemented with FGL had significant ($P <$ 0.05) reductions in serum TG, TC and LDL-C concentrations, while serum HDL-C concentrations of birds from CF and AF groups were increased ($P < 0.05$) compared with the control (Table 6).

Tab. 6 Effects on serum traits of laying hens following 8 weeks of being fed on diets supplemented with fermented ginkgo leaves

Items	Dietary treatments[1]				SEM[2]	Probability of diet effect
	Cont.	CF	AF	CAF		
TG (mmol/L)[3]	14.45[a]	10.52[b]	9.95[b]	11.52[b]	0.054	0.021
TC (mmol/L)[3]	3.92[a]	2.99[b]	2.97[b]	3.19[b]	0.036	0.032
HDL-C (mmol/L)[3]	0.87[b]	1.17[a]	1.43[a]	1.11[ab]	0.012	0.008
LDL-C (mmol/L)[3]	1.81[a]	1.19[b]	1.14[b]	1.31[b]	0.010	0.038

[a, b] Means in the same row not sharing a common superscript differ significantly at $P < 0.05$.

[1] Cont. = Basal diet; CF = Basal diet with 0.5% Ginkgo-leaves fermented with *C.*, AF = Basal diet with 0.5% Ginkgo-leaves fermented with *A. niger*, CAF = Basal diet with 0.5% Ginkgo-leaves fermented with *C. utilis and A. niger*.

[2] Standard error of means (n = 6).

[3] TC = Total cholesterol; TG = Triglyceride; HDL-C = high density lipoprotein cholesterol; LDL-C = low density lipoprotein cholesterol.

3.4 Egg-yolk fatty acid composition

The totalsaturated fatty acids (SFA) and C16: 0 concentrations in egg yolk were decreased ($P < 0.05$) in response to AF and CAF (Table 7). Concentrations of the monounsaturated fatty acids (MUFA) and C18: 1 was higher in AF treatment group than that of in the control group ($P < 0.05$). Furthermore, compared with the control, CF and AF groups, PUFA, C18: 2, PUFA (n-6) concentrations and ratio of n-6 : n-3 was higher ($P < 0.05$) in group CAF.

Tab. 7 Effects on egg-yolk fatty acid composition of laying hens following 8 weeks of being fed on diets supplemented with fermented ginkgo leaves *

Items	Dietary treatments[1]				SEM[2]	Probability of diet effect
	Cont.	CF	AF	CAF		
ΣSFA[3]	35.82[a]	34.28[a]	32.01[b]	31.60[b]	0.42	0.01
C14: 0	0.47	0.41	0.41	0.42	0.05	0.64
C16: 0	26.19[a]	25.62[a]	22.80[b]	22.80[b]	0.52	0.042
C18: 0	9.16	8.25	8.80	8.38	0.29	0.062
ΣMUFA[3]	49.95[b]	50.84[ab]	52.41[a]	51.41[ab]	0.67	0.08
C14: 1 (n-5)	0.15	0.18	0.20	0.14	0.01	0.054
C16: 1 (n-7)	3.045	3.045	3.345	3.505	0.23	0.75
C18: 1 (n-9)	46.75[b]	47.61[ab]	48.86[a]	47.76[b]	0.55	0.032
ΣPUFA[3]	12.53[b]	13.12[b]	13.85[b]	15.22[a]	0.42	0.01
C18: 2 (n-6)	11.42[b]	11.89[b]	12.49[b]	14.02[a]	0.35	0.01
C18: 3 (n-3)	0.11	0.13	0.18	0.14	0.01	0.80
C20: 2 (n-6)	0.14	0.16	0.16	0.15	0.01	0.75
C20: 4 (n-6)	0.04	0.04	0.05	0.05	0.01	0.053
C20: 5 (n-3)	0.20	0.25	0.28	0.23	0.01	0.20
C22: 6 (n-3)	0.62	0.65	0.69	0.63	0.02	0.25
PUFA: SFA	0.35[b]	0.38[b]	0.43[ab]	0.48[a]	0.03	0.01

（续）

Items	Dietary treatments[1]				SEM[2]	Probability of diet effect
	Cont.	CF	AF	CAF		
ΣPUFA (n-6)	11. 60[b]	12. 09[b]	12. 7[b]	14. 22[a]	0. 11	0. 024
ΣPUFA (n-3)	0. 93	1. 03	1. 15	1. 00	0. 02	0. 054
n-6: n-3	12. 47[b]	11. 74[b]	11. 04[b]	14. 22[a]	0. 08	0. 041
UP[3]	1. 705	1. 765	1. 735	1. 775	0. 10	0. 068

[*] Results expressed as a percentage of the total fatty acids esters. The values are presented as mean ± SEM of 24 observations.

[a, b] Means in the same row not sharing a common superscript differ significantly at $P<0.05$.

[1] Cont. = Basal diet; CF = Basal diet with 0. 5% Ginkgo-leaves fermented with *C. utilis*, AF = Basal diet with 0. 5% Ginkgo-leaves fermented with *A. niger*, CAF = Basal diet with 0. 5% Ginkgo-leaves fermented with *C. utilis and A. niger*.

[2] Standard error of means (n = 24).

[3] ΣSFA = total saturated fatty acids; ΣMUFA = total monounsaturated fatty acids; ΣPUFA = total polyunsaturated fatty acids; UP-unidentified peaks.

3. 5 Enumeration of intestinal microflora composition

The compositions of ileal and caecal microflora of laying hens are shown in Table 8. Compared with the control group, birds fed AF and CAF supplemented diets had an increase ($P<0.05$) in ileal *Lactobacilli and Bifidobacteria* populations. However, ileal *Salmonellas* population in group AF and CAF was significantly lower ($P<0.05$) than that in the control group. In caecum, *Lactobacilli and Bifidobacteria* populations of birds fed FGL were increased ($P<0.05$) compared with the control. In contrast, compared with the control and CAF groups, chickens fed CF and AF supplemented diets had a decrease ($P<0.05$) in *Escherichia coli* population. Also, *Salmonellas* population for group CF and AF exerted a significant decrease ($P<0.05$) as compared to the control group.

Tab. 8 Effects on ileum and caecum microflora populations of laying hens following 8 weeks of being fed on diets supplemented with fermented ginkgo leaves

$\log_{10}$ cfu/g of digesta	Dietary treatments[1]				SEM[2]	Probability of diet effect
	Cont.	CF	AF	CAF		
Ileum						
Lactobacilli	5. 55[b]	5. 68[ab]	6. 24[a]	6. 23[a]	0. 123	0. 007
Bifidobacteria	5. 92[b]	6. 13[ab]	6. 83[a]	6. 84[a]	0. 141	0. 015
Escherichia coli	8. 31	8. 18	7. 51	7. 89	0. 192	0. 682
Salmonellas	6. 78[a]	6. 42[ab]	5. 84[b]	5. 86[b]	0. 321	0. 006
Caecum						
Lactobacilli	7. 50[b]	8. 26[a]	8. 30[a]	7. 88[ab]	0. 042	0. 01
Bifidobacteria	7. 32[b]	8. 04[a]	8. 18[a]	8. 16[a]	0. 036	0. 01
Escherichia coli	7. 09[a]	6. 75[b]	6. 64[b]	7. 01[a]	0. 021	0. 028
Salmonellas	5. 65[a]	4. 56[b]	4. 91[b]	5. 23[ab]	0. 026	0. 037

[a, b] Means in the same row not sharing a common superscript differ significantly at $P<0.05$.

[1] Cont. = Basal diet; CF = Basal diet with 0. 5% Ginkgo-leaves fermented with *C. utilis*, AF = Basal diet with 0. 5% Ginkgo-leaves fermented with *A. niger*, CAF = Basal diet with 0. 5% Ginkgo-leaves fermented with *C. utilis and A. niger*.

[2] Standard error of means (n = 6).

4 Discussion

Fermentation is auseful tool to produce biological materials with health promoting properties (Ng *et al.* , 2011). Microbial fermentation of Chinese herbs has long been processed through which can enrich them with vitamins, enzymes and growth factors (Ng *et al.* , 2011). An important advantage with the production of FGL is that the required technology is affordable and feasible even for small farms. Previous researches about the biological effect of *ginkgo* leaves were limited to normal or chemopreventive agent-challenged animals (Huang *et al.* , 2007; Echeonwu *et al.* , 2008). *Ginkgo biloba* leaf is a good and cheap source and is known to be rich in flavonoids and polysaccharides (van Beek and Montoro, 2009; Li *et al.* , 2012). Flavonoids are a large group of polyphenolic compounds, numerous studies have revealed that the flavonoids stem from their aglycones (Hendrich 2002; Kawakami *et al.* , 2005), and flavonoids aglycones are more easily and rapidly absorbed in the intestines after fermentation (Izumi *et al.* , 2000).

The presentstudy was designed to evaluate the effects of dietary FGL, with the view of its potential inclusion in diets as an alternative feed resource for feeding laying hens. This study used oriental *Ginkgo biloba* leaves that are most common cultivated in many parts of the world and are grown on commercial scale in parts of China. The results of this study showed the potential of AF and CAF to improve the laying rate and feed conversion when compared with the control diet, shift the gastrointestinal microflora balance towards beneficial organisms. Moreover, the cracked-egg rates of all the FGL supplemented groups were decreased ($P<0.05$) compared with the control diet. This could be due to a reduction in the potential pathogenic bacterial load of the intestine (Yalçin *et al.* , 2010), such as *Escherichia coli* and *Salmonellas* (Table 8), so that nutrients in FGL supplemented diet were efficiently diverted towards production in poultry fed FGL, which might improve egg production in layers.

Plant water-soluble polysaccharides have been demonstrated to enhance intestinal function similar to prebiotics (Guo *et al.* , 2004; Li *et al.* , 2009). In the present study, after fermentation, the contents of polysaccharides which may be due in part to the decreased carbohydrate content were increased (Hong *et al.* , 2004). Ginkgolic acid has been recognized as hazardous compounds with suspected cytotoxic and allergenic properties. In the present study, the content of ginkgolic acid was decreased sharply after fermentation (Liu and Zeng, 2009). Although, total flavonoids contents of FGL were found to be decreased slightly after fermentation, suggesting that β-glucosidase from *C. utilis* and *A. niger* might have converted the flavonoids glycones into aglycones, which seem to have greater activity than do flavonoid glycones (Hsu and chiang, 2009). What's more, microflora may produce substances that are beneficial to broiler growth and intestinal health (Chen *et al.* , 2009).

The cholesterol content of the yolk isprimarily dependent on the cholesterol content of triglyceride-rich lipoproteins-VLDL and vitellogenin. Almost 95% cholesterol is derived from VLDL made in the liver, where it is synthesized, and transported in the plasma to the ovaries where they are taken up into the developing follicles by receptor-mediated endocytosis (Elkin, 2006, 2007). The blockage of TC synthesis results in a lower intracellular TC supply, and the reduction of serum TC could be due to the inhibition of the key enzymes such as HMG-CoA reductase in the TC synthesis.

Ginkgo flavones are natural organicflavonoids compounds and have exhibited cholesterol-lowering effects in variety of studies (Kim *et al.*, 2004; Ting *et al.*, 2011). It has been well documented that flavonoids can form insoluble complexes with cholesterol in the digesta and thus inhibiting the intestinal absorption of endogenous and exogenous cholesterol (Rao and Gurfinkel, 2000). In the present study, dietary inclusion of CF, AF and CAF has been shown to reduce serum TG, TC, LDL-C, and egg-yolk cholesterol concentration in laying hens, while serum HDL-C concentrations were increased. These results are in agreement with our previous results observed in broilers (Cao *et al.*, 2012). In addition, a decrease in circulating TG of birds could limit the availability of lipids for yolk formation (Gonzalez-Esquerra and Leeson, 2000). Thus, the use of CF, AF and CAF to produce low cholesterol egg production may more acceptable to consumers. Furthermore, the production of FGL is simple and inexpensive.

Observations made in thisexperiment revealed that dietary FGL altered the composition of fatty acids in egg yolk. Our previous study observed that *A. niger*-FGL incorporation in the diets had a major impact on the fatty acid profile (affected 5 of 11 fatty acids) of broiler meat (Cao *et al.*, 2012). In the current study, the total SFA concentration in egg yolk decreased in response to treatments with AF and CAF. This decrease was primarily due to the significant decrease in C16: 0 and C18: 0. The decrease of SFA in the chicken egg as a result of dietary AF and CAF supplementation may have an effect on the plasma TC concentration. However, the total PUFA was improved greatly in response to treatments with CAF, which was primarily caused by the increase in C18: 2 and C20: 4. Clinical data strongly support a relationship between cardiovascular diseases, such as CHD and the dietary intake of TC and SFA, and hence, a reduced consumption of SFA and increased the consumption of PUFA appear beneficial (Salma *et al.*, 2011). The result of the present study that the decreased total SFA in groups AF and CF indicates that consumption of these eggs poses a lower risk of CHD, and dietary CF and CAF exerted better effects than that of AF.

5　Conclusion

Consideringthe data obtained herein and the above discussion, it can be concluded that dietary supplementation with AF or CAF increased egg production, reduced serum cholesterol concentrations, and improved the lipid metabolism in laying hens. Moreover, dietary inclusion of AF or CAF reduces SFA and increases the PUFA and PUFA: SFA ratio in egg yolk. So *A. niger* may be better for *Ginkgo biloba* leaves fermentation. However, further studies are needed to assess FGL as a medicinal herb feed additive in layer hens for improved lipid metabolism, especially the fatty acids and the potential cholesterol-depressing mechanism.

Acknowledgements

This researchwas financially supported by a Program of International Advanced Forestry Science and Technology Project Imported by State Forestry Administration (also called the 948 Program, No. 2010-4-19), a Special Program of National Science and Technology: Public Welfare Industry Project

(No. 201004015), and Forestry Science and Technology Achievements Popularization Project of the State Forestry Administration [No. (2010) 36].

References

[1] Boguhn J, Kluth H, Rodehutscord M. Effect of total mixed ration composition on fermentation and efficiency of ruminal microbial crude protein synthesis in vitro [J]. Dairy Sci, , 2006, 89: 1580-1591.

[2] Bradford M M. A rapid and sensitive method for the quantitation of microgram quantities o protein utilizing the principle of protein-dye binding [J]. Anal. Biochem, 1976, 72: 248-254.

[3] Cao F L, Zhang X H, Yu W W, Zhao L G, Wang T. Effect of feeding Aspergillus niger-fermented Ginkgo biloba-leaves on growth performance, meat quality and lipid metabolism in broiler chicks [J]. Poult. Sci , 2012, 92: 1210-1221.

[4] Chang C C, Yang M H, Wen H M, Chern J C. Estimation of total flavonoid content in propolis by two complementary colorimetric methods [J]. J. Food Drug Anal, 2002 , 10: 178-182.

[5] Chen K L, Kho W L, You S H, Yeh R H, Tang S W, Hsieh C W. Effects of *Bacillus subtilis* var. *natto* and Saccharomyces cerevisiae mixed fermented feed on the enhanced growth performance of broilers [J]. Poult. Sci, 2009, 88: 309-315.

[6] Cumby T R. Design requirements of liquid feeding systems for pigs: A review [J]. Agric. Eng. Res , 1986, 34: 153-172.

[7] Dei H K, Rose S P, Mackenzie A M, Amarowicz R. Growth performance of broiler chickens fed diets containing shea nut (Vitellaria paradoxa, Gaertn.) meal fermented with *Aspergillus niger* [J]. Poult. Sci, 2008, 87: 1773-1778.

[8] Dubois M, Gilles KA. , Hamilton J K. , Rebers P A. , Smith F. Colorimetric method for determination of sugars and related substances [J]. Anal. Chem, 1956, 28: 350-357.

[9] Echeonwu G O N, Iroegbu C U, Echeonwu B C, Ngene A, Nwosuh C I, Joannis T M, Ndako J. Immune response and protection of free range chickens vaccinated orally with feeding of Newcastle disease vaccine-coated cassava granules [J]. Afr. J. Microbiol. Res, 2008, 2: 120-125.

[10] Elkin R G. Reduction of shell egg cholesterol content. I. Overview, genetic approaches, and nutritional strategies [J]. World Poultry Sci. J, 2006, 62: 665-687.

[11] Elkin R G. Reducing shell egg cholesterol content. II. Review of approaches utilizing non-nutritive dietary factors or pharmacological agents and an examination of emerging strategies [J]. World Poultry Sci. J , 2007, 63: 5-30.

[12] Elkin R G. Additional perspectives on analytical techniques and standardization: cholesterol and fatty acid contents of eggs, and organs [J]. Poult. Sci, 2009, 88: 249-250.

[13] Folch J, Less M, Sloane-stanley G M. A simple method for the isolation and purification of total lipids from animal tissues [J]. J. Biol. Chem, 1957, 226: 497-509.

[14] Gonzalez-Esquerra R, Leeson S. Effects of feeding hens regular or deodorized menhaden oil on production parameters, yolk fatty acid profile, and sensory quality of eggs [J]. Poult. Sci , 2000, 79: 1597-1602.

[15] Gui D, Liu W B, Shao X P, Xu W N. Effects of different dietary levels of cottonseed meal protein hydrolysate on growth, digestibility, body composition and serum biochemical indices in *crucian carp* (*Carassius auratus gibelio*) [J]. Anim. Feed Sci. Tech , 2010, 156: 112-120.

[16] Guo F C. , Williams B A, Kwakkel R P, Li H S, Li X P, Luo J Y, Li W K, Verstegen M W. Effects of mushroom and herb polysaccharides, as alternatives for an antibiotic, on the cecal microbial ecosystem in broil-

er chickens [J]. Poult. Sci, 2004, 83: 175-182.

[17] Hang Y D, Woodams E E. Apple pomace: a potential substrate for production of β-glucosidase by *Aspergillus foetidus* [J] . LWT-Food Sci. Technol, 1994, 27: 587-589.

[18] Hendrich S. Bioavailability of isoflavones [J]. Chromatogr. B Analyt. Technol. Biomed. Life Sci, 2002, 777: 203-210.

[19] Hong K L, Lee C H, Kim S W. Aspergillus oryzae GB-107 fermentation improves nutritional quality of food soybeans and feed soybean meals [J]. Med. Food, 2004, 7: 430-435.

[20] Hsu M F, Chiang B H. Effect of Bacillus subtilis natto-fermented Radix astragali on collagen production in human skin fibroblasts [J]. Process Biochem , 2009, 44: 83-90.

[21] Huang G C, Wu L S, Chen L G, Yang L L, Wang C C. Immuno-enhancement effects of Huang Qi Liu Yi Tang in a murine model of cyclophosphamide-induced leucopenia [J]. Ethnopharmacol, 2007, 109: 229-235.

[22] Izumi T. , Piskula M K, Osawa S, Obata A, Tobe K, Saito M, Kataoka S, Kubota Y, Kikuchi M. Soy isoflavone aglycones are absorbed faster and in higher amounts than their glucosides in humans [J]. Nutr, 2000, 130: 1695-1699.

[23] Jacobs B P, Browner W S. *Ginkgo* biloba: a living fossil [J]. Am. J. Med , 2000, 108: 341-342.

[24] Kawakami Y, Tsurugasaki W, Nakamura S, Osada, K. Comparison of regulative functions between dietary soy isoflavones aglycone and glucoside on lipid metabolism in rats fed cholesterol [J]. Nutr. Biochem, 2005, 16: 205-212.

[25] Kim H J, Oh G T, Park Y B, Lee M K, Seo H J, Choi M S. Naringin alters the cholesterol biosynthesis and antioxidant enzyme activities in LDL receptor-knockout mice under cholesterol fed condition [J]. Life Sci, 2004, 74: 1621-1634.

[26] Koh J H, Yu K W, Suh H J. Biological activities of Saccharomyces cerevisiae and fermented rice bran as feed additives [J]. Lett. Appl. Microbiol. , 2002, 35: 47-51 .

[27] Li H, Zhou G Y, Xu J P, Liu J A, Zhang H Y, Tan Y M. Research progress on polysaccharides from Ginkgo biloba [J]. Med. Plants Res, 2012, 6: 171-176.

[28] Li S P, Zhao X J, Wang J Y. Synergy of Astragalus polysaccharides and probiotics (Lactobacillus and Bacillus cereus) on immunity and intestinal microbiota in chicks [J]. Poult. Sci, 2009, 88: 519-525.

[29] Liu Z H, Zeng S. Cytotoxicity of ginkgolic acid in HepG2 cells and primary rat hepatocytes [J]. Toxicol. Lett, 2009, 187: 131-136.

[30] Lohmann. . Lohmann Brown Management Guide. March 2005. Lohmann Tierzucht GmbH, Cuxhaven, Germany. 2005.

[31] Mathivanan R, Selvaraj P, Nanjappan K. Feeding of fermented soybean meal on broiler performance [J]. Int. J. Poult. Sci. , 2006, 5: 868-872.

[32] Ng C C, Wang C Y, Wang Y P, Tzeng W S, Shyu Y T. Lactic acid bacterial fermentation on the production of functional antioxidant herbal Anoectochilus formosanus Hayata [J]. J. Biosci. Bioeng , 2011, 111: 289-293.

[33] Pancholy S K, Rice E L. Soil enzymes in relation to old field succession: amylase, cellulase, invertase, dehydrogenase, and urease [J]. Soil Sci. Soc. Am. J, 1973, 37: 47-50.

[34] Park S J, Yoo S O. Effects of supplementation of Chinese medicine refuse on performance and physiology in broiler chicks [J]. Korean J. Poult. Sci. , 1999, 26: 195-201.

[35] Pinto G A S, Leite S G F, Terzi S C, Couri C. Selection of tannase-producing Aspergillus niger strains [J]. Braz. J. Microbiol, 2001, 32: 24-26.

[36] Rao A V, Gurfinkel D M. The bioactivity of saponins: triterpenoid and steroidal glycosides [J]. Drug Metabol. Drug Interact, 2000, 17 (1-4): 211-35.

[37] Salma U, Miah A G, Tsujii H, Schellander K, Su Dekum K H. Effect of dietary Rhodobacter capsulatus on lipid fractions and egg-yolk fatty acid composition in laying hens [J]. Anim. Physiol. An. N. (Berl), 2011: 1-10.

[38] Santoso U, Tanaka K, Ohaniand S, Saksida M. Effect of fermented product from Bacillus subtilis on feed efficiency, lipid accumulation and ammonia production in broiler chicks. Asian-australas [J]. Anim. Sci, 2001, 14: 333-337.

[39] Tannock G W. Molecular assessment of intestinal microflora [J]. Am. J. Clin. Nutr, 2001, 73: 410-414.

[40] Ting S, Yeh H S, Lien T F. Effects of supplemental levels of hesperetin and naringenin on egg quality, serum traits and antioxidant activity of laying hens [J]. Anim. Feed Sci. Tech, 2011, 163: 59-66.

[41] Van Beek T A, Montoro P. Chemical analysis and quality control of Ginkgo biloba leaves, extracts, and phytopharmaceuticals [J]. Chromatogr. A, 2009, 1216: 2002-2032.

[42] Verzelloni E, Tagliazucchi D, Conte A. Relationship between the antioxidant properties and the phenolic and flavonoid content in traditional balsamic vinegar [J]. Food Chem., 2007, 105: 564-571.

[43] Weggemans R M, Zock P L, Katan M B. Dietary cholesterol from eggs increase the ratio of total cholesterol to high-density lipoprotein cholesterol in humans: a meta-analysis [J]. Am. J. Clin. Nutr, 2001, 73: 885-891.

[44] Wilson D E, Spiger M J. A dual precipitation method for quantitative plasma lipoprotein measurement without ultracentrifugation [J]. J. Lab. Clin. Med, 1973, 82, 473-482.

[45] Wood T M, Bhat K M. Methods for measuring cellulase activities [J]. Methods Enzymol, 1988, 160: 87-112.

[46] Yan L, Meng Q W, Lee J H, Wang J P, Kim I H. Effect of dietary wildginseng adventitious root meal on growth performance, blood profiles, relative organ weight and meat quality in broiler chickens. Asian-Aust [J]. J. Anim. Sci, 2011, 24: 258-263.

[47] Yalçin S, Çakin K, Eltan Ö, Dağaşan L. Effects of dietary yeast autolysate (Saccharomyces cerevisiae) on performance, egg traits, egg cholesterol content, egg yolk fatty acid composition and humoral immune response of laying hens [J]. J. Sci. Food and Agr, 2010, 90: 1695-1701.

[48] Zhang X H, Cao F L, Sun Z Y, Yu W W, Zhao L G, Wang G B, Wang T. Effect of feeding *Aspergillus niger*-fermented *Ginkgo biloba*-leaves on growth, small intestinal structure and function of broiler chicks [J]. Livest. Sci, 2012, 47: 170-180.

银杏叶发酵物对肉鸡抗氧化功能与脂类代谢的影响

张旭晖[1] 郁万文[1] 逯 岩[1] 曹福亮① 赵林果[2]

([1] 南京林业大学森林资源与环境学院，江苏南京 210037；[2] 南京林业大学化学工程学院，江苏南京 210037)

摘要：(目的)本文旨在研究银杏叶发酵物(FR)对肉鸡的抗氧化功能与脂类代谢的影响，并设维生素E(VE)和未发酵银杏叶(NF)组作为对照。(方法)选用1日龄健康、体重相近的AA肉仔鸡360只(P>0.05)，按单因子完全随机设计分为6个处理，每个处理60只(含6个重复，每个重复10只鸡)。分别为基础日粮对照组、维生素E(VE)对照组(分别在基础日粮中添加VE前期15 IU，后期30IU)，未发酵银杏叶(NF)组(分别在基础日粮中添加NF前期0.35%，后期0.7%)，及三个发酵银杏叶(FR1，FR2，FR3)组(分别在基础日粮中添加FGB前期分别为0.2%、0.35%和0.5%，后期分别为0.4%、0.7%和1.0%)。(结果)试验结果表明，随着日粮中FR添加水平的增加，血清α-生育酚(α-TOH)水平也呈线性增加(P=0.001)；与对照组相比，FR2和FR3组的血清高密度脂蛋白胆固醇(HDL-C)浓度，总超氧化物歧化酶(T-SOD)活性和总抗氧化能力(T-AOC)显著提高(P<0.05)；而低密度脂蛋白胆固醇(LDL-C)和甘油三酯(TG)浓度显著降低(P<0.05或P<0.01)。随着日粮中FR添加水平的增加，腹部脂肪沉积(P=0.002)和肌肉丙二醛(MDA)含量显著降低(P=0.001)。日粮中添加FR对肉鸡胸肌的脂肪酸组成有显著影响，其中与对照组相比，能够显著降低(P<0.05)C16：0和C18：0含量，而对C18：2、C18：3和C20：4的含量有显著增加(P=0.001)。(结论)结果提示，日粮中添加FR能够在一定程度上改善肉鸡的脂类代谢，提高胸肌的抗氧化能力，其原因主要是血清α-TOH含量的提高，及MDA含量的提高和T-SOD活力的提高。

关键词：银杏叶发酵物；肉鸡；抗氧化功能；脂类代谢

Effect Offeeding *Aspergillus niger*-Fermented *Ginkgo biloba*-leaves on Antioxidant Capacity and Lipid Metabolism in Broiler Chicks

Zhang Xuhui[1] Yu Wanwen Lu Yan[1] Cao Fuliang① Zhao Linguo[2]

([1] *College of Forest Resource & Environment*, *Nanjing Forestry University*, *Nanjing Jiangsu* 210037, *China*; [2] *College of Chemical Engineering*, *Nanjing Forestry University*, *Nanjing Jiangsu* 210037, *China*)

①通讯作者：曹福亮，教授，E-mail：fuliangcaonjfu@163.com，电话：025-85427099。作者简介：张旭晖(1982—)，女，山东省青岛人，博士，讲师，主要从事林业资源饲料开发。E-mail：huihui19820131@163.com；电话：025-85427994

Abstract: (Objective) *Aspergillus niger* fermented *Ginkgo biloba* leaves (FR) and its comparative effect with vitamin E (VE) and non-fermented (NF) *Ginkgo biloba* leaves on growth performance and meat quality in broiler chickens were investigated. (Method) 360 day-old Arbor Acres broilers chicks were randomly allocated into 6 dietary treatments, which were then denoted as control group (basal diet), VE group (containing respectively 15 and 30 IU/kg of *all-rac*-α-tocopherol acetate in the starter and grower phase), NF group (containing respectively 0.35% and 0.7% unfermented Ginkgo leaves in the starter and grower phase), FR1, FR2 and FR3 group containing respectively 0.2%, 0.35% and 0.5% FR in the starter and 0.4%, 0.7% and 1.0% FR in the grower phase). (Result) The results showed that with increasing the amount of supplemental FR in the diet, serum α-tocopherol (α-TOH) concentration increased linearly ($P = 0.001$). Compared with the control group, broilers had significantly ($P < 0.05$) higher serum high-density lipoprotein (HDL-C) concentration, total superoxide dismutase (T-SOD) activities and total antioxidant capacity (T-AOC) when they were provided with the FR2 and FR3 diet. Whereas the low-density lipoprotein (LDL-C) and triglyceride (TG) concentrations were lower ($P < 0.05$ or $P < 0.01$) in broilers from FR2 or FR3 group. As the dietary FR concentrations increased, abdominal fat ($P = 0.002$) and muscle malondialdehyde (MDA) ($P = 0.001$) concentrations decreased. Furthermore, the results revealed that FR incorporation in the diets had a major impact on the fatty acid profile (affected 5 of 11 fatty acids) of broiler meat. Birds provided with feed supplemented with FR had a lower ($P < 0.05$) C16:0 and C18:0 concentrations but a greater ($P = 0.001$) concentration of C18:2, C18:3 and C20:4 than that of control. (Conclusion) In conclusion, FR can improve the lipid metabolism of broilers with decreased abdominal fat deposition. Also, the antioxidant capacity-improving effects observed in broilers fed FR products might result from the increased retention of α-TOH and reduction in lipid peroxidation, as evidenced by the decrease in MDA and the increase in T-SOD activities.

Key words: FR; Broiler chickens; Antioxidant function; Lipid metabolism

目前，肉鸡生产过程中对油脂饲料的不科学使用及微生物脂质氧化的破坏是造成肉品氧化酸败的主要因素，在动物饲粮中添加抗氧化剂可改善肉鸡日粮品质，进而提高肉品的脂质抗氧化能力。但据报道食品中添加合成抗氧化剂对人类健康有潜在的威胁[1]，如丁基羟基茴香醚(BHA)、二丁基羟基甲苯(BHT)。

研究表明，银杏叶拥有独特的多种活性成分[2-3]。这些生物活性物质主要是黄酮类化合物和萜类化合物(银杏内酯 B 和白果内酯)[4]。LeBars 等研究表明，银杏叶中含有的黄酮类化合物、萜类化合物和有机酸类使其具有抗氧化的特性和清除自由基的药理活性[5-6]。银杏叶作为一种新型饲料添加剂，以其绿色环保、使用安全等特点正逐步引起国际饲料和养殖界的广泛关注，显示出较大的研究开发前景。银杏叶发酵物(FR)可以使原来不易消化吸收的大分子物质经微生物的转化变成小分子后易于肠黏膜吸收，使血液中的有效成分迅速达到有效浓度，可以更好地提高动物的生产性能和肉品质。张莹(2009)等[7]将银杏叶生物饲料运用于蛋鸡养殖中的研究发现，银杏叶生物饲料能显著提高蛋壳强度、蛋黄颜色及蛋黄百分率；降低蛋黄中胆固醇(TC)含量，改善鸡蛋蛋黄色泽，提高亚油酸、花生四烯酸和多不饱和脂肪酸(PUFA)的含量，降低棕榈酸、饱和脂肪酸(SFA)的含量，改善 PUFA/SFA 比例，显著降低血清中 TC、甘油三酯(TG)、低密度脂蛋白水平(LDL-C)。

我国拥有世界总量90%以上的银杏资源，鉴于银杏叶发酵生物饲料在提高畜禽的抗氧化能力，调节脂肪代谢方面的巨大潜力。本试验旨在探讨 FR 对肉鸡的抗氧化功能与脂类代谢的影响，并设维生素 E(VE)和未发酵银杏叶(NF)组作为对照。以期为 FR 在肉鸡饲料添加剂中的应用奠定基础。

1 材料与方法

1.1 试验材料

试验动物：360 只 1 日龄健康 AA 肉仔鸡(购自安徽和威农牧有限公司)，体重差异不显著($P>0.05$)。

银杏叶发酵物(FR)的制备及有效成分分析：FR 由南京林业大学化工学院提供，主要制备步骤包括：营养盐溶液的配制，固体培养基的制备，黑曲霉(*Aspergillus niger* NL-1)菌种(黑曲霉菌种购自中国普通微生物菌种保藏管理中心菌种库，ACCC30005)接种发酵，干燥粉碎等过程制备而得。气相色谱检测各种有效成分含量。

(1)按葡萄糖 2%(即每 100mL 营养盐中含葡萄糖 2g)、尿素 1%、蛋白胨 0.5%、磷酸二氢钾 2%、硫酸镁 0.5%、硫酸铵 3% 的量依次称取并溶解于水中，配成营养盐溶液。

(2)按银杏叶粉末: 麸皮: 玉米芯 =8: 1.5: 0.5 的比例称取后混匀。

(3)发酵培养基的准备：按每 10g 固体培养基加 16mL 营养盐溶液的比例将上述两者混合，搅拌均匀，配制成发酵培养基；将配制好的发酵培养基在 121℃下灭菌 50min。

(4)接种发酵：将发酵培养基首先接种酵母(*Candida utilis*)菌种(酵母菌种购自中国普通微生物菌种保藏管理中心菌种库，ACCC2060；采用种子液体培养法，28℃、150*rpm* 下震荡培养)，每 10g 发酵培养基接种酵母 1mL，(28 ±1)℃下培养(12 ±1)h，之后按同样的比例接种黑曲霉菌种(黑曲霉菌种购自中国普通微生物菌种保藏管理中心菌种库，ACCC30005)，(28 ±1)℃下培养(36 ±1)h；此过程按照常规发酵方法和设备进行发酵。

(5)在低于 40℃条件下完成发酵的物料干燥，粉碎即得。

(6)分析银杏叶发酵物的有效成分。分光光度法以芦丁为标准品测定总黄酮含量、凯氏定氮法测定粗蛋白水平、液相色谱法测定各种氨基酸含量。

1.2 试验设计与日粮配制

选用 1 日龄健康、体重相近的 AA 肉仔鸡 360 只($P>0.05$)，按单因子完全随机设计分为 6 个处理，每个处理 60 只(含 6 个重复，每个重复 10 只鸡)。分别为基础日粮对照组、维生素 E(VE)对照组(分别在基础日粮中添加 VE 前期 15 IU，后期 30IU)，未发酵银杏叶(NF)组(分别在基础日粮中添加 NF 前期 0.35%，后期 0.7%)，及三个发酵银杏叶(FR1，FR2，FR3)组(分别在基础日粮中添加 FGB 前期分别为 0.2%、0.35% 和 0.5%，后期分别为 0.4%、0.7% 和 1.0%)。

试鸡自由采食和饮水，喂养时遵循少喂勤添的原则，采用常规管理与免疫，试验期 42 天。期间共进行两次称重(21 天和 42 天)，称重前一天 19：00 断料，不断水，第二天 08：00空腹称重和结料，计算采食量(FI)、体增重(BWG)及料重比(F/G)。整个饲养过程中不饮用电解多维或与 VE 相关的物质。

试验日粮参照 NRC(1994)[8]建议的家禽营养需要，采用玉米—豆粕型日粮。日粮分前期(0~21 天)和后期(21~42 天)两个阶段，采用重量替代法配制，在不同的日粮处理组中，用同样重量的麸皮来替代等量的 FR 或 NF，日粮组成及主要营养水平见表 1。日粮组成及主要营养水平见表 1。

表 1 日粮组成及营养水平(风干基础,%)

Tab. 1 Formulation and calculated composition of broiler diets (on fed and dry basis, %)

日粮组成 Ingredient(%)	0-3 周 0-3 weeks	4-6 周 4-6 weeks
玉米 Maize	60.74	64.08
豆粕 Soybean meal	30.82	24.03
玉米蛋白粉 Corn gluten meal	2.0	4.0
麸皮 Wheat bran	0.5	1.0
猪油 Lard	2.03	2.83
石粉 Limstone powder	1.1	1.27
磷酸氢钙 Calcium bicarbonate	1.39	1.27
食盐 Sodium chloride	0.2	0.25
L-赖氨酸 Lysine-HCL	0.07	0.16
蛋氨酸 DL-Methionine	0.15	0.1
1%预混料[a] 1% Premix[a]	1.5	1
总计 Total	100	100
日粮营养成分 * Nutrition levels *		
代谢能 ME(MJ/kg)	12.27	12.77
粗蛋白 Crude protein(%)	21.2	19.3
钙 Calcium(%)	1.0	0.91
有效磷 Available Phosphorus(%)	0.43	0.38
L-赖氨酸 L-Lysine(%)	1.08	0.95
蛋氨酸 DL-Methionine(%)	0.50	0.44
蛋+胱 DL-Methionine +cystine(%)	0.82	0.74

注：1) * 为计算值。

2)[a]：每千克饲粮提供：铁，60mg；铜，7.5mg；锌，65mg；锰，110mg；碘，1.1mg；硒，0.4mg；维生素 A，4500IU；维生素 D_3，1000IU；20mg；维生素 K，1.3mg；维生素 B_1，2.2mg；维生素 B_2，10 mg；维生素 B_3，10mg；胆碱，400mg；维生素 B_5，50mg；维生素 B_6，4mg；维生素 H，0.04mg；维生素 B_{11}，1mg；维生素 B_{12}，1.013mg。

1.3 样品的采集与制备

于第 42 天 08:00 开始采样。从每个处理组中各随机抓取 6 只鸡(每重复 1 只)，称重后颈静脉采血，低温 4500*rpm* 离心 15min 制备血清，于-20℃冰箱保存待测。鸡只放血致死后，在每只鸡的大约相同的部位取适量的胸肌样品(去除脂肪和结缔组织)，用于测定测定肌肉抗氧化功能和分析脂肪酸组成。10%胸肌匀浆液的制备按夏弈明、朱莲珍(1987)[9]的方法，取肌肉组织 0.5g，加入 4.5mL 预冷的生理盐水，在冰水浴中匀浆破碎 1~2min，组织匀浆液

4500rpm，4℃离心 15min，取上清液-20℃冰箱保存待测。

1.4 抗氧化指标的测定

总超氧化物歧化酶(T-SOD)采用黄嘌呤氧化法[10]，谷胱甘肽过氧化物酶(GSH-Px)活力按 Noguchi 等(1973)的方法测定[11]，血清及肝脏中丙二醛(MDA)含量采用硫代巴比妥酸(TBA)法测定[12]，总抗氧化能力(T-AOC)采用 Fe^{3+} 还原法测定[13]。上述指标的测定均采用商业化的试剂盒(南京建成生物工程研究所提供)，按试剂盒说明书进行。

1.5 血清生化指标的测定

血清的总蛋白和白蛋白测定采用南京建成生物工程研究所提供的商业化试剂盒进行测定。TC 测定采用胆固醇氧化酶-过氧化物酶终点法，TG 测定采用甘油磷酸氧化酶-过氧化物酶终点法，HDL-C 含量采用硫酸葡聚糖镁沉淀法(PTA-Mg^{2+})，LDL-C 和 VLDL 含量采用聚乙烯硫酸盐(PVS)一步沉淀法。所有指标均用试剂盒(南京建成生物工程研究所)以比色法测定。

1.6 胸脂肪酸含量测定

称取样品(先经过冻干处理)0.2g，置于试管中；加入内标 1mL，然后加入 4mL $NaOCH_3$/Methanol，使之均匀，50℃孵育 20min，然后加入 2mL 盐酸/甲醇溶液在 80℃孵育 1h；充分振荡；冷却到室温，加入 2mL 水和 6mL 正己烷，振荡，静止分层或离心分层；取上层溶液 200μL，加入正己烷 600μL，上气相色谱仪分析。

计算：总脂肪酸(mg/g 干物质)=(峰的总体积－内标的体积)/内标的体积×(内标的重量，mg/样品的干重，g)[14]；色谱条件：GC-14C 气相色谱仪，附带软件 N-2000 双通道色普工作站(浙江大学智能信息工程有限公司)；色谱柱：内径 0.22mm，长 30m，柱温 195℃；载气：氮气，流速 9mL/min；

进样器温度 250℃；氢气流速 22.5mL/min；空气流速 80mL/min；分流比 60∶1；进样量 0.5～1μL。

1.7 统计分析

试验数据统计采用 SPSS 16.0 软件包中的 GLM 和线性回归分析过程进行，均值的多重比较采用 LSD 和 Duncan 法进行，以 $P<0.05$(差异显著)作为差异显著性判断标准。

2 结果与分析

2.1 银杏叶发酵前后主要成分变化

表 2 银杏叶发酵物发酵前后主要营养成分和氨基酸含量的变化

Tab. 2 Changes of main nutritional ingredients of ginkgo leaves before and after fermentation

银杏叶 Ginkgo leaves	总黄酮含量 Total flavonoids of quercetin equivalents(g/kg)	多糖含量 Polysaccharides (g/kg)	蛋白含量 Protein(g/kg)	总氨基酸含量 Total amino acid(g/kg)
Before	9.7	4.37	103.7	76.33
After	9.4	6.51	179.9	92.55
Increasement	-0.3	2.24	76.2	16.22

（续）

银杏叶 Ginkgo leaves	总黄酮含量 Total flavonoids of quercetin equivalents(g/kg)	多糖含量 Polysaccharides (g/kg)	蛋白含量 Protein(g/kg)	总氨基酸含量 Total amino acid(g/kg)	
氨基酸含量 Concentration of amino acid (g/kg)					
Indispensable	Before	After	Dispensable	Before	After
Lysine	4. 279	5. 235	Aspartate	8. 779	11. 305
Threonine	3. 325	4. 273	Serine	3. 918	4. 726
Leucine	5. 049	6. 605	Glutamic acid	12. 559	15. 015
Isoleucine	3. 019	3. 945	Alanine	4. 319	5. 605
Methionine	0. 666	0. 572	Cystine	0. 295	0. 321
Tryptophan	0. 244	0. 931	Valine	4. 239	5. 435
Phenylalanine	3. 929	4. 915	Proline	5. 879	5. 615
Tyrosine	2. 077	2. 733	合计 Total	39. 988	48. 022
Histidine	3. 719	3. 615	增加 Increasement	8. 034	
Glycine	5. 909	6. 735			
Arginine	4. 126	4. 972			
合计 Total	36. 342	44. 531			
增加 Increasement	8. 189				

由表2可见，银杏叶发酵后除总黄酮的含量略有降低外，多糖、蛋白质和总氨基酸的含量分别比发酵前增加了95. 09%、73. 48%和21. 25%。其中必需氨基酸提高22. 53%，非必需氨基酸提高20. 09%。

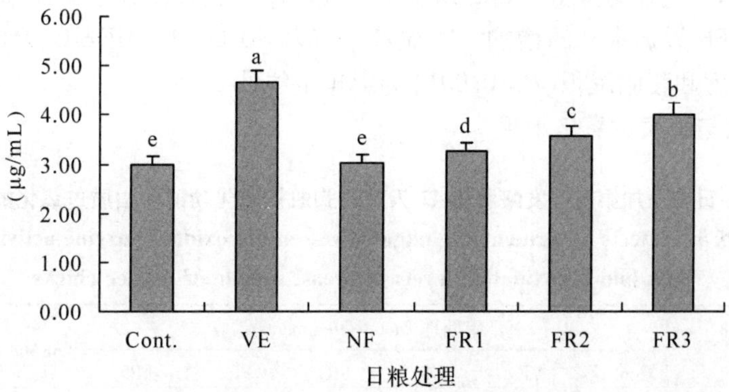

图1　日粮添加银杏叶发酵物对42天肉鸡血清α-生育酚含量的影响

Fig. 1　Effects of dietary fermented-ginkgo leaves treatments on plasmaα-tocopherol concentrations of broilers

2. 2　血清α-TOH含量

日粮处理对α-TOH的浓度产生了显著的影响(P = 0. 001)(图1)。VE、FR1、FR2和FR3组血清α-TOH的浓度分别比对照组提高了57. 24%、9. 43%、20. 54%、35. 02%，且该四组分别比NF组提高了54. 64%、7. 62%、18. 54%和32. 78%。且随着FR添加水平的提高，血清α-TOH的浓度呈线性增加(P = 0. 001)。

2.3　血清生化代谢与腹脂沉积

表 3　日粮添加银杏叶发酵物对 42 天肉鸡血清脂类代谢和腹脂沉积的影响

Tab. 3　Effects of fermented-ginkgo leaves on the blood characteristics and abdominal fat deposition of broilers

项目 Item	日粮处理 Dietary treatments						SEM	P-value	
	Cont.	VE	NF	FR1	FR2	FR3		Linear	Quadratic
Total protein (g/dL)	4.54	4.72	4.64	4.67	4.69	4.70	0.042	0.239	0.417
Albumin (g/dL)	1.97	1.98	1.71	1.90	1.96	1.88	0.054	0.768	0.958
TC (mg/dL)	116.66	106.40	108.33	99.54	100.08	102.28	2.305	0.078	0.035
TG(mg/dL)	124.21^{a}	121.74^{a}	122.41^{a}	116.35^{ab}	112.98^{bc}	106.24^{c}	1.561	0.001	0.001
HDL-C (mg/dL)	68.99^{b}	72.29^{ab}	70.09^{b}	70.03^{b}	74.50^{ab}	78.39^{a}	1.045	0.002	0.007
LDL-C (mg/dL)	40.52^{a}	38.86^{ab}	37.71^{abc}	36.05^{bc}	35.46^{c}	35.45^{c}	0.488	0.008	0.005
Pencentage of abdominal fat (g/kg BW)	2.893^{a}	2.868^{a}	2.711^{ab}	2.640^{ab}	2.568^{b}	2.306^{c}	0.052	0.001	0.001

注：同行字母不同者差异显著($P<0.05$)。下同。

不同日粮处理对血清总蛋白、白蛋白或总胆固醇含量没有产生影响(表 3)。然而，FR2 和 FR3 组 TG 的浓度比对照组、VE 组和 NF 组显著降低($P<0.05$)。此外，FR3 组 TG 水平比 FR1 组显著降低($P<0.05$)。就 HDL-C 水平而言，FR3 组的水平最高，显著高于对照组、NF 和 FR1 组。3 个 FR 组的 LDL-C 水平比对照组显著降低($P<0.05$)。同时，FR2 和 FR3 组的 LDL-C 水平比 VE 组显著降低($P<0.05$)。FR2($P<0.05$)和 FR3 组($P<0.01$)的腹脂沉积比对照组和 VE 组显著降低。FR3 组与 NF 和 FR1 组也有显著差异($P<0.05$)。

随着日粮中 FR 添加水平的增加，对血清 TG($P=0.001$)、HDL-C($P=0.002$)、LDL-C($P=0.008$)的浓度和腹脂沉积($P=0.001$)的影响呈线性。

2.4　抗氧化与脂质过氧化水平

表 4　日粮添加银杏叶发酵物对 42 天肉鸡胸肌抗氧化功能和脂质过氧化的影响

Tab. 4　Effects of fermented-ginkgo leaves on antioxidant enzyme activities iand lpid peroxidation levels in breast muscle of broiler chicks

项目 Items	日粮处理 Dietary treatments						SEM	P-value	
	Cont.	VE	NF	FR1	FR2	FR3		Linear	Quadratic
T-SOD (U/mg protein)[1]	7.09^{c}	8.67^{a}	7.48^{bc}	7.89^{ab}	8.45^{a}	8.64^{a}	0.141	0.001	0.001
GSH-Px (U/mg protein)[1]	6.18	6.60	6.32	6.61	6.59	6.58	0.061	0.080	0.070
T-AOC (U/mg protein)[1]	3.06^{b}	4.06^{a}	3.62^{ab}	3.68^{ab}	4.04^{a}	3.93^{a}	0.113	0.027	0.040
MDA (nmol/mg protein)[1]	0.883^{a}	0.629^{c}	0.785^{b}	0.755^{b}	0.694^{bc}	0.702^{bc}	0.018	0.001	0.001

注:[1]T-SOD = 总超氧化物歧化酶；GSH-Px = 谷胱甘肽过氧化物酶；T-AOC = 总抗氧化能力；MDA = 丙二醛。

日粮添加银杏叶发酵物对 42d 肉鸡胸肌抗氧化功能和脂质过氧化的影响详见表 4。随着日粮中 FR 添加水平的增加，T-SOD 的活性($P=0.001$)和 T-AOC($P=0.027$)呈线性增加，而 MDA 的浓度($P=0.001$)呈线性降低。FR2($P<0.01$)和 FR3 组($P<0.05$)的 T-SOD 活性比对照组和 NF 组显著提高，而 GSH-Px 的活力在各组间无显著差异($P>0.05$)。就 T-AOC

而言，NF2 和 NF3 组的最高，与对照组差异显著($P<0.05$)。不同的日粮处理均对 MDA 浓度产生显著影响($P=0.001$)，NF 组和 FR1 组的 MDA 水平比 VE 组显著降低($P<0.05$)。

2.5 脂肪酸组成

表 5 日粮添加银杏叶发酵物对 42 天肉鸡胸肌脂肪酸组成的影响

Tab. 5 Effects of fermented-ginkgo leaves on fatty acid composition (% of total fatty acids) in breast muscle of broiler chicks

项目 Item	日粮处理 Dietary treatments						SEM	P-value	
	Cont.	VE	NF	FR1	FR2	FR3		Linear	Quadratic
TotalSFA[1]	33.07	30.24	33.17	30.73	29.56	29.28	0.529	0.041	0.096
C14:0	0.75	0.71	0.70	0.71	0.67	0.69	0.011	0.047	0.076
C16:0	25.45^a	23.02^b	25.67^a	23.30^{ab}	22.91^b	22.79^b	0.369	0.033	0.053
C18:0	6.65^a	6.31^{abc}	6.57^a	6.49^{ab}	5.77^{bc}	5.57^c	0.121	0.001	0.006
C20:0	0.23	0.20	0.22	0.22	0.21	0.23	0.005	0.886	0.718
Total MUFA[1]	45.07	46.14	44.93	46.14	45.23	45.26	0.515	0.944	0.889
C14:1	0.23	0.21	0.21	0.24	0.22	0.24	0.005	0.727	0.939
C16:1	4.91	5.21	5.00	5.54	5.68	5.69	0.127	0.084	0.142
C18:1	39.20	39.98	38.98	39.64	38.55	38.71	0.494	0.695	0.859
C20:1	0.73	0.74	0.74	0.73	0.77	0.77	0.006	0.048	0.106
Total PUFA[1]	21.86^c	23.62^b	21.91^c	23.12^b	25.21^a	25.32^a	0.264	0.001	0.001
C18:2	17.00^c	18.09^b	17.05^c	17.85^b	19.59^a	19.69^a	0.207	0.001	0.001
C18:3	1.64^{bc}	1.89^a	1.61^c	1.72^b	1.87^a	1.85^a	0.024	0.001	0.001
C20:4	3.22^c	3.64^{ab}	3.25^c	3.55^b	3.75^a	3.78^a	0.045	0.001	0.001

注：[1] Total SFA-总饱和脂肪酸含量；Total MUFA-总单不饱和脂肪酸含量；Total MUFA-总多不饱和脂肪酸含量。

日粮添加银杏叶发酵物对42天肉鸡胸肌脂肪酸组成的影响详见表5。日粮处理对 C16:0 ($P=0.040$)、C18:0($P=0.024$)、C18:2($P=0.001$)、C18:3($P=0.001$)、C20:4($P=0.001$)和多不饱和脂肪酸含量产生了显著影响(PUFA)($P=0.001$)。与对照组或 NF 组相比，FR2 和 FR3 组的 C16:0 和 C18:0 含量及 VE 组的 C16:0 含量显著降低($P<0.05$)，同时，FR3 组与 FR1 组间的 C18:3 含量也有显著差异($P<0.05$)。就总 PUFA、C18:2 和 C20:4 含量而言，VE、FR1、FR2 和 FR3 组均比对照组和 NF 组有显著升高($P<0.05$ 或 $P<0.05$)。此外，FR2 组和 FR3 组的 PUFA、C18:2 和 C20:4 含量也比 VE 或 NF 组有显著提高($P<0.05$)。VE 组、FR2 和 FR3 组的 C18:3 含量比对照组、NF 组和 FR1 组的有显著提高($P<0.05$ 或 $P<0.05$)，同时，C18:3 含量在 NF 组和 FR1 组间也有显著差异($P<0.05$)。随着日粮中 FR 添加水平的增加，C16:0($P=0.033$)、C18:0($P=0.001$)和总多不饱和脂肪酸($P=0.041$)含量呈线性降低，而总 PUFA、C18:2、C18:3 和 C20:4 含量呈线性增加。

3 讨论

发酵是一种产生具有健康促进作用的生物物质的有用手段。经过微生物发酵处理后的中草药富含维生素，酶和生长因子[15]。前人对银杏叶生物作用的研究仅仅局限于正常的或经化学制剂侵袭的动物[16,17]。现在研究已知银杏叶富含黄酮和多糖类。黄酮是一大类酚类化合物，大量研究已经揭示其黄酮的生物学作用源于它们的甙元[18,19]。发酵后黄酮甙元更容易且更迅速被肠道吸收[20]。在本实验室中，FR 中所含的总黄酮、粗蛋白和总氨基酸的含量分别比发酵前增加了 95.09%、73.48%及 21.25%。多糖含量的增加可能是因为发酵后碳水化合物含量的增加[21]。然而发酵后总黄酮略有降低，这说明发酵过程中来源于黑曲霉的 β-葡萄糖甙酶可能已经将黄酮转化为甙元，而产生的不同苷类的甙元可能，至少部分是本试验中具有有益作用的生物活性组分[22]。近年来，消费者愈来愈注重食品安全与健康，因此，低脂鸡肉在国际市场上逐渐受到欢迎。本试验中，肉鸡日粮中添加 FR(前期 0.35% ~ 0.50%，后期 0.70% ~1.00%)降低了肉鸡的脂肪沉积。腹部沉积的脂肪作为家禽产业和家禽市场的一种浪费，被认为是一种额外的损失，本试验揭示了日粮中添加 FR 能够降低腹部脂肪的沉积。

已有的研究发现，若干黄酮能够与食糜中的胆固醇形成不溶复合物并抑制肠道对内源性和外源性胆固醇的吸收[23]。Jang *et al.*[24]研究指出，发酵人参培养物能够显著降低蛋鸡血清 TC(P=0.260)，本试验恰恰也证实了这一点。日粮中添加 FR 虽对血清 TC 无显著影响，但却能够降低肉鸡血清中 TG(P=0.001)和 LDL-C(P=0.003)的水平，并增加了 HDL-C(P=0.073)的浓度。

与其他肉类相比，鸡肉相对富含 PUFA，主要包括容易受到自由基攻击的 n-3 脂肪酸[25]。2-硫代巴比妥酸与 MDA 的反应广泛用于测定肉类食品中脂类的氧化变质程度[26,27]。脂类过氧化会导致自由基的产生，导致肉的氧化进而酸败产生不良气味[28]。本试验中，MDA 含量的降低表明日粮中添加 FR 能够诱导鸡肉的抗氧化反应。目前已有的若干文献表明植物多酚黄酮类作为抗氧化剂是一种主要的具有终止自由基反应的化合物基团之一[29]，参与细胞的抗氧化体系并与其他的细胞抗氧化剂发挥协同作用。Havsteen(2002)报道[30]指出，存在于细胞膜中的黄酮类物质能够像 VC 一样保护不饱和脂肪酸免遭氧化。以前也有研究指出[31]，相对低浓度的黄酮能够诱导抗氧化反应元件(ARE)介导的基因表达，包括 II 期去毒酶，例如 UDP-葡萄糖苷酸(基)转移酶。这一点恰好支持了本试验的结果。

SOD 是机体抗氧化损伤系统中重要的成员之一，是生物体内唯一一种以自由基为底物的酶，对氧化和抗氧化平衡起着至关重要的作用，其活力的高低可间接反映机体清除自由基能力的强弱博士乱问[32]。T-AOC 能够反应机体清除自由基的能力[33]。从氧化还原的角度来看，本试验的结果表明，日粮中添加不同水平的 FR 所引起增加的 T-SOD 活性和 T-AOC，及降低的 MDA 含量可能均归功于日粮中逐渐增加的总黄酮和总多糖的含量对细胞自由基和抗氧化平衡的调控(表 2)。在抗氧化状态得到改善的同时，本试验中也发现，血清 α-TOH 的含量有显著提高。原因可能是日粮中多糖和黄酮节约了机体对 VE 的消耗。

本试验结果发现，日粮中添加 FR 能够有效的改变脂肪酸的组成，表现在增加或保护不饱和脂肪酸(UFA)的氧化，或降低胸肌总饱和脂肪酸(SFA)的含量。SFA 含量的降低是由于 C16:0 和 C18:0 含量的显著降低所致，这可能与日粮 FR 的添加对血清 TC 浓度的作用有关。胸肌中总 PUFA 含量显著增加主要是由于 C18:2、C18:3 和 C20:4 含量的增加所致。其原因可能与过氧化物酶清除酶的活性有关，该酶能够降低总 UFA 氧化。临床数据显示冠状心脏疾病(CHD)与日粮 TC 和 SFA 的摄取呈显著相关[34]。本试验中，肉鸡日粮添加 FR 后 42 天，与对照组相比，其胸肌含有较低含量的总 SFA。这表明 FR 能够显著降低患 CHD 的风险。本试验中脂肪酸组成的结果与增强的 T-AOC 和增加的 SOD 活性的结果相互支持。

4 结论

日粮中添加 FR 能够在一定程度上改善肉鸡的脂类代谢，提高胸肌的抗氧化能力，其原因主要是血清 α-TOH 含量的提高及 MDA 含量的提高和 T-SOD 活力的提高。

参考文献

[1] Jones J M. Food additives in Food safety [M]. St. Paul, MN: Eagon Press, 1992, 213.

[2] 池静端，徐礼申，马辰．银杏叶的化学成分研究[J]．中国中药杂志，1997，22(2)：106.

[3] 张迪清，何照范．银杏叶资源化学研究[M]．北京：中国轻工业出版社，1999，324.

[4] Kleijnen J, Knipschild P. *Ginkgo biloba*[M]. Lancet. 1992, 340, 1136-1139.

[5] Le Bars P L, Katz M M, Berman N, et al. Schatzberg A F. A placebo-controlled, double-blind, randomized trial of an extract of *Ginkgo biloba* for dementia[J]. 1997, JAMA, 278: 1327-1332.

[6] 高锦明，王蓝，张鞍灵．银杏叶中有效成分的研究[J]．西北林学院学报，1995，10(4)：94-100.

[7] 张莹．银杏叶生物饲料在蛋鸡饲料中的应用[D]．扬州：扬州大学，2009.

[8] National Research Council. Nutrient Requirements of Poultry. 9th. rev. ed. National Academy Press, Washington, D C. 1994.

[9] 夏弈明，朱莲珍．血和组织中谷胱甘肽过氧化物酶活力的测定方法 [J]．卫生研究，1987，16(4)：29-33.

[10] Meydani S N, Barklundm P, Liu S, et al. Vitamin E supplementation enhances cell mediated immunity in healthy elderly subjects [J]. American Journal of Clinical Nutrition, 1990, 52(3): 557-563.

[11] Noguchi K, Cantor A H, Scott M L. Mode of action of selenium and vitamin E in prevention of exudative diathesis in chicks [J]. Journal of Nutrition, 1973, 103(10): 1 502-1 511.

[12] Ohkawa H, ohishi N, Yagi K. Assay for lipid peroxides in animal tissues by thiobarbituric acid reaction [J]. Analytical Biochemistry, 1979, 95(2): 351-358.

[13] 张旭晖，王宝维，王雷，等．共轭亚油酸对鹅抗氧化功能与脂质过氧化的影响[J]．动物营养学报，2007，19(3)：299-304.

[14] Kennedy S R, Campbell P J, Porter A, et al. Influence of dietary conjugated linoleic acid (CLA) on lipid and fatty acid composition in liver and muscle of Atlantic salmon (*Salmo salar*)[J]. Comparative Biochemistry and Physiology, 2005, B141: 168-178.

[15] Ng C C, Wang C Y, Wang Y P, et al. Lactic acid bacterial fermentation on the production of functional antioxidant herbal *Anoectochilus formosanus* Hayata[J]. Journal of Bioscience and Bioengineering, 2011, 111: 289-293.

[16] Echeonwu G O N, Iroegbu C U, Echeonwu B C, et al. Immune response and protection of free range chickens vaccinated orally with feeding of Newcastle disease vaccine-coated cassava granules[J]. African Journal of Microbiology Research, 2008, 2: 120-125.

[17] Huang G C, Wu L S, Chen L G. et al. Immuno-enhancement effects of Huang Qi Liu Yi Tang in a murine model of cyclophosphamide-induced leucopenia[J]. Journal of Ethnopharmacology, 2007, 109: 229-235.

[18] Hendrich S. Bioavailability of isoflavones[J]. Journal of Chromatography B-Analytical Technologies in the Biomedical and Life Sciences, 2002, 777: 203-210.

[19] Kawakami Y, Tsurugasaki W, Nakamura S, et al. Comparison of regulative functions between dietary soy isoflavones aglycone and glucoside on lipid metabolism in rats fed cholesterol[J]. Journal of Nutritional Bio-

chemistry, 2005, 16: 205-212.

[20] Izumi T, Piskula M K, Osawa S, et al. Soy isoflavone aglycones are absorbed faster and in higher amounts than their glucosides in humans[J]. Journal of Nutrition, 2000, 130: 1695-1699.

[21] Hong K L, Lee C H, Kim S W. Aspergillus oryzae GB-107 fermentation improves nutritional quality of food soybeans and feed soybean meals[J]. Journal of Medicinal Food, 2004, 7: 430-435.

[22] Hsu M F, Chiang B H. Effect of *Bacillus subtilis* natto-fermented *Radix astragali* on collagen production in human skin fibroblasts[J]. Process Biochemistry, 2009, 44: 83-90.

[23] Rao A V, Gurfinkel D M. The bioactivity of saponins: triterpenoid and steroidal glycosides[J]. Drug Metabolism and Drug Interactions, 2000, 17(1-4): 211-35.

[24] Jang H D, Kim H J, Cho J H, et al. Effect of dietary supplementation of fermented wild ginseng culture by products on egg productivity, egg quality, blood characteristics and ginsenoside concentration of yolk in laying hens[J]. Korean Journal of Poultry Science, 2007, 34: 271-278.

[25] Asghar A, Lin C F, Gray J I, et al. Effects of dietary oils and α-tocopherol supplementation on membranal lipid oxidation in broiler meat[J]. Journal of Food Science, 1990, 55: 46-50.

[26] Descalzo A M, Sancho A M. A review of natural antioxidants and their effects on oxidative status, odor and quality of fresh beef produced in Argentina[J]. Meat Science, 2008a, 79: 423-436.

[27] Descalzo A M, Rossetti L, Sancho A M, et al. Antioxidant consumption and development of oxidation during ageing of buffalo meat produced in Argentina[J]. Meat Science, 2008b, 79: 582-588.

[28] Faustman C, Cassens R G. The biochemical basis for discoloration in fresh meat: A review[J]. Journal of Muscle Foods, 1990, 1: 217-243.

[29] Singh G, Marimuthu P, De-Heluani C S, et al. Antimicrobial and antioxidant potentials of essential oil and acetone extract of *Myristica fragrans* Houtt. (aril part)[J]. Journal of Food Science, 2005, 70: 141-148.

[30] Havsteen B H. The biochemistry and medical significance of the flavonoids[J]. Clinical Pharmacology and Therapeutics, 2002, 96: 67-202.

[31] Chen C, Yu R, Owuor E D, et al. Activation of antioxidant-response element (ARE), mitogen-activated protein kinases (MAPKs) and caspases by major green tea polyphenol components during cell survival and death [J]. Archives of Pharmacal Research, 2000, 23: 605-612.

[32] Catalgol B K, Ozden S, Alpertunga B. Effects of trichlorfon on malondialdehyde and antioxidant system in human erythrocytes[J]. Toxicology in Vitro, 2007, 21(8): 1538-1544.

[33] Lewis S E, Boyle P M, Mckinney K A, et al. Total antioxidant capacity of seminial plasma is diferent in fertile and infertile men[J]. Fertil Steril, 1995, 64(4): 868-870.

[34] Zhou T X, Chen Y J, Yoo J S, et al. Effects of chitooligosaccharide supplementation on performance, blood characteristics, relative organ weight, and meat quality in broiler chickens[J]. Poult Science, 2009, 88: 593-600.

银杏种仁酚酸的纯化鉴定及其抑菌活性研究*

吴海霞 吴彩娥① 刘金达 范龚健 李婷婷 应瑞峰
（南京林业大学森林资源与环境学院，江苏南京 210037）

摘要：以银杏种仁为材料，采用乙醇浸提、石油醚萃取的方法从其中提取酚酸，研究银杏种仁酚酸硅胶柱层析纯化工艺；并采用液相色谱(HPLC)及液—质联用(LC－MS)分析测定银杏种仁中酚酸的组成及含量；以部分细菌及真菌为供试菌，研究银杏种仁酚酸的抑菌活性，并确定其最小抑菌浓度(MIC)。结果表明，以89:11:1的石油醚:乙醚:甲醇为洗脱液，1.2mL/min的流速对银杏酚酸粗提物进行硅胶柱层析纯化效果较好。HPLC及LC－MS分析表明银杏种仁酚酸主要由$C_{13:0}$、$C_{15:1}$、$C_{17:2}$、$C_{15:0}$、$C_{17:1}$5种组分组成，以$C_{13:0}$、$C_{15:1}$、$C_{17:1}$计，银杏种仁中的酚酸含量为0.11mg/g脱脂干粉，其中$C_{13:0}$、$C_{15:1}$、$C_{17:1}$的含量分别为0.013mg/g脱脂干粉、0.042mg/g脱脂干粉、0.055mg/g脱脂干粉；抑菌试验结果表明，银杏种仁酚酸对大肠杆菌、枯草芽孢杆菌2种细菌及青霉、产紫青霉、沙门柏干酪青霉、黑曲霉4种真菌有抑制作用，其中对大肠杆菌、枯草芽孢杆菌及青霉菌的抑菌效果较好，其MIC分别为7.5、15、25mg/mL。

关键词：银杏种仁；酚酸；纯化；高效液相色谱；液质联用；抑菌活性

Purification, Identification and the Antimicrobial Activity of Ginkgolic Acids in Ginkgo Seeds*

Wu Haixia Wu Caie① Liu Jinda Fan Gongjian Li Tingting Ying Ruifeng
(*College of Forest Resources and Environment*, *Nanjing Forestry University*, *Nanjing Jiangsu* 210037, *China*)

Abstract: Ginkgo seeds were used as materials in this experiment, Ginkgolic acids in ginkgo seeds were extracted by ethanol , and the ethanol extract were further extracted with petroleum ether. The purification process of the ginkgolic acids were studied, and the compositions and contents were analyzed and detected by the methods of combination of HPLC and LC－MS. And some bacterias and fungis were used for tested strains, the antimicrobial activity of ginkgolic acids were tested and the minimal inhibitory concentration (MIC) were determined separately. The results show that taking 89:1:11 system of petroleum ether, ethyl ether, and methanol as

* 基金项目：江苏省普通高校研究生科研创新计划项目(CXZZ12_0544)；江苏省科技支撑(农业)项目(BE2011381)；江苏高校优势学科建设工程资助项目(PAPD)。作者简介：吴海霞，女，1980年生，在读博士，讲师。
①通讯作者：吴彩娥。

eluents, at 1. 2mL/min velocity, the effect of the silica gel column chromatography purification is the better. HPLC and LC – MS analysis shogolic acids in skimmed ginkgo powder is 0. 11 mg/g by the $C_{13:0}$, $C_{15:1}$, $C_{17:1}$ and the content of $C_{13:0}$, $C_{15:1}$, $C_{17:1}$ is 0. 013、0. 042、0. 055 mg/g separately. The antimicrobial tests showed that ginkgolic acids had a wide antimicrobial spectrum against *E. coli* and*bacillus subtilis* who are bacterias, and *penicillium*, *penicillum purpurogenum*, *penicillium camemberti* and *aspergillus niger* who are fungis. And The MIC of the ginkgolic acids against *E. coli*, *bacillus subtilis* and *penicillium* is 7. 5、15、25 mg/mL seperately.

Key words: Ginkgo seeds; Ginkgolic acids; Purify; HPLC; LC – MS; Antimicrobial activity

前言

银杏(*Ginkgo biloba* L.)有裸子植物"活化石"之称，是我国特有的珍贵孑遗植物[1]。近年来，银杏资源的开发倍受人们关注。银杏种仁(俗称"白果")作为一种珍贵的坚果，为我国公布的药食同源物品之一，除富含淀粉、蛋白质、脂肪等营养成分外还含有酚酸、多糖、萜内酯等有效成分[2]。银杏酚酸(GA)是一类广泛存在于银杏(叶、外种皮和种仁)中的6 - 烷基或6 - 烯基水杨酸的衍生物，按化学结构可分为银杏酸(白果酸、氢化白果酸、氢化白果亚酸)、银杏酚、银杏二酚等[3-5]。研究认为银杏酚酸是银杏提取物(EGb)及其制剂中的主要毒性物质，具有致敏性、细胞毒性和免疫毒性[6-8]，Lepoittevin[9]等研究报道银杏酚酸是引起豚鼠过敏的主要过敏原，国际上银杏提取物标准(EGB 761)也规定了银杏产品中银杏酚酸的含量应低于5μg/g[10]，因此，在一般的银杏产品加工过程中需要对酚酸进行脱除处理。同时也有研究基于银杏酚酸对很多酶及微生物的抑制作用，将银杏叶及其外种皮中的酚酸应用于农药及杀虫剂的开发[11-13]。因此，如能对银杏种仁酚酸的组成、含量及抑菌活性进行深入研究，对于银杏产品质量控制、天然产物抑菌活性物质的开发及银杏种仁资源的充分利用具有一定的意义。

目前，关于银杏酚酸的研究主要集中在银杏叶及外种皮中酚酸的提取、鉴定及其抑菌、杀虫活性等方面，关于银杏种仁中酚酸的研究报道较少。仅仰榴青[14]、罗曼[15]等研究了HPLC及固相萃取 - HPLC法测定银杏种仁酚酸含量的可行性，潘红梅等[16]对银杏种仁酚酸的提取工艺及其组成成分进行了初步研究。但目前的研究均是以银杏种仁酚酸粗提物为研究对象测定总银杏酚酸的含量，关于种仁酚酸中各组成的含量目前还未有任何报道，银杏种仁酚酸的抑菌活性也未有研究涉及。本试验在研究银杏种仁酚酸硅胶柱层析纯化工艺的基础上，采用HPLC及LC - MS对银杏种仁酚酸的组成及其含量进行分析测定，并以部分细菌及真菌为对象对其体外抑菌活性进行研究。

1 材料与方法

1.1 试验材料与主要仪器

银杏种仁：购自江苏泰兴的大佛指。

总银杏酚酸标准品及 $C_{13:0}$、$C_{15:1}$、$C_{17:1}$ 标品：上海同田生物工程有限公司，纯度≥98. 5%；试剂：甲醇、冰乙酸为色谱纯，乙醇、石油醚等其余试剂均为分析纯；试验菌种：

大肠杆菌 *E. coli*、枯草芽孢杆菌 *Bacillus subtilis* 由南京林业大学森保实验室提供，青霉 *Penicillium*、产紫青霉 *Penicillium purpurogenum*、沙门柏干酪青霉 *Penicillium camemberti*、黑曲霉 *Aspergillus niger* 等真菌由南京林业大学食品科学与工程教研室提供。

试验仪器：1100Series 型液相色谱－质谱联用仪(美国 Agilent)，Waters 2695 高效液相色谱仪(美国 Waters)，BT1－100E 恒流泵、DBS－100－LCD 全自动部分收集器、Ø1cm×30cm 玻璃层析柱(上海琪特分析仪器有限公司)，R－210 旋转蒸发仪(瑞士 BUCHI)，Lambda 35 紫外可见分光光度计(美国 PerkinEimer)，2－16k 台式高速冷冻离心机(德国 SIGMA)，ALPHA 1－2 LD plus 冷冻干燥机(德国 Christ)

1.2 试验方法

1.2.1 高效液相色谱(HPLC)分析、测定银杏种仁酚酸含量

色谱条件：Waters Xbridge C18 色谱柱，4.6mm×150mm；流动相：甲醇：3%冰乙酸去离子水=90:10；流速 1mL/min；柱温 30℃；检测器：紫外检测；检测波长 310nm[17,18]。

标准曲线绘制：分别准确称取银杏酚酸 $C_{13:0}$、$C_{15:1}$ 及 $C_{17:1}$ 标准品各 10mg，色谱甲醇溶解后定容至 10mL(1mg/mL)；各取 2mL 经 0.45μm 有机微孔滤膜过滤后，分别进样 5、10、15、20、25、30、35、40μL。以峰面积（*Y*，伏·秒)对进样量(*X*，mg)绘制标准曲线，得回归方程：

$$C_{13:0}:\ Y=444.38X-0.3225,\ R^2=0.9991;$$

$$C_{15:1}:\ Y=907.56X-0.1488,\ R^2=0.9996;$$

$$C_{17:1}:\ Y=234.71X-0.0669,\ R^2=0.9999。$$

式中，*Y* 表示峰面积，*X* 表示酚酸进样量，R 为相关系数。结果计算采用外标法，根据标准曲线进行样品中酚酸含量的计算。

1.2.2 银杏种仁酚酸的提取

提取工艺流程：银杏种仁→剥壳、去皮→冷冻干燥→粉碎过筛(40 目)→85%乙醇浸提→过滤取上清→旋转蒸发→石油醚萃取→旋转蒸发→酚酸粗提物浸膏

新鲜银杏剥壳、去内种皮，超低温冷冻 24h 后冷冻干燥 72h，粉碎并过 40 目筛，得银杏种仁粉，备用。精确称取 80g 银杏种仁粉，采用 85%乙醇、1:10(w/v)料液比，室温浸提 20h，过滤取上清，旋转蒸发浓缩得醇提酚酸粗提物浸膏。将其进行石油醚萃取，至石油醚相无色。将浸提液旋蒸浓缩得石油醚萃取酚酸粗提物浸膏，酚酸得率为 1.548%±0.022%。

1.2.3 银杏种仁酚酸(Ginkgo seed acids，GSAs)纯化精制

纯化工艺流程：硅胶浸泡、脱气→装柱→平衡→甲醇溶解酚酸粗提物→上样→洗脱→收集→旋转蒸发→纯化精制银杏酚酸→甲醇溶解定容→HPLC 分析

洗脱液体系对酚酸纯化效果的影响：分别以石油醚:乙醚:甲醇(89:11:1)、石油醚:醋酸乙酯(9:1)、氯仿:甲醇(100:10)三种不同的洗脱液体系，在流速 0.8mL/min 下对银杏种仁酚酸粗提物进行硅胶柱层析，HPLC 分析。

洗脱液流速对酚酸纯化效果的影响：以石油醚:乙醚:甲醇(89:11:1)为洗脱液，分别采用 0.8rmp(0.5mL/min)、1.0rmp(0.9mL/min)、1.2rmp(1.1mL/min)、1.4rmp(1.25mL/min)的转速对银杏种仁酚酸粗提物进行硅胶柱层析，4min/管分管收集，蒸干后甲醇复溶，并在 310nm 下测定其吸光值。

1.2.4 HPLC 及液－质联用(LC－MS)分析银杏种仁酚酸组成及其含量

LC－MS 色谱条件：ZORBAX C18 色谱柱（2.1 ×50mm，5μm），流动相：甲醇∶3% 冰乙酸去离子水 =90∶10(V/V)，流速：0.3mL/min；柱温 30℃；检测器：紫外检测；仪检测波长 310nm；离子源(ESI)喷射电压：3500V，负离子方式检测，扫描质量范围 150 ~600m/z，雾化气流速度 3mL/min，脱溶剂温度 300℃[19,20]。

准确称取 0.853g 精制银杏种仁酚酸，色谱甲醇定容至 10mL，过 0.45μm 微孔滤膜。按照 1.2.1 条件进行 HPLC 分析，并结合 LC－ESI－MS 进一步确定银杏种仁酚酸组成，并计算其含量。

1.2.5 银杏种仁酚酸的抑菌活性测定

含药培养基制备：准确称取酚酸样品 0.30g 于刻度试管，加 1mL 二甲基亚砜(DMSO)充分溶解后，用培养基(细菌用牛肉膏蛋白胨培养基、真菌用察氏培养基)定容，制成一定浓度的含药培养基，同时取 1mL DMSO 用培养基定容后作为空白对照；将上述各培养基高压灭菌后，平均加入含底层培养基的培养皿中，迅速摇匀，制成含药平板[11-13]。

抑菌活性及最小抑菌浓度试验：采用生长速率法及倍半稀释法。将培养基制成含不同系列浓度酚酸的平板，取供试菌菌落(细菌 0.8cm、真菌 0.4cm)接种于上述培养基中，3 个/平板，呈正三角形。细菌于 37℃培养 24h，真菌于 27℃培养 72h，十字交叉法测量菌落直径。抑菌率按以下公式计算：抑菌率(%) = [(对照菌落直径－处理菌落直径)/(对照菌落直径－原菌落直径)] ×100%，以对供试菌抑制率 >80% 的平板所含最低药物浓度为最小抑菌浓度 MIC[5]。

2 结果与分析

2.1 银杏种仁酚酸的纯化精制

2.1.1 洗脱液对酚酸纯化效果的影响

不同的有机溶剂，其极性不同，因此不同的洗脱液体系，其对酚酸的洗脱效果也不同。李多伟等[21]采用薄层扫描法测定了银杏外种皮中白果酸的含量，认为石油醚－乙酸乙酯－乙酸(18∶1∶1)的展开剂体系较苯－甲酸乙酯－甲酸(5∶4∶1)及甲苯－氯仿－丙酮(8∶5∶7)更适宜作为白果酸薄层分离的展开剂，基本上可将物质分开，几乎没有拖尾现象。郭春霞等[22]以 75∶25∶0.2 的正己烷∶乙酸乙酯∶三己胺为洗脱体系采用硅胶柱层析对银杏外种皮酚酸进行了纯化，得到较好的分离效果。本试验以氯仿∶甲醇 =100∶10(体系Ⅰ)、石油醚∶乙酸乙酯 =90∶10(体系Ⅱ)、石油醚∶乙醚∶甲醇 =89∶11∶1(体系Ⅲ)三种不同的洗脱液体系，在流速 0.8 mL/min 下对银杏种仁酚酸粗提物进行纯化精制，采用 HPLC 检测，并结合纯化后银杏酚酸的纯度来考察不同洗脱液体系的纯化效果，结果如图 1、图 2。由图 1、2 可以看出以体系Ⅰ作为洗脱液对银杏种仁酚酸进行硅胶柱层析时，所收集酚酸样品的 HPLC 分析显示其杂峰较多、面积较大，所得酚酸样品纯度较低；而以体系Ⅱ及体系Ⅲ作为洗脱液时所收集样品的杂峰相对较少，其中以体系Ⅱ为洗脱液进行柱层析纯化时所收集样品中银杏酚酸总峰面积为 2079.4，纯度为 71%，而以体系Ⅲ为洗脱液时银杏酚酸总峰面积为 2184，纯度达 86%，均显著高于体系Ⅰ。结合 HPLC 图谱及所得酚酸样品纯度认为，以 89∶11∶1 的石油醚∶乙醚∶甲醇体系作为银杏种仁酚酸硅胶柱层析的洗脱液较为适合。

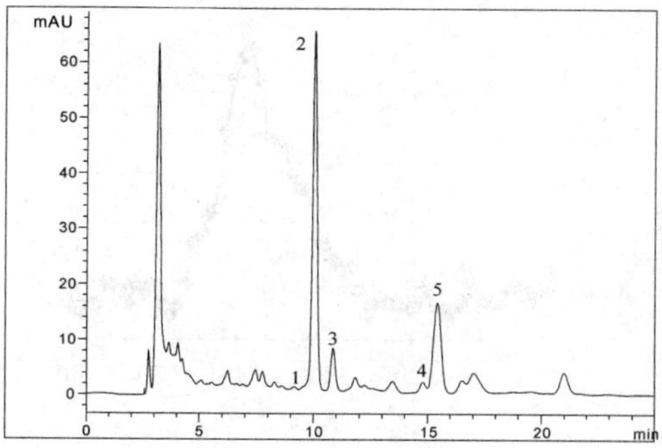

(Ⅰ)100∶10的氯仿∶甲醇洗脱

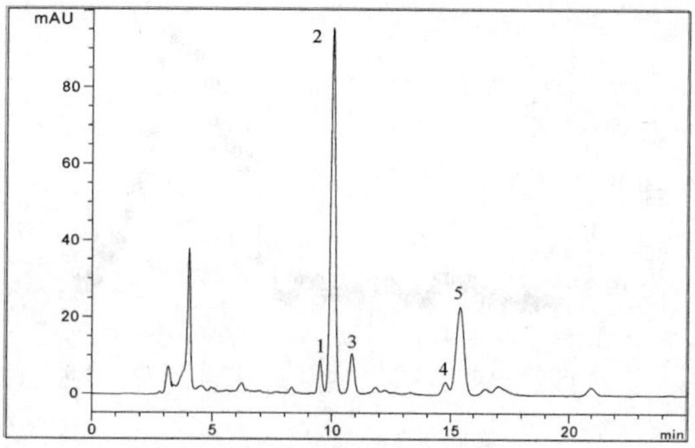

(Π)石油醚∶乙酸乙酯(90∶10)洗脱

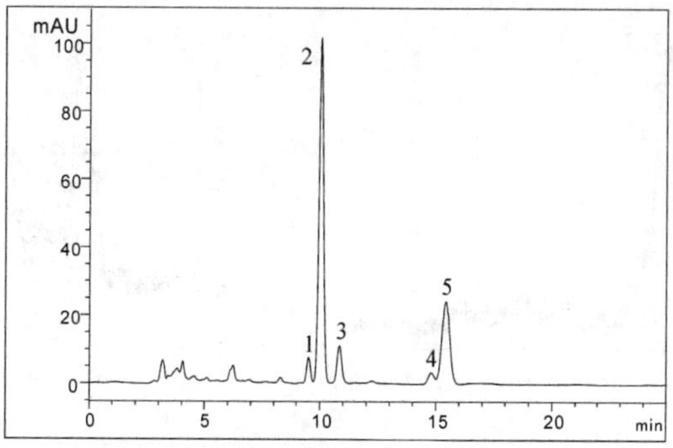

(Ш)石油醚∶乙醚∶甲醇(89∶11∶1)洗脱

图1　不同洗脱液纯化酚酸的 HPLC 图谱

Fig. 1　HPLC map of GSAs purified with different eluents

2.1.2　流速对酚酸纯化效果的影响

洗脱液流速的大小直接影响物质在流动相与固定相中的分配，流速过慢或过快都会直接影响样品的纯化效果。以 89∶11∶1 石油醚∶乙醚∶甲醇为洗脱液，分别在 0.5、0.9、1.1 及 1.25mL/min 的流速条件下以 4min/管分管收集酚酸样品，根据出峰时间、峰结束时间及酚酸富集程度等指标综合评价洗脱液流速对银杏种仁酚酸纯化效果的影响，确定最佳流速，结果如图 3。

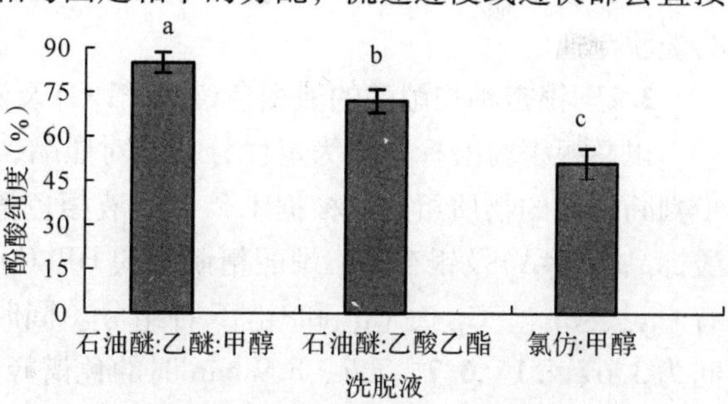

图2　不同洗脱液纯化后银杏种仁酚酸的纯度

Fig. 2　Purity of GSAs purified with different eluents

从图中可以看出，洗脱液流速的大小对银杏酚酸的洗脱效果有明显影响。当流速为 0.5、0.9mL/min 时(图 3a、b)，出峰时间相对较晚，峰结束时间也明显延迟，峰持续时间长达 1h 以上，出现明显拖尾，这主要是由于洗脱速度过慢，使样品的分配过程过于缓慢，从而造成出峰时间延长；而当流速为 1.25mL/min 时(图 3d)，出峰时间明显提前，虽无明显拖尾现象，但不是单一峰，且各管的吸光值均大于 0.5，说明洗脱不集中，且峰结束时间较晚，消耗洗脱液较多，这主要是由于较大的洗脱速度使酚酸样品在流动相和固定相之间来不及分配、平衡即被快速洗下，尽管出峰较早，但时间较长，又由于各管均含有少量目标成分，而造成样品浪费；当流速为

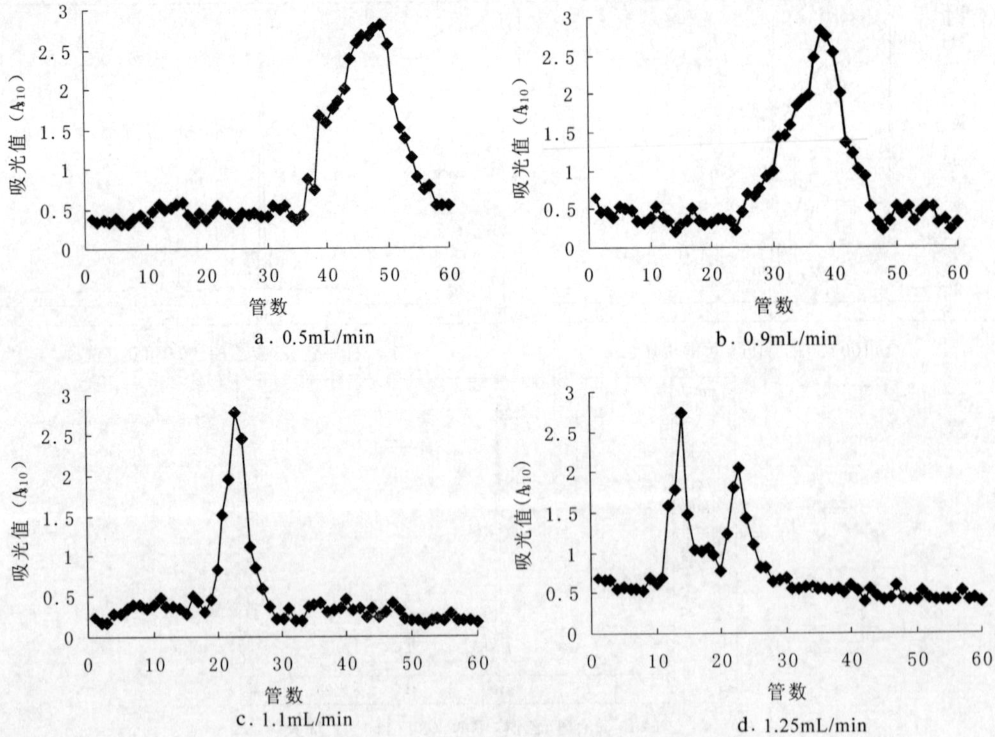

图 3　洗脱液流速对银杏种仁酚酸纯化效果的影响

Fig. 3　Effect of elution rate on the result of GSAs purification

1.1mL/min 时(图 3c)，出峰时间较早，洗脱峰呈现单窄峰、无拖尾，峰结束较早，样品收集集中，效果较好。因此本试验中对银杏种仁酚酸纯化时选择 1.2rmp 的转速即 1.1 mL/min 的洗脱流速。

2.2　银杏种仁酚酸的液相色谱(HPLC)及液－质联用(LC－MS)分析

以总银杏酚酸标样作为定性分析的对照品，通过各物质在 HPLC 图谱中的出峰时间来初步判断样品的物质组成。根据 1.2.1 中液相色谱检测条件，进样量为 20μL，得到总银杏酚酸标品(图 4A)及银杏种仁酚酸精制品的 HPLC 图(图 4B)，可知银杏种仁酚酸样品中主要含有 $C_{13:0}$、$C_{15:1}$、$C_{17:2}$、$C_{15:0}$ 和 $C_{17:1}$ 5 种组分。同时，通过 LC－MS 分析(图 5、6)知，保留时间为 3.6、4.1、6.7、7.7、8.9 min 时的色谱峰所对应的质谱分别为图 A、B、C、D、E，分

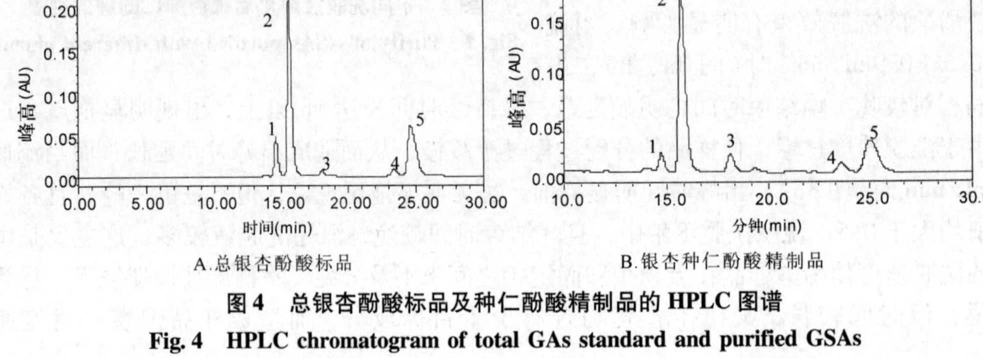

图 4　总银杏酚酸标品及种仁酚酸精制品的 HPLC 图谱

Fig. 4　HPLC chromatogram of total GAs standard and purified GSAs

子量依次为319.8、345.8、371.8、348.3、374.0，与理论值一致，可进一步确定银杏种仁酚酸的组成为$C_{13:0}$、$C_{15:1}$、$C_{17:2}$、$C_{15:0}$和$C_{17:1}$。此结果与潘红梅、仰榴青[14,16]等关于银杏种仁酚酸组成的报道结果一致。同时，与倪学文等[5]有关银杏外种皮酚酸组成的结果一致，但各组成分间的比例有所不用，其含量也有所区别。结合1.2.1回归方程及1.548% ± 0.022%的酚酸得率，可知以$C_{13:0}$、$C_{15:1}$、$C_{17:1}$计，银杏种仁中总酚酸含量为0.11mg/g脱脂干粉，其中$C_{13:0}$、$C_{15:1}$、$C_{17:1}$的含量分别为0.013mg/g脱脂干粉、0.042mg/g脱脂干粉、0.055mg/g脱脂干粉。

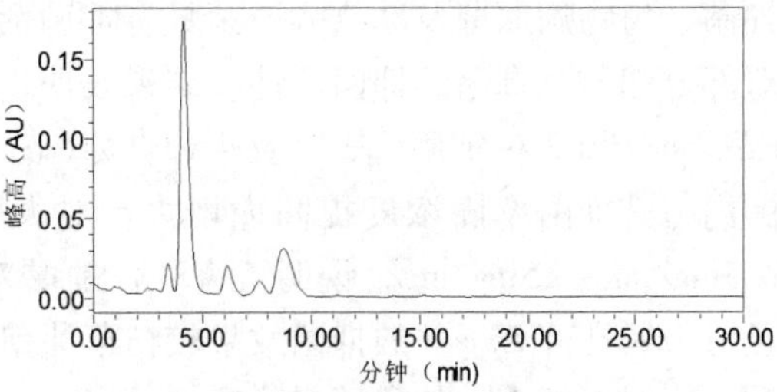

图5 银杏酚酸的高效液相色谱图

Fig. 5 HPLC chromatogram of ginkgolic acids

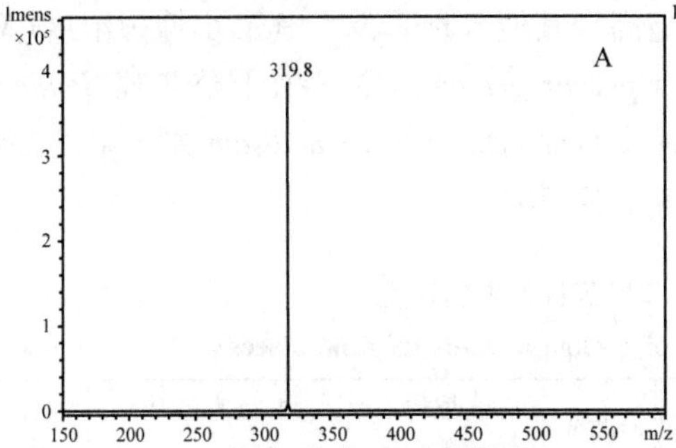

A银杏酚酸$C_{13:0}$质谱图

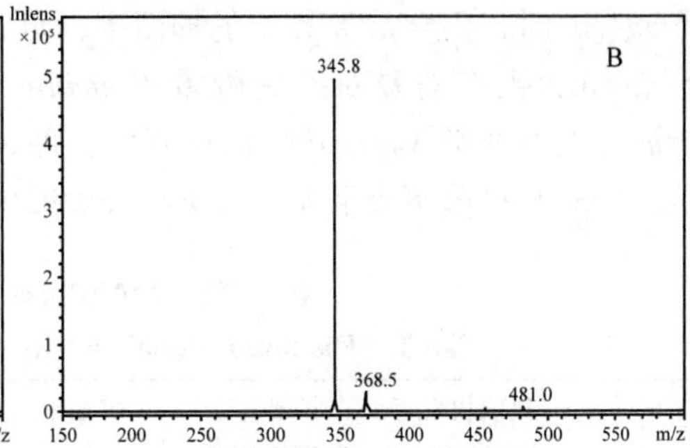

B银杏酚酸$C_{15:1}$质谱图

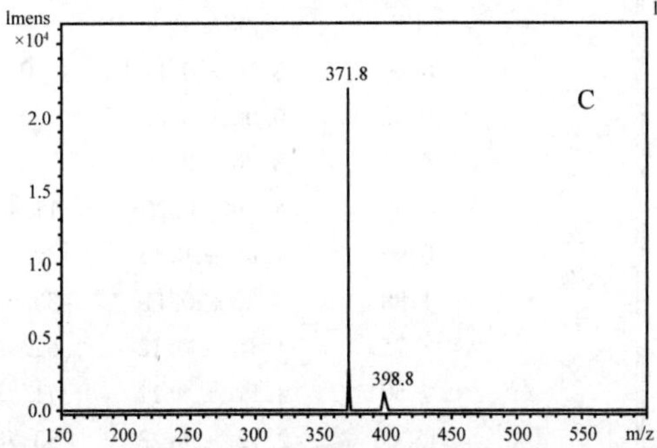

C银杏酚酸$C_{17:1}$质谱图

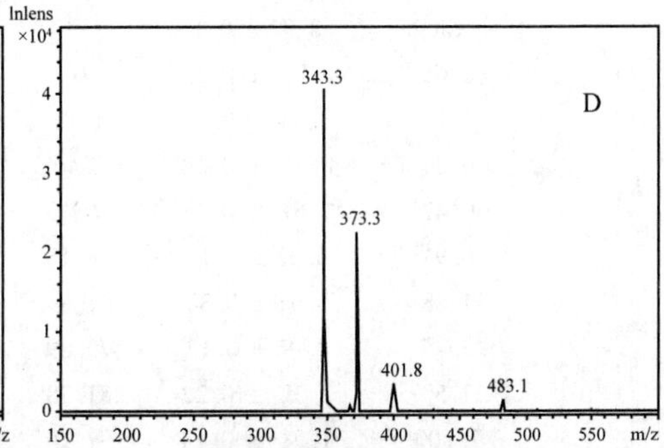

D银杏酚酸$C_{15:0}$质谱图

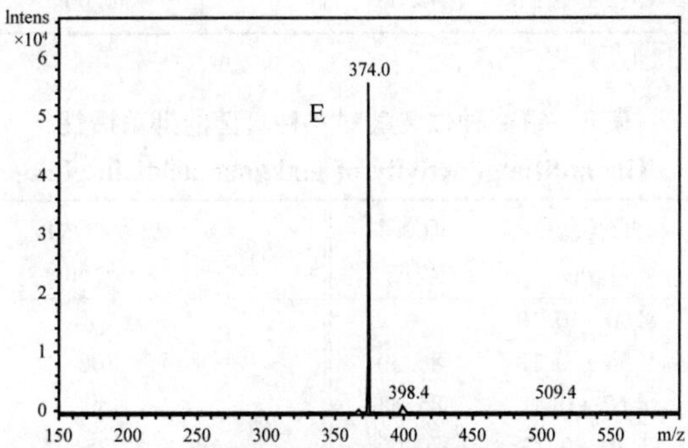

E银杏酚酸$C_{17:1}$质谱图

图6 银杏种仁酚酸各色谱峰的质谱图(A－E)

Fig. 6 Chromatogram of ESI Mass spectra (A－E) of GSAs

2.3　银杏种仁酚酸的抑菌活性测定

许多研究对银杏叶及其外种皮中酚酸的抑菌活性进行了报道，结果表明银杏酚酸对多种细菌、植物病原菌及动物病原菌具有抑菌活性[11-13]。本试验研究了银杏种仁中酚酸精制品对部分细菌及真菌的抑菌活性。结果表明，银杏种仁酚酸对大肠杆菌 *E. coli*、枯草芽孢 *Bacillus subtilis* 2 种细菌(表 1)及 4 种真菌(表 2)具有不同程度的抑菌活性。且在一定的浓度范围内，其抑菌率随浓度提高而增大。对大肠杆菌、枯草芽孢杆菌的最小抑菌浓度分别为 7.5mg/mL、15mg/mL，说明银杏种仁酚酸对革兰氏阳性菌及阴性菌均有一定的抑菌效果，且对大肠杆菌 *E. coli* 的抑菌效果较枯草芽孢杆菌好，与倪学文、He J Z. 等[23,24]研究结果一致。同时，银杏种仁酚酸对青霉 *Penicillium*、产紫青霉 *Penicillium purpurogenum*、沙门柏干酪青霉 *Penicillium camemberti* 及黑曲霉 *Aspergillus niger*4 种真菌有不同程度的抑菌活性。其中，对青霉 *Penicillium* 的抑菌性最强，浓度为 50mg/mL 时其抑菌率达 85.65%，当浓度低至 3.125mg/mL 时，仍有 50% 以上的抑菌率，明显高于其他 3 种真菌，其最小抑菌浓度(MIC)为 25mg/mL，银杏酚酸对产紫青霉 *Penicillium purpurogenum*、沙门柏干酪青霉 *Penicillium camemberti* 及黑曲霉 *Aspergillus niger* 其他三种真菌的抑菌效果较 *Penicillium* 差，浓度提高至 100mg/mL 时其抑菌率分别为 27.55%、30.92%、22.36%。

表 1　银杏种仁酚酸对 2 种细菌的抑菌活性

Tab. 1　The antibacterial activity of ginkgolic acids in ginkgo seeds

菌种	提取物浓度(mg/mL)	扩展直径 D(cm)	抑制率(%)	菌种	提取物浓度(mg/mL)	扩展直径 D(cm)	抑制率(%)
大肠杆菌	CK	8.92 ± 0.1	—	枯草芽孢杆菌	CK	8.90 ± 0.1	—
	0.06	8.92 ± 0.12	0		0.06	8.90 ± 0.11	0
	0.12	8.83 ± 0.11	1.11		0.12	9.00 ± 0.22	0
	0.24	8.72 ± 0.12	2.46		0.24	8.90 ± 0.09	0
	0.47	7.61 ± 0.15	16.13		0.47	8.00 ± 0.20	11.11
	0.94	5.82 ± 0.12	38.18		0.94	5.71 ± 0.13	39.38
	1.88	3.91 ± 0.30	61.89		1.88	4.80 ± 0.11	50.62
	3.75	2.92 ± 0.12	73.89		3.75	3.81 ± 0.12	62.96
	7.50	2.32 ± 0.22	81.28		7.50	3.11 ± 0.21	71.48
	15.00	1.51 ± 0.14	91.25		15.00	2.12 ± 0.23	83.70
	30.00	1.12 ± 0.21	96.06		30.00	1.72 ± 0.10	88.64

表 2　银杏种仁酚酸对 4 种真菌的抑菌活性

Tab. 2　The antifungi activity of ginkgolic acids in ginkgo seeds

菌种	提取物浓度(mg/mL)	扩展直径 D(cm)	抑制率(%)	菌种	提取物浓度(mg/mL)	扩展直径 D(cm)	抑制率(%)
青霉	CK	8.90 ± 0.10	—	产紫青霉	CK	4.03 ± 0.11	—
	100	1.54 ± 0.12	86.59		100	3.03 ± 0.12	27.55
	50	1.62 ± 0.31	85.65		50	3.25 ± 0.15	21.49
	25	2.10 ± 0.13	80.00		25	3.6 ± 0.24	11.85
	12.5	3.37 ± 0.23	65.06		12.5	4.02 ± 0.32	0.28
	6.25	3.57 ± 0.35	62.71		6.25	4.07 ± 0.13	0
	3.125	4.02 ± 0.41	57.41		3.125	4.05 ± 0.12	0

（续）

菌种	提取物浓度（mg/mL）	扩展直径 D(cm)	抑制率（%）	菌种	提取物浓度（mg/mL）	扩展直径 D(cm)	抑制率（%）
沙	CK	1.92 ± 0.22	—		CK	3.53 ± 0.15	—
门	100	1.45 ±0.11	30.92		100	2.83 ± 0.15	22.36
柏	50	1.85 ±0.23	4.60	黑	50	3.27 ± 0.21	8.3
干	25	1.90 ±0.12	1.32	曲	25	3.3 ± 0.13	7.34
酪	12.5	1.90 ±0.22	1.32	霉	12.5	3.35 ± 0.23	5.75
青	6.25	1.90 ±0.12	1.32		6.25	3.43 ±0.11	3.19
霉	3.125	1.90 ±0.22	1.32		3.125	3.48 ±0.15	1.60

3 结论

采用乙醇浸提、石油醚萃取的方法从银杏种仁中提取的银杏种仁酚酸粗品，分别从洗脱液体系的选择及洗脱流速两方面研究了银杏种仁酚酸硅胶柱层析纯化工艺，结果表明以 89:11:1 的石油醚:乙醚:甲醇体系为洗脱液，以 1.1mL/min 的洗脱流速进行纯化时，所得酚酸的 HPLC 图谱杂峰少、峰形好、酚酸纯度高；经 HPLC 及 LC - MS 分析鉴定可知银杏种仁酚酸主要由羟基侧链为 $C_{13:0}$、$C_{15:1}$、$C_{17:2}$、$C_{15:0}$、$C_{17:1}$的 5 种同分异构体组成，与潘红梅、仰榴青[14,16]等关于银杏种仁酚酸组成的报道结果一致。同时，与倪学文等[23]有关银杏外种皮酚酸组成的结果一致，说明银杏种仁与外种皮中酚酸仅是在含量上有区别；以 $C_{13:0}$、$C_{15:1}$、$C_{17:1}$计，银杏种仁中的酚酸含量为 0.11 mg/g 脱脂干粉，其中 $C_{13:0}$、$C_{15:1}$、$C_{17:1}$的含量分别为 0.013mg/g 脱脂干粉、0.042mg/g 脱脂干粉、0.055mg/g 脱脂干粉；采用生长速率法及倍半稀释法测定了不同浓度银杏种仁酚酸的抑菌活性及 MIC，结果表明银杏种仁酚酸对大肠杆菌 *E. coli*、枯草芽孢杆菌 *bacillus subtilis* 2 种细菌具有抑菌效果，最小抑菌浓度分别为 7.5mg/mL 、15mg/mL；对青霉 *Penicillium*、产紫青霉 *Penicillium purpurogenum*、沙门柏干酪青霉 *Penicillium camemberti* 及黑曲霉 *Aspergillus niger* 等 4 种真菌具有抑菌活性，其中对青霉菌 *Penicillium* 的抑菌活性最强，其最小抑菌浓度为 25mg/mL。

参考文献

[1]曹福亮. 中国银杏志[M]. 北京：中国林业出版社, 2007.

[2]陈西娟. 白果蛋白的提取分离、结构表征及酶解制备多肽的研究[D]. 北京：中国林业科学研究院, 2010.

[3] 倪学文, 吴谋成. 银杏外种皮中银杏酚酸的提取及应用研究[J]. 湖北中医学院学报, 2001, 3(4): 22 - 24.

[4] Junko I. Glycerol-3-Phosphate Dehydrogenase Inhibitors, Anacardic Acids, from *Ginkgo biloba*[J]. Biotechnology and Biochemistry, 1996, 60(2): 240 - 243.

[5] 倪学文, 吴谋成. 银杏酚酸的分离鉴定及其抗菌活性研究[J]. 食品科学, 2004, 25 (9): 59 - 63.

[6] Ponto L L, Schultz S K. *Ginkgo biloba* extract: review of CNS effects[J]. Annals of Clinical Psychiatry, 2003, 15 (2) : 109 - 119.

[7] Hecker H, Johannisson R, Koch E, et al. Invitro evaluation of the cytotoxicpotential of alkylphenols from *Ginkgo biloba* L. [J]. Toxicology, 2002, 177(2 - 3): 167 - 177.

[8] 庄江兴, 邱凌, 钟雪, 等. 银杏酸 GA1 对酪氨酸酶和黑色素瘤细胞的作用[J]. 厦门大学学报：自然科

学版，2009，48（1）：103－106.

[9] Lepoittevin J P，Benezra C，Asakawa Y. Allergic contact dermatitis to *Ginkgo biloba* L：relationship with urushiol[J]. Archives of Dermatological Research，1989，281(4)：227－230.

[10] Smith J V，Luo Y. Studies on molecular mechanisms of *Ginkgo biloba* extract[J]. Applied Microbiology and Biotechnology，2004，64(4)：465－472.

[11] 王杰，王连荣，祝树德，等. 氢化白果酸对果树病原菌的抑制效果[J]. 江苏农业研究，2000，21(4)：48－50.

[12] 王高学，赵云奎，姚嘉赟，等. 银杏酚酸杀灭鱼类病原菌和指环虫的研究[J]. 西北农林科技大学学报(自然科学版)，2006，34(10)：11－15.

[13] 吴向阳，仰榴青，陈钧，等. 银杏外种皮中银杏酸抗植物病原真菌活性研究[J]. 江苏大学学报(医学版)，2003，13(5)：389－393.

[14] 仰榴青，吴向阳，陈钧. HPLC法测定白果中银杏酸的含量[J]. 药物分析杂志，2004，24(6)：636－639.

[15] 罗曼，鲍家科，宋晓宁，等. 固相萃取－HPLC法测定白果中总银杏酸的含量[J]. 中国药房，2011，22(27)：2546－2548.

[16] 潘红梅，吴彩娥，曹福亮. 银杏种仁中银杏酚酸的提取及组分研究[J]. 南京林业大学学报(自然科学版)，2011，35(6)：29－33.

[17] He J R，Xie B J. Reversed－phase argentation high－performance liquid chromatography in phytochemical analysis of ginkgolic acids in leaves from *Ginkgo biloba* L. [J]. Journal of Chromatography A，2002，943：303－309.

[18] Yang X M，Zhang X L，Chen Y C，et al. LC Method for Determination of Ginkgolic Acids in Mice Plasma and Its Application to a Pharmacokinetic Study[J]. Chromatographia，2009，69 (5/6)：593－596.

[19] Teris A，Van B，Martijn S，et al. Preparative isolation and dual column high－performance liquid chromatography of of Ginkgolic acids from *Ginkgo biloba*[J]. Journal of Chromatography A，2001，930(1－2)：109－117.

[20] Ndjoko K，Wolfender J L，Hostettmann K. Determination of trace amounts of Ginkgolic acids in *Ginkgo biloba* L. leaf extracts and phytopharmaceuticals by liquid chromatography－electrospray mass spectrometry[J]. Journal of Chromatography B，2000，744(2)：249－255.

[21] 李多伟，王义潮，毋涛. 薄层扫描法测定银杏外种皮中白果酸含量[J]. 理化检验－化学分册，2004，40(7)：401－402.

[22] 郭春霞，傅大煦，周铜水，等. 银杏外种皮中银杏酚酸对小菜蛾幼虫的拒食及毒杀作用[J]. 复旦学报(自然科学版)，2004，43(2)：255－259，266.

[23] 倪学文，杨志坚，吴谋成. 银杏外种皮中银杏酚酸的分离和抑菌试验[J]. 天然产物研究与开发，2001，13(6)：30－32.

[24] He J Z，Wang S D，Wu T X，*et al.* Effects of ginkgoneolic acid on the growth，acidogenicity，adherence，and biofilm of *Streptococcus mutans* in vitro[J]. Folia Microbiology，2012，22(9)：12－19.

银杏叶发酵物对肉鸡小肠结构与功能的影响

曹福亮　张旭晖　郁万文　逯　岩　杨小虎
（南京林业大学森林资源与环境学院，江苏南京　210037）

摘要：本文探讨银杏叶发酵物(FR)对肉鸡小肠结构与功能的影响，并与未发酵银杏叶(NF)组进行比较。选用1日龄(1天)健康、体重相近的AA肉仔鸡300只($P>0.05$)，按单因子完全随机设计分为5个处理，每个处理60只(含6个重复，每个重复10只鸡)。分别为基础日粮对照组、未发酵银杏叶(NF)组(分别在基础日粮中添加NF前期0.35%，后期0.7%)及三个发酵银杏叶(FR1，FR2，FR3)组(分别在基础日粮中添加FR前期分别为0.2%、0.35%和0.5%，后期分别为0.4%、0.7%和1.0%)。试验结果表明，与对照组和NF组相比，FR2组的F/G显著降低($P<0.05$)，而FR2和FR3组十二指肠和空肠黏膜的碱性磷酸酶(AKP)活性显著升高($P<0.05$)。随着日粮中FR添加水平的增加，十二指肠和空肠的绒毛高度有显著改善($P<0.05$)，而空肠的隐窝深度有显著降低($P<0.05$)。日粮中FR的添加增加了胰腺、十二指肠和空肠蛋白酶的活性，十二指肠和空肠淀粉酶的活性及血清D-木糖水平($P<0.05$或$P<0.01$)。此外，FR2和FR3组十二指肠黏膜的钠-葡萄糖协同转运载体1(SGLT1)的mRNA表达水平显著升高($P<0.05$)。而与对照组相比，FR2和FR3组的血清尿素氮(SUN)的水平显著降低($P<0.05$)。结果提示，日粮中添加FR改善了饲料效率和小肠功能，可能与其对SGLT1的mRNA表达水平的调控有直接相关。

关键词：银杏叶发酵物；肉鸡；肠道结构；消化酶

近十年来，若干研究发现，胃肠道对肉鸡健康和生产性能有重要影响，其健康状况也日益受到认可和关注(Mount-zouris *et al.*，2007；Rehman *et al.*，2007a，b)。几十年来，家禽业预防剂量的抗生素使用有效的控制了亚临床疾病的发生，维持了肠道健康并促进家禽的生长，然而，这也导致了耐药性和动物产品中抗生素残留的问题。自2006年以来，欧盟已经禁止将抗生素作为饲料添加剂使用。现在已经确定的是益生素能够促进家禽的生产性能、改善肠道健康和功能(Steiner，2006)。益生素也因此成为促进家禽生产性能和改善肠道健康和功能的重要途径。黑曲霉(*Aspergillus niger*)是一种能够产生如半纤维素酶、水解酶、果胶酶、蛋白酶、淀粉酶、脂肪酶和鞣酸酶等酶类的真菌(Pinto *et al.*，2001；Mathivanan *et al.*，2006)，并且是肉鸡生产中主要益生素菌种之一(Tannock，2001)。

几个世纪以来在人类医学中，来源于真菌或中草药的天然药用产物常被作为营养补充剂(Guo，2003)。银杏(*Ginkgo biloba* L.)为我国特产植物，是一种重要的传统药用植物。我国拥有的银杏资源量占世界总量的70%。据不完全统计，我国银杏叶年产量在3万t以上。深入的药理和临床观察揭示，银杏叶中主要有黄酮类、萜内酯类、聚戊烯醇等化合物(Li *et* al. , 2012；Van Beek and Montoro, 2009)。黄酮类化合物是一类低分子天然植物成分，系植物体多酚类的代谢物，具有 C3-C6-C3 的基本结构。目前，黄酮类化合物在人类医学研究中应用较多。多年研究和实践表明，黄酮类化合物作为一种生物活性分子在癌症、心血管疾病、脂类代谢、炎症反应和神经性疾病治疗中疗效显著(Puebla-Pérez *et al.*, 2003；Lu *et al.*, 2006；Ye *et al.*, 2007；Sochocka *et al.*, 2010；Chen *et al.*, 2011)。

近几年来，通过发酵来生产具有健康促进作用的生物活性物质是一种有效的途径，进而促进动物的生长和健康。通过微生物对中草药进行发酵处理在很久前就有若干报道，例如，Miyake 等及 Lin 和 Chiang 研究发现(Miyake *et al.*, 2005；Lin & Chiang, 2008)，发酵能够改变中药的生物活性成分，增强作用效果。在畜牧生产中，若干年前，通过微生物保存饲料或液体发酵就开始在反刍动物和猪饲料中应用，且取得了良好的饲喂效果。然而，截至目前，国内外关于银杏叶发酵饲料对肉鸡生长及肠道结构与功能的研究报道尚比较缺乏。本研究以银杏叶为主要原料，运用优良的菌种，通过酶工程和微生物发酵工程，将银杏叶中动物难以消化的大分子营养源降解为易消化吸收的小分子物质，使银杏叶中固有的活性成分游离、暴露出来，更易被动物吸收。发酵后的产物除含有黄酮类化合物、银杏内酯等活性物质外，还含有大量的有益菌和高活力的复合酶。

1 材料与方法

1.1 试验材料

试验动物：360 只 1 日龄健康 AA 肉仔鸡(购自安徽和威农牧有限公司)，体重差异不显著($P>0.05$)。

银杏叶发酵物(FR)的制备及有效成分分析：FR 由南京林业大学化工学院提供，主要制备步骤包括：营养盐溶液的配制，固体培养基的制备，黑曲霉(*Aspergillus niger* NL-1)菌种(黑曲霉菌种购自中国普通微生物菌种保藏管理中心菌种库，ACCC30005)接种发酵，干燥粉碎等过程制备而得。气相色谱检测各种有效成分含量。

(1)按葡萄糖 2%(即每 100mL 营养盐中含葡萄糖 2g)、尿素 1%、蛋白胨 0.5%、磷酸二氢钾 2%、硫酸镁 0.5%、硫酸铵 3% 的量依次称取并溶解于水中，配成营养盐溶液。

(2)按银杏叶粉末∶麸皮∶玉米芯 =8∶1.5∶0.5 的比例称取后混匀。

(3)发酵培养基的准备：按每 10g 固体培养基加 16mL 营养盐溶液的比例将上述两者混合，搅拌均匀，配制成发酵培养基；将配制好的发酵培养基在 121℃下灭菌 50min。

(4)接种发酵：将发酵培养基首先接种酵母(*Candida utilis*)菌种(酵母菌种购自中国普通微生物菌种保藏管理中心菌种库，ACCC2060；采用种子液体培养法，28℃、150*rpm* 下震荡培养)，每 10g 发酵培养基接种酵母 1mL，(28 ±1)℃下培养(12 ±1)h，之后按同样的比例接种黑曲霉菌种(黑曲霉菌种购自中国普通微生物菌种保藏管理中心菌种库，ACCC30005)，(28 ±1)℃下培养(36 ±1)h；此过程按照常规发酵方法和设备进行发酵。

(5)在低于 40℃条件下完成发酵的物料干燥，粉碎即得。

(6)分析银杏叶发酵物的有效成分。分光光度法以芦丁为标准品测定总黄酮含量、凯氏定氮法测定粗蛋白水平、液相色谱法测定各种氨基酸含量。

1.2 试验设计与日粮配制

选用 1 日龄健康、体重相近的 AA 肉仔鸡 300 只($P>0.05$)，按单因子完全随机设计分为5个处理，每个处理60只(含6个重复，每个重复10只鸡，公母对半)。分别为基础日粮对照组、未发酵银杏叶(NF)组(分别在基础日粮中添加NF前期0.35%，后期0.7%)，及三个发酵银杏叶(FR1，FR2，FR3)组(分别在基础日粮中添加FR前期分别为0.2%、0.35%和0.5%，后期分别为0.4%、0.7%和1.0%)。试鸡自由采食和饮水，喂养时遵循少喂勤添的原则，采用常规管理与免疫，试验期42天。期间共进行两次称重(21天和42天)，称重前一天19：00断料，不断水，第二天08：00空腹称重和结料，计算采食量(FI)、体增重(BWG)及料重比(F/G)。整个饲养过程中不饮用电解多维或与维生素E相关的物质。

试验日粮参照NRC(1994)建议的家禽营养需要，采用玉米—豆粕型日粮。日粮分前期(0~21天)和后期(21~42天)两个阶段，采用重量替代法配制，在不同的日粮处理组中，用同样重量的麸皮来替代等量的FR或NF，日粮组成及主要营养水平同第三章。日粮中总黄酮和多糖的含量见表1。

表1 肉鸡日粮中总黄酮和多糖含量

Tab.1 Total flavonoids and polysaccharides contents in the diets of broilers

日粮处理[1]	总黄酮(mg/kg)		总多糖(mg/kg)	
	1~21天	22~42天	1~21天	22~42天
Cont.	0.095	0.072	0.061	0.055
NF	0.508	1.017	0.213	0.423
FR1	0.290	0.581	0.202	0.405
FR2	0.508	1.017	0.354	0.708
FR3	0.726	1.452	0.506	1.012

[1]Cont. = Basal diet; NF = Basal diet with 0.35% and 0.7% unfermented *ginkgo* leaves in the starter and grower diets, respectively; FR1, FR2 and FR3 group = Basal diet with 0.2%, 0.35% and 0.5% FR in the starter diets and 0.4%, 0.7% and 1.0% FR in the grower diets, respectively.

1.3 样品的采集与制备

于第42天08：00开始采样。从每个处理组中各随机抓取6只鸡(每重复1只。公母各半)，称重后颈静脉采血，低温4500*rpm*离心15min制备血清，于-20℃冰箱保存用于测定血清尿素氮(SUN)。鸡只放血致死后，迅速剖开腹腔，分离胰腺、十二指肠、空肠和回肠，胰腺立即放入液氮速冻，然后放入-70℃冰箱冻存。轻轻挤出各段的肠道食糜后将空肠黏膜剪开，先用载玻片刮去表层残留的食糜后再用载玻片刮取黏膜并立即于液氮中保存，待测碱性磷酸酶(AKP)的活性。测定时先将部分胰腺、食糜和黏膜在室温下解冻，用10倍体积(V/W)的4℃生理盐水稀释后在冰浴中匀浆，4℃离心20 min(4000 *rpm*)，取上清液分装(食糜分装上清液后在105℃下烘干测定食糜干物质重量)，测定胰腺和食糜中的淀粉酶、胰蛋白酶、总蛋白酶和脂肪酶活性。

1.4 银杏叶发酵物中主要活性成分的测定

总黄酮的含量测定采用氯化铝比色法(Chang *et al.*, 2002；Verzelloni *et al.*, 2007)。总多糖含量采用酚-硫酸的方法以D-葡萄糖作为标准对照测定。蛋白质含量采用Bradford(1976)方法进行测定。样品用6N的HCl在110°C水解22h后测总氨基酸含量，通过自动氨基酸分析仪L-8500(Hitachi，Tokyo，Japan)进行测定(Gui *et al.*, 2010)。银杏叶和银杏叶发酵物中总银杏酸的含量采用 HPLC(A Alltima C18)测定。

5.1.5　小肠黏膜 AKP 活性的测定

十二指肠、空肠和回肠黏膜中 AKP 活性的测定采用商业化试剂盒，购自南京建成生物工程研究所，按说明书方法进行测定。组织匀浆上清液中蛋白质含量采用 Lowry 等(1951)方法进行测定。

1.6　胰腺和小肠内容物消化酶活性的测定

1.6.1　淀粉酶活性的测定

淀粉酶活性采用试剂盒(南京建成生物工程研究所)进行测定。其测定原理为：淀粉酶能水解淀粉生成葡萄糖、麦芽糖及糊精，在底物浓度已知并且过量的情况下，加入碘液与未水解的淀粉结合生成蓝色复合物，根据蓝色的深浅可推算出水解的淀粉量，从而计算出淀粉酶的活力。

淀粉酶单位定义为：每克组织及食糜(或每毫克蛋白)在37℃与底物作用30min，水解10mg 淀粉定义为1个淀粉酶活力单位。

1.6.2　脂肪酶活性的测定

脂肪酶活性采用试剂盒(南京建成生物工程研究所)进行测定。其测定原理为：甘油三酯和水制成乳化液，因其胶束对入射光的吸收及散射而具有乳浊性状，胶束中的甘油三酯在脂肪酶的作用下发生水解，使胶束分裂，散射光或浊度因而降低，降低的速率与脂肪酶活力有关。

脂肪酶单位定义为：在37℃条件下，每克组织及食糜(或每毫克蛋白)在反应体系中与底物反应1min，每消耗1μmol 底物为1个脂肪酶活力单位。

1.6.3　总蛋白酶活性的测定

总蛋白酶活性测定原理：蛋白酶在一定的温度与 pH 条件下，水解酪素底物，然后加入三氯乙酸终止酶反应，并使未水解的酪素沉淀除去，滤液对紫外光有吸收，可用紫外分光光度法测定，根据吸光度计算总蛋白酶的活力。

总蛋白酶单位定义为：每克组织及食糜(或每毫克蛋白)在40℃和 pH6.0 条件下，每分钟水解酪素产生1μL 酪氨酸定义为1个总蛋白酶活力单位。

1.6.4　组织蛋白浓度的测定

采用考马斯亮兰法测定组织中蛋白含量。其测定原理为：蛋白质分子具有基团，当棕红色的考马斯亮兰显色剂加入蛋白标准液或样品中时，考马斯亮兰染料上的阴离子与蛋白-NH_3^+结合，使溶液变为蓝色，通过测定吸光度可计算出蛋白含量。

1.7　肠道形态结构的测定

1.7.1　采样与固定

取新鲜的组织(肠道包括十二指肠，空肠，回肠，盲肠)，在每段组织的开始部位截取1cm 左右的肠段，用生理盐水轻轻冲洗肠道内容物，注入10%甲醛固定液，用医用线绳结扎，放入10%甲醛固定液中进行固定，48h 后待用。

1.7.2　载玻片的制备

新载玻片用75%酒精浸泡后，自来水冲洗，烘干备用。

1.7.3　组织包埋及切片

从固定液中取出组织块，经过以下步骤：

(1)脱水：组织块经梯度酒精脱水分别经过以下步骤，50%酒精2h→70%酒精2h→80%酒精2h→90%酒精2h→95%酒精2h→无水酒精两次，每次1h；

(2)透明：脱水后的组织块在依次经过以下过程，1∶1二甲苯与无水酒精混合液30min→二甲苯至组织完全透明；

(3)浸蜡：在两极熔点不同的石蜡中浸蜡两次，每次30min；

(4)包埋：用60℃石蜡包埋；

(5)切片：切片之前修理蜡块，用轮转式切片机(浙江YD-1508R)连续切片3张，厚度为5um；

(6)摊片：粘附于涂有蛋白甘油(1∶1)的载玻片上，37℃烘干24h以上，然后常温保存待染色。

1.7.4　苏木素-伊红(H. E)染色程序

(1)脱蜡：将烘干切片经二甲苯两次脱蜡，每次15min→无水酒精两次，每次5min→95%

酒精两次，每次5min→85%酒精两次，每次5min→75%酒精两次，每次5min→水洗。

(2)染色：苏木精溶液染色15min，用蒸馏水洗去多余染料后，如0.5%盐酸酒精分色5s→自来水中蓝化30s→伊红1min→水洗→50%酒精2min→80%酒精2min→95%酒精2min→无水酒精两次，每次5min→二甲苯透明两次，每次5min→中性树胶封固，待树胶凝固后贴上标签即可。

1.7.5　观察与测量

在低倍镜下观测切片，选择典型视野，在高倍镜下观测视野中所有完整的绒毛，记录最长绒毛的高度和隐窝深度。

(1)绒毛高度(Villous Height，VH)：从绒毛顶端至隐窝开口处的垂直距离；

(2)隐窝深度(Crypt Depth，CD)：从隐窝开口至隐窝基部的垂直距离；

(3)肠绒毛长度/隐窝深度(V/C)：绒毛高度比隐窝深度(下文均用V/C表示)。

1.8　小肠上皮细胞超微结构电镜观察

在空肠和回肠前段中部截取0.5cm长的样品用于扫描电镜观察，在2.5%戊二醛固定液中保存。将组织切成1mm^{3}的小块，用磷酸缓冲液(pH7.4)漂洗5min后移入4%戊二醛溶液中前固定(4℃，48h)，再用磷酸缓冲液清洗3次，用1%锇酸后固定。梯度浓度乙醇逐级脱水至100%浓度时，用醋酸异戊酯置换2次。进行CO_2临界点干燥后，将样品粘贴在样品台上，用真空镀膜离子溅射仪喷金镀膜，扫描电镜(日本明石SX240)观察和照相(加速电压20kV)。

1.9　血清D-木糖浓度和血清尿素氮(SUN)的测定

为了测定血清D-木糖的浓度，从每个处理组中重新选择一只鸡(每个重复一只，公母对半)，按0.5g/kg BW的剂量给其灌服D-木糖溶液，1h之后，翅静脉采血，分离的血清采用Doerfler *et al.* (2000)的方法测定D-木糖的浓度。血清SUN的浓度采用Mathies(1960)的方法。均采用南京建成生物工程研究所试剂盒，按试剂盒说明书进行。所有指标均用Power-Wave XS型全波长酶标仪(BIO-TEK INSTRUMENTS. INC. USA)以比色法测定。

1.10 十二指肠 SGLT1 mRNA 表达水平

1.10.1 十二指肠组织总 RNA 的提取

取冻存的十二指肠组织，采用 Trizol 一步提取法提取总 RNA，在 1% 的琼脂糖凝胶上进行水平电泳，电压 120V，电泳时间约 20min。用核酸蛋白仪测定总 RNA 浓度，OD260/OD280 值均在 1.8 ~ 2.0 之间。在 1% 琼脂糖凝胶上进行 RNA 电泳，电泳结果如图 1，从上至下依次为 28S、18S 和 5.8S、5SRNA。

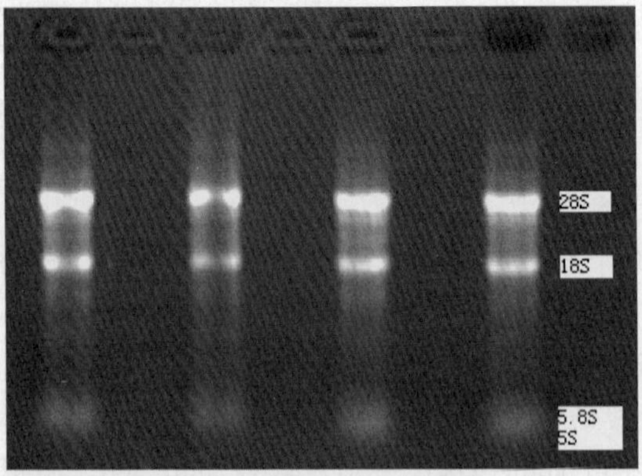

图 1 RNA 提取效果图

Fig. 1 Result of total RNA isolation

根据电泳图 1 可知该 RNA 完整性很好，可用于接下来的试验。

1.10.2 cDNA 的合成

而后用 Oligo-dT_{18} 为引物，在反转录酶(M-MLV)作用下进行反转录，按照 2 步反应法(1 cycle of 70℃, 5min; 1 cycle of 42℃, 2h)将各样品的总 RNA 反转录成 cDNA。利用看家基因 β-actin(引物序列见表 1)在普通 PCR 仪对 cDNA 扩增，检测其反转录效果。该 cDNA 可以扩增出清晰的 β-actin 285bp 目的条带，说明该 cDNA 效果没问题，可以进行下一步试验。

1.10.3 荧光定量 PCR 检测 SGLT1 和 GLUT2mRNA 的表达量

通过对各检测基因的标准曲线比对，发现三个目的基因的扩增效率与看家基因的基本一致，均接近 100%。因此，可以采用 β-actin 作为看家基因确定 SGLT1 基因的相对表达量。

根据 GenBank 相应的 cDNA 序列，进行 BLAST 分析后，用 Premier 5.0 软件设计目的基因 SGLT1 和内参照 β-actin 的引物，由北京奥科合成(见表 2)。

表 2 PCR 引物序列

Tab. 2 Sequences of PCR primers

基因 Gene[1]		引物序列 Primer sequence(5'→3')	产物长度 Product size	Genebank accession
SGLT-1	Sense	5'-GATGTGCGGATACCTGAAGC-3'	225bp	AJ236903
	Antisense	5'-AGGGATGCCAACATGACTG-3'		
β-actin	Sense	5'-CCACCGCAAATGCTTCTAAAC-3'	175bp	NM_ 205518
	Antisense	5'-AAGACTGCTGCTGACACCTTC-3'		

[1]SGLT1 = sodium glucose co-transporter 1.

采用双标准曲线法(Eff. 值均接近100%)，在荧光定量PCR仪对SGLT1基因进行PCR扩增，同时扩增看家基因β-actin校正加样误差。PCR扩增条件为94℃ 5min，40次循环(每次循环包括94℃30s，56℃30s and 72℃40s)，最后72℃延伸8min。每次循环中退火结束时收集一次荧光信号。SGLT1 cDNA的PCR扩增结果采用Stratagene's Mx3000P？荧光分析系统得出，其值为内参基因β-actin表达的相对值，以$2^{-\Delta\Delta C(t)}$表示，$\Delta\Delta C(t) = [C(t)$ ij − $C(t)$ β-actinj$] - [C(t)$ i1 − $C(t)$ β-actin1$]$，在这里$C(t)$ ij和$C(t)$ β-actinj表示处理组目的基因i和看家基因β-actin的$C(t)$值，而$C(t)$ i1和$C(t)$ β-actin1分别表示对照组目的基因i和看家基因β-actin的$C(t)$值。

1.11 统计分析

试验数据统计采用SPSS 16.0软件包中的GLM和线性回归分析过程进行，均值的多重比较采用LSD和Duncan法进行，以$P<0.05$(差异显著)作为差异显著性判断标准。

2 结果与分析

2.1 生产性能

如表3所示，在试验的1~21天、22~42天及1~42天各组间的BWG和FI均无显著差异($P>0.05$)；在1~21天间，各处理组间的F/G无显著差异($P>0.05$)，然而与对照组和NF组相比，FR2组的F/G在22~42天和1~42天有显著降低($P<0.05$)。

表3 银杏叶发酵物对肉鸡生产性能的影响

Tab. 3 Effects of fermented-ginkgo leaves on growth performance of broilers

项目		日粮处理[1]					SEM[2]	Contrasts, *P*-value	
		Cont.	NF	FR1	FR2	FR3		Linear	Quadratic
BWG, g/bird/d[3]	1-21 d	26.67	26.65	27.71	27.89	26.57	0.216	0.861	0.115
	22-42 d	73.58	74.74	74.39	74.09	74.16	0.678	0.773	0.934
	1-42 d	50.13	50.69	51.06	50.99	50.36	0.340	0.829	0.611
FI, g/bird/d[3]	1-21 d	41.98	41.94	42.37	44.34	42.10	0.550	0.807	0.653
	22-42 d	135.08	136.85	130.09	125.98	131.54	1.480	0.647	0.212
	1-42 d	88.53	89.39	85.16	86.23	86.82	0.773	0.601	0.454
F/G[3]	1-21 d	1.51	1.50	1.46	1.49	1.46	0.021	0.495	0.785
	22-42 d	1.75^{a}	1.74^{a}	1.66^{ab}	1.61^{b}	1.73^{ab}	0.018	0.934	0.001
	1-42 d	2.00^{a}	2.00^{a}	1.91^{ab}	1.89^{b}	1.96^{ab}	0.014	0.329	0.007

[a-c] Means within the same row that do not share a common superscript are significantly different ($P<0.05$). n=6.

[1] Cont. = Basal diet; NF = Basal diet with 0.35% and 0.7% unfermented *ginkgo* leaves in the starter and grower diets, respectively; FR1, FR2 and FR3 group = Basal diet with 0.2%, 0.35% and 0.5% FR in the starter diets and 0.4%, 0.7% and 1.0% FR in the grower diets, respectively.

[2] Standard error of the mean based on pooled estimate of variation.

[3] BWG = body weight gain; FI = Feed intake; F/G = Feed gain ratio.

2.2 AKP酶活性

与对照组和NF组相比，日粮中添加FR显著提高了肉鸡十二指肠AKP的活性(图2)($P<0.05$)；此外，与NF组相比，FR2和FR3组的空肠AKP活性也有显著提高($P<0.05$)，而各组间的AKP活性在回肠黏膜组织间均无显著差异($P>0.05$)。

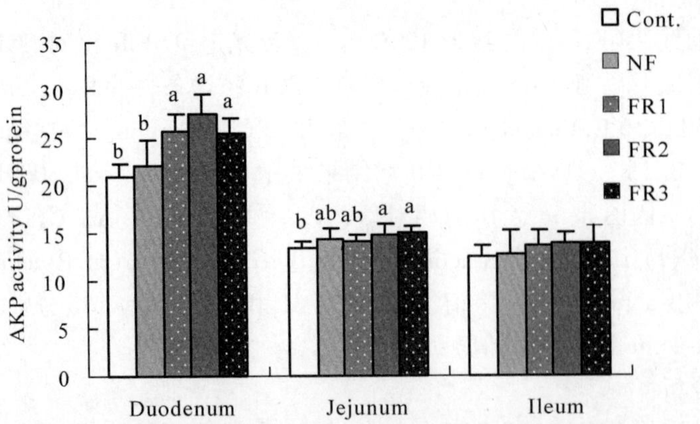

图 2　日粮添加 AKP 对 42 天肉鸡小肠黏膜 AKP 活性的影响

Fig. 2　Effects of fermented-ginkgo leaves on small intestine mucosal (distal jejunum) AKP activity of broilers at 42 d age

a-c Means within the same row that do not share a common superscript are significantly different ($P<0.05$). n = 6.

1 Cont. = Basal diet; NF = Basal diet with 0.35% and 0.7% unfermented ginkgo leaves in the starter and grower diets, respectively; FR1, FR2 and FR3 group = Basal diet with 0.2%, 0.35% and 0.5% FR in the starter diets and 0.4%, 0.7% and 1.0% FR in the grower diets, respectively.

AKP = 碱性磷酸酶

2.3　小肠绒毛形态

表 4　银杏叶发酵物对 42 天肉鸡小肠形态及发育的影响

Tab. 4　Effects of fermented-ginkgo leaves on small intestine morphology of broiler chicken at 42d age

项目	日粮处理[1]					SEM[2]	Contrasts, *P*-value	
	Cont.	NF	FR1	FR2	FR3		Linear	Quadratic
十二指肠								
绒毛高度 (μm)	1558[b]	1633[ab]	1689[a]	1679[a]	1684[a]	15.65	0.004	0.004
隐窝深度 (μm)	216.4	216.0	214.8	213.5	210.3	2.87	0.479	0.759
绒毛高度/隐窝深度	7.25	7.60	7.88	7.87	8.10	0.13	0.241	0.378
空　肠								
绒毛高度 (μm)	1141[b]	1162[b]	1220[ab]	1295[a]	1260[ab]	19.21	0.004	0.014
隐窝深度 (μm)	193.2[a]	189.7[a]	178.9[b]	177.1[b]	178.8[b]	1.13	0.001	0.001
绒毛高度/隐窝深度	5.92[b]	6.13[b]	6.83[ab]	7.32[a]	7.06[a]	0.14	0.564	0.455
回　肠								
绒毛高度 (μm)	819	817	826	851	861	13.05	0.208	0.431
隐窝深度 (μm)	109.48	103.53	100.49	106.26	99.61	1.89	0.209	0.414
绒毛高度/隐窝深度	7.51	7.89	8.31	8.67	8.18	0.19	0.684	0.917

a-c Means within the same row that do not share a common superscript are significantly different ($P<0.05$). n = 6.

1 Cont. = Basal diet; NF = Basal diet with 0.35% and 0.7% unfermented *ginkgo* leaves in the starter and grower diets, respectively; FR1, FR2 and FR3 group = Basal diet with 0.2%, 0.35% and 0.5% FR in the starter diets and 0.4%, 0.7% and 1.0% FR in the grower diets, respectively.

2 Standard error of the mean based on pooled estimate of variation.

不同的日粮处理对十二指肠和回肠的隐窝深度，回肠的绒毛高度及十二指肠和回肠的绒毛高度与隐窝深度之比均无显著影响(表4)。然而，与对照组相比，日粮中添加银杏叶发酵物显著增加了肉鸡十二指肠绒毛高度($P<0.05$)；此外，与对照组和NF组相比，FR2组的空肠绒毛高度及FR2和FR3组的隐窝深度有显著增加($P<0.05$)。就回肠而言，与对照组和NF组相比，日粮中添加FR显著降低了肉鸡回肠隐窝深度($P<0.05$)。且与对照组相比，FR2和FR3组的绒毛高度与隐窝深度之比有显著提高($P<0.05$)。此外，总体而言，日粮中添加FR对十二指肠绒毛高度(L：$P=0.004$，Q：$P=0.004$)，空肠绒毛高度(L：$P=0.004$，Q：$P=0.014$)及隐窝深度(L：$P=0.001$，Q：$P=0.001$)产生了线性和二次线性影响。

2.4 消化酶活性

表5 银杏叶发酵物对42天肉鸡胰腺和小肠内容物消化酶活性的影响

Tab. 5 Effects of fermented-ginkgo leaves on the digestive enzyme activities in the pancreas and small intestinal contents of broilers

项目	日粮处理[1]					SEM[2]	Contrasts, *P*-value	
	Cont.	NF	FR1	FR2	FR3		Linear	Quadratic
胰　腺								
蛋白酶，unit[3]	144.47[b]	148.97[b]	149.00[b]	155.87[a]	158.63[a]	1.28	0.001	0.003
脂肪酶，Sigma-Tietz unit[4]	39.16	39.63	44.57	43.90	43.12	0.84	0.348	0.653
淀粉酶，Somogyi unit[5]	43.63	43.87	45.71	45.92	44.84	1.22	0.474	0.654
十二指肠								
蛋白酶，unit	83.72[b]	86.98[ab]	86.10[ab]	86.61[ab]	90.46[a]	0.75	0.040	0.048
脂肪酶，Sigma-Tietz unit	21.26	21.29	20.42	20.45	20.60	0.18	0.658	0.895
淀粉酶，Somogyi unit	26.35[b]	28.34[ab]	30.03[ab]	29.47[ab]	31.84[a]	0.70	0.386	0.498
空　肠								
蛋白酶，unit	67.42[b]	69.37[ab]	71.88[ab]	72.63[ab]	74.03[a]	0.84	0.330	0.623
脂肪酶，Sigma-Tietz unit	17.37	17.74	18.21	17.53	19.17	0.35	0.412	0.367
淀粉酶，Somogyi unit	13.83[c]	13.86[c]	15.74[b]	16.31[ab]	17.32[a]	0.30	0.006	0.023

[a-c] Means within the same row that do not share a common superscript are significantly different ($P<0.05$). n=6.

[1] Cont. = Basal diet; NF = Basal diet with 0.35% and 0.7% unfermented *ginkgo* leaves in the starter and grower diets, respectively; FR1, FR2 and FR3 group = Basal diet with 0.2%, 0.35% and 0.5% FR in the starter diets and 0.4%, 0.7% and 1.0% FR in the grower diets, respectively.

[2] Standard error of the mean based on pooled estimate of variation.

与对照组相比，FR2和FR3组的肉鸡胰腺蛋白酶活性有显著升高($P<0.05$)(表5)。与对照组相比，FR3组肉鸡的十二指肠和空肠蛋白酶活性剂十二指肠淀粉酶活性有显著提高($P<0.05$)；与对照组和NF组相比，FR3组的空肠淀粉酶活性有显著提高($P<0.05$)。此外，日粮中添加FR1显著增加了空肠淀粉酶的活性($P<0.05$)。分析结果表明，随着日粮中FR添加水平的增加，对胰腺和十二指肠的蛋白酶活性，十二指肠淀粉酶的活性有线性($P=0.001$，$P=0.040$，$P=0.006$)和二次线性($P=0.003$，$P=0.048$，$P=0.023$)的影响。

2.5 十二指肠SGLT1基因表达及血清D-木糖和尿素氮水平

如图3所示，FR3组的十二指肠SGLT1-mRNA的表达水平比对照组和NF组显著提高($P<0.05$)，且FR2组比对照组也有显著提高($P<0.05$)。就血清D-木糖水平而言，与对照组和NF组相比，日粮中添加银杏叶发酵物对血清D-木糖水平均有显著提高($P<0.05$)(图4)，

此外，与 FR1 组相比，FR2 组的血清 D-木糖水平也有显著增加（$P<0.05$）。而 FR2 组和 FR3 组的 SUN 水平比对照组有显著降低（$P<0.05$）（图 4）。分析结果表明，随着日粮中 FR 添加水平的增加对 SGLT1 mRNA 和血清 D-木糖水平有线性（$P=0.009$ 及 $P=0.013$）和二次线性（$P=0.035$ 及 $P=0.050$）影响。

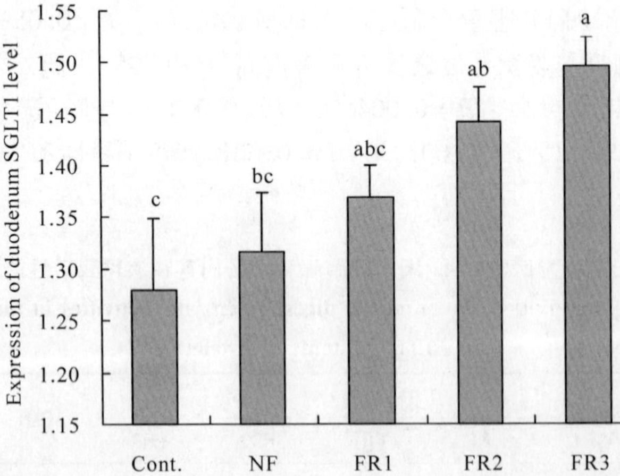

图 3 银杏叶发酵物对肉鸡十二指肠 SGL1 基因表达的影响

Fig. 3 Effects of fermented-ginkgo leaves on expression of duodenum SGLT1 level of broilers at 42d age

[a-c]Means within the same column that do not share a common superscript are significantly different（$P<0.05$）. n = 6.

[1]Cont. = Basal diet; NF = Basal diet with 0.35% and 0.7% unfermented *ginkgo* leaves in the starter and grower diets, respectively; FR1, FR2 and FR3 group = Basal diet with 0.2%, 0.35% and 0.5% FR in the starter diets and 0.4%, 0.7% and 1.0% FR in the grower diets, respectively. SGLT1 = 钠-葡萄糖协同转运载体 1.

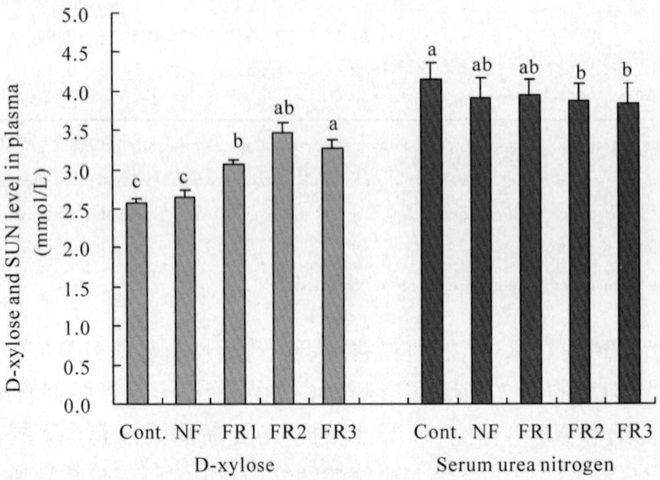

图 4 银杏叶发酵物对肉鸡血清 D-木糖和尿素氮水平的影响

Fig. 4 Effects of fermented-ginkgo leaves on plasma D-xylose and SUN level of broilers at 42d age

[a-c]Means within the same column that do not share a common superscript are significantly different（$P<0.05$）. n = 6.

[1]Cont. = Basal diet; NF = Basal diet with 0.35% and 0.7% unfermented *ginkgo* leaves in the starter and grower diets, respectively; FR1, FR2 and FR3 group = Basal diet with 0.2%, 0.35% and 0.5% FR in the starter diets and 0.4%, 0.7% and 1.0% FR in the grower diets, respectively.

SUN = serum urea nitrogen.

3 讨论

发酵是一种能够产生具有健康促进作用的生物物质的有用手段。经过微生物发酵处理后的中草药富含维生素、酶和生长因子(Ng *et al.*, 2011)。本试验中银杏叶发酵物的一个重要的优势在于工艺可操作性强，即使在小型农场也能自行进行发酵。前人对银杏叶生物作用的研究仅仅局限于正常的或经化学制剂侵袭的动物(Echeonwu *et al.*, 2008; Huang *et al.*, 2007)。银杏叶是一种优廉的资源，且富含黄酮和多糖类。黄酮是一大类酚类化合物，大量研究已经揭示其黄酮的生物学作用源于它们的甙元(Hendrich 2002; Kawakami *et al.*, 2005)。发酵后黄酮甙元更容易且更迅速的被肠道吸收(Izumi *et al.*, 2000)。

我国银杏的种植面积非常广泛。本文的目的在于探讨发酵银杏叶能够通过选择性的促进肉鸡的生长或者小肠的粘膜结构促进肠道功能，进而改善机体肠道健康。本试验中，日粮中添加FR能够显著改善肉鸡的F/G($P<0.05$)，原因可能在于FR改善了肠道的健康状态。肠道是最重要的营养吸收位点，肠道黏膜的结构能够在一定程度上反应肠道健康与否。食糜中存在的应急因子与黏膜表面近距离接触，能够快速改变肠道黏膜的结构。肠道形态学的改变，比如绒毛变短、隐窝变深，往往与毒素的存在密切相关(Yason *et al.*, 1987)，或者较高的组织更新率(Miles *et al.*, 2006)。为了探讨FR对肠道的吸收机制，本研究对黏膜结构，即绒毛高度和隐窝深度探讨了探讨。本试验中，与对照组相比，饲喂FR组肉鸡的十二指肠和空肠的绒毛高度，空肠的绒毛高度与隐窝深度之比都有显著增加。隐窝可以被看作是绒毛工厂，较大的隐窝表明组织的迅速更新，且需要新的组织来替补。与其他器官相比，肠道维持所需要的能量和蛋白质水平更高。Cook 和 Bird(1973)曾报道过，当胃肠道中的病原菌的数量增多时，绒毛高度会随之变短，隐窝也会随之变深，同时，会导致有吸收能力的细胞数量减少，而分泌性细胞增多(Schneeman, 1982)。本试验中所观察到的生产性能的改善与肠道结构的改善是相吻合的。

而F/G和肠道结构的改善，其原因可能在于与NF相比，FR中所含的总黄酮、粗蛋白和总氨基酸的含量分别比发酵前增加了95.09%、73.48%及21.25%(表1)。多糖含量的增加可能在一定程度上是因为发酵后碳水化合物含量的增加(Hong *et al.*, 2004)。而同时，FR中的银杏酸的含量显著降低。银杏酸是银杏叶中的一种具有引起细胞毒性和过敏性的有害复合物(Liu and Zeng, 2009)。然而，FR中的总黄酮含量略有降低，这说明发酵过程中来源于黑曲霉的β-葡萄糖甙酶可能已经将黄酮甙元转化为甙元，而甙元比黄酮甙元有更大的活性(Hsu and chiang, 2009)。

此外，微生物本身也会产生一些有益于肉鸡生长和肠道健康的物质(Chen *et al.*, 2009)。虽然本试验未对单个的小肽进行定量和定性分析，但在各种从大分子转化而成的小代谢成分中，氨基酸和肽的变化尤为明显。随着发酵时间的延长，氨基酸有所增加或者基本保持恒定。发酵后赖氨酸、苏氨酸和精氨酸的含量分别增加了22.34%、28.51%和20.50%(Table 1)。赖氨酸作为玉米豆粕型日粮中的第一限制性氨基酸，显著影响动物的代谢和生长(Witte et al., 2000)。苏氨酸是玉米型日粮中的第二限制性氨基酸，在增强免疫活性和促进动物生长方面起着关键的作用(Teng *et al.*, 2012; Hsu *et al.*, 2001)。精氨酸被认为能够有利于免疫调节和生长(Kwak, *et al.*, 1999)，与哺乳动物相反，鸡被公认为不能自身合成精氨酸。为了确定FR的有益作用，本试验评价了肉鸡的生产性能、肠道形态、消化和吸收功能，这都应该归功于银杏叶发酵后增加的多糖、粗蛋白、氨基酸的含量及降低的银杏酸的含量，及多种药理活性成分的协同作用(Ward *et al.*, 2002)。

在肠道中，随着肠细胞的成熟并上移至绒毛顶端，AKP 酶活性的表达增加(Uni, 1999)。因此，AKP 活性的增加表明肠道中较多数量官能的和成熟的肠上皮细胞(Fasina *et al.*, 2004)。我们的试验结果表明，日粮中添加 FR 能够影响肠道 AKP 活性(表 1)，可能会间接增加营养成分的利用效率。碱性磷酸酶是一种能够在碱性培养基中水解磷酸酯的酶(Hirano *et al.*, 1985)，且 AKP 酶涉及消化过程中胆固醇、脂类、维生素 D、钙、氨基酸及葡萄糖的吸收(Toofanianand & Targowski, 1982)。本试验中，FR 处理肉鸡的 AKP 活性比对照组显著提高，这可能暗示了 FR 具有通过刺激 AKP 的活性而改善机体消化和吸收功能的能力。日粮中添加 FR 对 AKP 活性的刺激作用也支持本试验中生产性能的结果。

胰腺及肠道消化酶在肠道大分子的消化与吸收中起着关键的作用。本试验中肠道蛋白酶和淀粉酶的活性增加与尿素氮分泌降低($P=0.032$)的结果相一致。其原因可能是与对照组相比，FR 组肉鸡对日粮氮的利用率提高了(Chah *et al.*, 1975)。此外，尿素氮分泌的降低及小肠内容物酶活性的改善可能主要是由于抗营养因子的失活。通过发酵的途径可能会降低或消除抗营养成分(Mital & Garg, 1990; Hachmeister & Fung, 1993)。Hong 等(2004)报道大分子的肽，例如抗原蛋白，可能会被降解为小分子的肽。本试验中，抗营养因子—蛋白质复合物的减少可能为消化节约了更多的蛋白质(Viveros *et al.*, 2001; Mansoori *et al.*, 2007)，同时，抗营养因子—酶复合物的减少可能也会为营养物质的消化让出更多的消化酶(Mahmood *et al.*, 2006, 2008; Farran *et al.*, 2001)，最终导致对饲料更高效率的利用并改善肉鸡的 F/G。因此，肉鸡日粮中添加 FR 对肠道消化酶活性的改善作用可能与 FR 中的蛋白质对酶的降解作用有关，对于此，还需要进一步的研究(Hong *et al.*, 2004)。

钠-葡萄糖协同转运蛋白介导依赖于 Na^+ 的小肠上皮刷状缘黏膜对葡萄糖和半乳糖的摄取(Kellett, 2001; Garriga *et al.*, 2000; Wood & Frayhum 2003)，被认为是小肠葡萄糖同化的主要介质(Wright, 1993; Hediger & Rhoads, 1994)。葡萄糖在小肠中的转运过程可描述如下：首先由位于小肠上皮刷状缘的 SGLT1 与 Na^+ 和葡萄糖偶联，形成 Na^+-载体-葡萄糖复合物，顺 Na^+ 的浓度梯度进入细胞，随后 Na^+-载体-葡萄糖复合物分解，Na^+ 被 Na^+-K^+-ATP 酶泵出，以维持细胞内外 Na^+ 的浓度平衡；葡萄糖分子则留在细胞内。随着肠黏膜细胞内葡萄糖的聚集，葡萄糖容量达到一定水平，大量葡萄糖分子由位于基底膜的协助扩散转运载体 GLUT2，顺葡萄糖浓度梯度协助转运其进入组织间隙液(Reuss, 2000)。SGLT1 主要在十二指肠进行表达(Garriga *et al.*, 2000)。本试验结果表明，与对照组和 NF 组相比，FR3 组肉鸡十二指肠组织 SGLT1 mRNA 的表达有显著提高，原因可能与发酵后多糖物质的增加及抗原物质的减少有关。研究表明，机体对葡萄糖的吸收能力与小肠黏膜上转运蛋白 SGLT1 的表达量密切相关(Garriga & Moreto, 2000)。日粮中的多糖通过消化酶的作用进行水解。α-(葡萄)糖苷酶能够打开双糖，例如麦芽糖的 α-糖苷键，产生单糖。所产生的单糖随后通过位于粘膜侧的上皮细胞的 SGLT1 被小肠吸收。SGLT1 具有高度的底物特异性。葡萄糖和半乳糖通过 SGLT1 被小肠吸收(Drozdowski *et al.*, 2003)。

吸收功能是小肠最重要的功能，生理情况下机体所需营养物质几乎全部由小肠摄取。木糖吸收试验是研究小肠吸收功能的重要试验方法，D-木糖的吸收程度常用来评价肠道吸收能力。木糖为五碳糖，可直接在小肠吸收，不需要消化酶参与。吸收后在体内不被肝脏代谢，经肾排出。因此，定量给予木糖后，在一定时间内测定血或尿中木糖含量，即可了解小肠的吸收功能，进而考察动物小肠吸收功能的变化（Gong *et al.*，2006；Hu *et al.*，2011）。D-木糖吸收试验是测定家禽肠道吸收功能是否良好的一种简单的，特异且敏感的方法（Doerfler *et al.*，2000）。本试验中，血清 D-木糖水平的增加可能是由于日粮中添加 FR 导致肉鸡 SGLT1 基因表达的上调与肠道形态学改善的相互作用的结果。

参考文献

[1] Besong S J, Jackson A, Hicks C., Hemken R W. Effects of a supplemental liquid yeast product on feed intake, ruminal profiles, and yield, composition, and organoleptic characteristics of milk from lactating Holstein cows[J]. Dairy Sci, 1996, 79: 1654-1658.

[2] Boguhn J, Kluth H, Rodehutscord M. Effect of total mixed ration composition on fermentation and efficiency of ruminal microbial crude protein synthesis in vitro[J]. Dairy Sci, 2006, 89: 1580-1591.

[3] Bradord M M. A rapid and sensitive method for the quantitation of microgram quantities o protein utilizing the principle of protein-dye binding[J]. Anal. Biochem, 1976, 72: 248-254.

[4] Cao F L, Zhang X H, Yu W W, Zhao L G, Wang T. Effect of feeding Aspergillus niger-fermented *Ginkgo biloba*-leaves on growth performance, meat quality and lipid metabolism in broiler chicks[J]. Poult. Sci, 2012, 92: 1210-1221.

[5] Cao Y H., Chu Q C, Fang Y Z, Ye J N. Analysis of flavonoids in *Ginkgo biloba* L. and its phytopharmaceuticals by capillary electrophoresis with electrochemical detection[J]. Anal. Bioanal. Chem, 2002, 374: 294-299.

[6] Chah C C, Carlson C W, Semeniuk G, Palmerand I S, Hesseltine C W. Growth-promoting effects of fermented-soybeans for broilers[J]. Poult. Sci, 1975, 54: 600-609.

[7] Chang C C, Yang M H, Wen H M, Chern J C. Estimation of total flavonoid content in propolis by two complementary colorimetric methods[J]. J. Food Drug Anal, 2002, 10: 178-182.

[8] Chen K L, Kho W L, You S H, Yeh R H, Tang S W, Hsieh C W. Effects of Bacillus subtilis var. natto and Saccharomyces cerevisiae mixed fermented feed on the enhanced growth performance of broilers[J]. Poult. Sci, 2009, 88: 309-315.

[9] Chen S, Xing X H, Huang J J, Xu M S. Enzyme-assisted extraction of flavonoids from *Ginkgo biloba* leaves: Improvement effect of flavonol transglycosylation catalyzed by Penicillium decumbens cellulose[J]. Enzyme Microb. Technol, 2011, 48: 100-105.

[10] Cook R H, Bird F H. Duodenal villus area and epithelial cellular migration inconventional and germ-free chicks [J]. Poult. Sci, 1973, 52: 2276-2280.

[11] Cumby T R. Design requirements of liquid feeding systems for pigs: A review[J]. Agric. Eng. Res, 1986, 34: 153-172.

[12] David H, Akesson M, Nielsen J. Reconstruction of the central carbon metabolism of Aspergillus niger[J]. Eur. J. Biochem, 2003, 270: 4243-4253.

[13] Dei H K, Rose S P., Mackenzie A M, Amarowicz R. Growth performance of broiler chickens fed diets containing shea nut (Vitellaria paradoxa, Gaertn.) meal fermented with Aspergillus niger[J]. Poult. Sci, 2008, 87: 1773-1778.

[14] Ding X P, Qi J, Chang Y X, Mu L L, Zhu D N, Yu B Y. Quality control of flavonoids in *Ginkgo biloba* leaves by high-performance liquid chromatography with diode array detection and on-line radical scavenging activity

detection[J]. Chromatogr, 2009, 11: 2204-2210.

[15] Doerfler R E, Cain L D, Edens F W, Parkhurst C R, Qureshi M A, Havenstein G B. D-Xylose absorption as a measurement of malabsorption in poult enteritis and mortality syndrome [J]. Poult. Sci, 2000, 79: 656-660.

[16] Drozdowski L, Woudstra T, Wild G, Clandindin M T, Thomson A B. The age-associated decline in the intestinal uptake of glucose is not accompanied by changes in the mRNA or protein abundance of SGLT1[J]. Mech. Ageing Dev, 2003, 124(10-12): 1035-1045.

[17] Dubois M, Gilles K A, Hamilton J K, Rebers P A, Smith F. Colorimetric method for determination of sugars and related substances[J]. Anal. Chem, 1956, 28: 350-357.

[18] Echeonwu G O N, Iroegbu C U, Echeonwu B C, Ngene A, Nwosuh C I, Joannis T M, Ndako J. Immune response and protection of free range chickens vaccinated orally with feeding of Newcastle disease vaccine-coated cassava granules[J]. Afr. J. Microbiol. Res , 2008, 2: 120-125.

[19] Farran M T, Barbour G W, Uwayjan M G, Ashkarian V M. Metabolizable energy values and amino acid availability of vetch (*Vicia sativa*) and ervil (*Vicia ervilia*) seeds soaked in water andacetic acid[J]. Poult. Sci, 2001, 80: 931-936.

[20] Fasina Y O, Garlich J D, Classen H L, Ferket P R, Havenstein G B, Grimes J L, Qureshi M A, Christensen V L. Response of turkey poults to soybean lectin levels typically encountered in commercial diets. 1. Effect on growth and nutrient digestibility[J]. Poult. Sci, 2004, 83: 1559-1571.

[21] Feng J, Liu X, Xu Z R, Wang Y Z, Liu J X. Effects of fermented soybean meal on digestive enzyme activities and intestinal morphology in broilers[J]. Poult. Sci, 2007, 86: 1149-1154.

[22] Feng L J, Yu C H, Yin, K J, Hua J, Dai X . Hypolipidemic and antioxidant effects of total flavonoids of perilla frutescens leaves in hyperlipidemia rats induced by high-fat diet[J]. Food Res. Int, 2011, 44: 404-409.

[23] Garriga C, Moretó M, Planas J M. Effects of resalination on intestinal glucose transport in chickens adapted to low Na + intakes[J]. Exp. Physiol, 2000, 85: 371-378.

[24] Gui D, Liu W B, Shao X P, Xu W N. Effects of different dietary levels of cottonseed meal protein hydrolysate on growth, digestibility, body composition and serum biochemical indices in crucian carp (Carassius auratus gibelio) [J]. Anim. Feed Sci. Tech, 2010, 156: 112-120.

[25] Gong J F, Zhu W M, Liu F N, et al. Evaluation of the absorptive area and capacity of short bowel patients using D-xylose absorption test [J]. Parenteral & Enteral Nutrition, 2006, 13(2): 88-91.

[26] Guo F C. Mushroom and herb polysaccharides as alternatives for antimicrobial growth promoters in poultry. Ph. D. Thesis, Wageningen University, The Netherlands , 2003.

[27] Garriga C, M Moreto, J M. Planas. Effects of resalination on intestinal glucose transport in chickens adapted to low Na + intakes [J]. Experimental Physiology, 2000, 85(4): 371-378.

[28] Hachmeister K A, Fung D Y. Tempeh: A mold-modified indigenous fermented food made from soybeansand/or cereal grains[J]. Crit. Rev. Microbiol, 1993, 19: 137-188.

[29] Hediger M A, Rhoads D B. Molecular physiology of sodium-glucose cotransporters[J]. Physiol. Rev, 1994, 74: 993-1026.

[30] Hendrich S, Bioavailability of isoflavones[J]. Chromatogr. B Analyt. Technol. Biomed[J]. Life Sci, 2002, 777: 203-210.

[31] Hirano K, Iiizumi Y, Mori Y, Toyoshi K, Sugiera M, Iino S. Role of alkaline phosphatase in phosphate uptake into brush border membrane vesicles from human intestinal mucosa [J]. Biochem , 1985, 97: 1461-1466.

[32] Hong K L, Lee C H, Kim S W. Aspergillus oryzae GB-107 fermentation improves nutritional quality of food

soybeans and feed soybean meals[J]. Med. Food, 200, 47: 430-435.

[33] Hsu C B, Cheng S P, Hsu J C, Yen H T.. Effect of threonine addition to a low protein diet on IgG levels in body fluid of first-litter sows and their piglets[J]. Asian-Austral. J. Anim. Sci, 2001, 14: 1157-1163.

[34] Hsu M F, Chiang B H. Effect of Bacillus subtilis natto-fermented Radix astragali on collagen production in human skin fibroblasts[J]. Process Bioche, 2009, 44: 83-90.

[35] Hu X F, Guo Y M, Li J H, Yan G L, Bun S, Huang B Y. Effects of an early lipopolysaccharide challenge on growth and small intestinal structure and function of broiler chickens[J]. Can. J. Anim. Sci, 2011, 91: 379-384.

[36] Huang G C, Wu L S, Chen L G, Yang L L, Wang C C. Immuno-enhancement effects of Huang Qi Liu Yi Tang in a murine model of cyclophosphamide-induced leucopenia[J]. Ethnopharmacol, 2007, 109: 229-235.

[37] Izumi T, Piskula M K, Osawa S, Obata A, Tobe K, Saito M, Kataoka S, Kubota Y, Kikuchi M.. Soy isoflavone aglycones are absorbed faster and in higher amounts than their glucosides in humans[J]. Nutr, 2000, 130: 1695-1699.

[38] Jenkins K J, Atwal A S. Flavonoids increase tissue essential fatty acids in vitamin E deficient chicks[J]. Nutr. Biochem, 1995, 6: 97-103.

[39] Jin J, Ho Y W, Abdullah N, Jalaludin S. Digestiveand bacterial enzyme activities in broilers fed diets supplemented with lactobacillus cultures[J]. Poult. Sci, 2000, 79: 886-891.

[40] Kawakami Y, Tsurugasaki W, Nakamura S, Osada K. Comparison of regulative functions between dietary soy isoflavones aglycone and glucoside on lipid metabolism in rats fed cholesterol[J]. Nutr. Biochem, 2005, 16: 205-212.

[41] Kellett G L. The facilitated component of intestinal glucose absorption[J]. Physiol, 2001, 531: 585-595.

[42] Kwak H, Austic R E, Dietert R R. Influence of dietary arginine concentration on lymphoid organ growth in chickens[J]. Poult. Sci, 1999, 78: 1536-1541.

[43] Li H., Zhou G Y, Xu J P, Liu J A, Zhang H Y, Tan Y M. Research progress on polysaccharides from *Ginkgo biloba*[J]. Med. Plants Res, 2012, 6: 171-176.

[44] Lin Y W, Chiang B H. Anti-tumor activity of the fermentation broth of Cordyceps militaris cultured in the medium of Radix astragali[J]. Process Biochem, 2008, 43: 244-250.

[45] Liu Z H, Zeng S. Cytotoxicity of ginkgolic acid in HepG2 cells and primary rat hepatocytes[J]. Toxicol. Lett, 2009, 187: 131-136.

[46] Lowry O H, Rosenbrough N J, Farr A, Randall R J. Protein measurement with the Folin phenol reagent[J]. Biol. Chem, 1951, 193: 265-275

[47] Lu G, Wu Y, Mak Y T, Wai S M, Feng Z T, Rudd J A, Yew D T. Molecular evidence of the neuroprotective effect of *Ginkgo biloba* (EGb761) using bax/bcl-2 ratio after brain ischemia in senescence-accelerated mice, strain prone-8[J]. Brain Res., 2006, 1090: 23-28.

[48] Lynn K R, Clevette-Radford N A. Purification andcharacterization of hevin, a serin protease from Hevea brazilliensis[J]. Biochem. J, 1984, 23: 963-964.

[49] Mahmood S, Ajmal Khan M, Sarwar M, Nisa M. Use of chemical treatments to reduce antinutritional effects of tannins in salseed meal: Effect on performance and digestive enzymes of broilers[J]. Livest. Sci, 2008, 116, 162-170.

[50] Mahmood S, Khan M A, Sarwar M, Nisa M. Chemical treatments to reduce antinutritional factors in Salseed (Shorearobusta) Meal: effect on nutrient digestibility in colostomized hens and intact broilers[J]. Poult. Sci, 2006, 85: 2207-2215.

[51] Mansoori B, Nodeh H, Modirsanei M, Kiaei M M, Farkhoy M. Evaluating the influence of tannic acid alone or

with polyethylene glycol on the intestinal absorption capacity of broiler chickens, using D-xylose absorption test [J]. Anim. Feed Sci. Technol, 2007, 134: 252-260.

[52] Mathies C J. Adaptation of the berthelot color reaction for the determination of urea nitrogen in serum and urine to an ultramicro system[J]. Clin. Chem, 1960, 10: 366-369.

[53] Mathivanan R, Selvaraj P, Nanjappan K. Feeding of fermented soybean meal on broiler performance. Int[J]. Poult. Sci, 2006, 5: 868-872.

[54] Miles R D, Butcher G B, Henry P R, Littell R C. Effect of antibiotic growth promoters on broiler performance, intestinal growth parameters, and quantitative morphology[J]. Poult. Sci, 2006, 85: 476-485.

[55] Mital B K, Garg S K. Tempeh-technology and food value[J]. Int. Food Rev, 1990, 6: 213-224.

[56] Miyake Y, Fukumoto S, Okada M, Sakaida K, Nakamura Y., Osawa, T. Antioxidative catechol lignans converted from sesamin and sesaminol triglucoside by culturing with Aspergillus[J]. Agric. Food Chem, 2005, 53: 22-27.

[57] Mount-zouris K C, Tsirtsikos P, Kalamara E, Nitsch S, Schatzmayr G, Fegeros K. Evaluation of the efficacy of a probiotic containing Lactobacillus, Bifidobacterium, Enterococcus, and Pediococcus strains in promoting broiler performance and modulating cecal microflora composition and metabolic activities[J]. Poult. Sci, 2007, 86: 309-317.

[58] Ng C C, Wang C Y, Wang Y P, Tzeng W S, Shyu Y T. Lactic acid bacterial fermentation on the production of functional antioxidant herbal Anoectochilus formosanus Hayata[J]. Biosci. Bioeng, 2011, 111: 289-293.

[59] Pinto G A S, Leite S G F, Terzi S C, Couri C. Selection of tannase-producing Aspergillus niger strains[J]. Braz. J. Microbiol, 2001, 32: 24-26.

[60] Puebla-Pérez A M, Lozoya X, Villaseñor-García M M. Effect of *Ginkgo biloba* extract, EGb 761, on the cellular immune response in a hypothalamic - pituitary - adrenal axis activation model in the rat[J]. Int. Immunopharmacol, 2003, 3: 75-80.

[61] Rehman H, Rosenkranz C, Böhm J, Zentek J. Dietary inulin affects themorphology but not the sodium dependent glucose and glutamine transport in the jejunum of broilers[J]. Poult. Sci, 2007b, 86: 118-122.

[62] Rehman H, Vahjen W, Awad W A, Zentek J. Indigenous bacteria and bacterial metabolic products in the gastrointestinal tract of broilers[J]. Arch. Anim. Nutr, 2007a, 61: 319-335.

[63] Reuss L. One-hundred years of inquiry: the mechanism of glucose absorption in the intestine [J]. Annual Review Physiology, 2000, 62: 939-946.

[64] Schneeman B D. Pancreatic and digestive function. In: Vahuoung, G. V., Kritchevsky, D. (Eds.), Dietary Fibre in Health and Disease[J]. Plenum Press, NewYork, 1982, 73-83.

[65] Sochocka M, Zaczyńska E, Taboł A, Czarny A, Leszek J, Sobczyński M. The influence of donepezil and EGb 761 on the innate immunity of human leukocytes Effect on the NF-κB system[J]. Int. Immunopharmacol, 2010, 10: 1505-1513.

[66] Somogyi M. Modification of two methods for the assay of amylase[J]. Clin. Chem, 1960, 6: 23-27.

[67] Steiner T. Managing gut health. Natural growth promoters as a key to animal performance. Nottingham University Press, Nottingham, UK, 2006.

[68] Tannock G W. Molecular assessment of intestinal microflora[J]. Am. J. Clin. Nutr, 2001, 73: 410-414.

[69] Teng D, Gao M Y, Yang Y L, Liu B, Tian Z G, Wang J H. Bio-modification of soybean meal with Bacillus-subtilis or Aspergillus oryzae[J]. Biocatalysis and Agricultural Biotechnology, 2012, 1: 32-38.

[70] Tietz N W, Fiereck E A. A specific method for serum lipase determination[J]. Clin. Chim. Acta, 1966, 13: 352-355.

[71] Toofanian F, Targowski S P. Fetal development and distribution of intestinal alkaline phosphatase in the rabbit

[J]. Res. Vet. Sci, 1982, 32: 303-305.

[72] Uni Z. Functional development of the small intestine: Cellularand molecular aspects[J]. Poult. Avian Biol. Rev, 1999, 10: 167-179.

[73] Van Beek, T A, Montoro P. Chemical analysis and quality control of Ginkgo biloba leaves, extracts, andphytopharmaceuticals[J]. Chromatogr. A, 2009, 1216: 2002-2032.

[74] Verzelloni E, Tagliazucchi D, Conte A. Relationship between the antioxidant properties and the phenolic and flavonoid content in traditional balsamic vinegar[J]. Food Chem., 2007, 105: 564-571.

[75] Viveros A, Brenes A, Elices R, Arija I, Canales R. Nutritional value of raw and autoclaved kabuli and desi chickpeas (*Cicer arietinum* L.) for growing chickens[J]. Br. Poult. Sci, 2001, 42: 242-251.

[76] Ward C P, Redd K, Williams B M, Caler J R, Luo Y, McCoy J G. *Ginkgo biloba* extract: cognitive enhancer or antistress buffer[J]. Pharmacol. Biochem. Behav., 2002, 72: 913-922.

[77] Witte D P, Ellis M, McKeith F K, Wilson E R. Effect of dietary lysine level and environmental temperature during the finishing phase on the intramus- cular fat content of pork[J]. Anim. Sci. 2000, 78: 1272-1276.

[78] Wood S, Frayhum P. Glucose transporters (GLUT and SGLT): expanded families of sugar transport protein [J]. Br. J. Nutr, 2003, 89: 3-9.

[79] Wright E M. The intestinal Na^+/glucose cotransporter[J]. Annu. Rev. Physiol, 1993, 55: 575-589.

[80] Yason C V, Summers B A, Schat K A. Pathogenesis of rotavirus infection in various age groups of chickens and turkeys: pathology[J]. Am. J. Vet. Res, 1987, 48: 927-938.

[81] Ye B, Aponte M, Dai Y, Li L, Ho M C, Vitonis A, Edwards D, Huang T N, Cramer, D W. *Ginkgo biloba* and ovarian cancer prevention: epidemiological and biological evidence[J]. Cancer Lett, 2007, 251: 43-52.

[82] 杨彩梅，徐卫丹，陈安国. 甘氨酰—谷氨酰胺对断奶仔猪生长性能及肠道吸收功能的影响[J]. 中国畜牧杂志，2005，41(8)：6～8.

纳他霉素对银杏果抑菌及保鲜效果的研究

李 昱 吴彩娥 范龚健 李婷婷 吴海霞 华 菁

（南京林业大学森林资源与环境学院，江苏南京 210037）

摘要：探讨银杏果贮藏中霉变问题的解决途径；以银杏果主栽品种‘大佛指’为试材，分离筛选出其在贮藏过程中的主要致霉菌，采用纳他霉素作为抑菌剂进行体外抑菌实验，并分别采用不同浓度纳他霉素喷涂处理银杏果，研究其在0℃冷藏过程中的生理生化及相关营养和贮藏品质的变化规律；浓度为250mg · L^{-1}纳他霉素对致霉菌便有明显的抑制作用，使用浓度为500mg · L^{-1}的纳他霉素处理银杏果，可有效抑制贮藏期间果实的呼吸强度，降低果实的细胞膜透性，维持较高的POD和CAT活性较高，保持了较高的含水量和淀粉含量，较低的霉变率、萎缩率和石灰化指数。

关键词：银杏；贮藏；纳他霉素；抑菌；致霉菌

Fresh-keepingand antimicrobia effects of ginkgo seeds using natamycin treatments

Li Yu Wu Cai'e Fan Gongjian Li Tingting Wu Haixia Hua Jing

(*College of Forest Resources and Environment*, *Nanjing Forestry University*, *Nanjing Jiangsu* 210037, *China*)

Abstract: Study the way to solve the problem which caused the mould of ginkgo seeds during storage. The pathogen which caused the mould of ginkgo seeds during storage was isolated and identified, which was Penicillium expansum. Ginkgo seeds called "Buddhawere" used as material in this experiment, and were treated with different consistencies of Natamycin, study the changes rule about the physiology and biochemistry and the storage quality during storage under 0℃; 250 mg · L^{-1} Natamycin can control Penicillium expansum. The respiratory intensity of *Ginkgo* seeds was inhibited by 500 mg · L^{-1} Natamycin and low membrane permeability was maintained; the activity of POD and CAT was maintained at higher levels by 500 mg · L^{-1} Natamycin. And the content of the starch and the water were maintained in higher level by 500 mg · L^{-1} Natamycin. In this way, mildew rate and shinking rate and calcification index of kernels was decreased.

Key words: Ginkgo seeds; Storage; Natamycin; Antibacterial activities; Causative pathoge

银杏(*Ginkgo biloba* L.)原产于我国，为裸子植物银杏纲目前仅存的一种，被人们誉为“活化石”。银杏果实由肉质外种皮、骨质中种皮、膜质内种皮以及富含营养成分的胚乳和种胚组成，其中用来贮藏保鲜、加工和鲜食用银杏主要是除去外种皮后的种核[1]，俗称白果。但由于其中水分和淀粉含量较高，种子呼吸强度大，营养成分消耗快，采后极易出现霉烂变质、失水硬化、糯性下降、外壳发黄等现象而导致商品价值降低[2]。在银杏产地每年银杏果的发霉腐烂及硬化现象极为严重。

纳他霉素(natamycin)是由纳塔尔链霉菌等微生物产生的一种多烯类抗菌素，能有效抑制和杀死霉菌、酵母菌和丝状真菌[3]。纳他霉素现主要以溶解形式喷雾于奶酪表面，作为奶酪的防腐剂；还可以用于饮料制作过程，可以有效地防止饮料中霉菌的生长[4]；亦有学者将其应用于葡萄[4]、草莓[5]、樱桃[6]、芦笋[7]等果蔬，也有良好的防霉保鲜效果。

针对银杏果采后贮藏，前人已进行了不少研究，如：采前化学处理、漂白处理、涂膜处理以及不同的外种皮脱除方式对贮藏期间银杏果保鲜效果的影响，结果表明一定浓度的乙烯利和植物生长素处理、二氧化硫熏蒸、虫胶、树胶及乳化石蜡涂膜和饱和石灰水浸泡等贮前处理方式均可较好地保持采后银杏果的品质[8]；还有的学者采用1% $CaCl_2$ 浸泡[1]、热激[12-13]、冷激[9]、^{60}Co 辐照[10]、臭氧[11]等处理，但是其贮藏保鲜效果仍然不佳，发霉腐烂现象仍很严重；对于银杏果在贮藏过程中制霉菌的分离、鉴定及其相关抑菌试验尚未进行；而且有关纳他霉素对采后银杏果贮藏保鲜效果的研究未见资料报道。因此，进一步研究银杏果贮藏中霉变现象，从根源上抑制霉变，对于提高银杏果实的贮藏品质，延长市场供应、增加银杏果农的经济收入具有重要的意义。本文对银杏果贮藏中引起霉变的致霉菌进行了分离、初步鉴定，并对其体外抑菌实验进行了研究，后又采用不同浓度纳他霉素处理银杏果，主要针对银杏果贮藏中霉变问题进行研究，探讨不同浓度纳他霉素处理对银杏果采后生理生化和贮藏品质的影响，以期获得更适宜的贮藏保鲜方法，延长贮藏时间，减少贮运损失，为银杏果长期保鲜提供有效的理论依据。

1 材料与方法

1.1 致霉菌的分离筛选及体外抑菌试验

1.1.1 菌悬液的制备

将银杏水洗后放入塑料袋内，在27℃的恒温恒湿培养箱里放置，使其长出大量病菌以便制备菌悬液。

取典型发霉果，用无菌水冲洗核果表面得到菌悬液，将菌悬液进行梯度稀释，分别稀释成 10^{-1}、10^{-2}、10^{-3}、10^{-4}、10^{-5}、10^{-6}倍。

1.1.2 培养基的配制

马丁氏培养基、马铃薯葡萄糖培养基(PDA)、查氏培养基(CYA)、麦芽葡萄糖(MEA)。

1.1.3 病菌的初分离

将马丁氏培养基倒平板，待培养基凝固后，用微量移液枪吸取50μL 菌悬液加入平板，然后涂布均匀。所有操作都在无菌操作台进行，每个梯度做三个平行。将分离出来的各种不同形态单菌落再进行一次同样操作。如果得出的菌落形态确实一致，将菌种斜面接种保存；如果不一致，重复上面的操作，直至菌落形态一致，然后将菌种保存。

1.1.4 反接实验

将新鲜银杏果漂洗，然后在75%乙醇浸泡30min，在超净工作台上晾干，再放入菌悬液中浸泡，取出装入灭菌聚乙烯薄膜袋，扎口，27℃培养箱中培养。

1.1.5　病菌的再分离

5 天后，将聚乙烯袋包装的长霉银杏果进行病菌的再分离，方法同 1.1.3。

1.1.6　病原菌的初步鉴定

将前后两次保存的菌种进行比较，初步找出病原菌。

1.1.7　再次反接和分离

操作同前。

1.1.8　体外抑菌试验

采用牛津杯法(管碟法)，检测纳他霉素对银杏果致霉菌进行抑菌试验。

先将灭菌后的 PDA 培养基趁热倒平板，每皿 20mL，作为底层，凝固后等距离放置三个直径为 6mm 牛津杯，待作为上层的培养基温度冷至 40℃时，将菌悬液加入 700 mL 培养基中，得到 10^4 cfu · mL^{-1} 菌浓度的培养基，再趁热迅速倒入培养皿中，待培养基冷却凝固后用镊子取出三个牛津杯；三个牛津杯所形成的孔中，一个加入无菌水作为阴性对照，一个加入不同浓度的纳他霉素溶液作为实验组，一个加入一定浓度的山梨酸钾作为阳性对照。28℃培养 4 天，用 10 分度游标卡尺(精确到 0.1mm)测量记录抑菌圈的直径。同一实验，重复操作三次，取算术平均值。参考 NCCLS 推荐的标准判断抑菌效果[12]：R≥20mm 为极敏，15mm≤R≤19mm 为高敏，10mm≤R≤14mm 为中敏，R≤9mm 为低敏，无抑菌圈为耐药。

1.2　纳他霉素对银杏果保鲜试验

1.2.1　试验材料

银杏果为主栽品种‘大佛指’。2011 年 10 月 20 日采自于江苏省泰兴县，挑选新采收、大小一致的银杏种核，脱皮洗涤后，室温下晾干 7 天，除去空、瘪果及虫果等。

纳他霉素(由郑州奇泓生物科技有限公司提供，纯度 99.6%)。

1.2.2　试验处理

将纳他霉素分别配制成浓度为 250 mg · L^{-1}、500 mg · L^{-1}、750 mg · L^{-1}、1000 mg · L^{-1} 的纳他霉素悬浮液，均匀喷涂在银杏果表面，自然晾干，用 0.03mm 聚乙烯薄膜塑料袋进行包装，置于(0 ± 1.0)℃下进行贮藏，未经处理的银杏果作为对照。每个处理 3 个重复，每个重复约 2kg，每 30 天进行一次相关指标测定，连续测定 180 天。

1.2.3　测定项目与方法

1.2.3.1　贮藏指标测定方法

呼吸强度的测定采用气流法；细胞膜透性的测定采用电导法；过氧化物酶(POD)活性的测定采用愈创木酚法；过氧化氢酶(CAT)活性的测定采用紫外吸收法；淀粉含量的测定采用蒽酮硫酸法。含水量的测定采用称重法；霉变率、萎缩率的测定采用计数法。

1.2.3.2　数据处理

本试验采用完全随机取样，每处理 3 个重复，用 Excel 整理原始数据并作图，试验采用 SPSS 数据处理系统软件进行数据分析，采用 Duncan 新复极差检验进行多重比较，显著性水平：显著($p < 0.05$)；极显著($p < 0.01$)。

2 结果与分析

2.1 致霉菌形态学的初步鉴定

从霉变银杏果上分离得到3株真菌，经柯赫法则验证其中致病菌为一株青霉菌，它们在鉴定培基CYA和MEA上的生长形态以及制片镜检图见图1。根据其菌落生长形态，通过查找资料[13]，认为这株青霉为扩展青霉。

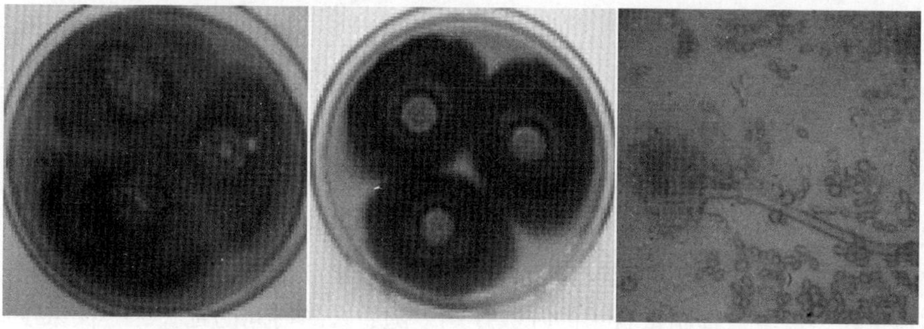

图1 目标青霉在CYA、MEA上生长及100×镜检形态图

Fig. 1 Penicillium in CYA, MEA on the growth and morphology of 100 × microscopy

2.2 纳他霉素对致霉菌体外抑菌实验

纳他霉素的作用机理是通过与细胞膜里的胆固醇，特别是麦角固醇这样的固醇类形成复杂的复合物，改变细胞渗透性，从而抑制和杀灭真菌[14]。由表1知，250 mg·L^{-1}纳他霉素对目标青霉的抑制作用便有较高的敏感性，可以有效抑制致霉菌的生长。有文献指出纳他霉素对真菌的抑菌作用比山梨酸钾强50倍左右[15]，使用1g·mL^{-1}山梨酸钾作为阳性对照，对目标青霉几乎没有抑制作用。

表1 纳他霉素对致霉菌的抑制作用

Tab. 1 MIC of Natamycin on Penicillium

抑菌圈直径(mm)	纳他霉素浓度(mg·L^{-1})				阳性对照	阴性对照
	1000	750	500	250		
致霉菌	36	29	24	19	6	0

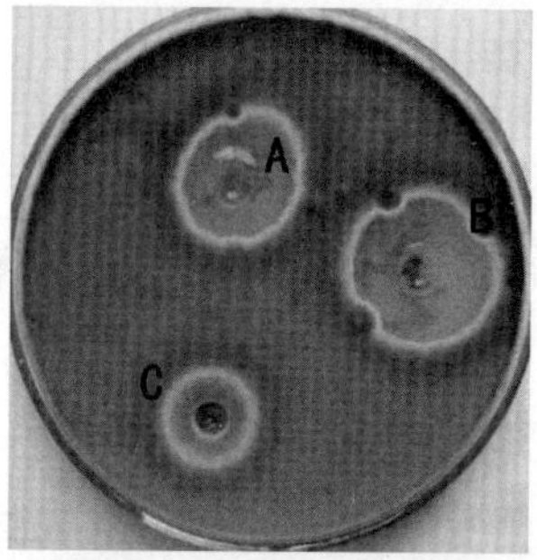

图2 纳他霉素对致霉菌的抑菌效果

Fig. 2 Antimicrobia effect of penicillium using natamycin

2.3 不同浓度纳他霉素对银杏果贮藏品质的影响

银杏果采后贮藏过程中，常受多种霉菌污染，使外壳呈黑、青、黄白等各种颜色，同时种仁变硬、霉烂变软或呈粉状，因而造成其品质降低，严重影响商品价值。银杏果经不同浓度纳他霉素处理后，贮藏180天时，其霉变率、萎缩率、石灰化指数如表2所示。低浓度的纳他霉素处理便可有效抑制银杏果贮藏期间霉变的发生，且各浓度处理间差异不显著。但可以发现低浓度的250mg·L^{-1}、500mg·L^{-1}纳他霉素处理的萎缩率极显著低于其他处理组($p < 0.01$)，且两个浓度处理间差异不显著，同时这两个浓度处理的石灰化指数差异亦不显著，经相关性分析可知，霉变率与萎缩率、石灰化指数呈极显著负相关(-0.816**、-0.723**)，因此较高浓度的纳他霉素处理可能会影响银杏果的贮藏品质。

表 2　不同浓度纳他霉素对银杏果贮藏品质的影响

Tab. 2　Effect of different natamycin on storage quality of ginkgo

处理浓度(mg · L-1)	霉变率(%)	萎缩率(%)	石灰化指数(%)
250	1. 78 ±1. 33A	9. 73 ±1. 45B	10. 67 +0. 08C
500	1. 33 ±0. 33A	12. 04 ±1. 07B	11. 33 +0. 08C
750	0. 56 ±0. 33A	19. 42 ±2. 70A	12. 67 +0. 10B
1000	0. 00 ±0. 33A	21. 45 ±2. 00A	13. 33 +0. 1B
CK	99. 99 ±0. 01B	20. 46 ±0. 13A	20. 67 +0. 48A

注：表中不同字母表示在 0. 01 水平下差异显著。

2. 4　不同浓度纳他霉素对银杏果呼吸强度的影响

呼吸强度表明了组织内含物消耗的快慢，是衡量银杏果生理状态的重要标志，一般来说，呼吸强度越大，内含物消耗越快，衰老的也越快。由图 3 知，在银杏果的贮藏初期，高浓度的纳他霉素可以有效抑制银杏果的呼吸作用，随着贮藏时间的延长，不同浓度间的差异显著性逐渐降低，贮藏至 90 天时，500mg · L^{-1}、750mg · L^{-1}、1000mg · L^{-1} 均极显著低于其他处理组(p <0. 01)，三个浓度间差异不显著；贮藏 180 天时，低浓度的纳他霉素反而表现了更好的呼吸抑制性，250mg · L^{-1} 和 500mg · L^{-1} 纳他霉素处理的银杏果，其呼吸强度均极显著低于其他处理组(p <0. 01)，二者间差异不显著。

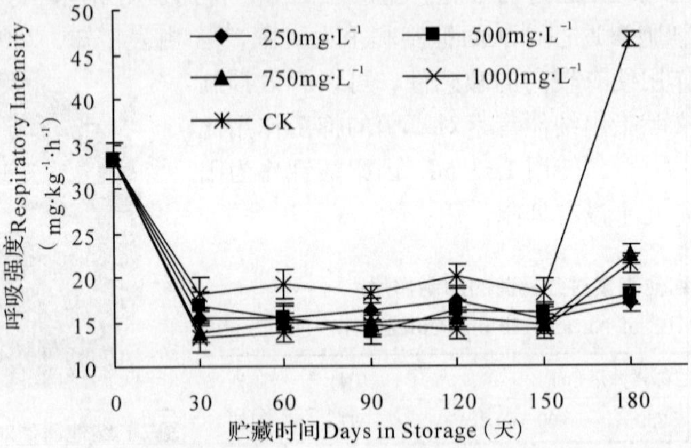

图 3　不同浓度纳他霉素处理对银杏果在贮藏期间呼吸强度的影响

Fig. 3　Effect of natamycin treatment on respiration intensity of ginkgo during storage

2. 5　不同浓度纳他霉素对银杏果细胞膜透性的影响

植物在贮藏过程中，细胞膜内大量的不饱和脂肪酸，在生物自由基或活性氧的作用下易诱发脂质过氧化作用，膜的通透性增加，离子大量外渗，导致组织浸泡液的电导率增大。由图 4 知，在贮藏初期，低浓度的纳他霉素便可很有效地减缓银杏果衰老，250mg · L^{-1} 和 500mg · L^{-1} 纳他霉素处理的银杏果，其相对电导率均极显著低于其他处理组(p <0. 01)；贮藏 90 ~120 天时，500mg · L^{-1} 处理表现了更为良好的贮藏性，其相对电导率极显著低于其他处理组(p <0. 01)，随着贮藏时间的延长，银杏果的衰老逐渐加剧，高浓度的纳他霉素对于银杏果贮藏过程中发生的脂质氧化现象有更好的预防作用，到贮藏后期，经 750mg · L^{-1} 纳他

霉素处理的银杏果，其相对电导率极显著低于其他处理组($p<0.01$)，但与 1000mg · L^{-1}和 500mg · L^{-1}处理差异不显著。

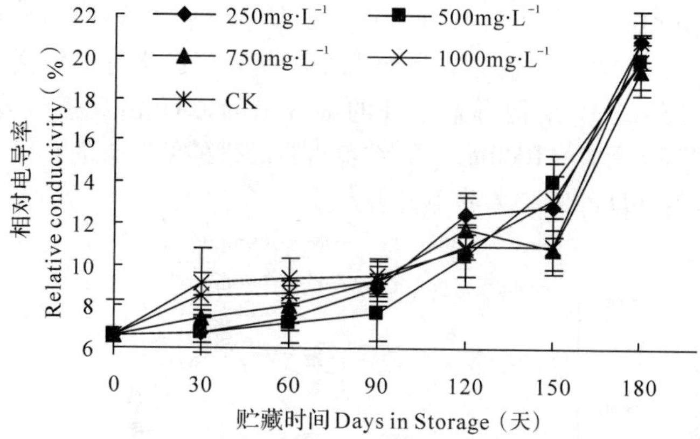

图 4　不同浓度纳他霉素处理对银杏果在贮藏期间相对电导率的影响

Fig. 4　Effect of natamycin treatment on relative conductivity of ginkgo during storage

2.6　不同浓度纳他霉素对银杏果 POD 活性的影响

POD 普遍存在于果蔬体内，催化植物组织中低浓度的 H_2O_2氧化其他底物，用以清除过氧化物 H_2O_2，从而使机体免受 H_2O_2的毒害作用，较高的 POD 活性在一定程度上可以延缓果实的衰老，与植物的抗逆性密切相关[16]。由图 5 可知，银杏果贮藏 30 天时，750mg · L^{-1}和 500mg · L^{-1}纳他霉素处理的银杏果的 POD 活性极显著高于其他各组($p<0.01$)，两浓度间差异不显著；贮藏至 90 天时，500mg · L^{-1}纳他霉素处理的银杏果的 POD 活性极显著高于其他处理组($p<0.01$)，但与 1000mg · L^{-1}处理差异不显著；到贮藏结束 180 天时，250mg · L^{-1}、500mg · L^{-1}、750mg · L^{-1}三个浓度间差异不显著，但均极显著低于 1000mg · L^{-1}处理($p<0.01$)。

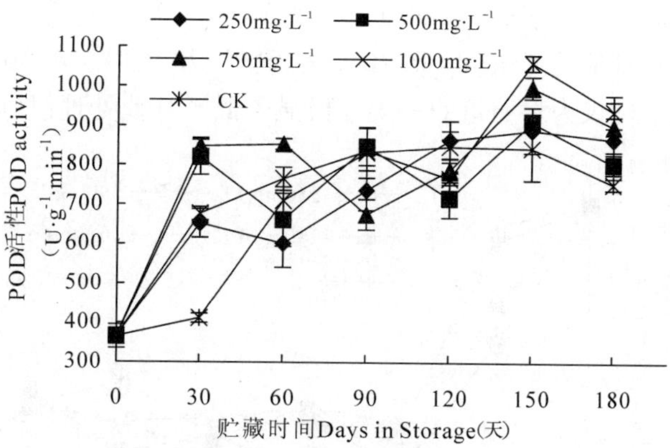

图 5　不同浓度纳他霉素处理对银杏果在贮藏期间 POD 活性的影响

Fig. 5　Effect of natamycin treatment on POD activity of ginkgo during storage

2.7　不同浓度纳他霉素对银杏果 CAT 活性的影响

过氧化氢酶(CAT)是一种内源活性氧清除剂，能够在逆境协迫式衰老过程中清除植物体内过量的活性氧，维持氧代谢平衡，CAT 能在一定程度上延缓细胞的衰老进程，延长种核的贮藏时间[16]。由图 6 知，贮藏 30 天时，纳他霉素处理可有效激发 CAT 活性，以延缓银杏果衰老，且低浓度纳他霉素的效果更佳，250mg · L^{-1}纳他霉素处理的银杏果 CAT 活性极显著高于其他处理组($p<0.01$)，但与 500mg · L^{-1}处理差异不显著；与膜脂氧化的发生相似，随着贮藏时间的延长，高浓度的纳他霉素处理在后期表现出更好的酶活促进作用，在贮藏 90 天、150 天时，500mg · L^{-1}纳他霉素处理的银杏果的 CAT 活性极显著高于其他组($p<0.01$)，在贮藏末期 180 天时，1000mg · L^{-1}纳他霉素处理的银杏果的 CAT 活性极显著高于其他组($p<0.01$)，但与 500mg · L^{-1}差异不显著。

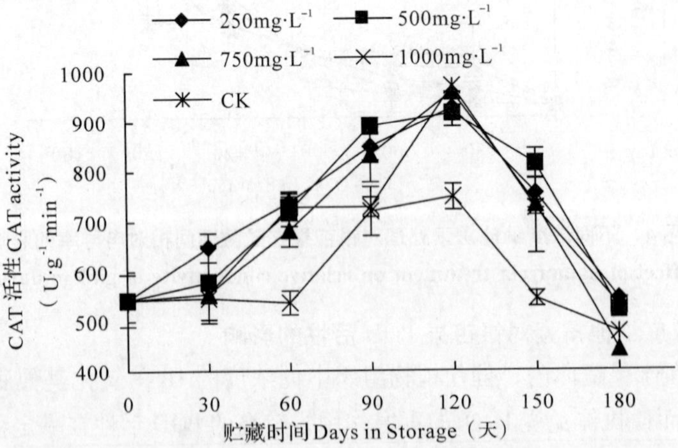

图 6　不同浓度纳他霉素处理对银杏果在贮藏期间 CAT 活性的影响

Fig. 6　Effect of natamycin treatment on CAT activity of ginkgo during storage

2.8　不同浓度纳他霉素对银杏果淀粉酶活性的影响

淀粉酶是淀粉水解的关键酶，淀粉酶活性的高低直接影响银杏果在贮藏期间淀粉含量的多少。由图 5 可知，在贮藏初期，低浓度的纳他霉素便可很有效地抑制淀粉酶活性，控制银杏果在贮藏中发生的淀粉水解现象，250mg · L^{-1}和 500mg · L^{-1}纳他霉素处理的银杏果，其淀粉酶活性均极显著低于其他处理组($p<0.01$)，贮藏至 120 天时，经 500mg · L^{-1}纳他霉素处理的银杏果的淀粉酶活性仅为对照组的一半，极显著低于其他处理组($p<0.01$)。综合各阶

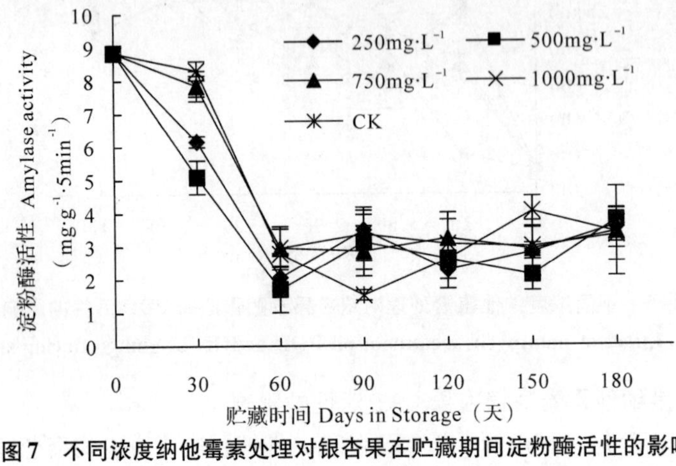

图 7　不同浓度纳他霉素处理对银杏果在贮藏期间淀粉酶活性的影响

Fig. 7　Effect of natamycin treatment on amylase activity of ginkgo during storage

段看来，经 500mg · L^{-1}纳他霉素处理可较好地抑制淀粉酶活性在较低水平。

2.9 不同浓度纳他霉素对银杏果淀粉含量影响

淀粉是银杏果的主要营养成分，在贮藏过程中，种胚持续发育，淀粉酶分解淀粉，以满足了种胚的后熟生长对营养物质和能量物质的需求[17]，通过对淀粉含量的测定，可以推测银杏果的生理活性状态。由图 8 可知，贮藏 30 天时，经 500mg · L^{-1}纳他霉素处理的银杏果的淀粉含量为 40.08%，极显著高于其他处理组($p < 0.01$)；到贮藏 90 天时，其淀粉含量为 29.74%；贮藏 120 天后，淀粉含量变化明显，到贮藏末期 180 天时，经 500mg · L^{-1}纳他霉素处理的银杏果的淀粉含量仍可达到 13.06%，极显著高于其他处理组($p < 0.01$)。在整个贮藏过程中，500mg · L^{-1}纳他霉素处理可维持淀粉含量在较高水平。

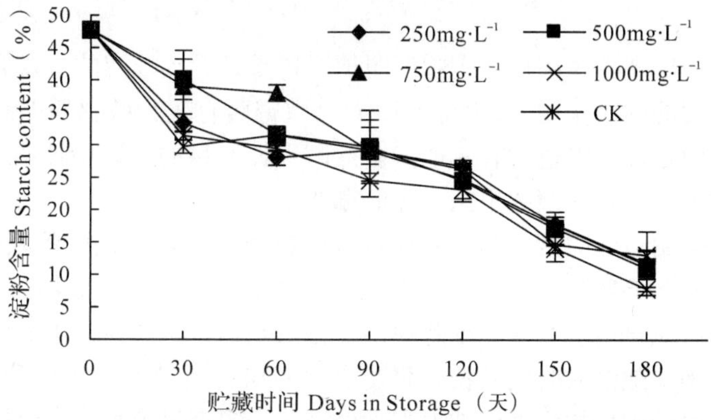

图 8 不同浓度纳他霉素处理对银杏果在贮藏期间淀粉含量的影响

Fig. 8 Effect of natamycin treatment on starch content of ginkgo during storage

2.10 不同浓度纳他霉素对银杏果含水量的影响

含水量是衡量银杏果品质的重要指标，水分含量高则种仁新鲜饱满，食用品质好[18]；一定的含水量是维持细胞膨压、保持种子新鲜度的主要因素，而且含水量与种子的活力密切相关[19]；但含水量过高，湿度大为霉菌的生长提供了温床，易引发银杏果在贮藏过程中发生霉变现象；而组织少量失水后，果实不再饱满，发生萎缩，“石灰化”等现象，还会使其抗氧化能力降低，自由基产生增加，同时伴随膜脂质过氧化作用，使膜伤害加强，透性增

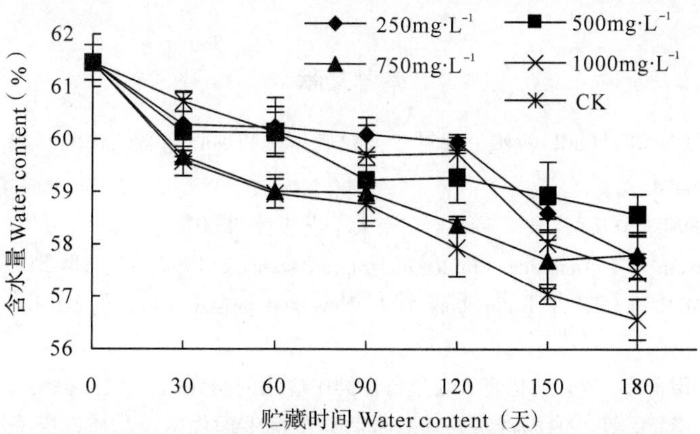

图 9 不同浓度纳他霉素处理对银杏果在贮藏期间含水量的影响

Fig. 9 Effect of natamycin treatment on water content of ginkgo during storage

大，种子活力降低。

由图7可知，贮藏的90天内，经纳他霉素处理的银杏果的含水量均显著高于对照组($p<0.05$)，但是不同浓度纳他霉素处理间差异不显著，随着贮藏时间的延长，银杏果的含水量不断下降，但是低浓度的含水量的下降速度较为平缓，至贮藏120天时，250mg · L^{-1}纳他霉素处理的银杏果的含水量为60.09%，极显著高于其他处理组($p<0.01$)，但与500mg · L^{-1}纳他霉素处理差异不显著；到贮藏后期，500mg · L^{-1}纳他霉素处理的银杏果的含水量均极显著高于其他各组($p<0.01$)。与银杏果贮藏期间的霉变率比较可知，500mg · L^{-1}纳他霉素处理不但可以保持银杏果较高的含水量，也可避免在贮藏过程中的霉变现象。

3　结论

银杏果贮藏中易出现霉腐病症，实验证明扩展青霉是导致霉变的主要病原菌之一。研究了纳他霉素对病原菌的抑制作用，250mg · L^{-1}对其致霉菌有较为敏感的抑制作用。后续实验是对银杏果进行涂膜处理，以达到有效地抑制霉菌生长的目的，试验证明，250mg · L^{-1}纳他霉素处理便可有效地抑制致霉菌的生长，降低霉变率。

贮藏过程中，采用适当的纳他霉素处理可以使银杏果维持较低的呼吸强度，本试验中，500mg · L^{-1}纳他霉素处理抑制了银杏果呼吸强度。POD、CAT等酶被称为膜的酶保护系统，它们对于清除细胞内氧自由基、保护细胞膜不受自由基伤害有重要作用。该酶保护系统在贮藏前期保持较高水平，随贮藏时间延长，膜受自由基伤害而导致电导率升高[20]。相对电导率反映膜的透性及膜受破坏的程度，纳他霉素处理对于银杏果膜系统，保持一定的细胞膜透性有重要作用，试验发现，500mg · L^{-1}纳他霉素处理效果最好，同时可以延缓淀粉的消耗分解，延长贮藏期。

银杏果含水量较高，一般条件下不耐贮藏，干燥时又容易风干失水，种仁皱缩[21]，发生“石灰化”，致使食用价值和商品价值降低；但贮藏过程中，若保持较高的含水量又易导致较高的霉变率[22]，因此在贮藏银杏种子时如何控制银杏果的含水量非常重要。低浓度的纳他霉素处理保持了银杏果饱满的同时，可有效降低霉变率，避免石灰化的发生，500mg · L^{-1}纳他霉素处理很好地减少了银杏果贮藏过程中水分的损失，为最佳的处理浓度。为了进一步既保持一定的含水量又防止霉变的发生，可以采取复合保鲜剂进一步进行研究。

参考文献

[1]王莉，徐小勇，江琼，等．$CaCl_2$浸泡处理对银杏贮藏品质和种壳超微结构的影响[J]．江苏农业学报，2007，23(5)：469-474.

[2]陈鹏．银杏产业的机遇与挑战[M]．南京：东南大学出版社，2001.

[3]Harry Brik. Natamycin[J]. Analytical Profiles of Drug Substances. 1994，10：514-557.

[4]Cirigliano M C，McKenna R T，Rothenberg P J. Beverage presser vation[J]. Us patent，1998，(10)：5738-5888.

[5]姜爱丽，胡文中，田密霞，等．纳他霉素在草莓保鲜中应用的研究[J]．食品科学，2007，(12)：515-520.

[6]姜爱丽，胡文忠，李慧，等．纳他霉素处理对采后甜樱桃生理代谢及品质的影响[J]．农业工程学报，2009，25(12)：351-355.

[7]魏云潇．采后处理对芦笋品质、抗氧化及多胺的影响[D]．杭州：浙江大学，2011：88-89.

[8]冯彤，庞杰，于新，等．采前化学处理对白果采后生理及贮藏的影响[J]．西南农业学报，2005，18(4)：448-451.

[9]冯彤，于新，庞杰，等．热激处理对贮藏期间银杏脱水的影响[J]．中国南方果树，1998，27(4)：43-44.

[10]梁红，蔡业统，刘胜宏．银杏种子辐射保鲜的初步研究[J]．食品科学，1998，19(2)：47-49.

[11]李素春，黄小丹，于新，等．臭氧对银杏贮藏防霉的效果[J]．仲恺农业技术学院学报，1998，11(2)：46-49.

[12]何方，王坦，贾泽宝，等．洗发露去屑效果检测评价方法的建立及应用研究[J]．日用化学品科学，2009，32(11)：43-47.

[13]魏景超．真菌鉴定手册[M]．上海：上海科学技术出版社，1979.

[14]Medina A，Jimenez M，Mateo R，et al. Efficacy of natamycin for control of growth and ochratox in A production by Aspergillus carbonarius strains under different environmental conditions[J]. Journal of Applied Microbiology，2007，103(6)：2234-2239.

[15]Davis N D，Diener U L. Mycotoxins. Food and Beverage Mycology[C]. New York：Academic Press，1994：514-557.

[16]庞杰，尤民生．冷激对贮藏白果多聚半乳糖醛酸酶的影响[J]．福建农业大学学报，2000，29(3)：386-388.

[17]王莉．银杏种核贮藏处理对品质的影响研究[D]．扬州：扬州大学，2003.

[18]于新，冯彤，庞杰，等．不同时期银杏种子成分及呼吸变化[J]．仲恺农业技术学院学报，1998，11(2)：19-23.

[19]宋雯雯．贮前温度对板栗石灰化和生理的效应分析[D]．南京：南京农业大学，2006.

[20]陈建勋，谢治芳．板栗贮藏过程中生理生化变化初探[J]．华南农业大学学报，1999，20(4)：70-74.

[21]冯彤，于新，等．银杏种子贮藏期硬化生理研究[J]．西南农业大学学报，1998，20(3)：212-215.

[22]Kashaninejad M，Mortazavi A，Safekordi A，et al. Some physical properties of Pistachio (Pistacia vera L.) nut and its kernel[J]. Journal of Food Engineering，2006，7(2)：30-38.

银杏叶提取物对动物免疫功能的调节

张旭晖　曹福亮
（南京林业大学，江苏南京　210037）

摘要： 银杏叶提取物(EGb)含有黄酮类、内酯类、酚类等多种生物活性成分，具有广泛的生物学功能。本文概述了EGb的活性成分及其理化性质，并着重对EGb对动物免疫功能的调节研究进行阐述，包括免疫器官重量、单核巨噬细胞与自然杀伤细胞、体液免疫、细胞免疫、黏膜免疫和细胞因子等各个方面，并探讨其相关机制，为饲料级银杏叶提取物的广泛应用提供理论依据。

关键词： 银杏叶提取物；免疫调节；非特异性免疫；体液免疫；细胞免疫；动物

Regulatory Effects of *Ginkgo biloba* Extract on the Immune Function in Animals

Zhang Xuhui　Cao Fuliang
(*Nanjing Forestry University*, *Nanjing Jiangsu* 210037, *China*)

Abstract: The extract of *Ginkgo biloba* (EGb) is an active compound with broad biological function containing the main chemical constituents including: flavonoids, terpenoids, phenols *et al.* This paper summarized the active constituent of EGb and its physico-chemical property, and emphasize its immuomodulatory effect in animals, including, immune organ development, monocyte macrophage, natural killer cell, humoral immunity, cellular immunity, mucosal immunity, cytokines, and to explore its relative mechanisms, with the expect to provide theoretical foundation for the widespread application of fodder EGb.

Key words: Extract of *Ginkgo biloba*; Immuomodulation; Nonspecific immunity; Humoral immunity; Cellular immunity; Animal

近年来，随着养殖业的迅速发展，部分饲料加工企业和养殖户片面地追求商业利润，滥用抗生素、激素、违禁药物(如瘦肉精)等情况时有发生，严重影响了畜产品的安全和人体健康。银杏叶为世界上最古老的孑遗植物银杏的干燥叶，其提取物(extract of *Ginkgo biloba* leaves, EGb)含有黄酮类、内酯类、酚类等多种生物活性成分，已成为一种全天然、无公害的绿色饲料添加剂，在畜禽及水产养殖中的应用前景十分广阔。

自20世纪60年代起，国内外学者对银杏叶的化学成分、药理作用等进行了大量研究，证实了EGb具有抗氧化、拮抗血小板活化因子、抗炎、抗病毒及提高免疫力等多种功能。

由于其对人体具有广泛的药理作用，副作用较少，逐渐成为近年来研究的热点(田季雨等，2004)。本文重点阐述了 EGb 对动物免疫功能的调节作用及其相关机制。

1 银杏叶提取物的主要活性成分

据报道，目前从银杏叶中提取分离和已证实的化学成分约有 200 多种，主要有黄酮苷类、萜内酯类、有机酸、单糖类、多糖类、有机醇类、醛类、酮类、生物碱类、甾醇类、17 种氨基酸和 25 种微量元素，以及维生素、叶绿素、胡萝卜素等(高锦明等，1995)。其中黄酮类和萜内酯类等是银杏叶中发挥独特药理活性的有效成分。

1.1 黄酮类化合物

含量为 22% ~27%。包括单黄酮、双黄酮(苷)和儿茶素类物质。单黄酮类化合物主要是由山萘素、槲皮素和异鼠李素与各种糖基形成的苷，均含有 5’, 7’, 4’ 三羟基，3-OH 连接糖基。已分离的双黄酮类化合物以 3’、8’ 连接，分子中含有 1 ~3 个甲氧基，为裸子植物的特征化学成分。儿茶素类根据母核上 2 位碳原子旋光性的不同及 5’ 位是否含有羟基分为 4 种：儿茶素、表儿茶素、没食子酸儿茶素和表没食子酸儿茶素(马忠开等，1984)。

1.2 萜内酯化合物

目前已分离出 6 种萜内酯，统称为银杏内酯，主要是二萜内酯和倍半萜内酯等。其中银杏内酯 A、B、C、M、J 等 5 种属二萜类化合物，分子中都含 6 个五元环，其中 3 个 γ 内酯环，2 个戊烷环和 1 个四氢呋喃环，它们侧链上均含一个叔丁基。倍半萜化合物称为白果内酯或银杏新内酯，分子中仅有 1 个戊烷环。白果内酯是目前唯一在银杏叶中发现的一种萜内酯类化合物，具有独特的药理作用，该成分为银杏叶所特有，在其他植物中尚未发现(张莹等，2008)。

1.3 有机酸类

主要有 D 糖质酸、莽草酸和 6-羟基犬脲喹啉酸。

1.4 聚戊烯醇类

国内已从银杏叶中分离出 7 种聚戊烯醇乙酸酯，均为桦木聚戊烯醇型结构。

1.5 多糖类

主要有淀粉、黏液质和葡聚糖等。

1.6 烷基酚和烷基酚酸类

已分离出 8 种此类化合物，其中 4’-羟基银杏酸 2 种，银杏酸 3 种，银杏酚 3 种，均为银杏叶的毒性成分。

1.7 其他成分

包括 17 种氨基酸、各种微量元素、白果醇(10-廿九烷醇)、白果酮、腰果酚、漆树酸、十七碳烯水杨酸、豆甾醇、生物碱、维生素、叶绿素、胡萝卜素和原花色素等。

2 银杏叶提取物各主要成分的理化性质

2.1 银杏黄酮类

包括黄酮苷元、黄酮苷、双黄酮和桂皮酰衍生物。黄酮苷元和双黄酮因极性小，难溶于水和稀醇液中，但易溶于极性有机溶剂。黄酮苷因增加了糖链部分，其极性增大。黄酮类化合物的活性与酚羟基的位置和数目，C2 和 C3 间的双键，两邻位 C3’、C4’ 游离羟基和 C4 羰基等有关，其药理作用如抗炎、抗组胺、抗 cAMP 磷酸乙酯酶等活性与上述结构有关。黄酮类是氧自由基清除剂，槲皮素和山萘酚能增加血管通透性，也具有捕捉氧自由基和抗氧化的作用。桂皮酰衍生物中的 la[槲皮素-3-鼠李糖-2(6-对羟基-反式-桂皮酰)-葡萄糖苷]和 1b[山萘素-3-鼠李糖-2(6-对羟基-反式-桂皮酰)-葡萄糖苷]为银杏对心血管系统的有效成分，因而被应用作为含量测定时计算的依据。

2.2 银杏萜内酯

此类化合物的基本骨架本身为非极性，但结构中含有多个羟基使其极性增加。银杏萜内酯为强血小板活化因子(PAF)颉颃剂，主要为银杏内酯 A、B，特别是 B 的作用。银杏内酯结构中都含 1 个螺(4，4)壬烷(A 环与 B 环)、1 个四氢呋喃环(D 环)和 3 个 γ 内酯环(C、E、F 环)，并有 1 个特异的叔丁基结构，其内酯抗 PAF 活性与 D 环和羟基位置有关，如内酯 B 具有 C1、C3 两个羟基，为最有效的 PAF 颉颃剂。

2.3 聚戊烯醇类

此类化合物为弱极性，比银杏黄酮和萜内酯的极性小。聚戊烯醇具有促进机体造血、改善肝脏功能的作用，在治疗再障、各种肝病、糖尿病和免疫调节方面发挥其独特功效，具有广阔的药用开发价值。

2.4 6-羟基犬脲喹啉酸类

此类化合物与氨基酸类似，能溶于酸性和碱性溶液中。它作用于 N-甲基-D-门冬氨酸(NMDA)，颉颃 NMDA 而发挥降低脑缺氧作用。

2.5 烷基酚酸类

此类化合物极性小，可溶于非极性溶剂中，难溶于低级醇类，不溶于水。烷基酚酸类被认为是银杏叶中的毒性成分，可能与致过敏、致突变作用有关(李开泉等，2002)。

3 银杏叶提取物的免疫调节功能

目前，EGb 提高机体免疫力的研究在人体上的应用较多，以家畜、家禽作为试验动物的报道不多。已有的对 EGb 免疫调节功能的研究多集中在促进免疫器官的发育、单核巨噬细胞与自然杀伤细胞、体液免疫、细胞免疫、黏膜免疫以及细胞因子等方面，并对其相关机制进行探讨。

3.1 促进免疫器官的发育

免疫器官是动物机体执行免疫功能的组织结构，是淋巴细胞和其他免疫活性细胞发生、分化成熟、定居和增殖以及产生免疫应答的场所，其生长发育直接影响着机体免疫应答水平和抵抗外来微生物入侵和感染的能力。免疫器官按功能不同，分为中枢免疫器官(胸腺、法氏囊等)和外周免疫器官(脾脏、淋巴结等)。免疫器官重量的增加是生长发育快的表现，而指数的提高是由于其自身细胞生长发育和分裂增殖所致，意味着免疫系统成熟较快(王世若，1996)。在一定变化范围内，其绝对重量和相对重量越大，说明机体的细胞免疫和体液免疫机能越强(Corwin 等，1981)。

EGb 对动物免疫器官发育影响的报道目前主要集中于大鼠和肉鸡。Rivas 和 Julius(1998)报道，脾脏、胸腺和法氏囊的重量可用于评价鸡的免疫状况。覃红斌(2004)报道，EGB 能够明显增加大鼠胸腺、脾脏的重量。明亮等(1999)试验表明，EGb 能明显增加环磷酰胺引起的免疫功能低下的小鼠胸腺、脾脏相对重量。韦晗宁(2000)大鼠试验研究表明，

EGb 可以改善白酒灌胃导致的胸腺、脾脏萎缩，通过减轻酒精对胸腺和脾脏损害。Tian 等(2003)研究结果表明，100mg/mL 的 EGb 预处理能够显著降低羟基自由基($^{+}$OH)诱导的原代培养胸腺细胞的凋亡，同时，连续 60 天口服 EGb(每天每鼠约 1.5mg)能够显著刺激 22 月老龄鼠胸腺的再生长，具体表现在胸腺的重量增加，胸腺细胞的总数量增加，此外，部分外周免疫能力，如丝裂原增殖反应和 NK 细胞活性也得到了一定的恢复；EGb 还能使胸腺功能得到恢复，相应地增强免疫系统的功能。

EGb 在肉鸡中的试验也得到了相似的结果。王学静(2006)研究了日粮添加不同剂量 EGb 对 28 天龄罗斯 308 雌性肉雏鸡生长性能和免疫器官相对重量的影响，发现日粮中添加 600mg/kg 的 EGb 可明显提高肉雏鸡的日增重和料重比，肉雏鸡胸腺相对重量较对照组提高了 24.70% ($P<0.05$)，法氏囊相对重量提高了 42.95% ($P<0.05$)，脾脏相对重量提高 39.29% ($P<0.05$)。杨小燕等(2008)的肉鸡试验表明，0.8% 和 1.0% 的日粮 EGb 能够显著提高 35 天龄 AA 肉鸡法氏囊和胸腺指数，对肉鸡中枢免疫器官的生长具有积极的作用。林淑慧(2009)的研究表明，日粮中添加不同水平的 EGB(0.15%、0.2% 及 0.25%)能够不同程度地提高肉鸡的胸腺、脾脏和法氏囊指数，其中以添加 0.2% 的 EGB 28 日龄时提高最多。肠道不仅是营养物质消化、吸收的场所，而且是机体最大的免疫器官，具有重要的免疫功能。李焰等(2009)报道，EGb 处理可以改善肉仔鸡肠道微生物区系，改善小肠黏膜形态。可见，EGB 能促进正常和免疫力低下动物免疫器官的发育，提高机体的免疫力。

3.2 对单核巨噬细胞的免疫调节作用

单核巨噬细胞作为机体非特异性免疫系统的重要组成部分，具有强大的吞噬能力，不仅能吞噬侵入机体内的病原体和有害异物，而且能将抗原递呈给 T、B 淋巴细胞，从而参与机体的特异性免疫应答。诸多研究表明，EGb 能不同程度地通过增强单核巨噬细胞吞噬功能，促进巨噬细胞在免疫应答中起抗原递呈作用，分泌细胞因子，进而调控和扩大免疫反应(覃红斌，2004；李郁英等，1995；赵文明等，1997；Villasenor-Garcia 等，2004)。沈海中等(1994)用噻唑蓝比色法和髓过氧化物酶微量测定法分别检测了 EGb 对小鼠淋巴细胞活性和中性粒细胞吞噬杀伤功能的影响，结果发现其可明显增强小鼠淋巴细胞线粒体脱氢酶和中性粒细胞髓过氧化物酶的释放，具有提高小鼠淋巴细胞和中性粒细胞活性的作用。其机制可能是 EGb 通过抑制巨噬细胞可诱导型一氧化氮合成酶基因表达和活性、降低一氧化氮的合成，从而改善巨噬细胞的功能(Kobuchi 等，1997；Cheung 等，2001)。

3.3 对体液免疫的促进作用

体液免疫是由 B 淋巴细胞介导的多细胞系(抗原呈递细胞、免疫调节细胞和效应细胞)共同完成的免疫应答过程。特定免疫增强剂的使用对体液免疫应答的性质和强度都有不同程度的影响。其中，血清中抗体水平为评估其免疫状况的重要指标之一。若干动物研究表明，EGb 能够促进抗体的生成，增强机体的体液免疫功能。李郁英等(1995)、Villasenor-Garcia 等(2004)报道，EGb 可增加大鼠、小鼠抗绵羊红细胞抗体生成细胞数，提高小鼠抗鸡红细胞抗体(溶血素)的水平。潘智鸣等(1997)研究不同剂量的 EGb、黄芪提取物和黄芪银杏提取物复方对小鼠特异性抗鸡红细胞抗体(溶血素)的产生和 T 淋巴细胞转化增殖的影响发现，EGb 能促进小鼠产生溶血素，与黄芪的作用十分相似。

免疫球蛋白(Ig)是指具有抗体活性或化学结构上与抗体相似的球蛋白，一般存在于血液等多种体液中及某些细胞的表面上，血清免疫球蛋白的测定是检查体液免疫功能最常用的方法。通常检测 IgG、IgM、IgA，这三类 Ig 就可以代表血清 Ig 的水平。IgG 是血液中质量浓度最高的免疫球蛋白，具有抗菌和抗病毒作用，还能中和毒素使其失去活性，调理、凝集和沉淀抗原，在体液免疫中发挥着重要作用；IgM 在机体受病原感染后与补体结合，其溶解病原体的作用很强，在抗感染中起“先锋”作用，具有沉淀、凝集、补体结合及中和病毒等多种功能；IgA 是外分泌液中的主要免疫球蛋白，随分泌液排出至黏膜表面，发挥抗菌、抗病毒作用(崔治中和崔保安，2004)。血清免疫球蛋白质量浓度或效价的高低反映着机体体液的免疫水平，其质量浓度或效价越高，表示机体的体液免疫水平越高。雷红等(2007)和王学静(2006)试验结果表明，肉鸡日粮中添加不同水平的 EGb(0%、0.03%、0.06%、0.12%、0.24%和0.48%)，各试验组胸腺、法氏囊和脾脏相对重量以及 IgA、IgG 较对照组均有所提高，且以 0.6%~0.12%的添加量效果最佳。杨小燕等(2008)在肉鸡基础日粮中分别添加 0.15%、0.2%、0.25% EGB 的研究结果表明，各试验组 IgG、IgM、IgA 含量及补体 C3、C4 的水平较对照组均有所提高，表明 EGb 可以提高肉雏鸡体液免疫机能。杨小燕等(2008)选择 240 只健康 AA 肉仔母雏作为试验动物，在基础日粮中添加 0.6%、0.8%和 1.0%的 EGb，发现 0.8%和 1.0%的 EGb 添加水平能够显著提高 35 天龄肉鸡新城疫抗体效价。林淑慧(2009)研究结果表明，日粮中添加 EGb 能够提高肉鸡的生长性能、降低死淘率；提高免疫器官指数及血清 IgG、IgM、IgA、补体 C3、C4 含量，并且以 0.2%的 EGb 添加组的效果最显著。明亮等(1999)试验证明，EGb 能够明显提高环磷酰胺引起的免疫功能低下的小鼠血清 IgG 水平。肠道黏膜免疫是全身免疫的重要组成部分。黄其春等(2011)的肉仔鸡试验表明，日粮中添加质量分数 0.20%和 0.25%的 EGb 可显著提高 42 日龄肉仔鸡十二指肠黏膜 IgA、IgG、IgM 的含量，表明 EGb 可增强肉仔鸡肠黏膜的体液免疫反应。与以上研究结果相一致的最新试验报道，与对照组相比，添加质量分数 0.2%或 0.3% EGB，总体上可显著提高断奶仔猪血清 IgG、IgM、IgA 质量浓度，及断奶仔猪血清补体 C3 的质量浓度(黄其春等，2012)。若干试验均表明 EGb 也能够增强肉鸡和断奶仔猪的体液免疫功能。免疫球蛋白是由机体的淋巴细胞受到抗原刺激后产生的，EGb 可使淋巴细胞的活性增加(覃红斌，2004)，淋巴细胞对外界抗原的反应能力亦随之增强，从而生成免疫球蛋白的能力得到提高。

3.4 对细胞免疫的促进作用

细胞免疫是机体由 T 淋巴细胞介导的一种重要的免疫反应。T 淋巴细胞来源于骨髓的多功能干细胞(胚胎期禽来源于卵黄)，多功能干细胞中的淋巴细胞分化为前 T 淋巴细胞。前 T 细胞进入胸腺后，在胸腺素和胸腺生成素等胸腺激素以及胸腺血清因子的诱导下，分化增殖成为 T 淋巴细胞。免疫细胞间的调节以 T 细胞为中心。T 淋巴细胞的数量直接反应了机体细胞免疫的水平(王书全，2004)。T 淋巴细胞相关功能的检测是了解动物机体细胞免疫状况的重要途径。

若干研究结果表明，EGb 能够促进 T 淋巴细胞的增殖，调节 T 淋巴细胞亚群的平衡，对细胞免疫具有促进作用。覃红斌(2004，2007)在鼠上的研究发现，EGb 能明显增加大鼠胸腺 T 淋巴细胞比例，促进 ConA 诱导的脾脏淋巴细胞增殖，提高外周血 T 淋巴细胞百分率(ANAE 染色法)；明亮(1999)研究发现，EGb 能够明显增强二硝基氟苯所致的由环磷酰胺引起的免疫功能低下的小鼠的迟发型超敏反应。此外，李德远等(2004)在对受 γ 射线照射的小鼠上的研究发现，银杏黄酮明显提高了其存活率，对经 ConA 或 LPS 刺激的辐照小鼠脾淋巴细胞转化率有明显促进作用。林淑慧(2009)研究结果表明，日粮中添加 EGb 能够提高肉鸡的外周血、脾脏淋巴细胞转化率也有所提高，并且以 0.2% 的 EGb 添加组的效果最显著，且体外试验结果与体内试验结果吻合。淋巴细胞 CD^{3+} 亚群是成熟 T 淋巴细胞的标志，CD^{4+} 和 CD^{8+} T 淋巴细胞是获得性免疫系统的中枢组分。广义而言，CD^{4+} 亚群是辅助性 T 淋巴细胞（Th/Ti）的标志。这两类细胞都直接参与特异性细胞免疫反应，而且 Th/Ti 细胞对细胞免疫反应起激发调控作用。潘宇政（1998）、Zhang 等（2006）报道，银杏黄酮苷使具有银杏黄酮苷适应证病人外周血 T 淋巴细胞 CD^{3+} 亚群、CD^{4+} 亚群比值明显升高，EGb 能明显提高精神分裂症病人外周血 CD^{3+} 亚群及 CD^{3+} 亚群/CD^{4+} 亚群比值，表明机体特异性细胞免疫功能增强。

3.5 对细胞因子的调节作用

细胞因子（cytokine）是指一类由各种免疫细胞和非免疫细胞合成和分泌的小分子多肽类因子，主要由激活的巨嗜细胞和 T 淋巴细胞产生，在免疫系统中起着非常主要的作用。细胞因子可以通过促进靶细胞的增殖和分化，增强抗感染和细胞杀伤效应，促进或抑制其他细胞因子和膜表面分子的表达，从而能够调节细胞生理功能和机体的免疫调节功能、介导炎症反应、参与免疫应答和组织修复等多种生物学效应。其中，IL-2 可作用于 T、B 淋巴细胞、巨噬细胞和 NK 细胞等多种免疫细胞，对免疫应答具有广泛的上调作用。IFN-γ 是免疫活性较强的细胞因子，主要通过参与 Th 细胞向 Th1 型分化来调节免疫应答（崔治中和崔保安，2004）。

有关 EGb 对细胞因子的免疫调节作用是当今 EGb 研究领域的热点之一。林淑慧（2009）研究结果表明，日粮中添加 EGb 能够提高肉鸡细胞因子如 IL-1、IL-2、IFN-γ、TNF-α 水平，且以 0.2% 的 EGb 添加组的效果最显著。体外试验结果与体内试验结果吻合。黄其春等（2012）试验结果显示，与对照组相比，添加质量分数 0.2% 或 0.3% EGb，可显著提高断奶仔猪血清 IL-2 和 IFN-γ 质量浓度，这与林淑慧（2009）对 AA 肉用母雏鸡的研究结果一致。表明 EGb 可通过调节细胞因子的水平来增强断奶仔猪的免疫功能。高昱等（1997）、覃红斌（2007）研究发现，EGb 能明显增强老年小鼠、老年大鼠血清 IL-6 水平。细胞因子的产生在机体免疫应激时有益于机体代谢，但并不是越多越好。EGb 对免疫应激状态下的细胞因子的分泌也具有调控作用。例如，EGb 可通过调节细胞因子（如白细胞介素、肿瘤坏死因子等）的水平来增强机体的免疫功能。若干医学上的研究表明，EGb 能抑制外周血单个核细胞中 IL-1、IL-6、IL-8 和 TNF-α 等炎症细胞因子水平，在炎症反应中保护机体器官（郝志宏等，2005）。张申等（2006）研究了 EGb 对小鼠腹腔巨噬细胞呼吸爆发及 IL-1β、IL-6、TNF-α、COX-2 mRNAs 和蛋白表达的影响，结果发现，EGb 能明显抑制 LPS 诱导的巨噬细胞分泌 IL-1β、IL-6 和 TNF-α 水平，下调 IL-1β、IL-6、TNF-α、COX-2 mRNAs 和蛋白表达。

3.6 对黏膜免疫的影响

黏膜免疫系统是机体免疫系统的重要部分。由于黏膜免疫在作用方式和功能上完全不同于细胞免疫和体液免疫，使其具有独特的特点和优势。从当前免疫学发展的方向看，黏膜免疫是一种理想的免疫途径，将是未来发展的重要方向。EGB 对黏膜免疫的调节研究相对较少，目前的研究主要集中在增强肠黏膜的保护作用。

通常情况下，肠道发挥免疫功能是通过定居在肠道内的上皮内淋巴细胞、肥大细胞和杯状细胞等免疫活性细胞的活动来完成的。上皮内淋巴细胞是黏膜免疫系统中最先接触抗原的免疫活性细胞（Lefrancois 等，1997），在肠道黏膜中起重要的免疫屏障作用，其数量增加表明机体黏膜免疫力提高。肥大细胞是天然免疫的效应细胞之一，不仅在天然免疫中发挥着重要作用，是机体抗感染免疫的第一线细胞，而且能通过所分泌的细胞因子参与获得性免疫，因此，肥大细胞是重要的免疫活性细胞(Stenton 等，1998)。杯状细胞的主要功能是分泌黏蛋白，黏蛋白是一种糖蛋白，释入管腔内成为润滑性黏液涂布于上皮表面，对上皮具有保护作用(史玉兰等，2001)。杯状细胞分泌的黏蛋白和柱状细胞分泌的复合糖蛋白组成了肠道黏膜上皮细胞表面的细胞衣，而且细胞衣的糖蛋白与细胞膜的蛋白质和脂质结合牢固，可捕获微生物，是潜在致病原的重要物理屏障。黄其春等(2011)试验发现，日粮中添加质量分数0.20%和0.25%的 EGb，可显著增加42日龄肉仔鸡十二指肠上皮内淋巴细胞、肥大细胞、杯状细胞等黏膜免疫相关细胞的数量，说明 EGb 可以提高肉仔鸡的十二指肠黏膜免疫功能，增强黏膜的屏障作用。其中，关于杯状细胞，十二指肠杯状细胞增多，提示十二指肠的消化吸收能力增强，部分营养物质在十二指肠的消化吸收速度加快。EGb 使42日龄肉仔鸡杯状细胞的数量较对照组显著增加，表明 EGb 能够增强了肉仔鸡十二指肠的消化吸收能力，同时加速了部分营养物质在十二指肠的消化吸收，进而促进了肉仔鸡的生长发育(黄其春等，2011)。

张建平等(2004)报道，EGb 早期腹腔灌注对大鼠急性重症胰腺炎肠黏膜屏障功能具有保护作用。Zhou 等(2006)、周燕红等(2007)报道，EGb 对三硝基苯磺酸灌肠诱导的大鼠实验性结肠炎具有保护作用，表现为 EGb 明显改善了肠黏膜充血、水肿、糜烂，黏膜及黏膜浅层仅有少量中性粒细胞、淋巴细胞浸润，其可能机制是 EGB 能抑制 TNF-α 诱导 NF-κBp65 及其下游信号分子诱导型一氧化氮合成酶的激活，削弱其多途径致炎作用及炎症级联，从而有效缓解实验性结肠炎的炎症反应。

肠黏膜上皮内淋巴细胞主要为 T 细胞，其可分泌 IL-2 等细胞因子，诱导黏膜上皮细胞抗原的表达，参与黏膜免疫应答。黄其春等(2011)报道，日粮添加 EGb 可使肉仔鸡十二指肠中 IL-2 含量增加，这提示肉仔鸡十二指肠黏膜中 T 细胞数量可能增加，EGb 对肉仔鸡十二指肠黏膜细胞免疫和体液免疫具有促进作用。

3.7 EGb 免疫调节相关机制的探讨

综上所述，EGb 不仅能增强机体的非特异性免疫，而且还能增强机体的特异性免疫。同时，EGb 既可增强正常机体的免疫功能，又可调节异常机体的免疫功能，可作为动物免疫调节剂。但 EGb 调节机体免疫功能的机制有待于深入研究。

近几年来，在对 EGb 的研究主要集中在抗氧化应激损伤中的细胞保护和免疫调节方面。国内外在对 EGb 抗氧化损伤中的细胞保护作用方面已有若干报道。它的抗氧化特性可以归纳为三个方面，分别是对自由基的直接清除作用，减弱活性氧(ROS)的作用，增加抗氧化酶活性的表达，及对不同信号转导途径的调节作用(DeFeudis，2002；Smith 和 Luo，2004；Gohil，2002)。

Eckert 等(2003)研究结果表明，通过口服 EGb2 周后能够保护淋巴细胞免受氢自由基的攻击，降低活性氧(ROS)水平及活性氧诱导的年老小鼠淋巴细胞的凋亡。Ergun 等(2005)发现，10μg/mL EGb 预处理 30min 或 1h 能够将棉酚诱导的人淋巴细胞的凋亡率分别降低17.5%或20%。Sastre 等(1998)试验发现 EGb 能够降低衰老动物脑和肝组织线粒体 DNA 的氧化损伤及过氧化物的形成，降低线粒体谷胱甘肽的氧化。Sener 等(2007)体内试验表明，小鼠150mg/体重腹膜注射 EGF 能够增加5mg/kg $HgCl_2$导致的脑、肺、肝和肾组织中 GSH 的降低，降低组织中 MDA、MPO 活性、胶原含量及血清 ALT、AST、BUN、LDH 及 TNF-α 的增加，足以说明 EGF 的抗氧化损伤的作用。Panda 和 Naik(2008)在研究 EGb 对异丙肾上腺素(ISO)诱导的心脏毒性的作用发现，口服 EGb 21 天(100mg 和 200mg/kg 体重)能够显著降低血清氧化损伤标志酶(AST、LDH 和 CPK)和脂质过氧化的水平，提高谷胱甘肽(GSH)，超氧化物歧化酶(SOD)、过氧化氢酶(CAT)、谷胱甘肽过氧化物酶(GPx)和谷胱甘肽还原酶类(GR)，从而起到显著的心肌保护作用。这些研究结果都表明了 EGb 对氧化损伤的保护作用可能是通过内源抗氧化剂的放大和抑制膜的脂质过氧化。

在信号转导对免疫功能的调节方面，Sochocka 等(2010)研究表明，与多奈哌齐(益智药)相比较而言，EGb 在刺激白细胞抵抗中的作用更佳，能更好的调节 NF-κB 的激活，在刺激人类白细胞的先天抗病毒免疫方面作用显著。Puebla-Pérez 等(2003)指出，EGb 的免疫调节特性与其抗氧化特性密切相关，Villaseňor-Garcǐa 等(2004)在 EGb 介导信号转导方面研究也得到了相似的结论。Sochocka 等(2010)也报道，与多奈哌齐(益智药)相比，EGb 在调控 NF-κB 的激活及在刺激人白细胞的先天抗病毒免疫免疫方面效果更优。

Teri 等(2001)研究报道，EGb 能够通过抑制 LPS 诱导的 iNOS 的表达、NO 的合成及 ERK1/2 的磷酸化进而抑制 p38 MAPK 的活性，最终抑制 TNF-α 的分泌。最近的一项 EGb 在预防和治疗急性肺炎症模型中的作用研究表明，EGb 能够抑制 LPS 诱导的蛋白质溢出和嗜中性粒细胞浸润，且显著抑制了 LPS 诱导的髓过氧化酶(MPO)活性、脂质过氧化物(LPO)及金属蛋白酶(MMP)-9 的增加，其机制是通过上调抗氧化酶活性，抑制 NF-κB 磷酸化及其抑制因子 IκB 的降解(Huang 等，2013)。

4 银杏叶提取物在作为免疫增强剂在动物生产中的应用前景

随着生活水平的不断提高，人们对食品的安全卫生、药物残留等问题的日益关注，抗生素的负面效应越来越引起人们的重视，我国加入 WTO 后，饲料质量与安全性的提高更是迫在眉睫。目前，动物营养领域中对 EGb 的研究应用尚比较缺乏。国外尚未见报道，国内的资料也比较有限。

EGb 含有黄酮类、内酯类、酚类等多种活性成分，这些活性物质具有免疫调节功能，能抑制病原微生物，提高动物的生殖能力和生长性能，且提高畜禽的抗氧化应激能力，并具有预防肿瘤发生的作用，其作为一种免疫增强剂，对家畜、家禽的健康和抗病能力有显著的促进效果，且无毒副作用，可广泛用于猪、鸡、马、牛、鱼、虾等多种畜禽、水产动物中。此外，EGb 具有改善肉鸡生长性能、提高增重速度、改善饲料转化率、降低腹脂率和改善胴体品质的作用，且超声波法提取速度快，提取率高，溶剂和能耗的用量小。它的研发成功，将为饲料添加剂家族增添新的成员，为银杏开拓新的用途，不仅有利于畜牧业的可持续发展和人类的健康，而且也带动了银杏种植业的发展和农业的增收，达到经济效益、社会效益和生态效益“三丰收”。

参考文献

[1]崔治中，崔保安. 兽医免疫学[M]. 北京：中国农业出版社，2004.
[2]高锦明，王 蓝，张鞍灵，等. 银杏叶中有效成分的研究[J]. 西北林学院学报，1995，10(4)：94 ~ 100.

[3]高昱，宗武墓，洪大庆．银杏叶提取物对老年小鼠免疫功能的影响[J]．药用生物技术，1997，4(4)：236 ~ 239.
[4]郝志宏，于力，翁志媛，等．银杏叶提取物对肾病综合征炎症细胞因子的影响[J]．实用儿科临床杂志，2005，20(2)：149 ~ 151.
[5]黄其春，陈彤，郑新添，等．银杏叶提取物对肉仔鸡十二指肠黏膜免疫的调节作用．西北农林科技大学学报(自然科学版)，2011，39(11)：25 ~ 30.
[6]黄其春，郑新添，杨小燕等，银杏叶提取物对断奶仔猪免疫功能的调节作用[J]．西北农林科技大学学报(自然科学版)，40(11)：23 ~ 28.
[7]雷红，祁成年，郭世宁．几种中药方剂对鸡血清免疫球蛋白和补体的影响[J]．中国兽医杂志，2007，43(3)：33 ~ 34.
[8]李德远，周韫珍，余应利，等．银杏叶黄酮抗辐射效应研究[J]．营养学报，2004，26(3)：220 ~ 222.
[9]李开泉，陈武，熊筱娟，等．银杏叶的化学研究[J]．江西中医学院学报，2002，14(1)：61.
[10]李郁英，沈海中，张力平，等．银杏叶提取物对小鼠抗体生成作用和巨噬细胞吞噬功能的影响[J]．首都医学院学报，1995，16(2)：106 ~ 108.
[11]林淑慧．银杏叶提取物对肉鸡免疫功能影响的研究：[硕士学位论文][D]．福州：福建农林大学，2009.
[12]李焰，杨小燕，何玉琴，等．银杏叶提取物对肉鸡肠道微生物区系及肠组织形态的影响[J]．中国兽医杂志，2009，45(11)：39 ~ 41.
[13]马忠开，何关福，印万芬．中国特有种子植物高山三尖杉叶双黄酮成分[J]．植物学报，1984，25(4)：416 ~ 418.
[14]明亮，张艳，李卫平，等．银杏叶提取物对环磷胺模型小鼠记忆和免疫的影响[J]．安徽医科大学学报，1999，34(6)：414 ~ 415.
[15]潘宇政．银杏黄酮甙对人体免疫机能的影响[J]．广西医科大学学报，1998，15(4)：27 ~ 28.
[16]潘智鸣，张修武，陆洁，等．银杏、黄芪及其复方制剂增强机体特异免疫功能的比较研究[J]．衡阳医学院学报，1997，25(1)：19 ~ 21.
[17]沈海中，张力平，赵文明，等．银杏叶提取物对小鼠淋巴细胞和中性粒细胞活性的影响[J]．首都医学院学报，1994，15(4)：254 ~ 256.
[18]史玉兰，段相林．杯状细胞的研究进展[J]．解剖科学进展，2001，7(4)：358-361.
[19]田季雨，刘澎涛，李斌．银杏叶提取物化学成分及药理活性研究进展[J]．国外医学中医中药分册，2004，26(3)：142 ~ 145.
[20]覃红斌．银杏叶提取物提高老年大鼠免疫功能及抗衰老的实验研究[J]．辽宁中医杂志，2007，34(6)：836 ~ 838.
[21]覃红斌．银杏叶提取物对大鼠免疫功能的影响[J]．实用中医药杂志，2004，20(6)：283 ~ 284. 34(6)：414 ~ 416.
[22]王世若．现代动物免疫学[M]．长春：吉林科学出版社，1996.
[23]王书全．复方白毛藤注射剂抗菌作用及免疫活性的研究[硕士学位论文][D]．长沙：湖南农业大学，2004.
[24]王学静．银杏叶提取物对肉鸡生产性能及血液生化指标的影响研究[硕士学位论文][D]．保定：河北农业大学，2006.
[25]韦晗宁．银杏叶提取物保护大鼠免疫功能的研究[硕士学位论文][D]．南宁：广西医科大学，2000.
[26]杨小燕，林跃鑫，李焰．银杏叶提取物对肉鸡生产性能、屠宰性能和免疫指标的影响[J]．福建农林大学学报(自然科学版)，2008，37(3)：295 ~ 298.
[27]赵文明，张力平，沈海中，等．银杏叶提取物对小鼠免疫细胞酶活性和功能的影响[J]．上海免疫学杂

志, 1997, 17(6): 135.

[28]周燕红, 何小飞, 白育庭, 等. 银杏叶提取物对大鼠实验性结肠炎肿瘤坏死因子-α表达的影响[J]. 中国药理学通报, 2007, 23(12): 1605 ~ 1609.

[29]张建平, 许利剑, 徐凛峰, 等. 银杏叶提取物对大鼠实验性重症胰腺炎肠粘膜屏障功能的影响[J]. 江苏医学, 2004, 30(1): 18 ~ 20.

[30] 张申, 李湘君, 卫涛涛. 银杏叶提取物对巨噬细胞呼吸爆发、炎性细胞因子和COX2-mRNAs及蛋白表达的影响[J]. 中国组织化学与细胞化学杂志, 2006, 15(5): 537 ~ 541.

[31]张莹, 章世元. 绿色无公害饲料添加剂——银杏叶提取物的研究[J]. 上海畜牧兽医通讯, 2008(3): 55 ~ 56.

[32]Cheung F, Siow Y L, Karmin O. Inhibition by ginkgolides and bilobalide of the production of nitric oxide in macrophages (THP-1) but not in endothelial cells (HUVEC)[J]. Biochem Pharmacol, 2001, 61(4): 503 ~ 510.

[33] Corwin L M, Gordon R K, Shloss J. Studies of the mode of action of vitamin E in stimulating T-cell mitogenesis [J]. Scand J Immunol, 1981, 14(5): 565 ~ 571.

[34]DeFeudis F V. Effects of *Ginkgo biloba* extract (EGb 761) on gene expression: possible relevance to neurological disorders and age-associated cognitive impairment[J]. Drug Dev Res, 2002, 54: 214 ~ 235.

[35]Eckert A, Keil U, Kressmann S, et al. Effects of EGb 761 *Ginkgo biloba* extract on mitochondrial function and oxidative stress[J]. Pharmacopsychiatry, 2003, 36(Suppl 1): S15 ~ S23.

[36]Ergun U, Yurtcu E, Ergun M A. Protective effect of *Ginkgo biloba* against gossypol-induced apoptosis in human lymphocytes[J]. Cell Biol Int, 2005, 29(8): 717 ~ 720.

[37]Huang C H, Yang M L, Tsai C H, et al. Ginkgo biloba leaves extract (EGb 761) attenuates lipopolysaccharide-induced acute lung injury via inhibition of oxidative stress and NF-κB-dependent matrix metalloproteinase-9 pathway[J]. Phytomedicine, 2013, 20: 303 ~ 309

[38]Gohil K. Genomic responses to herbal extracts: lessons from in vitro and in vivo studies with an extract of *Ginkgo biloba*[J]. Biochem Pharmacol, 2002, 64(5/6): 913 ~ 917.

[39]Kobuchi H, Droy-Lefaix M T, Christen Y, et al. *Ginkgo biloba* extract (EGb 761): inhibitory effect on nitric oxide production in the macrophage cell line RAW 264. 7[J]. Biochem Pharmacol, 1997, 53(6): 897 ~ 903.

[40]Lefrancois L, Fuller B, Huleatt J W, et al. On the front lines: intraepithelial lymphocytes as primary effectors of intestinal immunity[J]. Springer Semin Immun, 1997, 18(4): 463 ~ 475.

[41] Panda V S, Naik S R. Cardioprotective activity of *Ginkgo biloba* Phytosomes in isoproterenol-induced myocardial necrosis in rats: a biochemical and histoarchitectural evaluation [J]. Exp Toxicol Pathol, 2008, 60(4-5): 397 ~ 404.

[42]Rivas A L, Julius F. Indications of immunodepression in chickens infected with varians strains of Marek's disease virus[J]. Avian Dis, 1998, 32: 1 ~ 8.

[43]Sastre J, Millán A, García de la Asunción J, et al. A *Ginkgo biloba* extract (EGb 761) prevents mitochondrial aging by protecting against oxidative stress[J]. Free Radic Biol Med, 1998, 24(2): 298 ~ 304.

[44]Sener G, Sehirli O, Tozan A, et al. *Ginkgo biloba* extract protects against mercury(II)-induced oxidative tissue damage in rats[J]. Food Chem Toxicol, 2007, 45(4): 543 ~ 550.

[45]Sochocka M, Zaczyńska E, Tabol A, et al. The influence of donepezil and EGb 761 on the innate immunity of human leukocytes: effect on the NFκB system[J]. Int Immunopharmacol, 2010, 10(12): 1505 ~ 1513.

[46]Smith J V, Luo Y. Studies on molecular mechanisms of *Ginkgo biloba* extract[J]. Appl Microbiol Biotechnol, 2004, 64(4): 465 ~ 472.

[47]Sochocka M, Zaczyńska E, Tabol A, et al. The influence of donepezil and EGb 761 on the innate immunity of

human leukocytes Effect on the NF-κB system[J]. Int Immunopharmacol, 2010, 10: 1505 ~ 1513.

[48] Stenton G R, Vliagoftis H, Befus A D. Role of intestinal mast cells in modulating gastrointestinal pathophysiology[J]. Ann Allergy Asthma Immunol, 1998, 81(1): 1 ~ 11.

[49] Tian Y M, Tian H J, Zhang G Y, et al. Effects of *Ginkgo biloba* extract (EGb 761) on hydroxyl radical-induced thymocyte apoptosis and on age-related thymic atrophy and peripheral immune dysfunctions in mice[J]. Mech ageing dev, 2003, 124(8-9): 977 ~ 983.

[50] Villasenor-Garcia M M, Lozoya X, Osuna-Torres L, et al. Effect of *Ginkgo biloba* extract EGb 761 on the non-specific and humoral immune responses in a hypothalamic-pituitary-adrenal axis activation model[J]. Int Immunopharmacol, 2004, 4(9): 1217 ~1222.

[51] Wadsworth T L, Koop D R. Effects of *Ginkgo biloba* extract (EGb 761) and quercetin on lipopolysaccharide-induced release of nitric oxide[J]. Chem Biol Interac, 2001, 137(1): 43 ~ 58.

[52] Zhang X Y, Zhou D F, Cao L Y, et al. The effects of *Ginkgo biloba* extract added to haloperidol on peripheral T cell subsets in drug-free schizophrenia: a double-blind, placebo-controlled trial[J]. Psychopharmacology, 2006, 188(1): 12 ~ 17.

[53] Zhou Y H, Yu J P, Liu Y F, et al., Effects of *Ginkgo biloba* extract on in flammatory mediators (SOD, MDA, TNF-α, NF-κBp65, IL-6) in TNBS-induced colitis in rats [J]. Mediators Inflamm, 2006, 26(5): 92642 ~ 92650.

调节 C/N 及添加菌剂对银杏叶堆肥效果的影响

刘桂宁[1]　郁万文[2]　王柯迪[2]

([1] 临沂九中，山东临沂　276000；[2]南京林业大学，江苏南京　210037)

摘要：以秸秆、鸡粪为原料，采用高温好氧堆肥技术，运用正交实验研究了 C/ N、菌种用量和银杏叶添加量对堆肥的影响。结果表明：(1)堆肥的整个周期经历了迅速升温阶段、高温阶段和后熟降温阶段。(2)基于种子发芽指数的适宜参数是 C /N 为 30、菌种用量为 5g/kg、银杏添加量为 30%。(3)3 个因素对堆肥影响的大小顺序是：C/ N、菌种用量和银杏叶添加量，其中 C /N、菌种用量是影响 GI 的重要因素。(4)适当调节 C/N 和添加适量菌剂，可以使部分处理(A4、A5、A6)的堆肥中有机质含量超过了 30%(干重百分比)，总养分含量也超过 4. 0%，具有一定的肥力。通过适当晾晒即可达到有机肥料的标准。

关键词：C/N；菌剂；银杏叶；堆肥；效果

The Effect of C/N and Dosage Strains to the Composting of Ginkgo Leaves

Liu Guining[1]　Yu Wanwen[2]　Wang Kedi[2]

([1] *Ninth Middle School of Linyi*, *Linyi Shandong* 276000, *China*

[2]*Nanjing Forestry University*, *Nanjing JiangSu* 210037, *China*

Abstract: This research used straw and chicken as raw materials to study the effect of C/N, dosage strains and Ginkgo leaves dosage to the composting. This test used the technology of high temperature aerobic composting and orthogonal experiment. The results showed that: (1) The entire cycle of composting experienced rapid warming phase, high-temperature phase and the cooling phase of ripening. (2) The suitable parameters based on the seed germination index were C/N 30, dosage strains 5g/kg, ginkgo dosage 30%. (3) The order of the three factors affect composting was: C/N, dosage strains and Ginkgo leaves dosage, where C/N and dosage strains were the important factor of the GI. (4) Properly adjusted C / N and adding dosage strains could made some treatment (A4, A5, A6) organic content exceeded 30% (dry weight percentage), total nutrient content exceeded 4. 0%, which had certain fertility. It could be achieved organic fertilizer standards by drying adequately.

Key words: C/N; Dosage strains; Ginkgo leaves; Composting; Effect

银杏树是我国特有的植物之一，因其特有的有益成分，而被广泛用于医疗、保健、饲料等。传统上，银杏叶因其含有丰富的黄酮类物质、银杏叶酸等，而主要用于提取银杏叶中的有益成分，然而提取有益成分后剩余的残叶却没有很好地利用，甚至被当作废物丢弃。这既是一种资源浪费，又可能带来环境污染。本文在分析银杏残叶基本性质的基础上，将其作为添加材料用于以猪粪为主要原料的堆肥研究。采用 3 种不同的堆制方法，研究银杏残叶添加比例、微生物菌剂等对堆肥制作过程和肥料品质的影响，明确银杏残叶的适宜添加比例，评价了其用作堆肥原料的特点。在此基础上，利用条垛式方法所堆制的肥料种植辣椒，分析各配比堆肥及其施肥量对辣椒产量和土壤理化性质的影响，从而明确适宜辣椒生长的最优施肥量和添加银杏残叶堆肥中银杏残叶的最优添加比例，为后期的银杏生物有机复合肥工艺生产打下基础。

1 材料与方法

1.1 材料

本试验采用桶式高温微生物堆肥，在南京林业大学森林培育系光照培养箱(温度 20℃)中进行。所用的银杏叶采自南林大二村银杏行道树落叶，秸秆采自泰兴，鸡粪来自下蜀林场，微生物菌剂选自淮安大华生物有限公司生产的酵素菌速腐剂，其主要含有纤维素分解菌、固氮微生物、解磷和解钾细菌。原材料性质见表 1。

表 1 堆肥原料特性

试验材料	含水量(%)	总有机碳含量(%)	全氮含量(%)	C/N
银杏落叶	13.21	31.8	1.11	28.65
鸡粪	2.5	23.75	2.8	8.48
秸秆	12.8	36.47	0.41	88.95

1.2 试验方法

1.2.1 试验预处理

堆肥前利用植物切片粉碎机对原材料进行粉碎处理，粉碎后材料的颗粒大小 <1cm，其中大部分是 <0.5cm 的材料。

1.2.2 堆肥参数试验

查阅参考资料，设置参数范围。采用四因素三水平正交实验设计，按正交设计表 $L_9(3^4)$ 安排试验共 9 个处理，随机区组设计(表 2)。CK1 为 C/N 30、按 5g/kg 加菌种，CK0 为 C/N 30、不加菌种。

水分调节：将原料混合，测定原料水分含量，估算补水的量，用喷淋的方式直接补水，从而调节原料的水分含量至 60%。

C/N 调整：因为秸秆有机碳含量较高，全氮含量稍低；鸡粪有机碳含量较低，全氮含量稍高，所以按照设计方案调整 C/N (表 2)分别达到 15、30、45。

添加菌种：待原料水分含量调至 60%，在此基础上按照 0、5、10g/kg 原料干重的加入菌剂。

根据对各处理腐熟度指标的统计分析，筛选出最优的堆肥参数。

表2 试验堆肥参数试验设计 $L_9(3^4)$

处理号	C/N	菌种用量(g/kg)	银杏添加量	银杏枯落叶(kg)	鸡粪(kg)	秸秆(kg)	加水量(kg)
1	15	0	10%	0.58	4.33	0.32	7.27
2	15	5	20%	1.15	3.95	0.17	7.23
3	15	10	30%	1.73	3.56	0.03	7.18
4	30	0	20%	1.15	2.98	1.25	7.11
5	30	5	30%	1.73	2.61	1.10	7.07
6	30	10	10%	0.58	3.37	1.39	7.16
7	45	0	30%	1.73	1.65	2.17	6.95
8	45	5	10%	0.58	2.42	2.45	7.05
9	45	10	20%	1.15	2.03	2.32	7.00
10(CK1)	30	5	0	0.00	3.75	1.54	7.21
11(CK0)	30	0	0	0.00	3.75	1.54	7.21

1.2.3 堆肥方法

将粉碎后的植物废弃物搅拌混合，按照设计比例调节处理，装入高70cm、直径60cm的塑料桶中。平均每5天翻堆一次，翻堆过程中，将桶中原料倒在地上，采用人工翻堆方式，翻堆过程中适当补充水分。充分混匀后采样，然后将原料再次堆入桶中。同时采样用水银温度计分别于每天上午9:00和下午4:00测堆体内部的温度然后取平均值，并用记录室温。直到堆肥结束为止。堆肥试验时间为45天。

1.3 测定项目和方法

植物废弃物样品常规指标：试验前测定原材料C/N、含水率、pH等指标，按植株常规农化分析方法测定。水分含量用烘干法测定；pH用电位法测定；有机碳用重铬酸钾容量法测定；全氮用H_2SO_4-H_2O_2消化蒸馏法测定；全磷用H_2SO_4-H_2O_2消化钼兰比色法测定；全钾用H_2SO_4-H_2O_2消化火焰光度计法测定。温度：试验期间每天记录堆体中心温度和环境温度，用0～100℃刻度的1m长酒精温度计测量。堆肥样品常规指标：堆肥完成后，随机多点采集样品约1kg，测定pH、EC值、有机质等指标，按照常规农化分析方法测定。种子发芽指数：堆肥完成后，随机多点采集样品约1kg，装于塑料密封袋中，将空气尽量排净，整批试验完成后统一测定种子发芽指数。于培养皿内垫上一张滤纸，均匀放入10粒白菜籽，吸取5.0mL堆肥浸提液(水:堆肥=5:1)于培养皿中，以蒸馏水作对照，每个处理重复3次，在25℃恒温培养箱中培养48h，测定种子发芽率和根长，然后按以下公式计算种子发芽指数。

$$GI=\frac{样品发芽率\times样品根长度}{对照发芽数\times对照根长数}$$

2 结果与分析

2.1 堆肥过程堆体温度的变化

温度是影响微生物生长与繁殖的最显著因子，也是堆肥过程控制中的最重要物理参数之一。高温会杀死病原菌，且在适当的温度范围内有机质降解最快，因此，堆体温度的高低决定堆肥速度的快慢。工程上要求堆肥温度控制在微生物活性的最佳范围，即50～65℃。

如图1所示，11个处理堆肥的温度变化趋势基本一致，整个周期经历了迅速升温阶段、高温阶段和后熟降温阶段。在迅速升温阶段，11个处理的堆肥温度均是在第3天升至50℃以上。迅速增温阶段后进入高温阶段，试验温度维持在≥50℃的天数在7～13天范围内，差异较

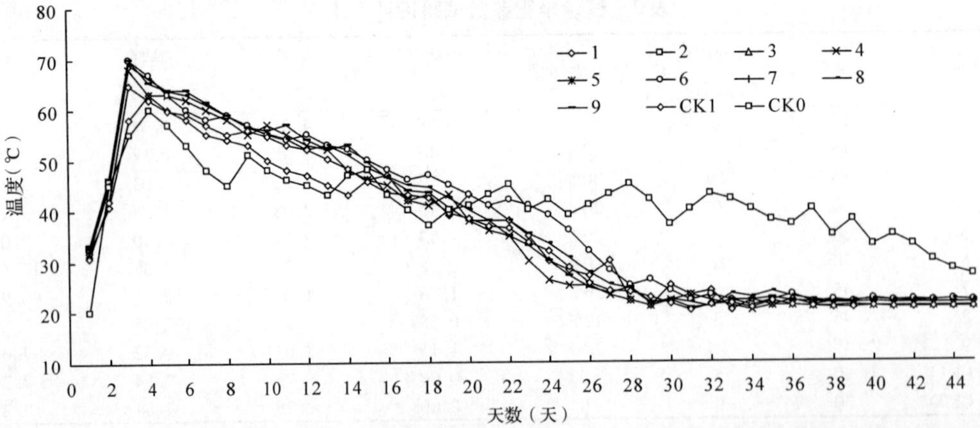

大。T1、T2、T3、T4、T5、T6、T7、T8、T9、CK1、CK0 十一个处理堆肥温度保持在 50℃以上的时间依次为 8、10、9、11、13、13、12、12、13、11、7 天。除了 T1 和 CK0 处理的堆肥温度达到最高温度的时间为 4 天外，其他 9 个处理的堆肥温度达到最高温度的时间均为 3 天。

表 3 堆肥过程温度特征

处理号	堆肥达 50℃所需时间(天)	> 50℃天数(天)	最高温度(℃)	达最高温度所需时间(天)
T1	3	8	63	4
T2	3	10	64	3
T3	3	9	61	3
T4	3	11	68	3
T5	3	13	72	3
T6	3	13	70	3
T7	3	12	66	3
T8	3	12	69	3
T9	3	13	70	3
10(CK1)	3	11	65	3
11(CK0)	3	7	60	4

2.2 堆肥理化性质变化

种子发芽指数(GI)是评价堆肥腐熟度的一个非常重要且可靠的指标，是对堆肥低毒性(影响根长)和高毒性(影响发芽率)的综合表现。一般来讲，当 *GI* > 60% 则可认为堆肥基本无毒性，当种子发芽指数 > 80% 时，表明堆肥已达到完全腐熟 。该试验基于种子发芽指数对堆肥参数进行筛选。

表 4 种子发芽指数的 L9 (34) 正交实验结果

处理号	C/N	菌种用量(g/kg)	银杏添加量	种子发芽指数/(%)(30 天)
1	15	0	10%	69.1
2	15	5	20%	76.5
3	15	10	30%	79.3
4	30	0	20%	88.8
5	30	5	30%	126.4
6	30	10	10%	108.8
7	45	0	30%	82.3
8	45	5	10%	99.4
9	45	10	20%	109.1
10(CK1)	30	5	0	98.4

（续）

处理号	C/N	菌种用量(g/kg)	银杏添加量	种子发芽指数/(%)(30 天)
11(CK0)	30	0	0	80.5
K1	224.9	240.2	277.3	
K2	324	302.3	274.4	
K3	290.8	297.2	288	
k1	75.0	80.1	92.4	
k2	108.0	100.8	91.5	
k3	96.9	99.1	96.0	
R	33.0	20.7	4.5	

表 5 L9(3^4)正交试验方差分析

变异来源	平方和	自由度	均 方	F 值	p 值	极差
处理间	8483.840	8	1060.480	28.473	0.0001	
重复间	0.400	2	0.200	0.005	0.9947	
C/N	5088.811	2	2544.406	76.804	0.0001	33.0340
菌种用量	2377.239	2	1188.620	35.879	0.0001	20.7002
银杏添加量	102.617	2	51.308	1.549	0.2395	4.5333

由方差分析(表5)可知，各处理重复间和银杏添加量处理间的 GI 差异均不显著($P>0.05$)，处理间、C/N、菌种用量间的 GI 差异均为极显著，说明 C/N、菌种用量是影响 GI 的重要因素。由表5可以看出，C/N 的极差最大，说明 C/N 对堆肥 GI 的影响最大，其次是菌种用量，银杏叶添加量在三因素中的影响作用最小，这与堆肥中有机质的降解速率主要取决于 C/N，同时微生物数量也起到了举足轻重的作用。堆肥处理间及各因素效应的多重比较结果(表6)表明，C/N 为30处理效果较好，菌剂添加量为5或10g/kg 效果较好。堆肥最优的组合为 C/N 为30、菌种用量为5g/Kg、银杏添加量为30%，但考虑到堆肥的经济高效，C/N 为30、菌种用量为5g/kg、银杏添加量10%。

表 6 不同处理间及因素效应的差异显著性检验

处理间多重比较				各因素多重比较				
处理	GI		显著性		水平	GI	显著性	
A1	69.1	e	D	C/N	1	74.97	c	C
A2	76.5	de	D		2	108.00	a	A
A3	79.3	de	CD		3	96.93	b	B
A4	88.8	cd	BCD	菌种用量	1	80.07	b	B
A5	126.4	a	A		2	100.77	a	A
A6	108.8	ab	AB		3	99.07	a	A
A7	82.3	cde	CD	银杏添加量	1	92.43	a	A
A8	99.4	bc	BC		2	91.47	a	A
A9	109.1	ab	AB		3	96.00	a	A

本试验中，A1、A2、A3 处理的堆肥的 GI 值较小，均低于80%，且差异不显著，均未达到对植物无毒害的标准，这说明 C/N 过低不利于堆肥腐熟度的提高，这可能与低 C/N 会使 EC 过高，过高的盐分抑制了种子的正常发芽。A5 处理的 GI 值显著高于其他处理，这说

明适量的 C/N 比和菌剂添加量能有效提高堆肥腐熟度，其次是 A6 和 A9。因此，确定 C/N、菌剂用量、银杏添加量三因素的最优组合 A5，即 C/N30 + 5g/kg 菌剂 + 30% 银杏添加量。

2.3 堆肥周期和质量指标

pH 值的大小不仅影响有机物质分解、矿物质的氧化还原及微生物活动强度，而且直接影响酶参与的生化反应速度，是评价堆肥腐熟程度的重要指标之一。有机肥料标准规定的 pH 值为 5.5 ~ 8.0，本次堆肥中各处理中有 5 个处理的 pH 超过了 8.0 未达到有机肥料标准，其他处理的 pH 也接近 8.0。可见堆肥成品的使用还需要根据实际情况添加其它添加物，如碱性肥料来降低 pH，同时可以增加堆肥中的矿质元素。

EC 的大小与堆肥的含盐量有关，用作土壤调理剂的堆肥，其 EC 不宜过大，否则会影响作物的正常生长。由表 5 的数据分析发现，各处理堆肥成品的 EC 值较原材料的 EC 值均

表 5 已堆肥腐熟的处理的养分状况

处理号	水分(%)	pH	EC 值(mS/cm)	有机质(%)	全氮(%)	全磷(%)	全钾(%)	总养分(%)
A1	42.6	8.10	2.105	25.74	2.21	1.08	0.42	3.71
A2	43.1	7.88	2.379	26.14	2.22	1.10	0.43	3.75
A3	44.8	7.88	2.678	25.67	2.18	1.13	0.43	3.73
A4	38.9	8.21	1.617	30.40	2.24	1.23	0.46	4.01
A5	35.8	8.32	1.897	32.58	2.39	1.18	0.54	4.10
A6	40.0	7.99	1.687	32.76	2.38	1.23	0.56	4.16
A7	37.4	7.88	1.784	28.60	2.32	1.13	0.50	3.90
A8	38.1	7.99	1.997	30.04	2.28	1.15	0.43	3.82
A9	39.2	8.21	1.468	29.52	2.30	1.18	0.50	3.97
10(CK1)	38.1	7.78	0.927	26.12	2.11	1.05	0.41	3.57
11(CK0)	36.8	7.67	0.894	24.08	1.80	1.03	0.41	3.23
有机肥料标准 NY525-2002	≤20	5.5 ~ 8.0	—	≥30	—	—	—	≥4.0

有所升高，且 C/N 越低的处理，EC 值越高，添加适量菌剂与适当的 C/N 处理的 EC 值偏低，这与郑瑞生与田赟等的研究结果一致。可见，C/N 的调节及适量菌剂的添加能防止堆肥产品 EC 值过高，提高堆肥成品质量。

已腐熟的堆肥，各个处理的堆肥含水量均高于 20%，说明本试验的堆肥腐熟后还需要进行适当的晾晒或烘干来降低堆肥的含水量；其中 A4、A5、A6 和 A8 处理的堆肥中有机质含量超过了 30%(干重百分比)，而总养分含量超过 4.0% 的处理有 A4、A5、A6 处理。其他处理的总养分含量均为超过 4.0，可用在降低堆肥 pH 的同时，添加一些碱性化肥来补充养分。可见堆肥成品的使用还需要根据实际情况添加其它添加物，补充养分。

3 结论

(1)堆肥的整个周期经历了迅速升温阶段、高温阶段和后熟降温阶段。

(2)基于种子发芽指数的适宜参数是 C/N 为 30、菌种用量为 5g/kg、银杏添加量为 30%。

(3)3 个因素对堆肥影响的大小顺序：C/N、菌种用量和银杏叶添加量，其中 C/N、菌种用量是影响 GI 的重要因素。

(4)适当调节 C/N 和添加适量菌剂，可以是部分处理(A4、A5、A6)的堆肥中有机质含

量超过了30%（干重百分比），总养分含量也超过4.0%，具有一定的肥力。通过适当晾晒即可达到有机肥料的标准。

参考文献

[1] 曲颂华. 城市垃圾与污水厂污泥的混合堆肥研究[J]. 环境保护, 1998, (10): 15-16.

[2] A A Sesay. Aerated static pile composting of municipal solid waste(MSW): a comparison of positive pressure aeration with hybrid positive and negative aeration[J]. Waste Manag Res, 1998, 16(3): 264-272.

[3] Away Y, Goenadi D H, Faturachim P. Tea plant refuse as a raw material for bioactive compost[J]. Warta Pusat Penelitian Bioteknologi Perkebunan, 1997, 3(1): 33-40.

[4] Ma Y, Zhang J Y, Guan X W, et al. Preliminary study on the application of phanerochaete chrysosporium in composting of hazardous waste[J]. Environ Sci, 1999, 20(6): 67-70.

[5] Chen S H, Zhang S M, Wan L, et al. Study on the microbial characterization of municipal solid waste compost [J]. Shanghai Environ Sci, 1989, 8(8): 17-21.

[6] Feng M Q, Liu D M. Study on microbe species for high-temperature composting of horizontal cylinder[J]. Chin Environ Sci, 1999, 19(6): 490-492.

[illegible]

参考文献

1. [illegible]
2. [illegible]
3. [illegible]
4. [illegible]
5. [illegible]
6. [illegible]

银杏产业

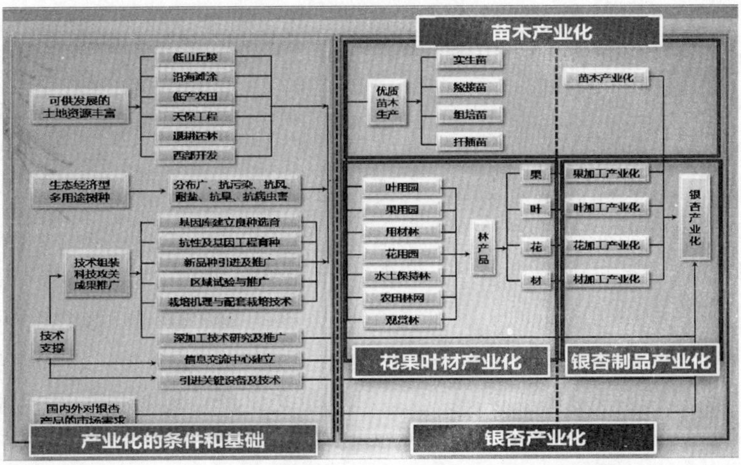
可供发展的土地资源丰富
低山丘陵
沿海滩涂
低产农田
天保工程
退耕还林
西部开发
生态经济型多用途树种
分布广、抗污染、抗风、耐盐、抗旱、抗病虫害
技术组装科技攻关成果推广
基因库建立良种选育
抗性及基因工程育种
新品种引进及推广
区域试验与推广
栽培机理与配套栽培技术
技术支撑
深加工技术研究及推广
信息交流中心建立
引进关键设备及技术
国内外对银杏产品的市场需求
产业化的条件和基础
苗木产业化
优质苗木生产
实生苗
嫁接苗
组培苗
扦插苗
苗木产业化
叶用园
果用园
用材林
花用园
水土保持林
农田林网
观赏林
林产品
果
叶
花
材
果加工产业化
叶加工产业化
花加工产业化
材加工产业化
银杏产业化
花果叶材产业化
银杏制品产业化
银杏产业化

邳州银杏产业发展现状及前景分析

赵子健[1] 赵洪波[2]
([1] 江苏东方景观设计研究院有限公司，江苏南京 210018；[2]邳州市林业资源管理站，江苏邳州 221300)

银杏原产我国，树种优良，兼具营果、用材、制药、绿化、美化等多种功能。进一步做大做优做强银杏产业，对致富农民、发展经济、建设绿色邳州，具有十分重要的意义。

1 银杏产业发展出现了前所未有的好形势

1.1 银杏资源稳步增长，实现了规模经营

邳州栽植银杏历史悠久。从汉代开始种植，盛于唐，发展于明清，已有近2000年的历史，抗战及文革时期略有破坏。1984年调查统计，全市银杏栽植总株数17600株，其中百年以上大树4013株，500年以上古银杏9株，千年以上的3株，全市银杏产量仅150t。

20世纪90年代以来，在历届市委、市政府的重视下，邳州银杏发展很快，每年都以百万株的速度递增。目前，全市银杏成片园面积28万亩，年产银杏果3500t，干青叶1.8万t；年产银杏干浸膏和内酯粉300t，银杏食品、饮品、保健品500t，在圃各类银杏苗木2.5亿株，邳州已发展成为全国最大的银杏种苗繁育、银杏叶生产、银杏酮提取、保健品开发利用和银杏标准化生产基地。重点分布在港上、铁富、邹庄、官湖、陈楼、邳城、四户、炮车等镇，统一规划，连片种植，分户管理，集约经营，规模效益。2002年被省林业局批准建设省级银杏森林公园；2004年被国家林业局批准建设国家银杏博览园；2006年以来，先后被授予全国银杏之乡、全国经济林建设百强县、全国林业科技示范县、全国经济林建设示范县、全国绿色小康示范县、全国绿化模范县、全国林产业第一县。

1.2 银杏开发品种丰富，实现了多元利用

近年来，先后开发出银杏神系列酒、银杏酮胶囊、银杏口服液、银杏茶、银杏开心果、银杏罐头、银杏冲剂、银杏酮、银杏酯、银杏茶叶等30多个品种，花样繁多，品种丰富。申报的银杏类4个绿色食品，已被国家绿色食品发展中心批准，发给A级绿色食品证书；申报的银杏胶囊、银杏酮菊花茶两个保健品已获国家卫生部批准文号。涌现出了江苏佰康生化、银杏神酒业、伟楼食品、晶贝食品、鑫源生化、同源食品、康泰生化、天力生化等生产大户和公司，他们不断创业创新创优，也都形成了自己的品牌和名牌，并不断升级换代。银杏苗木、银杏盆景除满足自己的需求外，源源不断地供应外地，销售覆盖全国20多个省市区，每年销售量都在500万株以上；银杏干青叶垄断国内40%市场，干青叶还销往德国、法国等。银杏果年储存能力在2000t左右，主要销往国内各地市场，外销主要销往东南亚、韩国、日本，年出口量在1000t左右。银杏森林旅游文化产业已具雏形，古银杏资源十分丰富，国家银杏博览园港上银杏姊妹园已建成三星级旅游风景区。银杏综合开发已实现多元化，果、叶、苗、材全面利用，综合效益十分显著。

1.3 科技创新硕果累累，实现了科学发展

近年来，邳州坚持结合生产搞科研、创新成果促发展的原则，全市研究和推广“银杏高温催芽高密度播种育苗技术”等科技成果和实用技术 12 项，培育银杏科技示范片、区、户 56 个；完成“叶用银杏规范化栽培技术”等科研项目 16 项，获得国家和省部级科技成果奖励 7 项，其中，与南京林业大学合作的“银杏、落羽杉高产优质栽培技术及综合利用”科研项目获国家科技进步二等奖；制定银杏果、种苗等国家和省行业标准 3 个，发表银杏科技论文及科普文章 125 篇，出版银杏科技专著 8 部；建立国内首家银杏种质资源圃 133 亩，在国内外收集银杏种质 92 份，全面建成了全国银杏种质资源保存中心和研究中心；选育宇香、亚甜、大金果、佛香等银杏新品种 6 个，优良品种覆盖率达 95% 以上；建立叶用银杏 GAP 基地 3 万亩，通过国家验收；建立国家级银杏标准化示范区 20 万亩；建设国家银杏良种繁育基地 10 万亩，银杏科学研究、科技开发、技术推广取得成果很多，并都及时应用于生产，推进和引领生产发展，银杏产业科技含量和科技发展水平，一直走在国内前列，一直走在产业科技发展前沿。

1.4 产业建设全面进位，实现了行业领先

银杏原产我国，国外银杏资源很少，且多从中国引入，银杏基本为零散栽培或分布。有专家统计，日本栽培面积 7500 亩，其他为零星分布，全日本银杏产量 1000t；韩国有 500 万株银杏，年生产银杏叶 200t，银杏果 100t；朝鲜年产银杏果 50t；德国、法国、澳大利亚等有小面积的采叶林栽培，其他国家未见有银杏成片园或果叶规模生产的报道。

我国银杏资源丰富，主要分布在江苏、山东、广西、湖北以及浙江、四川、贵州、河南等省份，全国有 16 个省年产银杏果在 500t 以上。我国银杏主产区主要有邳州、泰兴、郯城以及安陆、桂林等地。据统计，全国现有银杏成片园约 280 万亩，定植总株数约 10 亿株，年产银杏果 6.5 万 t，优质干青叶 5 万 t，在圃各类苗木 5.5 亿株。另有，浙江长兴、诸暨、临安、富阳，江苏的东台、姜堰、吴县，广西灵川、兴安、全州，湖北随州、巴东，四川都江堰、安县、南漳、京山，河南新县、嵩县、西峡，广东南雄，安徽金寨、霍山，江西婺源，贵州盘县、务川、正安，湖南东安，山东临沂、海阳，福建宁化等 70 个县市，有小规模成片园分布，其他县市银杏多为零星分布或小片栽培。全国银杏生产排名前三名的县市是邳州、泰兴、郯城三地，比较三地产业建设情况，在成片林面积上：邳州 28 万亩，泰兴 12 万亩，郯城 22 万亩；在固定株栽植数量上：邳州 1600 万株，泰兴 630 万株，郯城 1200 万株；年产银杏果：邳州 3500t，泰兴 7000t，郯城 2600t；年产银杏叶：邳州 1.8 万 t，泰兴 0.2 万 t，郯城 1.5 万 t；在圃银杏苗木：邳州 2.5 亿株，泰兴 0.12 亿株，郯城 1.8 亿株；年产银杏黄酮：邳州 300t，泰兴 50t，郯城 150t。综合所述，邳州银杏各项生产指标在国内甚至国际都名列前茅，银杏产业发展领先地位已经形成。

2 银杏产业发展前景十分广阔

20 世纪 80 年代末 90 年代初，少数干部群众认为银杏产业将昙花一现，瞎折腾，坚持不了几年，有一句顺口溜为“先刨山楂后刨桑，最后银杏一扫光”。但是，20 多年来的实践证明，银杏产业已然坚挺，生机勃勃，这是由于银杏树是一个多用途的优良树种，综合利用潜力很大，随着科技进步，其开发利用将更加深入和广泛。

2.1 银杏果价格已经见底

银杏果营养丰富，药食俱佳。目前银杏果价格每500g 1.0～3.0元，好的每500g 4～8元，已到了不能再低的程度了，即便如此，银杏果的亩产值仍然十分乐观。由于银杏产业科技开发的不断进步，已经打破了"桃三杏四梨五年，无儿不栽白果园"的传统观念，新植嫁接银杏幼树，一般3～5年即可开花结果。1987年，邳州市承担的林业部银杏早果丰产栽培技术试验研究课题，当年新栽银杏2年生嫁接银杏幼苗2.1亩，1990年即栽后第4年开花见果，至2003年，平均株产12.3kg，平均亩产676.5kg，至2008年，平均亩产1268kg，按现行最低平均价3元/kg计算，平均每亩收入3804元，以后随着树龄的增长，银杏产量还会有所增长。同时，幼树建园前五年，行间仍然能间作其他一些经济作物，实现以短养长，保持收入不减。由于银杏病虫害极少，管理成本低，投资栽树建园一次投入，多年收益，永久利用。目前银杏果价格已近谷底，以后肯定会出现反弹回升。因此，银杏生产仍然是农村产业结构调整中最具吸引力和具有很高经济效益的优选项目之一。

2.2 银杏叶开发方兴未艾

随着银杏种植业的发展，国内外各类银杏叶加工企业迅速崛起。1996年，美国ATM公司开发了活性银杏提取物，并申请了美国专利。尽管欧洲和北美诸国在银杏深加工方面的技术居世界领先地位，但是由于资源缺乏，其发展还是受到了很大制约。1997年世界卫生组织称，全球每年死于心脑血管疾病者高达1500万人，已高于癌病死亡率的1.4倍，成为人类"第一杀手"，对此，对具有抑抗及治疗功效的银杏叶制剂市场会更加广阔。事实上，GBE及其附属产品的经济效益十分惊人，据测算，银杏干叶、粗提取物、药制品的附加值之比约为1∶5∶100。邳州目前可年产优质银杏干青叶1.8万t，若加工成质量合格终端产品，则可创利100多亿元。同时保健型银杏叶饮料添加剂应用以及银杏茶开发利用前景也十分诱人，这将成为银杏叶利用的新的增长点。然而，我国从20世纪90年代才开始进入市场的银杏药物，几乎全是单方制剂，银杏的复方制剂研究与应用仍处于空白阶段，所以，我国在银杏叶深加工技术研究和新产品开发利用方面与世界发达国家相比差距较大。所以，随着科技不断发展，新产品将不断被开发出来，银杏叶的综合利用将是更加贴近生活、贴近百姓。邳州银杏叶、银杏酮多数内销，少量出口。国内主要销往贵州百灵、扬子江药业、南通致晨药业、浙江万邦药业、康恩贝、湖南衡薇药业。从邳州实际情况看，银杏叶生产效益十分惊人，1年生采叶圃亩产75kg，2年生采叶圃亩产量225kg，3年生亩产量400kg，4～8年生时，产量最大，达到峰值，在1500～2000kg左右。去年银杏鲜叶价1.8元/500g，今年每500g是2.4元，这样算来，高峰时银杏叶亩产值可达6000～9000元，收益十分可观。邳州市港上镇港中村王克亮培育采叶圃60亩，银杏高峰叶生产时，仅银杏叶一项年收入可达40万元。

2.3 银杏苗绿化城乡首选

随着我国城乡建设步伐加快，银杏作为重要的绿化和观赏树种，在绿化城乡、美化园林、点缀风景、营造农田林网和盆景开发制作方面有其独特优势，因其树冠高大挺拔、树姿优美、叶形奇丽、叶色多变、病虫少、寿命长而备受青睐。广植银杏，对改变自然景观、改善生态环境都有着重要的作用。银杏为邳州绿化美化作出了重大贡献，28万亩银杏成片园，使邳州森林覆盖率提升10个百分点，达到35.4%，居全省第四位，高于全省和全国13个百分点，优化美化了邳州人居环境。在邳州，银杏苗木，尤其是实生大苗销售供不应求，银杏苗销售不分季节，调进调出，非常走俏，而且价格不低。据调查，米径 15 厘米苗木每株 1000 元左右，25 ~ 35cm 苗木每株 3 万 ~ 10 万元，米径 10cm 的优质银杏壮苗，每株价格约在 260 ~ 480 元。培育成这样的苗木只需 10 年左右的时间，以每亩 400 株计，平均每亩年产值 15600 元。种植采叶苗效益更大，每亩播种 100kg，当年出苗 4 万株，采叶可得 1000 元，苗每株 0. 3 ~ 1 元，按平均价计算卖苗可得 25000 元。目前，港上、铁富等产区镇种植银杏的农户基本上家家银杏苗木存量产值都在 100 万 ~ 200 万元以上，大多农户都翻建了楼房，购置了轿车。2008 年以来，仅铁富镇湖滩村就购置了奥迪、大众系列轿车 200 多辆。铁富镇于家村于化明现有银杏结果园 10 亩，栽植 300 棵嫁接银杏树，米径 20 ~ 30cm，价格 6 万元；有 20 亩实生银杏树 800 棵，米径 18 ~ 30cm，价格约 400 万元。铁富镇湖滩村胡慎峰有 70 亩银杏实生大树，米径在 20 ~ 30cm，产值当在千万元左右。更有牛人赵化友，铁富镇宋庄村人，有 45 亩银杏园，培育盆景、实生苗及嫁接苗，据他本人告诉我，上个月北京上市公司东方园林要整体买下该种植园，他要价 1000 万元，对方称回去研究后再回复。因此，随着人们生活水平的日益提高，对环境的要求也越来越高，银杏苗木作为优良的绿化树种将更加走俏，更加受到绿化市场的欢迎。

2. 4 银杏木材质优良

银杏用材林的栽培向来被人们忽视。到目前为止，世界上尚无银杏木材生产基地。银杏材源少，材质优良，市场价格十分昂贵。过去由于栽种银杏以产白果为目的，每年银杏果消耗大量养分，影响银杏材积增长，且缺乏科学的集约管理，因而多将银杏视为一个生长极其缓慢的树种。事实上，大量的研究表明，只要选用优良品种和适地适树栽培，且栽培措施得当，银杏，尤其是雄株的银杏、实生的银杏其生长速度大有潜力可挖，绝非是一个当代不能受益的用材树种。在邳州市许多地方，7 ~ 8 年生以上银杏树胸径年平均生长量都超过 1cm，有的甚至达到 2 ~ 3cm，只要能够采取良好的栽培措施，土壤质地适宜，一般 10 年生银杏胸径都能接近或达到 15cm，生长速度不慢，10 年生速生杨树也不过 20cm 左右，但效益远不如银杏。目前，银杏木材国外售价每立方米达 3000 美元，国内销售价在万元以上，且市场紧俏，无材可供。

同时，银杏外种皮可开发生产生长激素、生物农药、饲料及有机肥料等；银杏花粉可用于生产高档保健化妆品、保健品等。总之，银杏综合开发利用后劲很足，潜力很大，浑身是宝，东方不亮西方亮。因此，银杏产业是一个朝阳产业、富民产业、绿色产业、不败产业，发展银杏生产前景十分广阔。

3 保持银杏产业可持续发展任重道远

高标准、高质量加快推进银杏产业工程建设，今后的任务还很重，需要做的事情还很多，要进一步加强组织领导，强化措施，搞好落实。

3. 1 强化产业规模集群建设

实现规模发展，连片开发，集约高效，辐射带动战略。在银杏种植业上，以港上、铁富、邹庄、官湖、陈楼以及炮车、邳城、四户等镇为中心，并辐射到全市。凡是宜林地都要积极发展银杏种植业，尤其是港上、铁富、官湖、邹庄等镇要努力消灭插花田，突出发展银杏规模连片园，农田林网绿化地、村庄四旁隙地、道路、城镇绿化、单位庭院绿化等都要大力发展银杏栽植，进一步加强银杏资源培育，保持和促进银杏资源的持续增长；在银杏加工业上，以港上、铁富、陈楼、运河四镇为主体，继续扩大银杏茶、银杏酮、银杏胶囊、银杏开心果、银杏酒产品等加工业发展规模，并不断开发银杏新产品，提升质量。同时，认真搞好银杏果、干青叶、银杏酮的出口创汇生产基地建设，形成产业种植加工集群，逐步建设成银杏产品加工及出口生产示范区。

3.2 强化产业龙头企业带动效应建设

搞好龙头企业建设，拉动产业发展。邳州目前缺乏的是具有领军式的银杏加工企业，尤其是银杏叶用制药的发展基本为零。因此，要选择 1 ~ 2 家规模企业重点培育，坚持规划高起点，建设高标准，生产高质量，科技含量高，产品开发多，并努力培育名优产品，积极开发银杏酒、银杏茶、银杏果、银杏冲剂、银杏胶囊等新品种，加快推进龙头企业的重点培育，对邳州银杏产业尤其是带动银杏基地建设，提高银杏加工产品附加值，拉长银杏产业链，增加农民收入，提高银杏种植业效益将起到重要的促进作用。千方百计积极引进银杏国家一类新药等银杏终端产品项目，落户邳州，拉动发展。

3.3 强化产业科技创新体制建设

充分发挥高新科技支撑作用，坚持依靠科技进步，认真搞好银杏栽培与管理，加快银杏产业研发工作，不断创新创优，实现银杏产业在不同环节上的系列增值。提高银杏雄株花粉质量，推进叶用、核用、观赏用三类银杏品种选育。提高银杏产品加工工艺水平，提高加工产品的营养、风味和品质。要以南京林业大学、扬州大学等大专院校、科研院所为科技支撑单位，聘请银杏产业发展首席专家。同时，通过举办专家高层论坛、来邳讲学、现场指导等形式，进一步探索银杏栽培及产品开发的新技术、新思路，打造名优品牌，提高科技含量，增强产品竞争力，增强产业发展后劲。

3.4 强化政府支持体系建设

进一步加大对银杏多功能树种的宣传力度，增评银杏树为邳州市市树，以进一步扩大银杏树的影响，牢固树立银杏产业的战略地位。在银杏产业化建设过程中，建议政府及其有关部门，要加大对产业的扶持力度，成立组织机构，建立强有力的支持体系，保证产业的良好运转，在土地、金融、项目、政策、服务、技术、人才等方面，要千方百计予以扶持和倾斜，在产业基础设施建设、科技创新、人才培养等方面加大资金投入，及时启动和加快产业各环节的发展，保持和促进银杏产业可持续发展，实现银杏产业经济效益、社会效益和生态效益的全面提高。

永保银杏朝阳产业健康发展

赵化友
（江苏省邳州市银杏博览园，江苏邳州 221300）

2012年，由北京清华大学景观系李树华教授发起、组织全国的大型苗圃的企业老总，赴世界各国考察学习绿化先进经验及高端园林模式，其中彩叶树种和造型景观树是一大亮点。

为迎合十八大提出的美丽中国，国内已有好多大型苗圃企业已经着手培育彩叶优新品种和造型景观树。

浙江孙妙夫在四川租用大量土地，进行培育优新彩叶树种和多种树种的造型培育，其中就有银杏树种。招聘造型技术人员达100多名，2011年得到四川省委的认可与支持。

山东省莱州市平里店镇王志超，培育龙柏造型景观树，胸径8cm售价3000元左右，被选栽植在人民大会堂绿地中。常规龙柏胸径8cm市场价格200元。

武汉光谷园艺有限公司，专业培育对节白蜡造型景观树。

安徽迎客松园林工程有限公司，利用黑松培育造型景观树。

湖南邵阳双龙紫薇园，利用紫薇编成龙型、十二生肖及花瓶型，根据市场行情，每棵花瓶价格2万元，精品卖到3万元。

广西李正银、专业培育罗汉松盆景及罗汉松造型景观树。他在广州买一棵从日本进口的罗汉松580万元，他出售给国内景观园林的造型罗汉松景观树一般都在几十万一棵。

浙江多数苗圃都在培植造型景观树和彩叶优新品种。此例不多举。

近期山东省昌义苗木展会上，山东省苗木协会秘书长闫大成总结了苗木总体概况，三分之一盈利，三分之一保本，三分之一亏本，银杏苗木培育者都有深刻体会，一株树形好的银杏树与同规格树形差的，价格上能差好几倍，根据市场信息显示各种绿化苗木好树形与差树形的价格差距很大，常规树种与景观造型树的价格差距几倍、甚至十几倍，充分体现出：有的人培育苗木赚钱，有的人保本，有的人赔钱。培育银杏苗木，要在质量和艺术加工上，求销路、要效益。

银杏虽然是珍贵树种，如果无计划发展，供大于求，也会造成市场滑坡。以何种模式，培育什么样的标准才能适应建设美丽中国以及景观园林所需用的资源？

在这里，我提几点培植发展意见仅供参考。

1 用优质大果品种育苗

其优势为：苗木生长量好、叶片肥大，银杏叶产量高。

实践证明小果品种育苗，生长量差、叶片小、银杏叶产量低。苗木长到10～15cm左右，开始挂果，抑制苗木生长。

2　选优良雄树，进行扦插或嫁接繁殖

实践证实优良雄树，树形好、生长量快。并且，雄树对环境无污染。

3　努力开拓"万年金"金叶银杏培育模式

培育观察：金叶银杏、叶片大而肥厚，金叶银杏生长量超常规银杏生长量。春季发叶，枝条上每个牙眼长出一撮叶子，5～6片叶子由内向外布局，瓣状，就像一朵朵黄花，非常美丽。另外，金叶银杏占金占银，口碑美不胜喻。

培植方法：

①利用差树形粗度在15cm以上的嫁接树，进行换头嫁接金叶接穗，树冠可造成宝塔型。

②用粗度15cm以上差树形实生树进行篷嫁，嫁接金叶接穗。

以上培植方法，可使差树形变好树形，能快速进入景观园林。

推进银杏产业化的实践与思考

潘小平　周　鹏
（安陆市林业局，湖北安陆　432600）

湖北省安陆市素有“中国银杏之乡”之称，境内有中原地区罕见的古银杏群落。近年来，安陆市立足做大做强银杏支柱产业，按照果、叶、苗并举，经济、生态、社会效益统一的发展思路，调整银杏种植结构，形成了银杏林网(带)、银杏生态风景林、银杏丰产林、银杏间作园、银杏结果园以及银杏城镇绿化等多种高效栽培模式。在此基础上，不断延伸产业链条，多元化开发银杏产品，推进银杏文化旅游市场建设，加快银杏产业项目建设。银杏已经成为安陆农业发展和农民致富的支柱产业。

1　现状与特点

银杏生产是安陆市栽培历史悠久的传统农业项目。20 世纪 80 年代以前，银杏生产基本上处于一种自发状态。进入 80 年代后，银杏特有的药理和保健效果逐步被市场认识，身价不断提高，市场前景看好。特别是 90 年代初期，随着银杏叶的开发利用，极大地提高了银杏的开发价值。为了充分利用本地银杏资源，发展银杏生产，扩大出口创汇，满足国内外市场需要，使资源优势变为经济优势，该市按照农业产业化的基本思路，提出建成产值过 10 亿元、利税过亿元的银杏产业化集团的发展目标，大力推行银杏标准化，促进银杏产业化，使银杏生产和加工得以迅速发展，规模迅速壮大，产量成倍递增，已发展成为全市、全省乃至特色产业。

1.1　银杏资源蕴藏丰富

全市有银杏标准化示范面积 20 万亩，栽植银杏 8181 万株。其中，定植园 8.3 万亩，180 万株；采叶园 1.4 万亩，3000 万株；采穗园 1000 亩，1.1 万株；苗圃 2000 亩，银杏苗 5000 万株，示范面积 1000 亩以上示范乡镇 6 个，100 亩以上示范村 52 个，2 亩以上示范农户 2000 多户。全市共有银杏大树 2.9 万株，其中，千年以上银杏 59 株，500 年以上 1468 株，100 年以上 4673 株。有银杏骨干基地 2 万余亩，有银杏骨干苗圃 5000 亩(其中当年育苗 2500 亩，留床 2500 亩)，有银杏种植户 1 万余户，银杏庭院 2 万多亩，培育银杏盆景约 5.8 万盆。

1.2　银杏产业发展迅猛

从事银杏产品加工规模以上的企业有 3 家。午时药业股份有限公司推出的“午时银杏叶片”，长生树保健品有限公司生产的“太白银红茶”、“银杏酒系列”、银杏盆景，天宇保健品公司开发的“银杏保健茶、银杏香枕、银杏被系列”等银杏产品。银杏产品产值达 8000 多万元，实现利税近 500 万元。全市年生产银杏果 80 万 kg，银杏叶 600 万 kg，出圃银杏苗 3200 万株，生产银杏黄酮 2.2 万 kg，银杏香枕 6 万对，银杏茶叶 7.6 万 kg，果、叶、苗、产、加、销一条龙产值经营额过亿元，全市农民人均从银杏产业中增收近百元。

1.3 银杏旅游效益可观

为做大银杏产业，发挥安陆古银杏资源优势，在“钱冲古银杏”和“白兆山”两个省级森林公园基础上，2009 年 7 月建立“湖北安陆古银杏国家森林公园”，每年到公园的游客达 30 万人次以上。

1.4 银杏科研不断深入

全市有省林科院安陆银杏研究所、林业厅银杏中心苗圃、安陆市林业科学研究所、安陆市林业技术推广中心等从事银杏科研推广专业机构。特别是近两年来，中国林学会银杏分会会长、南京林业大学校长、博士生导师曹福亮带领其博士生进驻安陆专题研究银杏。先后完成了“银杏良种筛选研究”、“银杏良种推广及丰产栽培技术研究”、“银杏叶用优良品种筛选及丰产栽培技术研究”等科研项目。研究课题 20 余项，其中 4 项达到国内同类先进水平。

1.5 银杏品种质量较高

有梅核、马铃、佛手、圆子四大类 26 个品种，优质名品有 6 个：安陆大白果(又称安陆 1 号)、三冲甜(又称安陆 31 号)、观音皇(又称安陆 64 号)、钱冲梅、义贞大马铃、庙湾药白果。

2 主要问题

2.1 栽培管理粗放

20 世纪 90 年代初，我市银杏栽培发展较快，但存在一些薄弱环节：一是种苗不纯，在外大量调苗，造成银杏树品质低劣、效益低。二是建园标准不高，大部分基础设施不完善，沟、路、渠不配套。三是日常管理粗放，未进行改土、施肥、喷药和整形修剪，造成银杏效益低下，从而挫伤了群众种植银杏的积极性。

2.2 基地发展遇冷

20 世纪 90 年代初期，市委、市政府高度重视银杏基地建设，各乡镇、村大力发展银杏，基地、村庄普遍栽植银杏，银杏得到空前发展。90 年代末，市委、市政府发展思路转型，银杏产业发展遭遇 10 多年的冰冻期，导致全市银杏产业及基地建设低迷、萎缩。

2.3 规模化、产业化程度低

全市银杏生产大多是以家庭分散经营为主，未形成规模，优势得不到充分的发挥。没有行业协会等组织，无市场营销体系，未形成产、供、销一条龙，贸、工、农一体化的产业化格局。

2.4 加工技术落后

目前，我市企业对银杏的加工主要以生产银杏香枕、银杏酒、银杏茶等低端产品为主，产品附加值低，不能对银杏进行深加工或研发高附加值产品。

2.5 市场流通不畅

银杏销售缺乏交易市场和专门的营销队伍，销售市场开拓力度不够，导致大部分银杏产品销售的价格不高，阻碍了银杏产业的健康持续发展。

3 思考与建议

由于银杏果、叶的特殊作用，给其开发利用带来了十分广阔的前景。同时，银杏树是公认的集用材、绿化、观赏、药用和科研价值于一身的优良树种。随着人类生命科学的发展，发展银杏生产，开发银杏产品，对于优化银杏产业结构和布局、提高生产效益和推动农村二、三产业发展，乃至农村的改革发展等方面都具有重要的积极意义和现实价值。

3.1 狠抓银杏生产

一是加强基地建设。对现有的李园、星火岗、垭子岗、柏杨岗、太白岗、汝南岗、四架山、毛河岗、唐僧岗等银杏基地进行管护升级，巩固发展，结合安陆实际，使银杏基地面积发展到10万亩以上。同时根据不同的立地条件，将其逐渐培育开发成优质的银杏采穗圃、银杏采叶园或珍贵用材林，发挥最大经济效益。二是加大苗木繁育。以李园、十八里银杏苗圃为依托，逐步带动扩大银杏育苗面积，着力培育各种规格的银杏苗木，同时加大对银杏专业户的技术培训力度。三是推行银杏绿化。引导城乡公路绿化栽植银杏，建成银杏大道，鼓励农户四旁、庭院绿化栽种银杏，发展银杏村庄。

3.2 加强银杏保护

一是成立管理机构。成立了安陆古银杏国家森林公园管理局，指导旅游公司科学合理开发，加强对公园的规划、管理、古树资源的保护。二是实行挂牌保护。组织专班对古银杏进行摸底、拍照、编号和年龄鉴定，和南京林业大学一起对百年以上古银杏树进行挂牌保护，明确管护责任人。三是进行技术保护。对部分树龄古老、人畜病虫危害、长势衰退的银杏树，请省林业厅专家进行会诊，制定保护方案，进行病虫害防治、抗旱排涝、透气排毒、输营养液、安避雷针等措施，并对部分古银杏树修建围栏予以保护。通过一系列保护措施，“虚怀若谷”、“银杏王”等古树的长势明显好转。

3.3 培育交易市场

一是做强龙头企业。按照做大、做优、做强的战略构思，用抓工业园区的理念，高起点规划，高标准建设银杏产业园，使银杏产业成规模化、集约化发展，形成公司+基地+农户的良性发展模式。积极引导企业加强对银杏产品深加工的研发力度，对银杏茶、银杏酒、银杏枕等有一定市场基础的产品，要进一步深挖潜力，扩展市场，使企业做大做强，发展培植龙头企业。加大招商引进，为我市的银杏产业开发注入新的活力，带动银杏产业发展。

二是建立交易平台。在安陆十八里大庙建设银杏交易市场，对安陆及周边县市银杏资源进行整合，重点建设银杏大道、银杏苗圃、银杏盆景园、银杏系列产品展示销售厅等。分图片展示厅和实物展示园，高标准规划建设展示厅。并引导一批生产、加工、销售经纪人进入专业市场，实行规范化经营、规模化运作，对百年以下的银杏树放开经营，进入市场自由买卖。高起点规划、高标准建设，力争将其建成中原地区最大的银杏交易市场。同时建立湖北安陆银杏网站，及时发布银杏产品、销售等信息，拓展销售渠道，降低运行成本，提高经济效益，促进银杏产业的发展。

三是发展银杏旅游产业。利用“古银杏国家森林公园”和“银杏之乡”的品牌，以李园银杏盆景、家庭农庄，十八里银杏景观、生态农庄，钱冲古银杏群落，太平寨风光、白兆山“李白文化”为基础，打造一条旅游精品路线，依托旅游线路，发展家庭农庄，形成集观赏、旅游、休闲、娱乐为一体的农庄经济，进一步推动安陆银杏观光旅游业的发展。

大力发展银杏产业　振兴尤溪“三农”经济

肖　笙[1]　蔡尊巷[2]　黄庆荣[1]　陈兴旭[2]　陈　养[2]　黄少明[3]

([1]尤溪县生物医药产业办，福建尤溪　365100；[2]三明业之霖生物技术有限公司，福建尤溪　365100；[3]三明市尤溪国有林场，福建尤溪　365100)

银杏树又名白果树、公孙树，我们尤溪人称鸭脚树，为裸子植物亚门银杏钢、银杏科单种属植物。是第四纪冰川幸存下来的“活化石”，属我国珍稀树种，“世界园林之母”的繁荣森林文化，具有挺拔、潇洒的树姿和千年不衰的寿命。晚秋时节树叶金黄灿烂，郭沫若先生早在1942年就盛赞银杏的品德和精神，称之为“东方圣者”，中国人文的有生命的纪念塔”，疾呼“你是真应该称为中国的国树的呀”。近年来，社会各界对“尽快确立银杏为国树”的呼声日益高涨，已引起国家和有关部门的高度重视。2005年全国人大十届三次会议上就有152名代表联合签名，成为会议代表联名最多的议案。国家林业局对两项建议分别给予答复，称代表们“提出的有关国树评选的议案和建议，对推动我国国树评选工作发挥了重要作用”，2005年9月22日，中国林学会公布全民对银杏、水杉、珙桐、杜仲、国槐、侧柏、樟树7个国树候选树种，评选投票结果，共179万张票，其中银杏得票177万张，占总票数的98.91%，其他树种共得票19575张，占1.09%，中国林学会将投票结果上报，并提出“将银杏树定为国树”的建议。可以说，银杏以其饱经沧桑的悠久历史、泽被万世的奉献精神，浑身是宝的综合价值和充分代表中华民族的“民魂”象征，赢得了广大国民的支持，银杏戴上国树的桂冠指日可待。

因此，发展银杏具有广阔的市场前景，全国有200多家用银杏叶提取黄酮甙等药用的制药厂和部分银杏茶生产企业，需要大量银杏叶为原料，从国际上银杏资源量而论，我国仍是银杏资源最丰富的国家，约占世界银杏资源总量的70%以上。随着对银杏叶的研究及开发利用的深入，银杏资源的经济价值进一步受到人们的重视，以至其产品身价倍增，成为国内外商家争相经营的热门产品。

1　研究与开发利用现状

自20世纪80年代以来，法国、西德、瑞典等欧洲学者对银杏叶的化学成分、药理及临床应用进行了大量的研究，发现银杏叶提取物制剂能改善人体细胞血液循环，活化细胞代谢，因而对老年痴呆症、脑损伤后遗症、脑血栓及心血管方面的疾病疗效显著；同时，因能抑制亚硝酸等致癌物而具有良好的抗癌作用；近年来的研究还表明，银杏叶提取物中的苦内酯能阻断血小板激活因子的活性，医生们试用其治疗哮喘和变态反应已获得了令人鼓舞的结果，由银杏叶提取物(EGB)生产的制剂在欧洲自投放市场以来，一直深受民众欢迎，所有生产银杏叶内含物的制造商因此大获其利。西德(Achwabe)公司生产的银杏叶制剂(包括针剂、片剂、液剂及口服液）年销售额达800万美元；法国天然合成制剂公司仅银杏液剂一项年销售额达7000万美元；日本每年向欧洲出售800t的银杏生物药、美国、加拿大、墨西哥、西班牙、瑞典等国家也有银杏叶制剂出售。全世界每年银杏叶制剂的销售总额约6亿美元。20世纪80年代以来，国内学者对银杏叶也进行了大量的研究。目前，除了向欧洲、韩国、日本、中国台湾等国家和地区出售银杏及其提取物外，国内已有厂家、院校，上海天力营养保健食品厂、宁波立华制药厂、沈阳市辽河制药厂等诸多工厂已生产出银杏系列药制，银杏冲剂等银杏系列保健食品、药品、银杏口服液、银杏茶等银杏保健品，并受到广大消费者的普遍欢迎。

银杏叶产品的问世，将大大促进栽培银杏树的积极性，据调查测算表明，一株产银杏果(白果)50kg的银杏树，其戴叶量(干品)能达500kg(叶：果＝10：1)。其中白果的产值约500～600元/株而叶子产值可达(干品)1500～2000元/株。因此，发展银杏产业是“三农”经济的支柱产业。

2 我县地处“海西”中心腹地，是苏区县、是三明中心城市的东大门

全县公路通车里程达2190kg，境内现有一条高速(福银高速公路)、一条国道(“316国道”)、二条省道(“304省道”和“206省道”)，县乡村已形成公路网络。向莆高铁2013年10月1日正式客运全程通行，厦沙高速、湄渝高速已动工建设，处于三明、福州、泉州、南平等中心城市2h交通圈中心，是闽中重要交通枢纽。

尤溪县全境面积3463km^2，居全省各县(市、区)第二位。总人口43万，辖9镇6乡，250个村和11个居委会，是三明市幅员最大、人口最多的县，自然概貌为“八山一水一分田”。概括起来，主要有4个特点：

2.1 文化底蕴深厚

早在四千多年前的新石器时代，尤溪就有人类繁衍生息。始建县于唐开元29年(741)，历史悠久，人文荟萃，民风淳厚，文风蔚然，是南宋著名理学家、教育家朱熹的诞生地，被联合国地名专家组命名为福建省首个“千年古县”。崇文尚学形成风尚，城乡群众文化素质较高，是全国文化先进县、体育先进县，连续九届获得省级“文明县城”称号

2.2 资源丰富

境内森林、水力、矿产、旅游资源较为丰富。全县林业用地占土地总面积的81%，有林地369万亩，森林覆盖率71.9%，林木总蓄积量1629万m^3，福建最大的古银杏林——中仙龙门场古银杏群，绿竹基地25万亩，国家林业局2008年授予“中国绿竹之乡”，毛竹立竹量6000万株，是福建省林业大县和全国集体林区林业产权制度改革试点县之一；可开发利用的水电装机容量70万kW，已开发60.5万kW，是全国首批农村电气化县之一，省重点工程、装机容量30万kW的街面水电站已投产发电；探明并可供开采的矿产有石灰石、铅、锌、金、银等28种，其中铅锌矿储量超300万t，居华东地区首位。旅游资源有：国家级水利风景区——闽湖、中国历史文化名村——洋中镇桂峰村等。

2.3 革命贡献突出

尤溪是革命战争时期福州连接闽西、闽北苏区的重要交通要道，是由福州往中央根据地瑞金、闽西北苏区运送物质的必经之地。1931年6月，曾被毛主席确定为红四军的主要“筹款区域”。从1931～1935年间，彭德怀、滕代远、粟裕等领导的中央红军红四军、红四师、红五师、红十九师、红三军团、红七军团、红九军团共3万多人先后5次进入尤溪组织开展武装斗争，帮助尤溪开展革命宣传活动，尤溪人民冒着生命危险，支持掩护红军顺利安全出

境北上抗日。1935 年 5 月，中华苏维埃共和国闽赣省机关曾迁至尤溪坂面，直接组织领导尤溪人民开展革命斗争，为尤溪乃至全省解放事业作出重要贡献。

2.4　尤溪县是福建最大的古银杏群落

方圆百亩内有 636 株，树龄经考察达 780 多年。平均胸径 56cm，最大的达 170cm。古老的银杏树，虽历经沧桑，却以其特有的顽强生命力，至今苍劲挺拔、枝繁叶茂，秋冬季节，黄叶飘零，一幅浓抹重彩的金色图画；春天来临，古树新枝，绿叶葱茏，一片春意盎然；酷夏时节，无论是午时光，抑或是夕阳西照的傍晚，还是星星点灯的夜晚，村民老携幼，在古老的银杏树下纳凉，讲述着一个又一个“过去的故事”，一幅世外桃源般田园诗画尽收眼底。

尤溪县有两处古银杏共有 636 株，其中中仙龙门场 353 株、联合联云村(革命老根据地) 283 株。1980 年以来发展了约 12000 株，近年来发展的不多，原因是白果销售不出，银杏叶找不到销路，由此，造成农民不爱种，即使种了也不爱管，本次正好“海峡 618“招商引资项目，一家宁波制药厂老板看重了尤溪县拥有 520 万亩山地，是发展银杏种植的好地方，于是，就与尤溪县政府签订了第一期 12000 亩山地种植银杏合同，该公司计划种植银杏树 9000 万株，尤溪县政府以外资企业“生物技术有限公司”银杏园种植基地为龙头，在“十二五”期间全县计划发展银杏种植 60 万亩，其中实生采叶叶树 50 万亩，约达 375000 万株，种植 10 万亩嫁接长果基地种植 560 万棵。争取三五年后形成初具规模银杏园生产基地，到 2016 年实现银杏采叶量达 100 万 t(鲜叶)供应企业加工，企业可加工银杏黄酮甙 63 万 t，银杏内酯 7 万 t。

3 银杏叶的采收，加工利用及质量标准

尽管目前银杏及其提取物的销势看好，但在采收、加工过程中必须严把质量关，否则，既影响产品售价，又影响销路。

3.1 银杏叶中的有效成分为银杏黄酮甙(Ginkgolitins)和银杏内酯(Ginkgolides)，银杏叶何时采收为最佳时期至关重要

专家研究表明，银杏叶中的黄酮含量有两种情况：其一是长果的银杏叶中的黄酮含量在早熟果已趋势成熟的8月份开始升高，到11月份落叶前有增高趋势，但差异不明显；其二专供银杏叶的树黄酮含量趋势于9~10月份趋于高峰，黄酮含量约0.63%~0.7%；银杏叶中的内酯含量在秋季前达不到最高，叶子发黄后内酯含量迅速下降。因此：

①长果的银杏叶可在采果后的夏末到秋季中期进行采叶，如仅供提取黄酮则叶子的采收可从夏末直至落叶。采收后的叶子要及时处理，叶子处理不妥，会严重影响其中的有效成分，发生霉变的叶子黄酮含量下降15%以上，再经太阳晒的绿叶内酯下降10%以上。

②采叶园的银杏叶采收，要根据银杏叶有效成分而定，一般专供提取药用有效成分的银杏叶，要根据银杏叶总黄酮含量和内酯含量高低确定采叶时期才有价值。

银杏叶总黄酮含量和内酯含量高低，据各高等院校及多年来研究机构专家研究资料比较一致的是按季节的变化规律，一年当中黄酮含量最低的时间出现6月前后，9~10月含量达到高峰。这主要在生产实践中按季节变化的规律，多做实验等资料对比，再确定银杏叶采收期最合适。药用银杏叶采收后应通风干燥及时当天送工厂加工。过多的叶子有条件的要烘干至含水量小于10%~15%。

3.2 银杏叶提取物（EGB）质量标准

按EGB标准执行与其他国家质量要求是一致，即EBG中黄酮含量>24%、内酯含量达6%。由于银杏中大量花色素的干扰，因此，测试银杏类黄酮成分十分复杂，作为质量控制的方法比较困难。但银杏叶制剂的制造商大部分用高效液相(HPLC)法的检测甙元的含量转化为银杏黄酮甙含量已获得市场的认可。银杏叶提取物（EGB）的销售主要在外，质量标准必须与国际市场接轨。银杏叶EGB的提取主要以乙醇水作提取介质，粗提物需经各种液体等萃取、沉淀、浓缩等步骤进行，才能得到市场标准为黄酮甙>24%，内酯达到6%的EGB干品。

4　尤溪县银杏的开发利用前景和实施计划

尤溪地处内陆，经济欠发达，但500年以上古银杏3000多棵属全省最多，20年前栽培的有10000多株，发展银杏种植基地资源较为丰富，全县山地拥有390多万亩，很适合发展银杏，因此，要使银杏种植产业健康快速发展应从以下几个方面采取措施；

4.1　制定产业发展规划，明确银杏产业发展的思路和目标

因地制宜、统筹规划、合理布局、突出特色、发挥优势，把发展银杏种植与“三农”经济发展规划等方面有机结合起来，多角度、深层次地把发展银杏种植的潜力进行产业规划。为进一步促进尤溪银杏种植产业的发展，建议有关部门召开专题会议，研讨发展银杏产业重要性和发展前景问题，以充分发挥尤溪的气候优势，优化产业布局，形成一条可食用、可药用、可观赏、可旅游的产业链，不断发展和壮大我县的银杏种植产业。

4.2　设立产业发展专项资金，促使银杏基地建设向规模化发展

安排专项资金，用于扶持银杏园基地建设的，按种植面积，达100亩以上的银杏园基地(按规格要求种植)每亩补助种苗(3000元/亩)、肥料款2000元；基地新开建的道路每千米补助2000元；基地新建蓄水池每立方米补助80元；新建种苗繁育钢构大棚每亩补助1000元。同时，建议乡(镇)政府在政策、资金上对所在当地发展银杏种植大户进行配套扶持。

4.3　加强种植技术指导，提高银杏种植基地经营管理水平

为提高经济效益，必须提高银杏的种植与经营管理水平，提高经营者的管理与科技能力。充分发挥种植户掌握的经营管理的关键技术，并按优质、丰产的栽培技术组织生产，提高产品的质量和产量，提高经济效益。

4.4　抓好典型示范作用，以典型示范来带动农户的推广种植

对已经和正在发展的专业合作社和大户要重点扶持，树立经营不同生产和管理示范基地，以及种植大户经营管理的成功经验给予热情和积极支持，营造大户带小户，形成千家万户共同参与发展银杏产业的良好局面。

在热心银杏产业发展爱好者共同努力下，定能不断推进银杏生产的发展，力促尤溪县银杏生产在发展基础上有新的突破，在以外资企业“生物技术有限公司”银杏园种植基地龙头带动上有新的发展，在发展规模种植银杏中实现银杏规模产业化生产。

参考文献

[1]巴东县委、县人民政府．发展银杏事业，振兴巴东经济．鄂省图内字第59号，1999年4月．

[2]吴茳．银杏叶资源的开发利用．1999年4月．

[3]汪贵斌，曹福亮，方升佐等．银杏叶用园建园的研究．银杏叶资源培育与利用[M]．北京：科学技术文献出版社，2006.

[4]谢友超，李荣锦，曹福亮等．施肥对银杏叶用生产及叶产量的影响[M]．北京：科学技术文献出版社，2006.

对当前银杏生产形势的思考

皇甫桂月　李学勤　魏献强　程迎真　李广进
（江苏省丰县银杏协会，江苏丰县　221700）

摘要：2012年下半年以来，银杏大苗曾一度出现价格下滑、滞销，其原因，一是大苗的快速增长供大于求；二是种植结构不合理；三是受国内政治经济形势的影响，如何正确对待，要树立信心，算好经济账，提高苗木质量，诚信为本，拓宽销售渠道，并提出了几种栽培模式。

关键词：银杏；形势；思考

自2012年下半年以来，银杏生产由高潮转向暂时低谷，径粗15cm以上的大苗销量下降，价格一度下滑，面对如此的形势，许多种植户难以承受，有不少户超低价销售，有的计划改种农作物或其他树种，针对上述形势，经深入调研、考察、思考，提出几点看法供讨论：

1　低谷形成的原因

1.1　大苗的快速增长是低谷形成的主因

所谓“物以稀为贵”。前几年，由于某些大城市栽植银杏大苗数量的猛增，生产数量供不应求，在这种形势下，需方为了完成绿化任务，价格一抬再抬，而栽培者多数认为还有涨价的空间，出现了“越贵越不卖”的现象。受国内政治和经济形势的影响，银杏大苗的需求量减少，而生产量又迅猛上升，势必造成短暂的大苗滞销，价格回落。这种形势，有的人误判了，吸取前几年养波尔山羊的教训，价越低越争着卖，需方对这种形势也非常清楚，苗木质量要求也越来越高，价格也一压再压，市场客观阻止了银杏的盲目发展。

1.2　种植结构不合理

近年来，随着银杏大苗的走俏，价格一路攀升，90%以上的银杏种植户只着眼于大苗的培养，除调整密度加大施肥外，还在不断地扩大面积，而忽视了中小苗的培育，出现了大苗(指径粗15~20cm)过多，中小苗短缺的现象，又重复了5年前中小苗过剩、大苗短缺的格局。

1.3　重庆事件的影响

一年前，重庆市大力栽植银杏大苗。据报刊文摘报道，2011~2012年两年内共栽植银杏大苗(胸径20cm以上)150余万株，投资人民币450余亿元，这一大的举措，拉动了整个银杏苗木市场，曾一度出现了银杏大苗供不应求，价格一路攀升，许多银杏产区的古银杏树也一购而空。在栽植过程中，有的苗木质量低劣、假土球、撑皮、接根、接枝等造假事件屡见不鲜，再加上长途运输，栽培技术措施不到位，严重影响到苗木成活率，造成极坏的影响，大大降低了银杏树在人们心中的信誉。2012 年重庆事件发生后，银杏大苗的销售骤然而止，势必影响到全国的银杏市场。另外，国家的宏观经济调控政策，限制经济过快增长也是重要的原因之一。

2 审时度势正确对待形势

2.1 坚信发展银杏是利国利民的千秋大业

市场波动是市场经济的必然规律，世界上任何事物没有一成不变的，都是在发展中变化，发展中前进的，以适应市场变化的要求。银杏树也同样追寻着这个规律，银杏大苗滞销，价格下滑，既是市场经济调节的必然，也是银杏产业由盲目发展进入理性发展的转折点，因此，要调整好心态，正确对待，不能一味地灰心丧气，而是理智分析，找出症结，拓宽思路，明确方向，继续前进。两年前一株径粗 20cm 的银杏大苗售价 1 万元，25cm 的售价 2 ~ 3 万元，这种不正常的价格，误导了市场，刺激了许多人栽培银杏的积极性，再加上某些地方政府组织发动，又一次在不少省、市掀起热潮。试想如果市场不进行调节、限制，一味发展下去，其结果必然造成银杏苗木过剩，再度可能出现砍树现象。

2.2 算好经济账，增强培育信心

种一亩银杏绿化大苗，按目前市场最低价格算，径粗 15cm，单价 800 元，每亩 40 株，可收入 32000 元，培育期 10 年，年亩均收入 3200 元，加上前几年的间作物收入，年亩均收入 4000 元，为种农作物收入的 2 ~ 3 倍，径粗 20cm，单价 3000 元，每亩 40 株，合计每亩收入 120000 元，培育期 13 年，年亩均收入 9200 元，加上前期的间作物收入，年亩均收入万元，为农作物收入的 5 ~ 6 倍。

2.3 不断提高苗木质量，坚持诚信为本，不断拓宽苗木销售渠道

近几年的苗木市场说明，优良的银杏苗木（主要是树形）不但销售渠道广，而且价格比一般苗高出 50% 以上，在苗木进入市场后，一定要坚持诚信为本，不乱抬价，不造假，说到做到，搞好善后服务，为用户提供方便，取信于对方。建立长久的供求关系，无形中提高了你的声望，从而拓宽了你的销售渠道。

2.4 不动摇，不气馁，等待机遇，坚定不移地把银杏事业搞下去

任何事物都不是一成不变的，有低潮就会有高潮，银杏树也不例外。我国地域辽阔，适宜栽植银杏的地方很多，不论是公路、铁路两侧还是城镇居民小区、街道、公园都适宜栽植，其需求量是难以估算的，而我国银杏绿化大苗产区除山东郯城、江苏邳州、东台、北京、安徽明光、河南的部分县市外，很少有大面积栽培，况且我国的国树尚未确定，银杏树已被列为最有希望的候选树种，相信有一天银杏树一旦被定为国树，它所带来的发展空间一定会更加广阔。

3 调整和完善发展银杏生产的思路

20 世纪 90 年代以来，发展银杏生产的主要教训是，种子贵发展结果树，叶子贵，大种采叶圃，绿化大苗近几年又十分走俏，行情看好，广大种植户又一齐朝这个方向发展，为此出现一时的大苗滞销，价格回落。相反，由于多年来忽视了幼苗的培育和采叶圃的建立，致使近年来银杏小苗价格猛涨，超过了历年来的最高水平。径粗 3 ~ 10cm 的苗木短缺，童龄

叶(1～6年生)每千克鲜叶6元，也创历史最高，总结以往的经验教训，在银杏栽植模式上提几点看法供讨论：

3.1 幼苗、采叶、大苗复合式

按照育银杏苗的要求，畦宽1.5m育5行，株距7～8cm，每亩产苗3万株左右，第一年抽行去株卖小苗，保留每亩4～5千株，第二年再抽掉50%的二年生苗，每亩保留2000株左右作为采叶园经营，3～4年每亩可产鲜叶1500kg以上，效益十分可观。第三年苗木开始速生，按照采叶园高度1.2m的定干要求，再按株行距4m×4m左右，保留健壮的超级苗作为永久植株培育大苗，做到小苗、叶子、大苗三丰收，达到了充分利用空间，立体种植，实现了长、中、短相结合的目的。实现一年打基础，二年保成本，三年见效益。

3.2 银杏大苗、花木间作式

培育城镇绿化的优质银杏大苗周期长，一般需10年以上，为了提高前期的经济效益，提高土地利用率，可定植径粗8～10cm的优质壮苗，株行距5m×6m，每亩定植22株，行间套种中矮冠灌木、小乔木，如：红叶石楠、金叶女贞、大叶黄杨、小叶黄杨、红叶小檗、龙柏小苗、连翘、迎春花等。小乔木如：西府海棠、樱花、红叶李、乔木石楠、石榴、紫薇、紫荆、月季、蔷薇、桂花、榆叶梅等。实现二年打基础，三年保成本，四年大效益。五年后银杏大苗已快速生长，树冠郁闭前将间种花木清除，继续培育银杏大苗。

3.3 改进和完善银、农间作模式

自20个世纪90年代以来，不少地方的果农沿袭了历史上银杏老产区的一些做法，栽培银杏间种农作物，如：间作小麦、玉米、地瓜、花生、大豆、蔬菜等，所用银杏苗多是嫁接苗或栽植实生苗后再嫁接，真正栽实生苗用于培育绿化大苗的数量不多，近年来，银杏种子价格一落再落，据预测近期国内外银杏市场不会有大的转机，继续经营结种树在经济上得不偿失，为此，对现有结果树进行改造，一是对每千克400粒以下的劣质品种，主干高在2m以上的，在嫁接口锯掉树冠，培育新的中心干；主干高在2m以下的抹根去掉，另萌新苗，按绿化大苗培育；二是对每千克400粒以上的优良品种，除保留大部分结果部位外，促发中心部位枝(芽)徒长，逐步培育成果、材两用的树形，实现分层嫁接，保留中心干，果、材两用。在间种农作物品种上，以蔬菜、瓜果为主，避免间种小麦和其他高秆作物。

3.4 银杏、乔灌复合式

按中共十八大的精神，保护大自然，改善人类赖以生存的自然环境是全世界人民的共识，国家对植树造林、绿化、美化生态环境投资的力度越来越大，为适应这种形势的需要，大力培育除银杏以外的绿化苗木十分必要，从单一的银杏向多品种多元化的方向发展，目的使产品多样化，增强市场竞争力，提高单位面积经济效益，减少经营风险，为银杏发展提供新的途径。为此，在培育银杏大苗的同时，选择一些适宜当地生长的中小乔木如：雪松、黑松、白皮松、龙柏、垂柳、栾树、核桃、红枫、玉兰、五角枫、元宝枫、木瓜、国槐、樱花、海棠、紫薇、紫荆、红叶李等，灌木按上述银杏、花木式。按不同的培育规格，不同的出圃年限，确定不同的栽植密度，做到高中矮、长中短相结合，提高生态空间利用率，缩短效益周期，获取最大的经济效益，做到2～3年打基础，3～4年见效益。具体做法是：选径粗8～10cm的银杏实生苗，按株行距8m×8m定植，株行种花木和灌木，行间间种2行中乔木，行距各2m，中间再间种花木和灌木，6～8年后将上述绿化苗木处理掉，仅保留银杏苗，继续按培育大规格银杏苗的要求实施。

参考文献

[1] 侯九寰等 . 银杏栽培[M]. 北京：科学技术文献出版社，1993.
[2] 王华田 . 叶用银杏园密度效应的研究全国第六次银杏学术研讨会论文集[M]. 1998.
[3] 杨珩 . 银杏产业走出低谷的思考全国第十次银杏学术研讨会论文集[M]. 2002.
[4] 孟宪峰 . 论邳州银杏高效农林复合经营技术研究在当前银杏生产中的现实意义全国第十七次银杏学术研讨会论文集[M]. 2009.
[5] 史记国 . 泰兴银杏园调整种植结构的方法全国第十八次银杏学术研讨会论文集[M]. 2010.
[6] 苏明洲 . 郯城银杏复合经营模式的研究全国第十七次银杏学术研讨会论文集[M]. 2009.

做好分类经营示范　助推银杏产业发展

孔祥永

（邳州市林业技术指导站，江苏邳州　221300）

1　分类经营背景

邳州市银杏栽培历史悠久，特别是1986年邳州市被江苏省政府和国家林业部定为“银杏商品生产基地县”之后，邳州银杏在种植规模、社会化组织、服务体系、科研实验等方面迈出了重要一步。2000年邳州被国家首批命名为全国名特优经济林——银杏之乡，2001年被评为全国经济林建设先进县(市)，同时被确定为全国经济林生产示范县，2002年经江苏省林业局批准为省级银杏森林公园，2006年国家级银杏标准化示范区建设顺利通过国家标准化管理委员会的验收，2007年1月又被国家林业局定为全国经济林产业示范县。目前，全市现有银杏成片园30万亩，其中银杏综合工程园近15万亩，四旁栽植1600万株，定植银杏总株数达2900万株，年产银杏果3600t，年产优质银杏干青叶1.5万t，全市建银杏叶加工厂7家，银杏酮年设计生产能力250t，建成了银杏叶提取物检测中心，银杏叶烘干厂5家，食品、保健品加工企业40多家，银杏总资产存量45亿元左右。2012年全市银杏产业综合收入近30亿元，产生了良好的经济和生态效益，成为邳州支柱产业之一。1992年邳州市明确提出把银杏作为重点产业，优先发展，并制定和实施了《邳州银杏工程规划》。从1992年在“310国道”两侧实施银杏分类经营示范园建设，使之在沂武河的银杏产区产生辐射作用，带动全市银杏产业快速发展。

2　分类经营示范区域

邳州市银杏分类经营示范园位于四户、铁富、港上、陈楼和炮车5镇，总面积2.2万亩，其中四户镇5000亩，铁富镇6000亩，港上镇6000亩，陈楼镇2000亩，炮车镇3000亩。示范园建设做到统一规划分期建设，统一苗木定向培育，统一管理合作互助，园内沟渠路相配套，林相整齐、壮观。示范园区地处沂武河流域，四季分明，年平均气温13.9℃，年平均降水量933.6mm，年均日照2350h。园区土壤为沙壤土，土层深厚肥沃，极适于银杏生长。依托示范园的银杏加工、贸易网点如织，出现一业兴起百业发展的可喜局面。银杏生产蓬勃发展，人民安居乐业，形成示范园良好的经济基础和社会环境。

3　分类经营模式

邳州市银杏分类经营示范园部分园块最早始建于1987年，目前已建成良种繁育圃2000亩，标准园5000亩，密植园3000亩，综合工程园6000亩，药用林3000亩，风景林1500亩，盆景园500亩。

3.1　良种繁育圃

银杏育苗采用加温催芽、高密度播种技术，亩产苗量 4 ~7 万株，而且要求出圃苗木符合壮苗标准。该圃始建于 1990 年，主要分布在陈楼镇大顾村 300 亩；铁富镇胡滩村 700 亩；四户镇沟涯村 1000 亩。

3.2　标准园

栽培目的以培育高干大树冠银杏结果树为主，充分利用空间和光能，提高单位面积的产量和质量。栽培方式以每亩定植银杏 22 ~33 株，多与蔬菜、桑、豆类、中草药等矮秆农作物间作。该类园始建于 1992 年，铁富镇 3000 亩，分布在麻墩、后圩、宋庄 3 个村；港上镇 1000 亩，分布在港西、港东 2 个村；炮车镇四王村，1000 亩。

3.3　密植园

栽培目的以营果为主，采用低干矮冠密植栽培，集约管理，使之提早结果。栽培方式每亩定植银杏 55 ~111 株，密度较小的园块多采用开心形方式，密度较大的园块多采用纺锤形整形方式。该类园始建于 1987 年，铁富镇 500 亩，分布在宋庄、前圩、冯圩 3 个村；港上镇 500 亩，分布在北荆邑、北西、北东 3 个村；炮车镇 1000 亩，分布在果园、四王 2 个村；陈楼镇 1000 亩，分布在大顾村小薛 2 个村。

3.4　综合工程

该工程集采叶、培苗、结果于一体，综合利用，集约化管理，集约化生产，整体上达到综合、集约、高效。栽培方式每亩栽银杏嫁接大苗(固定株)22 株，株行距 5m ×6m，行间栽银杏幼苗 3000 ~3500 株。栽植前 4 年采叶。4 年生时抽行抽株 1/3 ~1/2 卖大苗，剩余截干或平茬发枝采叶。至 15 年以上时，固定株有一定产量，并且逐步封行，抽去采叶株，以营果为主，采叶为辅。该类园始建于 1993 年，铁富镇 2500 亩，分布在宋庄、胡滩、吕家 3 个村；港上镇 2500 亩，分布在北荆邑、北西、齐村 3 个村；炮车镇 1000 亩，分布在蒋庄、尹圈 2 个村。

3.5　药用林

该示范园主要是为工业制药提供优质叶源基地，按照中药材管理规范化种植，无害化栽培，集约化管理。栽培方式每亩栽银杏实生幼苗 3000 ~4000 株。栽植前 4 年采叶。5 年生后截干或平茬发枝采叶，树高不超过 2.5m。该类园始建于 2003 年，铁富镇 1000 亩，分布在朱红埠、吕家 2 个村；港上镇 2000 亩，分布在石房、窦场、南荆邑、北荆邑 4 个村。

3.6　风景林

该示范园分布在沂河两岸，多为 50 年以上实生大树群，2003 年后组织多次以肥水管理、修剪为主的抚育措施，进行更新复壮以营果为辅，配以亭台楼阁，主要用于观光旅游。铁富镇 900 亩，分布在宋庄、胡滩、前于 3 个村；港上镇 600 亩，分布在北荆邑、港西 2 个村。

3.7　盆景园

银杏不仅是一种优美的观赏树种，而且还是一种非常好的植物盆景制作材料。随着人们生活水平的日益提高，发展盆景生产将成为银杏产业的一个新的经济增长点。目前，多通过培育、嫁接、剪扎等多道工序成型。该类园始建于 1994 年，现已在铁富镇宋庄村建成银杏盆景材料基地 500 亩，上盆银杏盆景 30 万余盆，其中价值 2000 元以上的古银杏盆景 400 余盆。

4 分类经营示范园的产业带动效应及启示

邳州市银杏分类经营示范园自建成以来，新增林地面积近20万亩，提高邳州森林覆盖率6.3个百分点，生态效益十分显著，而且还产生了良好的社会效益和较广泛的科技辐射作用。如官湖、邳城、邹庄等镇在示范园的带动和影响下，群众从事银杏生产的积极性不断高涨，生产的技术水平和科技意识不断提高。目前，全市从事银杏生产的农户年收入超3万元近3000户，其中5万元以上的有1200多户，20万元以上的56户，银杏产业的发展使一大批农户走上了脱贫致富的道路，产生了巨大的经济效益。

下一步，邳州将以2004年被国家林业局批准建设的国家级银杏博览园提档升级为契机，依托丰富的银杏资源，以市场为导向，以科技为依托，科学规划，加大投入，不断做大做强银杏产业，把邳州市纲河以北、邳苍分洪道以东、北侧和东侧均到省界的沂武河流域，建设成总面积约30万亩的银杏高新经济区，再造天下银杏第一园。邳州市银杏分类经营的实践表明，银杏产业不仅经济效益巨大，而且生态防护效益显著，成功经验值得在国内相关特色林业基地建设中大力推广。

邳州银杏种苗产业化的实践与探索浅析

孔祥永[1] 许亮先[2] 王振金[3] 张邦伟[4]
张 慧[1] 张旭蓉[2] 曹 杰[4]
([1]江苏省邳州市林业技术指导站，江苏邳州 221300；[2]江苏省邳州市发展改革与经济委员会，江苏邳州 221300；[3]江苏省邳州市港上镇农技推广中心，江苏邳州 221300；[4]江苏省邳州市国营林木良种繁育场，江苏邳州 221300)

摘要： 银杏种苗生产规模迅速扩大，社会需求呈现多元化的趋势，种苗产业已经向规模化、专业化、区域化和市场化方向发展，并在特定地域形成优势主导产业。本文分析了邳州银杏种苗生产实践的主要特点和存在的主要问题，探讨了银杏种苗产业化的前景，重点分析了银杏苗木产业化的品种选择、新技术、新成果的组装配套和推广应用等发展方向。

关键词： 银杏种苗；产业化；前景分析

银杏种苗是银杏产业化建设中最主要的生产资料之一，是产业建设的基础和保障，是自然界银杏遗传基因的载体。目前，国内银杏种苗生产和经营呈现出规模化、专业化和市场化等趋势，研究和发展银杏种苗产业现状和发展潜力，具有十分重要的现实意义。

1 邳州银杏种苗生产现状

1.1 规模化拓展基地，形成区域化优势

邳州栽植银杏历史悠久，尤其是自1986年邳州市被国家和江苏省批准为“银杏商品生产基地县”以来，在种植规模、社会化组织、新品种选育和科研实验等方面迈上新台阶。目前，邳州市24个镇中有18个镇种植银杏，重点银杏产区集中在沂河冲积平原上，形成了以铁富、港上等镇为主的全国著名的优质银杏苗木生产基地，连片规模达2万hm^2，采叶苗、营果嫁接苗、绿化大苗、特用景观苗等门类品种齐全，苗木存量达4亿株以上。目前江苏、山东交界的邳州市已成为全国银杏苗木的生产、营销和科研开发中心。

1.2 专业化集成攻关，拉长产业化链条

1.2.1 种质资源保存和利用全国率先

江苏省邳州市1986年就建立了银杏种质资源圃，2012年已收集在圃银杏种质资源117份，已全部开花结果。建成了全国银杏种质资源保存基地和研究基地，选育出‘宇香’、‘亚甜’等银杏优良品种4个，优良单株16个。同时，还建立了一批银杏母树林、试验林、测定林、良种采穗圃、良种繁育圃，形成了银杏品种收集、品种选育、良种中试、良种繁育、良种检测、良种推广等规范化良种繁育和管理体系，保证了银杏种苗质量和纯度。

1.2.2 种苗繁育技术国内领先

邳州在种苗生产中先后承担省部级科研课题7项，新技术、新成果的推广应用，使得银

杏种苗生产技术和管理水平显著提升。邳州市推广应用的银杏加温催芽、高密度播种和肥水适期定量控制育苗技术，有效抑制了银杏茎腐病的发生和危害，银杏成苗率较早期提高40%以上，使银杏种子育苗每亩出苗量由原来的2万株左右，普遍提高到每亩3~5万株，苗木高生长量平均提高了87.3%，苗木平均地径生长量提高了39.4%。

1.2.3 种苗培育模式突破传统模式

自20世纪末以来，由于银杏小规格苗木价格下滑，邳州适时推广了银杏采叶园改造技术，实行银杏与蔬菜、银杏与食用菌、银杏与中药材、银杏与桑、银杏与矮化果树等立体栽培新模式，多渠道使用了大量苗木，提高了苗木生产的综合经济效益，促进了银杏种苗业的良性发展。

1.2.4 新型种苗培育主体打造产业发展新平台

同时，银杏种苗生产呈现社会化的大趋势，民营资本包括外资参与银杏种苗的生产和规模经营，银杏苗木生产主体的组织化程度也有了长足发展。据2010~2012年连续三年的统计，全市从事银杏苗木生产经营主体中，国营的占2.3%，农民个体户占生产面积的12.6%，个人合伙制占16.7%，公司制占31.9%，各类农民专业合作组织占36.5%。尤其是一些林业龙头企业在资本运作、生产管理模式、科技成果转化和市场对接等方面都具有很大的创新性，推动了邳州种苗业的不断升级。

1.3 市场化引领供给，做好苗木定向培育

国土绿化、国家良种基地工程、中小城市（镇）绿化美化工程、村庄环境整治工程、中药材基地建设等各行业建设的不同需求，推动了银杏种苗市场供应多元化发展。种苗生产由20世纪八、九十年代的以核用林为主的供苗模式，向多品种、多规格、多色调、多用途、多文化内涵的方向发展。这些需求包括生态型苗木、速生丰产优质用材林苗木、绿化大苗、药用采叶苗、观赏盆景苗木，推动了银杏种苗业的迅速发展。银杏种苗生产逐步由品种、用途单一的传统交易，发展为具有不同要求的定向培育，已出现订单林业的雏形。邳州在国内已与江苏泰兴市、山东郯城县、湖北安陆市、浙江长兴县、广西桂林地区等银杏苗木重要生产区域形成苗木资源信息共享、物流互通产业互补的良好协作关系。在苏北鲁南地区形成了“买天下银杏苗木，卖天下苗木”的国内最大的银杏苗木专业市场，苗木信息丰富，营销网络建全，期货贸易和电子贸易遍布城乡。

2 银杏种苗生产中现阶段存在的主要问题

2.1 产业投入缺乏科学调研

社会化的银杏种苗生产带有一定的盲目性，少数民营资本投资种苗生产存在很大的投机心理，市场调节又有一定的滞后性。如在21世纪初，由于银杏酮价格居高不下，大量繁殖苗木用于建设采叶圃，目前这部分苗木胸径都在10~20cm，数量大，需求少，积压较多，所以这些苗木较2010~2012年价格下降了50%以上。

2.2 品种结构跟不上市场变化

树龄结构不合理，当前苗木供求严重失衡，1~2年生小苗过剩，3~5年生苗木紧缺成为突出问题。银杏苗木供求失调的结构性矛盾，还表现在相同规格苗木质量参差不齐，主要原因是立地条件、栽植密度、管理水平不同造成的。优良银杏雄株在行道树等防护林建设中有很大的市场需求，但生产上一直没有开展规模化雄株育苗。

2.3　种苗市场良莠不齐

社会化服务体系不健全，质量监督和信息管理手段落后。存在着分散经营，组织化程度低，无证生产、经营，品种名混乱，新品种炒作和劣质种苗虚假宣传等问题也扰乱了苗木市场秩序。同时，行业协会不健全，缺乏有效的行业自律。尤其是胸径 15cm 以上的银杏绿化大苗，市场上存在假植苗、假土球苗等现象，苗木失水严重，栽植后成活率低，极大浪费了珍贵的种苗资源。

3　银杏种苗生产的发展对策

3.1　定向培育主导苗木品种类型

大力培育银杏绿化大苗、盆景苗、果用苗、叶用苗，做到高起点规划、高标准实施，满足银杏种苗供应与需求的多元化。针对各行业重点工程建设特点，加快选择、引进和改良培育适宜我国中西部恶劣自然条件的、抗逆性强的银杏优良、速生品种、绿化美化用品种，供应国土绿化特别是我国中西部绿化用苗。

3.2　坚持品种管理规范化

在指导思想上，做到培育与市场适销对路的良种壮苗，发展银杏名特优新品种，做到“人无我有，人有我新，人新我优”。在品种选择方面，优先选用资源丰富、适应性强、有较强抗逆性的本地原生银杏品种，加强良种引进、培育和推广。外来品种必须按引种程序进行品种区域化栽植试验，并根据引进品种的生物学特性采取不同的驯化措施，配套相关的栽培措施。加快银杏观叶品种、观果品种、优良雄株和速生用材品种的选育工作，以适应银杏树多用途的需求。依据国家新品种保护条例，切实保护新品种知识产权，加强新品种的繁育和管理，尽快把品种成果转化为生产效益。

3.3　注重新技术的转化和推广应用

3.3.1　加强中幼林抚育

除了常规的整形修剪技术外，胸径 10cm 以上的大规格园林绿化苗木培育过程中，还要推广果树整形修剪技术、花卉造形剪扎的原则，采取“缩、放、剪、扎、镂、割、圈、拉、别、扭”等技术，配套好肥水、病虫害防治等抚育措施，对银杏绿化苗木、盆景苗木进行控制、培养，达到树冠造型的目的，提高园林绿化、美化的品位和苗木附加值。

3.3.2　大力推广无性繁殖技术

全光照自动间歇喷雾是扦插育苗技术的一大进步，能大幅度地提升银杏育苗扦插成活率，能较大提高银杏苗木产量和质量，与银杏播种育苗方式形成互补。自动间歇喷雾装置能自动控制扦插床喷雾时间和间隔时间，维持插穗水分平衡。该项技术，包括设备的建立、优良品种的选择、生根激素的研制、苗期管理等一系列配套技术，已逐步成为比较成熟的技术体系，应在银杏良种苗木繁育中大力推广，特别是对具有很大市场潜力的银杏优质雄株品种扩繁意义重大。

3.3.3　银杏盆景制作技术

银杏盆景近年来得到了很大的发展，仅邳州一地银杏盆景存量达到 500 万盆。银杏盆景古朴苍劲，果、叶、根、形等都极具欣赏价值，而且取材方便、制作容易，是银杏种苗产业衍生出又一新的经济增长点。

3.3.4　积极推广银杏立体种植模式

即银杏与蔬菜、油料作物、中药材、花卉、菌菇类、瓜类间作，以提高近期经济收入，转化剩余中小规格苗木，促进银杏种苗生产的良性循环。

3.4　建设配套的社会支撑体系

3.4.1　强化行业监管和服务

加大对《中华人民共和国森林法》、《中华人民共和国种子法》等林业法律、法规的宣传，强化林木种苗监管工作，建立生产经营规模相适应的种苗执法机构和执法队伍，实施林木种苗生产"两证一签制度"，种苗管理全程纳入法制化、规范化轨道。同时，银杏种苗生产的国家和地方技术标准体系已基本建成，覆盖良种生产、采集、储藏和流通等环节，要进一步完善各级种苗技术推广网络，实现银杏种质资源收集、良种选育、繁殖标准化。

3.4.2　多渠道搭建营销平台

帮助专业大户解决销售难题，大力发展农民经纪人队伍和农民专业合作组织，在农贸市场开设直销窗口，进一步完善林木种苗绿色通道网络。进一步加强"310 国道"铁富镇、港上镇段的银杏种苗专业市场建设，扩大影响，提高知名度，做大做强营销平台。

3.4.3　多环节做好融资服务

对生产、经营林木种苗的中小企业和个体户，在有关政策、信贷、税收和公益性投入的项目建设等方面给予优惠条件，推动种苗产业走上良性发展轨道。同时，鼓励经营主体直接进入市场，做好种苗直销，并在市场管理、税收上给予优惠。

3.4.4　营造良好的产业发展社会氛围

加强对银杏种苗生产专业大户、营销大户和林业产业化龙头企业的宣传，做好典型事例的剖析，宣传他们的示范、辐射带动作用，建立政府与产业带头人的联系制度，帮助他们解决疑难问题，开展好种苗服务、技术服务、信息服务和售后服务等，对有突出贡献的单位、团体和个人，地方政府给予表彰奖励，形成全社会参与种苗产业的良好社会氛围。

关于进一步提升国家级银杏博览园建设水平的思考和建议

赵子健

（江苏东方景观设计研究院有限公司，江苏南京　210018）

近来，对坐落于江苏省邳州市的国家级银杏博览园的建设、管理进行了调查研究，对今后的园区建设提出了一些建设性的意见。

1　建园十年的客观评价

邳州国家级银杏博览园是继河南鄢陵花卉苗木博览园、洛阳牡丹博览园之后的我国第三个国家级专类园区，是国内唯一一处国家级银杏专类园区，于2004年4月被国家林业局批准建设，园内设计经营30万亩，其中核心区面积3万亩，主要建设地点在铁富、港上、邹庄、官湖等镇。围绕项目建设，邳州市在抓好常规果业生产的同时，立足银杏资源优势，坚持"保护与开发并举，培育与利用齐抓，经济与生态双赢"的原则，将银杏观光园和国家银杏博览园建设有机结合起来，重点建设，充分发挥银杏资源优势，不断构筑园区开发新格局，结合林业生产发展观光旅游经济，使林业一、二、三产相互衔接，促进林业增效，果农增收，真正实现了经济效益、社会效益、生态效益的全面提高，推动了全市经济建设加速发展。

1.1　园区建设规模初步达到了设计要求

按照园区建设规划，总体建设规模达到30万亩，主要分布在沂武河流域的港上、铁富、邹庄、官湖、陈楼、邳城、炮车、四户等镇。通过大力培育银杏资源，把银杏博览园建设作为调整农村产业结构的重点项目，发展农村经济和增加农民收入的主导产业来抓，因地制宜，全方位开发，银杏观光园区规模迅速扩大，产品质量不断提高。目前，全市现有银杏成片园面积达28万亩，银杏定植株数突破1600万株，其中百年以上大树1380株。年产银杏果3500t。同时，结合作物生长习性，发展银杏结果、培苗、采叶综合工程，银杏与桑、银杏与矮冠果树、银杏与经济作物种植面积8万亩，培育在圃各类苗木2.5亿株，培育银杏盆景150万盆，建设银杏观光园10万亩。建设规模总体达到了设计标准，但仍存在着插花田28万亩银杏园大体连片，但没有全部连片，小片不连贯分布很多，内有小麦、蔬菜、果树等非银杏作物成片分布间作其中，没有形成大规模的银杏成片林。

1.2　园区银杏产业特色已经逐步形成

随着园区建设不断完善，园区银杏系列产品产销两旺，银杏开发企业达32家，其中有上市的佰康药业。先后开发出银杏酮、银杏内酯、银杏口服液、银杏茶、银杏开心果、银杏罐头、银杏蜜、银杏冲剂、银杏叶茶、银杏菊花茶、银杏酒、银杏开心果、银杏胶囊等银杏系列产品。银杏酮年产量达300t，其他各类银杏加工产品达500t。江苏银杏集团申报的银杏类4个绿色食品，已被国家绿色食品开展中心批准，发给A级绿色食品证书；申报银杏胶囊、银杏酮菊花茶两个保健品已获得国家卫生部批准文号。全市年产优质干青叶1.8万t，基本上垄断国内40%以上的市场，干青叶远销德国、法国，产品深受用户欢迎。铁富、港上两镇3万亩银杏GAP基地已于2005年7月通过国家药监局组织的专家组认证，已有7.5万亩无公害银杏生产基地通过江苏省省级认证，2005年年底全部认证结束。园区银杏苗木市场已逐步形成了国内银杏苗木的交易中心，销售四季不停，秋、冬、春三季每天苗木交易量达到200多车，年销量在500万株以上。调查发现，园区仍缺乏规模大、高科技、带动性强的领军银杏深加工企业，尤其是银杏制药业的发展滞后，影响了银杏产业的稳步发展。

1.3 园区银杏经济发展非常活跃

园区银杏产业作为邳州农村经济的重要组成部分，是农民致富的重要项目。2012年，全市银杏资产存量500亿元左右，银杏产业年综合收入近60亿元，全市银杏产业经济经营项目主要有苗木繁育、银杏果栽培、银杏叶栽培、银杏果加工、银杏叶加工、银杏苗木销售等银杏产业的多角度全方位开发。全市银杏种植、加工、销售生产经营户年收入超5万元户16000户，其中超过10万元的6000户，超50万元的户120户，园区镇的铁富、港上两镇银杏产值占全镇总产值37%以上，重点村银杏收入占全村工农业总产值70%以上，银杏产业的发展使一大批农民走上了致富路，镇域经济也得到了较快的发展。

1.4 园区森林旅游建设事业方兴未艾

2005年以来，共筹集资金18000万元，修建园区道路350km，栽植各类花卉苗木120万株，种植草坪2万m^2，建成了银杏展览馆，完善了艾山以银杏、桃以及其他混交林为主的自然风景区建设；完成了以银杏为主题的青少年教育基地、银杏姊妹园、银杏林趣园建设；启动了景观林建设和苗圃改造升级。同时，对园区内百年以上银杏古树进行调查、登记、注册建档，并进行了挂牌保护、景点建设，形成银杏生态旅游观光半日游风景线。但笔者认为，园区的景点建设总的来说缺乏精品，景点建设规模也不大，绿化美化及旅游设施档次不高，比较粗糙，银杏文化展示薄弱，原来建设的银杏展览馆馆藏展品散失，几近废置，景区对游客的吸引力略显不足。

2 推进魅力园区建设的基本思路

邳州市国家级银杏博览园是全国唯一，搞好国家级银杏博览园建设的重大意义自不必说，因此，规划建设上要注重加强科技开发和综合利用，面向国际国内市场，实行全方位开发，通过实施科技兴农战略，促进科技成果的转化，加快与国内各大科研院所合作，启动一批以高效、绿色、观光为一体的农林示范工程，加大景区景点建设力度，使银杏博览园建设和银杏产业发展走向良性发展的轨道。

2.1 坚持科学规划，注重更新园区建设的设计理念

对邳州市国家级银杏博览园要进行科学规划设计，组织林业、旅游、园林、文化、土地、水利、环保、城建、计划等部门，精心论证，科学分析，聘请国内顶尖设计师和专业单位按照现代园区建设理念进行规范设计，以可持续发展理论和生态经济学原理为依据，充分利用邳州丰富的银杏产业资源、历史人文景观资源、自然景观资源、地域文化、遵循自然规律、经济规律和美学规律，以科技为先导，以改善生态环境，实现可持续发展为目标，并充分考虑与其他相关规划良好对接，逐步将国家级银杏博览园建设成为融生产、科研、观光旅

游、休闲度假、文化研究、科普教育于一体的高标准的国家级银杏专类园区。

2.2 坚持突出重点，切实强化观光功能的提升完善

园区建设要确立以树立银杏博览园“博览”形象和“旅游”娱乐形象为近期目标，立足三大园中园，突出抓好重要景点建设。港上镇银杏姊妹园要加强园内三官庙、银杏古木园、隐兵园、诗碑林、姐妹树、联姻树等景点建设的继续提高，吸引较多游客同时，宜在姊妹树北面建气势恢宏的银杏博览馆，提高银杏文化的体现和存在。铁富镇艾山风景区继续丰富桃花园、杏花园、石榴园、葡萄园、梨园、苹果园、枣园及自然生长的混交林建设，并点缀建设亭阁、水榭、长廊、广场等，融入原自然景观。恢复和完善银杏展览馆、林趣园等重点景点建设，切实形成艾山、银杏博览馆、港上银杏姊妹园三点一线的银杏自然景观旅游风景线。在此基础上，配以一望无际的银杏种植园，规模宏大，风光秀丽，春日满目绿色，古木参天，鸟语花香，秋天果实累累，黄叶飘飘，似金洒大地，如欧洲的田园风光一样美丽，使人陶醉，令游客流连忘返，具有极高的观赏价值。

2.3 坚持生态优先，全面形成植物群落的丰富多彩

邳州国家级银杏博览园的规划和建设，以改善和调节生态环境为根本目标，大力开展植树造林，全面提高森林覆盖率，景区内要坚持多树种、多色彩，优化林分结构，在技术上以生态学原理为依据，充分利用绿色植物吸收有害气体，释放氧气、杀菌、滞尘、减噪的功能，调整博览园内植物群落，使具有不同生态特性的植物各得其所，充分利用光、温、水、气、土等自然资源，形成疏密有度、错落有致的不同植物群落，构成一个和谐、稳定、健全并能发挥最大生态效益的植被系统。并结合时代发展特点和人们渴望亲近自然、融入自然的要求，适当开展一些经济效益好、可操作性强的健身、休闲娱乐项目，促进博览园自身合理运作与滚动发展。

2.4 坚持规范管理，真正实现银杏资源的稳定增长

银杏资源的保护、培育是银杏博览园建设的核心工作。一是要强化银杏资源管理。实行资源管理目标责任制。市镇政府建立保护发展银杏资源任期目标责任制，把扩大银杏资源，提高生长量，提高资源利用率，杜绝火灾、病虫害和乱砍滥伐纳入领导干部任期目标。在此基础上，进一步完善银杏资源管理，查清银杏资源的现况，建立银杏资源管理档案，全面监测银杏资源消长动态，并按照银杏生产规划和政策规定进行确权发证，确保资源的合理经营利用。二是控制银杏资源消耗。实行三个制度，即实行严格的禁伐制度。任何单位和个人，都不得采伐银杏树，确因工程建设需要的，须报经市人民政府批准，尽量采取移植的措施，保证银杏林不受侵害；实行限制出售大苗大树制度。近年来，银杏大规模苗木(树)市场需求量大，行情较好，各地都纷纷挖苗(树)出售，致使银杏树(苗)不断外流，为此，对定植树(苗)禁止出售，对非定植的银杏大苗也实行限额出售，保证银杏资源的良性消长；实行对现有银杏林地保护性发展制度。一经栽上银杏林，就千方百计固定下来，不随意砍伐或移出挪作他用，或栽植其他树木和经济作物，以减少银杏森林资源消耗。三是加强银杏资源培育。一方面是经营好现在的银杏森林，全面经营好现有银杏森林，充分挖掘林地的自然生产潜力是实现资源增长的有力手段，科学合理地安排采取有效的营林措施，挖掘林地生产潜力，促其尽快生长、结果，并获得良好的经济效益。另一方面是抓好银杏资源的扩张。借农村产业结构调整之机，大力发展银杏林，尤其是园区范围内所有宜林土地上，都千方百计栽植银杏林，培育资源，保持增量，改变那种只求数量的造林方式。加强技术指导工作，大力

推进工程造园，确实做到"造一片，成一片，见效一片"，促进银杏资源持续增长，努力提高经济效益和社会效益。第三方面是实施封山育林。对银杏博览园内艾山区域实行封山育林，采取严禁开荒、杜绝山火、禁止毁坏森林的措施，促使封禁的荒山荒沟增加植被，逐步成林。

2.5 坚持多种经营，始终保持银杏经济的持续繁荣

银杏博览园以银杏资源综合利用为基础，以市场为导向，以科技为依托，积极优化产业内部结构，实施综合开发，全面开发，保持银杏产业可持续发展。①种苗开发。对原栽植的银杏采叶、培苗、结果综合工程实施改造，即保留每亩 22 株固定结果树，将固定株行间套栽的原每亩 3300 株采叶苗抽行抽株约 3/4，留下约 1/4，即每亩约 500 ~ 800 株，培育大规模银杏苗木，用于城市绿化、行道树栽植、风景林、果用林以及农田林网建设。②果林开发。对早期栽植的银杏采叶、培苗、结果综合工程，而且目前每亩 22 株结果固定树已逐步开花结果的园块，实施去苗留树改造，即将所有采叶苗全部移出，重点培育银杏结果树，通过良好的肥水管理、病虫害防治、环割、修剪等营林措施，使之尽快结果并形成产量，改造过程中要注意到雌树上嫁接一些雄枝或补植雄株，以利授粉结果。③盆景开发。对小苗、残苗实行综合利用，矮砧嫁接佛手类早果品种以及奇异果、叶观赏品种，上盆培育，发展银杏盆景产业。④立体开发。对新发展的银杏成片园，实行全方位开发，立体种植，充分利用光、热、水、土资源，以获取最大的经济效益和生态效益。新植园块每亩定植实生或嫁接银杏大苗 22-33 株，行间间作其他经济作物，以短养长，优劣互补，提高复种指数，提高经济效益。主要间作物有应时鲜果类、油料作物类、中药材、蔬菜、花卉、蚕桑等，实行银杏树行间立体种植，主要选择生物体量较小的，以及具有较高价值植物，这些植物不仅能够和银杏协调健康生长，而且能够生产出较好产品，是广大银杏产区农民除银杏之外的主要收益途径，尤其是在新栽的银杏尚未达到结果期，这部分收入，对于稳定农民的思想情绪，调动农民主动参与银杏生产，共同经营好银杏博览园起到了重要的作用。⑤四旁开发。对除大田以外的所有土地，包括村庄四旁隙地、农田林网上沟、渠、路、埝、单位庭院、城镇街道等地方，积极鼓励农民把银杏作为优势树种大力发展，积极营造银杏果用林，并进行银杏盆景及苗木生产，见缝插针，不留空白，努力形成以银杏为主体的绿色基调，加快推进银杏博览园建设步伐。⑥叶用开发。对银杏采叶、培苗、结果综合工程，依据原设计经营模式，按照现代中药 GAP 生产基地技术要求，继续加强肥水管理、综合防治病虫害等栽培措施。同时，对每亩 3300 株的叶用园进行改造，即每 2 ~ 3 年一次，从基部平茬，利用所发新枝新叶采叶加工，提取银杏黄酮，并进行银杏茶叶生产，这不仅能够提高银杏干青叶的产量，而且还可以提高银杏叶内有效成分的含量。

3 提高园区建设水平的保障措施

3.1 加强园区建设宏观指导

市委市政府要成立国家级银杏博览园建设领导小组，加强对国家级银杏博览园的领导工作。同时，主要镇政府建立国家级银杏博览园管理机构，在银杏博览园建设中起到积极的指导、引导、服务、管理、协调作用。主要是搞好引导和调控工作，培育和完善银杏市场体系，建立和完善银杏生产的防火、防病虫害和资源管理及执法等保障体系，并为银杏博览园建设的开发提供多种优质服务。同时，积极组织和协调银杏协会、盆景协会等社团组织，为

群众生产搞好服务，保持和促进园区建设和园区经济的良性循环。

3.2　督促优惠政策全面落实

积极为银杏博览园建设制订和提供优惠的园区政策、土地政策、农业政策、农村金融政策、农村科技政策及技术推广政策在内的农村及社区政策。政策支持是银杏博览园建设和发展的重要条件，良好的政策体系以及优惠扶持的指导思想，能够促进银杏事业的迅速发展。

3.3　加大银杏工程资金投入

动员社会各界力量积极参与博览园建设，依据规划设计方案，将水、电、路、风景点工程建设等基础建设工程，分解到主要镇和市直各有关部委办局，齐心协力，共同建设。同时，市镇两级财政拿出一定的资金，用于基础工程建设。继续加大招商引资力度，吸引三资开发建设。

3.4　健全银杏产业市场体系

在银杏生产重点镇建设比较完善的银杏产业经济大市场，把农民生产出的果、叶、苗等银杏产品直接推向市场，创造良好的营销环境，促进增收增值。同时，使广大生产者在大市场中获得更多的资金、技术和信息，增强建设银杏博览园的实力和潜力。

3.5　搞好银杏生产技术服务

首先以村集体服务组织为基础，以镇农技推广中心和博览园管理机构为重点，以市级服务机构为依托，建立直接面向农村，提供产前、产中、产后全过程服务网络。其次是积极和科研院所、大专院校合作，开展科技开发培训，为农户提供多项服务，形成上下相通、左右相连、条块结合、功能互补的银杏产业社会化服务体系，加快推进国家级银杏博览园建设步伐。

银杏园景观设计之我见

史记国
（江苏省泰兴市林业技术推广中心，江苏泰兴 225400）

泰兴是著名的银杏之乡，在新农村建设中，有不少的村，利用村庄中的银杏林，做景观绿化(有的与健身广场相结合)，既利用了现有的资源又节约了建设成本。但是由于银杏树分布不均，体量大小悬殊，分枝点高低不等，树形也各不相同，而且银杏树都是农户定植的核用银杏不能作任何调整，这给景观绿化设计造成了一定的难度，笔者曾给4个村做过这方面的绿化规划和施工，现就绿化设计方面相关内容作一简要回顾，以期与同行共鸣。

1. 银杏林的选择。选择分枝点较高(主干高度1.8m以上)银杏林做景观绿化。

2. 分区规划。以园路和规划绿化林地的界址及健身广场等为分隔，形成不同的区域，分别规划设计。

3. 园路。以老路为基础，以方便村民走路为原则，结合景观的要求设计园路。

4. 配置方法。采用自然式的配置方法，分区配置树种。在各区中以一株体形高大，或一丛银杏树为主景来配置从景，从景可在草坪中配置色块，点缀球类、花灌木、中小乔木，或散置山石等。

草坪中配置色块增加了地被植物的层次感，更重要的是色块的形状及其位置，要在本区各元素之间，起连接润滑作用，使树冠线的变化不至于太突然，并把其他配置植物连接在一起，共同为银杏林的景观起铺垫和衬托作用。色块尽管断断续续地分布在各区中，似乎并无关联，但放眼全园却是一个不可分割的整体，它在区与区之间起着相互呼应、连接纽带的作用，使全景协调流畅。所以色块的布置，使银杏园零乱的分布变得有序。而球类、花灌木、中小乔木的点缀以及山石的散置，是使树丛中的个体植物，呈不等边多边形分布，并在树体大小、形态、花色、叶形、叶色等方面与银杏树形成对比，淡化人工林的痕迹，使银杏树丛虽乱，但得体，近乎于自然。例如三棵大小不等的银杏树呈等边三角形分布，如果在体形较大树下置一山石，并在石头远离银杏树的一端前后，各栽一株大小不等的球类，大银杏树，球类与其中两株银杏中的任意一株，呈不等边四边形分布，尽管只在其中加了一石两球，但原来的呆板的分布立刻活跃起来。如果再配置几株曲干的小乔木及草本花卉，其中的野趣是可以想象的。所以球类、花灌木、中小乔木的点缀，就是要把“丑”树丛装扮成具有很高观赏价值的自然树丛，这种经过艺术加工的树丛，不是满布全园，而是根据游人行走的路径，适度分布在园路两侧，或广场的四周 。一方面是为了掌控银杏园的整体效果，防止越配越乱；另一方面有意识留一部分“丑”树丛，可以保留原有的景观深度，同时又能形成虚实、明暗对比的效果，更能使游人领略到园林韵律节奏的美妙。

5. 植物材料的选择。根据林地的光照条件选择不同的植物材料。密度比较大的银杏树下，选用耐荫的植物材料。如八角金盘、红天竹、海桐、黄杨、杜鹃等。稀疏的地方选择中性树种，适度配置花灌木彩叶树种。银杏园最大的亮点是深秋叶片金黄色，所以配置的树种色彩以绿色植物(含观花、观果的植物)为主，其次为红色，黄色尽量少配或不配。如果黄色能错开银杏金秋时期那当然可以配。为方便果农采果和儿童、老人活动忌配有刺的植物。

银杏林的景观绿化有许多选项，但我觉得有3点是必须要考虑的：一是要有景可赏；二是注重整体效果；三是要突出银杏林的特色效果。这里所介绍的内容，仅供参考，期盼同行们在实践中不断总结和提高。

湖北安陆古银杏国家森林公园开发建设初探

潘小平　周　鹏
（安陆市林业局，湖北安陆　432600）

湖北安陆古银杏国家森林公园位于湖北省安陆市西北部，距市区35km，于2009年7月31日经国家林业局批准设立。

1　古银杏国家森林公园现状

湖北安陆古银杏国家森林公园总面积2413hm^2，由钱冲景区和白兆山景区组成。是我国首家以单一树种命名的国家级森林公园，公园内既有丰富多彩的以古银杏为代表的自然景观，又有深厚底蕴的以李白遗迹为代表的人文景观，还有李先念等革命先辈留下的战斗遗迹。森林公园森林覆盖率87.9%，活立木蓄积量6.2万m^3，现有树种81科150属227种，最高海拔510m，年均气温15.9℃。

钱冲景区1800hm^2，现存有古银杏群落。2007年11月，南京林业大学校长曹福亮教授考察后评价安陆古银杏群落为"全国规模最大、群体最集中、树龄最古老、树形最奇美，具有很高的科研价值和旅游开发潜力"。景区现有千年以上银杏古树39株，有'梅核'、'圆子'、'马铃'、'佛手'四大类20多个品种。景区内有"新四军豫鄂边区司令部"、"京安县抗日民主政府"和"新四军五师医院"等革命旧址人文景观。白兆山景区413hm^2，在景区最高点祖寺顶有1株距今1000余年的古银杏，相传为唐代大诗人李白亲手所植。景区遗存有李白大量的遗址、遗迹，有白兆寺、太白堂、李白读书台、长庚书院、洗笔池、洗脚塘、下马桩、太白林、桃花洞等。李白诗《山中答问》"问余何意栖碧山，笑而不答心自闲。桃花流水杳然去，别有天地非人间。"这是李白对白兆山美景赞誉的高度概括。

古银杏森林公园先后完成了钱冲景区内的旅游公路13.5km，建成了钱冲景区门楼，修缮了"新四军五师建军旧址"、"新四军五师司令部"、"新四军五师医院"街革命旧址，新建了银杏广场、关帝庙等，对古银杏进行挂牌、建围栏、施肥复壮等保护措施；白兆山景区完成了翰林湖李白文化长廊、孝祠、李白纪念馆、李白石像、三清殿、钟鼓楼等10余处景点建设。

2　古银杏国家森林公园开发建设存在的问题

在湖北安陆古银杏国家森林公园开发建设过程中，存在的主要问题是：

2.1　基础设施不够完善

目前，古银杏国家森林公园内的交通、通信、住宿、饮食等服务方面跟不上森林旅游发展的步伐，园内旅游交通工具平时没有，旅游旺季交通工具不够用，公交车不是环保型的，且运输能力不足；手机信号没有全面覆盖，给游客带来不便；园内住宿条件差，床位不足，满足不了旅游旺季的需求；饮食方面，只有几家农家乐，条件较差，特别是在旅游旺季，根本不能满足游客进餐的需求。

2.2　服务环境不够优化

旅游服务环境相对较差，服务人员不足，多数服务人员为本地居住的老百姓，没有组织培训，影响服务质量；旅游旺季，由于游客多，丢弃的垃圾多，清理不及时，对旅游环境造成了不良的影响。

2.3　开发与环境不够协调

开发商在开发过程中，有些项目建设与环境格格不入，人为造景与环境不协调，如白兆山景区的人行步道，都是用水泥造成的，人为痕迹很明显，反而给人一种大煞风景的印象。钱冲景区的人造围墙，影响了游客的游玩心情。

2.4　管理措施不够有力

景区的管理水平较差，只注重收费，不注意日常管理，游客须知、景区管理办法、有情提示等软件设施不健全。

2　古银杏国家森林公园开发建设的思路

3.1　森林公园的功能

根据2011年5月国家林业局颁布的国家林业局令第27号《国家级森林公园管理办法》的规定："国家级森林公园的主体功能是保护森林风景资源和生物多样性、普及生态文化知识、开展森林生态旅游。"

3.2　开发建设的原则

根据国家森林公园的功能，在开发建设过程中，必须遵循以下原则：

一是重在保护的原则。必须保护好现有森林资源，保持园内生物的多样性，不得因开发建设随意破坏园内的各种森林资源，改变各种森林景观。

二是保持原生态的原则。在开发过程中，所建项目要与环境协调一致，尽可能避免人为痕迹、人为造景，保持园内原有的生态环境，不得破坏园内的生态系统。

三是规范有序的原则。所有开发建设项目必须符合森林公园的总体规划，与规划不相符的一律不准建设。

四是合理开发的原则。森林公园游客的承载量有限，开发建设项目不宜多，不得过度开发建设，否则会对园内的生态环境和生态系统造成严重破坏。

3.3　开发建设的措施

当前，我国森林公园建设与森林旅游业迎来了良好的发展机遇，一方面随着工业化、城市化进程不断加快，森林资源和生态保护的压力越来越大，迫切需要找到一条发展经济与保护生态双赢的道路，大力发展森林公园事业，发展森林旅游，把破坏自然变成欣赏自然、享受自然，把保护和利用生态与产业发展协调起来，是兼顾生态与民生的有效途径；另一方面随着生活水平的逐步提高，人们走进森林、回归自然的需求越来越强烈，旅游观光、休闲度假的需求越来越大，森林公园自然美景、优良生态环境，让人们流连忘返，忘情于山水，给人们心灵以熏陶，给森林公园发展、森林旅游发展开辟了广阔的天地。因此，在古银杏森林公园开发建设过程中，应采取如下措施：

一是坚持把保护森林资源作为首要任务。森林公园有着美丽的森林和各种野生动植物资源、千姿百态的自然景观和绚丽多彩的人文景观，保护和利用好这些资源，是建立森林公园的主要目的。丰富的森林资源是森林公园开发建设的物质基础，必须实行严格保护、科学规划、合理利用、协调发展，森林旅游开发应严格控制在生态承载能力范围内，把人类活动对森林资源和生态环境的影响减小到最低限度。

二是坚持把改善生态和改善民生作为发展目标。公园内的林农和林业职工应是森林公园建设的主要参与者、推动者和受益者。湖北安陆古银杏国家森林公园的前身是王义贞镇钱冲村和国有白兆山林场，只有真正将森林公园建设和森林旅游发展与林农与林业职工脱贫致富紧密结合起来，才能有效发挥森林旅游业环境成本低、产业链长、就业容量大、综合效益好的优势，使广大林农和林业职工获得更多的就业机会及经济收入，自觉参与森林公园建设与生态环境保护。

三是坚持把改革创新作为发展动力。推进森林公园建设与森林旅游发展，必须解放思想，转变观念，创新机制。由于古银杏国家森林公园由钱冲和白兆山两个景区组成，其主体不一样，钱冲景区是原来的村集体，白兆山是原来的国有林场；特色不一样，钱冲是以古银杏为特色，白兆山是以李白文化为特色；管理体制也不一样，钱冲原由乡镇管理，白兆山原由林业局管理。这就需要深化改革，创新机制，理顺管理关系，整合各种资源，加强管理，把古银杏国家森林公园建设好，把资源和生态环境保护好，实现人与自然的和谐。

四是坚持弘扬生态文明作为最新使命。森林公园除了旅游观光、休闲度假等功能外，还有不可替代的生态教育、弘扬生态文明的功能。在森林公园开发建设过程中，要充分发挥森林公园普及生态知识的主阵地作用，把森林公园建成传承生态文化、生态文明的重要平台，面向社会、面向公众传播生态文化、普及生态知识，增强人们保护森林资源和生态环境的意识，倡导人与自然和谐相处的价值观，让游客通过森林旅游体验和享受到人与自然的和谐之美。

银杏在园林景观设计中的应用及建设实践

赵子健

（江苏东方景观设计研究院有限公司，江苏南京　210018）

园林景观设计就是在一定的地域范围内，运用园林艺术和工程技术手段，通过改造地形、种植植物、营造建筑和布置园路等途径创造美的自然环境和生活、游憩境域的过程。通过景观设计，使环境具有美学欣赏价值，日常使用功能，并能保证生态可持续性发展。广义的园林包括公园、儿童乐园、体育运动公园、广场、动植物园、街道游园、道路绿化、居住区、度假疗养区、工厂区、机关学校绿化等，作为软景观的园林植物是园林景观的重要组成部分。银杏是优秀的园林绿化树种，原产我国，是第四纪冰川后遗存下来的一科一属一种的孑遗植物，有"活化石"之称。银杏树形优美，叶片奇丽，树龄长寿，抗逆性强，病虫害少，果、叶均有较高的食用、药用和经济价值，在国内外园林景观设计和建设中应用广泛。

1　银杏作为园林树种的优势功能

银杏是一个多功能树种，具有绿化、美化、营果、用材、药用等多种用途，生态、社会、经济、景观效益都十分显著，是一个应用前景十分广阔的园林景观树种。

1.1　不惧恶劣环境的顽强树种

银杏树具有极强的抗逆性和应变能力，北到辽宁丹东，西至新疆，南达广东、福建，均有银杏分布，地域广阔，温差幅度大，但都能很好地生长。银杏不仅抗寒而且抗烟尘抗火灾。山东省沂源县一银杏大树，其树冠一侧恰覆盖于伙房烟囱之上，终日烟熏，将树叶表面全部薰黑，但并未干枯，组织依然活鲜。广西兴安县有百年生银杏大树，遭受严重火灾，树干不仅中空且内壁全部焦黑，3 年后却重发枝叶，实现了"枯木逢春"的神话。许多试验证明，银杏对一些有毒气体，如 SO_2、O_3、NH_3 等具有很强的抗性，因而可用于化工厂、医院和其他一些重污染区的绿化。由于银杏根系发达，因而抗风力良好。1956 年 8 月浙江杭州和 1990 年 9 月江苏扬州遭 10 级以上飓风袭击后，银杏的一些大枝虽为风折断，但连根拔起的情况却未见发生。扬州市石塔路上的一株千年银杏，如今还可以清晰地看到年代久远的雷击痕迹和大枝折断的痕迹，但树干还是通直挺拔的。在所有的绿化树种中银杏是病虫害最为轻微的一种，即使有些地方发生，也不会造成毁灭性的灾害，因而银杏用于造林绿化，可以避免由于施用农药而造成的环境污染，有益于空气的净化和人类的身体健康。银杏树移栽成活率较高，1～5 年生苗木移栽成活率达 100%，5～20 年银杏大苗移栽成活率达 95% 以上。2007 年江苏省邳州市在九凤园广场上移栽树龄 50～300 年生银杏大树，成活率 100%，且枝繁叶茂，生机勃勃。而且银杏树一年四季均可移植，在所有的土壤上都能很好地生长，生命力极强。

1.2　综合开发利用的全能树种

银杏木材坚实，木质致密而轻，纹理细腻，纤维富有弹性，无翘裂变形，兼有特殊之药香味，素为建筑、木模、家具、雕刻之良材。银杏种仁营养丰富，据分析，内含淀粉62%，粗蛋白1.1%，粗脂肪2.6%，纤维素1.2%，还原糖1.1%，核蛋白0.26%，矿物质30%和蚁酸、醋酸等多种成分。近年来发现，其中还含有丰富的未知物质——“抗衰老素”，青年人食之精神焕发，老年人食之延年益寿。白果可为中药，核仁甘、苦、平、涩、无毒。主治：生食引疳解酒，降痰，消毒，杀虫。熟食温肺益气，定喘嗽，缩小便，止白浊。近年研究，白果还有涩精、壮阳、利尿、去湿功效。据说今南洋诸国食用银杏目的即为去湿壮阳。欧美、日本诸国则认为，银杏有扩张血管和收敛作用，可使皮肤红润、细腻、皱纹少，年轻漂亮，故为其域人们喜爱的珍品。银杏叶的性味“甘、苦、涩、平”，其功能与主治，“敛肺，平喘，止痛。用于肺虚咳喘、冠心病、心绞痛。”近年研究分析，它含有白果内脂A、B、C、M，双黄酮类化合物——白果叶素和异白果叶素、莽草酸、槲皮素、心奈素、鼠李素、异鼠李素、心奈素-3-鼠李糖葡萄糖甙、B-谷甾醇、白果醇、芸香甙、黄酮甙。近来又分离得3-O-甲基杨梅素-3-鼠李糖葡萄糖甙。以银杏叶为主要原料提取制成的静克敏、舒血宁片、银杏叶注射液、复方银杏片、冠心酮等药物，可用于治疗动脉硬化及高血压病所致的冠状动脉供血不足以及心绞痛、心肌梗塞、脑血栓、脑血管痉挛以及血清胆固醇过高等病症。

1.3 生态文明建设的首选树种

栽植银杏不仅可以保持水土，涵养水源，还可以滞灰减尘，固堤防洪，改良土壤结构，减少土壤水分蒸发量，有效调节河流洪枯，化解旱涝灾害的威胁。银杏树具有调节气温的特殊功效，建设银杏林带、片林并形成规模，能够营造“小气候”，达到调节气温之功效。研究表明，银杏树叶在光合作用的过程中，吸收二氧化碳，释放氧气，可以增加空气中的游离氧。同时银杏树具有过滤大气的作用，分泌植物杀菌素发挥消毒使用，净化空气。通过观察，银杏具有含树脂少、枝叶含水多、不易燃、萌芽力强及根部分力强等特点，可抵抗火灾、有效阻挡火势蔓延。在军工厂、军事设施、核设施、核工业区周围栽种银杏树，可以最大限度地避免核辐射对人类健康造成的影响。银杏被认为是无公害的长寿绿化树种，在公园、小区、行道两旁以及城市绿化中和农村的房前屋后、院内路边，广植银杏，人们在银杏树下纳凉品茶，可以忘却烦恼和忧愁，益寿延年。

1.4 树姿形态优美的观赏树种

银杏为落叶大乔木，高大挺拔，巍峨耸立，气势雄伟，雍容华贵，具有极高的观赏价值。古今皆把银杏作为庭院、行道、园林绿化的重要树种，在我国许多名山大川、名观古刹，甚至皇家园林中都少不了银杏。至今保存下来的古银杏屹然挺立于这些建筑物内外或遗址上，仍然栉风沐雨，笑迎朝阳，夜伴星月。它们历尽沧桑，遥溯古今，给人以恬静、肃穆、幽雅之美。银杏树形春、夏、秋、冬各不相同，春天，其树姿挺拔中带娇俏；夏天，满树葱茏，冠可擎天，其形魁伟；金秋，金黄盈身，雍容华贵；冬季，枝条坚挺，裸枝怒展，其干嶙峋，且不失其傲然之气。银杏叶片为扇形，状如鸭脚，一片片树叶犹如一把把打开的折扇，清风徐来，树叶翩翩起舞，宛若古树老人在摇动万千折扇。叶色随季节变化而变化，成为一幅变化着的美丽画卷。春天，银杏树叶初长，玲珑剔透，惹人爱怜，夏天，银杏一片葱绿，生机盎然，金秋时节，银杏叶色黄灿，累累硕果点缀其间，株株黄金，迎风而立，颇有气派，秋风过后，银杏树叶如金蝶翩翩飞舞，在阳光的照射下，熠熠发光，十分壮观，落地后的银杏叶宛如金色的地毯，把大地装扮得分外妖娆。银杏树在气质上具有刚正的风骨、不屈的性格、恢弘的气度、包容的胸襟、凛然的气势等。古银杏树干通直，刚正坚强，高洁傲岸，泰然耸立，威武神圣，神秘莫测，给人以生机勃勃、坚不可摧、超然物外的精神感召和启迪，极具君子之高风亮节。

1.5　传承人文精神的文化树种

银杏以其伟岸挺拔的气质，雍容华贵的姿态，坚忍不拔的自强精神、质朴无华的务实精神、友邦善邻的和合精神、多予少取的奉献精神，在人们心灵深处打上精神的烙印，激起精神的火花，赵仁东把它描绘为中华银杏精神。古往今来，有多少文人墨客为之动容，留下了多彩的诗词华章；有多少平民百姓为之顶礼膜拜，以求受其福泽，庇佑人生；又有多少后辈来者继续开来，致力弘扬银杏精神。因银杏文化与银杏精神的融合而产生出的精神财富，让我们受用不尽，并将惠及子孙后代。银杏历史久远，现存一科一属一种，虽历经第四纪冰川浩劫，仍幸存于我国。银杏坚忍不拔，昂扬向上，生生不息，成为“解读大自然奥秘的里程碑”，成为阐释中华民族精神的有力见证。银杏的坚忍不拔是其他任何动植物难以比拟的。银杏，伟岸挺拔，铁骨铮铮，具有苍劲之美、沧桑之叹、传神之韵。银杏一向被先民所敬仰，视为图腾而崇拜，更有后人把中华民族的始祖轩辕黄帝之姓“公孙”而予以美名，使之一脉相承，千年流芳。银杏，饱经风雨沧桑，醇厚古朴，本色天然，从不炫耀张扬，根扎大地，将生命和意志凝结于地底，汲取营养，奉献内力，令人心生敬意。银杏，不择土壤，不论环境，只要有块落脚的地方，有一片温暖的阳光，有一掬雨露的滋养，就会长成参天大树，为人们遮荫蔽凉，银杏可谓多予少取的典范，与中华民族的传统精神是非常契合的。

2　银杏在园林景观中的布局原则

中国有“世界园林之母”之称，优秀的园林艺术，是我们的宝贵财富，在世界城市园林中独树一帜。随着社会的不断进步和人们物质生活、精神生活水平的不断提高，迫切需要我们在建设园林景观中，在继承和发扬传统园林艺术的基础上不断创新和发展。银杏作为优秀园林树种，必须运用艺术手段，遵循园林艺术规则，使之融入园林植物这个大群体，与众多园林植物科学、合理、艺术地组合，才能更好地展现其珍贵的生态、景观和经济价值。

2.1　森林生态体系原则

银杏是高大落叶乔木，冠形丰满，枝叶量大，树龄长久，体量较大，树冠通直雄伟。因此，在园林景观设计中，应根据不同园林植物的生态特性，因地制宜地与各种园林植物进行有机配置，尤其是和灌木、草本植物的有机搭配，构成结构合理、功能高效、布局得当的森林生态系统。同时，有效地把乔木、灌木、草本相结合，常绿、落叶树种相配套，形成森林生态自然景观和体系。

2.2　植物景观主次原则

乔木是园林景观中的骨干植物，对园林布局影响很大，无论是功能上，还是艺术处理上，都起到主导作用。“牡丹虽好，还需绿叶扶持”。景无论大小，均有主景、配景之分，银杏高大挺拔，主干明显，分枝点高，寿命长，冠幅圆满，叶密量大，色彩浓重，宜作主景树配置。主景是重点、是核心、是空间构图的中心，能体现园林景观的主题与功能，富有艺术上的感染力，是观赏视线集中的焦点。配景起着陪衬主景的作用，两者相得益彰又在布景上有所不同。银杏作为园林主景配置，体量大而高，自然容易获得主景的效果。配景低而矮，以小衬大，以低衬高，主次有机契合，层次分明，轮廓绵延，从而使园林景观富于诗情画意。

2.3 色彩艺术构图原则

色彩有自然与人为之分，花草树木、山石水体、天空云彩、鸟兽虫鱼所呈现的色彩为自然色彩，建筑物、舟车、人物的色彩为人为色彩。银杏是一个著名的色彩树种，一年四季，春夏秋冬，从开花到结果，从展叶到落叶，果叶和叶片的色彩、光泽、体型都在不断变化，银杏叶色由绿到黄，色彩富于变化，效果强烈。这种季相变化，丰富多彩，艺术效果自然迷人。在园林植物配置中，要避免一季开花、一季萧瑟、偏枯偏荣的现象，或以春花为主，或以夏叶为主，或以秋实为主，或以冬干为主，四时季相各有特色，力求达到春色早临，秋色晚去。银杏叶态美，病虫害少，夏季浓绿，秋季金黄，色彩变化丰富，因此，要根据不同植物品种的观赏特性，与多种园林植物进行色彩艺术组合，以形成优美的园林景观或色彩图案，凸显富于变化和鬼斧神工的园林景观艺术效果。

3 银杏在园林景观中的配置方式

园林植物配置的原则，是根据植物的功能、艺术构图和生物学特性，要求使三者相互结合，从植物群落的节奏、韵律、层次、色彩、多样性的角度出发，充分考虑地形地貌、建筑、水景、道路及区域功能等，对其进行科学选择并进行有机配置和组合，形成格调鲜明、整体自然和谐、搭配合理、色彩浓烈、富于艺术的园林景观效果。根据银杏的生物学特征，银杏的配置应用方式主要有孤植、对植、列植、丛植、群植、片植几种。

3.1 孤植

银杏孤立栽植，主要表现银杏的个体美，在园林功能上有二：一是单纯作为构图艺术上的孤植银杏；一是作为园林中庇荫和构图艺术相结合的孤植银杏。银杏孤植的构图位置十分突出，体形特别巨大，树冠轮廓富于变化，树姿优美，枝叶繁茂，叶色具有丰富季相变化。银杏是一个十分适宜的孤植树种，其次是榕树、白皮松、红枫、雪松、香樟、广玉兰等树种也是不错的选择。当然，银杏孤植并不意味着只能栽一棵，有时为了构图需要，增强其雄伟感，也常将两株或三株银杏紧密地栽在一起，形成一个单元，效果如同一株丛生树干，也是可以的。在园林景观中，银杏作为孤植树常布置在大草坪或林中空地的构图重心上，与周围的景点要取得均衡的呼应，四周要空旷，要留出一定的视距供游人欣赏。也可以布置在开阔的水边以及可以眺望辽阔远景的高地上。在自然式园路或河岸溪流的转弯处，也可布置姿态、线条、色彩特别突出的银杏孤植树，以吸引游人继续前进。我们常看到在古典园林中的假山悬崖上、巨石旁边、磴道口处常布置特别吸引游人的孤植树，但是孤植树在此多做配景。而且姿态要盘曲苍古，才能与透露生奇的山石相协调。在庭院、广场、游园等地单独栽植一株银杏大树，形成巨大的伞状树冠，绿荫满地，既可表现银杏的庄重宏伟、高大挺拔之美，又能成为市民休闲游憩、纳凉聚会之场所。

3.2 对植

在庭院内、建筑物旁、桥头以及公园、广场、单位庭院的入口，常用对称栽植方式，给人以壮观、喜迎之感，起到烘托主景的作用。对植，是以某点为中点，两侧排开，有的采用两株平行或前后对称栽植；有的采用多株对称栽植。对植不同于孤植和丛植，对植一般是作主景的，银杏作为对植栽植，必须采用体型大小相似、规格统一的大规格苗木，栽植时要与对称轴线的垂直距离相等，力求均势。

3.3　列植

在建筑物前，规则道路、广场、游园、围墙边缘、停车场、陵园等处，进行成行成列、单行或多行的规则栽植，统一的株行距，在景观上显得整齐、庄严和富有气魄。银杏树冠浓密，树荫大，易于遮阳和荫护道路，常被选作行道树，从古至今广泛应用。如再点缀以月季、迎春、木槿、紫薇、黄杨、海桐、石榴、桧柏、海棠等花卉灌木，使之高矮搭配，雅致得体，更令人舒畅。北京市前门、复兴门大街，南京市北京西路、玄武大道，大连市人民路等的银杏行道树，树木苍劲挺拔，昂然而上，整齐庄重，独领风骚。经过数十年生长，高大挺拔，十分壮观，浓密的枝叶不仅起到遮阳、荫护路面的作用，而且在消除噪声方面也起到很好的作用。在它荫护下，这些道路四季少风，面无尘土，夏季路过其间十分凉爽。银杏树叶对二氧化硫又有很好的吸收作用，对于尾气排放较多的路面可起到净化空气的作用。用作行道树的银杏，一般要选择实生大苗，树高超过5m、胸径8cm以上的优质壮苗，要求高度、粗度、分枝、生长势等力求达到一致，整齐划一，园林艺术效果非常明显。

3.4　丛植

银杏树丛的组成，通常有2～10株银杏组成，如果加入灌木，总数最多可以到15株左右。银杏树丛的组合主要考虑群体美，也要考虑到整体构图中表现出单株的个体美。银杏树丛在功能和布置要求上与孤植树基本相似，但其观赏效果远比孤植树更为突出。作为纯观赏性或诱导树丛，可以用2种以上的乔木搭配栽植，或乔灌木混合配置，亦可同山石花卉相结合。庇荫用树丛，通常采用银杏纯林，一般不与灌木配合。银杏树丛下面还可以放置自然山石，或安置座椅供游人休息用。但是园路不能穿越树丛，避免破坏其整体性。栽植标高，要高出四周的草坪或道路，呈缓坡状利于排水，同时构图上也显得突出。

3.4.1　三株银杏配合

三株银杏配合最好采用姿态大小有差异的，栽植时忌三株在同一直线上或成等边三角形。三株的距离都不要相等，其中最大的和最小的要靠近一些成为一组，中间大小的远离一些成为一组，两组之间彼此应有所呼应，使构图不致分散。

3.4.2　四株银杏配合

四株配合仍然采取姿态、大小不同的银杏为好，分为两组，成为3:1的组合，最大株和最小株都不能单独成为一组，其基本平面形式为不等边四边形或不等边三角形两种。

3.4.3　五株银杏树丛的组合

分成3:2或4:1两组，若为两个树种，其中一种为三株而另一种为两株，分在两个组内，三株一组的组合原则与三株树丛的组合相同，两株一组的组合原则与两株树丛的组合相同。但是两组之间距离不能太远，彼此之间也要有所呼应和均衡。

3.4.4　六株以上银杏的组合

实系二株、三株、四株、五株几个基本形式相互组合而已，故《芥子园画传》中有“以五株既熟，则千株万株可以类推，交搭巧妙，在此转关”之说。

3.5　群植

群植指多数(20～30株)银杏树栽植一起形成一个群体。群植主要表现银杏群体美，因此对单株银杏要求并不严格。但是组成树群的每株银杏，在群体外貌上都起一定作用，要能为观赏者看到，所以规模要适度。群植可以是银杏纯林，也可以是银杏与其他乔木、灌木混栽，但树种不宜过多，多则容易引起杂乱。银杏树群在园林功能和布置要求上与树丛和孤植树类同，不同之处是树群属于多层结构，水平郁闭度大，林内潮湿，不便解决游人的休息问题，只有靠近园路或庇荫广场一侧。银杏纯林或银杏与其他大乔木在一起栽植，可供游人庇荫休息用。

银杏群植可分为单纯银杏林和混交银杏林两类。单纯银杏林：由银杏单树种组成，观赏效果相对稳定，树下可用耐荫宿根花卉作地被植物。混交银杏林：在外貌上应注意季节变化，树群内部的树木组合必须符合生态要求，从观赏角度来讲，银杏或其他高大的常绿落叶乔木应居中央作为背景，花色艳丽的小乔木应在外缘，大灌木、小灌木在最外缘，避免互相遮掩。但其任何方向上的断面，都不能像金字塔一样依次排列下来，应该是林冠线有所起伏错落，水平轮廓要有丰富的曲折变化，树木栽植的距离要有疏有密，外层配植的灌木、花卉都要成丛分布，交叉错综有断有续。栽植的标高要高于草坪、道路或广场，以利排水，树群中也不允许有园路穿过。

3.6 片植

片植是大量的银杏树栽植在一起，规模连片，它不仅数量多、面积大，而且具有一定的密度和群落外貌，对周围环境有明显的影响。为了保护环境、美化城市，除市区内需要充分绿化外，在城市郊区开辟森林公园、休疗养区、风景区等，也都需要大量栽植银杏，形成壮阔的森林景观。但是，这与一般所说的森林概念有所不同，因为这些银杏林地从数量到规模，一般不能与森林相比，而且还要考虑艺术布局来满足游人的需要，所以较恰当地说是银杏风景林。银杏风景林可粗略地概括为密林和疏林两种。

3.6.1 银杏密林

郁闭度在0.7～1.0之间，阳光很少透入林下，所以土壤湿度很大，地被植物含水量高、组织柔软脆弱，是经不起踩踏和容易弄脏衣服的阴性植物。树木密度又大，不便游人活动。密林又有单纯银杏密林和混交银杏密林之分。单纯银杏密林是由银杏单树种组成的。它没有垂直郁闭景观和丰富的季相变化。为了弥补这一缺点，可以采用异龄银杏、嫁接银杏、实生银杏混合造林，结合利用起伏变化的地形，同样可以使林冠得到变化。林区外缘还可以配置银杏树群、树丛和孤植树，增强林缘线的曲折变化。林下配置一种或多种开花华丽的耐荫或半荫性草本花卉，以及低矮的、开花繁茂的耐荫灌木。单纯配植一种灌木可以取得简洁壮阔之美，多种混交可以取得丰富多彩的季相变化。为了提高林下景观的艺术效果，水平郁闭度不可太高，最好在0.7～0.8之间，以利地下植被正常生长和增强可见度。银杏混交密林，以银杏为主，其他乔木树种为辅，是一个具有多层结构的植物群落，即大乔木、小乔木、大灌木、小灌木、高草、低草，根据各植物种类生态要求和彼此相互依存的条件，形成不同的层次，所以季相变化比较丰富。供游人欣赏的林缘部分，其垂直成层构图十分突出，但也不能全部塞满，以致影响游人欣赏林地下特有的幽邃深远之美。为了能使游人深入林地，密林内部可以有自然园路通过，但沿路两旁垂直郁闭度不可太大，游人漫步其中犹如回到大自然界中。必要时还可留出大小不同的空旷草坪，利用林间溪流水体，种植水生花卉，再附设一些简单构筑物以供游人做短暂的休息或躲避风雨之用，更觉寓意深长。银杏密林种植，大面积的可采用片状混交，小面积的多采用点状混交，一般不用带状混交，同时要注意常绿与落叶、乔木与灌木的配合比例，以及植物对生态因子的要求。单纯银杏密林和混交银杏密林在艺术效果上各有特点，前者简洁壮阔，后者华丽多彩，两者相互衬托，特点更为突出，因此不能偏废。但是从生物学的特性来看，混交密林比单纯密林好，故在园林景观中银杏纯林不宜太多。

3.6.2　银杏疏林

郁闭度在0.3~0.6之间，银杏常与草地相结合，适当配置一些其他常绿落叶树种。草地疏林是风景区中应用最多的一种形式，也是林区中吸引游人的地方，即使在白雪皑皑的严冬、草坪疏林内仍然别具风味。所以银杏疏林具有较高的观赏价值，树冠开展，树荫疏朗，生长强健，色彩丰富，树枝线条曲折多致，树干优美，常绿树与落叶树搭配要合适。银杏种植三五成群疏密相间，有断有续，错落有致，务使构图生动活泼。为了能使林下花卉生长良好，银杏的树冠应疏朗一些，不宜过分郁闭，使各种园林植物都能很好生长，以达到完美的园林景观艺术效果。

参考文献

[1] 赵仁东．银杏文化学[M]．北京：中国文联出版社，2006，8.

[2] 周武忠．风景名胜与园林规划[M]．北京：中国农业出版社，1999，10.

[3] 陈伟等．观赏银杏在森林城市中的应用前景[J]．银杏资源优化配置及高效利用，2007，2.

[4] 丁向阳．银杏在城市森林中的景观功能及构建方式[J]．银杏资源优化配置及高效利用，2007.7.

银杏自然生态景观的传承和创新

——以邳州国家级银杏博览园总体规划设计为例

赵子健

（江苏东方景观设计研究院有限公司，江苏南京 210018）

2004年4月，国家林业局批准江苏省邳州市建设国家级银杏博览园，这是国内唯一一家银杏单树种专类园区。邳州栽培银杏历史悠久，银杏产业是邳州市农村经济发展的支柱型产业。随着城市化进程的不断加快和环境的日益严峻，如何保持邳州银杏产业的健康发展和国家级银杏博览园的顺利建设，进一步弘扬银杏文化，传承银杏自然生态景观，促进银杏产业和银杏森林生态旅游的协调发展，并在原自然景观的基础上有所创新。围绕上述命题，笔者在本文中着重探讨了国家级银杏博览园的绿化总体原则和思路，并对主要节点的绿化模式和植物配置进行了初步的规划和设计，将有助于邳州国家级银杏博览园的建设。

1 自然地理条件与银杏发展概况

国家级银杏博览园坐落于江苏省北部的邳州市，地理坐标为东经117°42′~118°10′，北纬34°10′~30°40′之间，市区坐落在东陇海铁路和京杭大运河交汇处，水陆交通极为便利。邳州属淮河流域，沂、沭、泗水系，按流向归宿划分为沂河、中运河、邳洪河三大水系，境内干支河流40余条，承担着行洪、排水、航运等功能。沂河、武河、邳苍分洪道、京杭大运河流经银杏产区，艾山及九龙湖位于园区西侧。邳州气候属半湿润暖温带季风气候区，四季分明，日照充足，冬天干冷，夏季温热。年平均气温13.9℃，年平均日照2350h，霜期154天，无霜期211天；年平均降水量为903.6mm，降水量多集中在夏秋两季，汛期平均降水量618.4mm，占年平均降水量的68.4%，冬春平均降水量为285.2mm，占31.6%；常见的灾害性天气有：寒潮、霜冻、春旱、雨涝、干热风、龙卷风及冰雹等自然灾害。银杏产区土壤多为沙质壤土，微酸性。

邳州栽培银杏已有1600年历史，始于唐，盛于明清。目前，全市银杏成片园面积28万亩，银杏固定株1600万株，其中千年以上古银杏5株，500年以上13株，百年以上银杏古树1430株，主要分布于沂武河流域的港上、铁富、邹庄、官湖、邳城、陈楼、炮车、四户等镇村，规模连片，银杏果年产量3500t，优质干青叶1.8万t，在圃各类银杏苗木2.5亿株，年产银杏黄酮300t，银杏饮品、保健品500t，银杏盆景存量150万盆，是全国著名的银杏之乡。

2 规划设计框架与构想

2.1 功能定位

邳州国家级银杏博览园依托银杏森林资源优势，围绕银杏生态、经济、社会、景观等条件功能，进行综合开发利用，逐步将园区建设成为以银杏自然资源景观为基础，人文资源景观为补充，银杏产业经济为主题，融休闲、观光、娱乐、健身、度假、生产、科学和文化研究等功能为一体的高标准国家级银杏专类园区。

2.2　基本原则

2.2.1　生态平衡原则

总体规划设计所遵循的基本原则是在有效的保护银杏资源的基础上的适度综合开发，以银杏自然生态为主，人工痕迹为辅。要保护好银杏自然资源和生态环境，使之成为子孙万代永续利用的财富。正确处理保护与开发之间的关系，人工设施要与自然相融合，遵循国家相关法律、法规，加强旅游的生态环境监控和治理，防止环境污染和生态平衡，达到保持整个银杏博览园生态破坏。执行绿化先行方针，加强管理，贯彻执行《中华人民共和国森林法》等有关法律，严格保护古树名木和现有树木。同时，要大量栽植花草树木，见缝插针，搞好绿化、美化，注意控制建筑密度与数量，力求人工美与自然美的完美结合。

2.2.2　特色性原则

规划力求在银杏博览园自身环境、资源和社会经济情况等方面和谐的前提下，充分发挥银杏资源的特色与优势，以银杏为主题，确立园区独具特色的整体氛围、建筑风格和游览内容。

2.2.3　大旅游原则

积极发展国家级银杏博览园旅游观光业，应将其纳入市级及周围市际、省际旅游网络。坚持政府主导、部门配合、社会参与的方针，坚持国家、集体、个人一齐上，集约经营，共同发展。充分发挥银杏生态森林旅游的特点，使银杏生态森林旅游项目多样化。积极鼓励各种社会资金参与旅游设施“六大要素”的配套建设，参与“住、吃、行、游、购、娱”一条龙服务体系的建设，提高银杏森林生态旅游的综合接待能力。

2.2.4　经济性原则

充分考虑国家级银杏博览园内的土地经营使用权属一家一户的实际问题，继续鼓励农民在统一规划的前提下，结合园区建设，开展银杏种苗、花木、盆景、林果、中药材和无公害蔬菜的生产和加工，创造绿色环境，开发绿色产品，以提高园区的整体经济效益。

2.2.5　分期建设原则

坚持总体规划，分步实施，国家级银杏博览园建设是一个动态过程，不可能一步到位、一次完成，应进行系列综合开发序列的研究安排，确保国家级银杏博览园的建设速度进展及布局结构的合理性。

2.2.6　以人为本原则

以人为本，做到功能与需求的统一，遵循人性化原则，加大人居环境建设力度，加快旅游、观光、休闲建设步伐，使休闲游憩娱乐功能与科普宣教、生态文化知识有机结合，达到历史人文、科普教育及绿地系统生态功能三者和谐统一。

2.2.7　高标准原则

规划设计要体现现代气息，施工要高标准，无论是园林建筑、小品、路径，还是花木、种植园等，都要求能够满足高层次的观光及利用，发展银杏特色生态旅游，提高旅游文化水平，使园区成为传播科学知识、培养文化情操、获取自然营养的场所和促进交流的媒介，发挥其物质文明和精神文明的双重作用。

2.3 设计总体目标

以创造良好人居环境，促进银杏自然资源保护和满足休闲旅游需要。以实现银杏自然资源可持续发展为出发点，充分利用当地自然条件，突出银杏自然生态特色，保护生物多样性，以人为本，合理布局，达到开发与保护并重目的。同时，以保护银杏自然景观和银杏特有生态特色为前提，合理开发布局旅游景点，科学协调银杏自然资源保护与游客享用之间的关系，打造具有银杏鲜明生态特色，以人为本、安全舒适、体系完善、功能齐全的具有银杏特色的自然生态景观园区。

2.4 设计总体布局

邳州国家级银杏博览园总占地面积控制30万亩，即东起邳州、新沂交界线，南达东陇海铁路，西到邳苍分洪道，北至苏鲁交界线。其中国家级银杏博览园核心区建设面积3万亩，主要建设地点为港上、铁富两镇，以“310国道”为轴线，东起苏鲁交界，西止艾山西侧。

规划设计传承中国传统文化“天人合一”、“因地制宜”的生态理念，体验银杏自然景观，以“自然与人和谐统一”为主脉，结合园区地形地貌特征、银杏资源分布以及功能定位，以银杏作为整个园区的生态纽带和灵魂，形成7个不同的景观功能分区。

3 设计方法

国家级银杏博览园运用保护自然、模仿自然、再现自然的设计手法，在利用原有的银杏成片林生态体系的基础上，创造整体上自然朴素的景观效果。将建筑、云彩、植被、动物、水体、道路、农田、村庄、园石等，均纳入大自然的景观元素之中，充分体现园区湿地、果园、山林景区特征，形成丰富的景观效果和迥异的景观体验，既保护原有的银杏森林生态系统和湿地生态系统，又满足人们游憩的感官需要，展现银杏自然生态景观的无穷魅力。

3.1 果园果实自采区

本区位于艾山东侧山坡。该区以银杏为主色调，大株行距栽植银杏，行间内分区种植其他果木，形成了小片分有的葡萄园、樱桃园、杏园、桃园、梨园、石榴园、枣园、山楂园、草莓园、苹果园等，为游客提供果实自采体验。同时，在春天还可以赏花，万亩百果花园蔚为壮观。

3.2 银杏古树林保护区

本区位于港上镇，西止沂河，东至半庄，北到曹楼，南至“310国道”线，银杏古树连片，整体面积约15000亩，全部是银杏纯林，其中千年以上银杏大树3株，百年以上大树1100株，银杏林相基础好，“出门无所见，满目银杏园”。内建设三官庙、银杏古木园、盆景园、观果园、种质圃、银杏博物馆、产品展销馆、各类花木园、各类银杏示范园等。同时，建设游乐园、诗碑林、银杏塔、水榭、广场、花廊等。

3.3 新农村示范区

新农村建设规划贯彻“以人为本，人与自然共存”的思想，充分考虑村民的行为感受与生活需求，合理安排各项绿地，尊重地形、地貌与原有的银杏自然资源，构筑优美、宜居的绿化与亲土环境，充分发挥绿地对环境的改善作用；以现代乡村园林绿化理论指导绿化规划设计，改善乡村环境，使其与道路、建筑物等互相协调，创造优美的村庄景观。促进城乡和区域生态环境向绿化、净化、美化发展，建立一个健康、持续、稳定的生态支持系统，实现社会、经济、环境的协调发展。对绿化用地进行合理系统的规划，选择以银杏为主体和其他绿化植物进行植物配置造景，建设成资源高度利用、经济快速发展、生态环境优美、社会文明进步的社会主义新农村。主要是朱红埠、湖滩、宋庄、港西、曹楼、北西、前湖、港东、半庄等自然村。根据当地的风土条件，银杏栽植为主体，以乡土树种为补充，注重植物多样性、经济性。主要树种为：银杏、国槐、女贞、水杉、广玉兰、垂柳、枫杨、乌柏、杨树以及柿树、石榴、樱桃、无花果、枣树等。房前屋后需乔、灌相结合，灌木适选紫薇、海棠类、梅花、花石榴、蜡梅、桂花等。

3.4　银杏林海自驾游观景区

30万亩银杏博览园区，远离喧嚣都市，自驾游能体验邳州遮天蔽日的平原银杏林海风景。线路为园区内骨干道路，沿线路面起伏，迂回曲折，路路相通，部分临水段建有栈桥或栈道。为保持视线通透，感受林海的辽阔，在保持所有银杏行道树的基础上，自驾游线路植被力求乔灌草结合，大乔木主要由银杏、水杉、毛白杨等高大树种形成乔木层，占据林子上层空间，营造幽静的环境；林下根据地形或驾车行驶需要的视野范围，种植麦冬、三叶草等地被植物和大叶黄杨、小叶黄杨、海桐等常绿矮冠植物。

3.5　湿地景观休闲区

在保持生态功能的前提下，构建具有地域植被、文化和社会经济特色的景观。主要是沂河、九龙湖水域湿地，广种银杏、果园以及其绿化植物，建白鹭文化亭(水禽)、游廊、栈道、观景台、垂钓台等，造园构景，给游客以游林海、看水禽、观飞鸟、赏水景，回归自然感悟人生，领略世外桃源的闲情怡趣。

在水域四周配置乔—灌—花草模式，以阻隔和吸附空气中粉尘和噪音，营造清新芬芳的空气环境和鸟语花香、绿意盎然的意境。在现有银杏林基础上栽植乔木广玉兰、白玉兰、紫玉兰、红叶李、栾树、垂柳、红枫、合欢、国槐、桂花等，配置低矮灌木南天竺、木槿、鸡爪槭、迎春花等和少数季相的观赏植物，如紫荆等。不同色叶花草结合的方式栽种，形成空间层次丰富的景观结构，体现景观的层次感和季相色彩变化。

娱乐项目设置漂流、垂钓、野营等，配备有木筏、电动游船、划船等器具，同时可建设湿地植物标本室、湿地文化展示室、湿地产品展示室等科普性场所。绿化设计依托湿地景观资源，临水垂钓处栽植垂柳。岸上栽植红叶石楠、桃树、桂花等风景花木，沿线河流行船线外，分段种植睡莲、莲花、菱角等观赏浮水植物，使游人可以在轻舟慢行途中，一边观赏岸上风景，一边采摘菱藕，体验慢生活乐趣。

3.6　森林游憩区

主要是艾山自然风景区，利用原有艾山山体的地形地势，自然水体的流向，建筑少林寺下院、华严寺，并设计充满现代气息的接待中心、休闲娱乐中心、棋牌室、露场影剧场、观景亭、登山道、健身草坪、茶室、诗碑廊、游乐场、展览室等，围绕银杏、阔叶混交林等原有生态体系，增加常绿阔叶树，或有季相变化的色叶乔木树，在缓坡地带种植草和花灌、竹丛等，丰富视觉色彩，提升景观水平。在少林寺下院正北面(山北面)依山建设银杏科普教育馆、银杏品种展示园等，并种植花朵繁茂、花色艳丽的紫薇等成片乔灌木，设置休息小园，栽植成片的花地、花丛、花坛，同时栽植银杏大树，并设置园林小品和凳椅。整个山区服从原有生态系统，发挥原有森林资源优势，建设以近自然林生态景观绿化为主的阔叶林基础上，种植高大常绿和落叶乔木，对植物进行美化处理，提高植物景观、生态功能，提升景观精神层次。在亭、阁周围配以花木丛或色叶树、常绿树，以烘托景物并形成郁郁葱葱、疏密有致的森林景观。

3.7 农业经营景观区

农业经营景观是银杏林内的插花田，它包括果园、农田、蔬菜园、草莓园等。农业经营景观的规划设计充分考虑减少人类活动支持的成本，选取适应当地气候、土壤的本土化作物，合理设计灌溉水系和沟渠系统，根据植物群落的生态特性合理搭配农业景观格局。从美学和旅游价值角度对农业景观进行整合设计，突出园区内农业景观的视觉美感和可游憩性。

农业景观有别于城市景观最大的特点是辽阔性和规整性，辽阔性能给游人提供在大的视野下观赏乡村美景的场所和空间，规整性是为了便于农业作业和田间管理。园区景观规划设计中设置一定面积的草莓园、果园、菜园、麦地等给人的感受都是城市景观所不能达到的。另外，农作物的丰富色彩也是农业景观规划设计的良好素材。在绿色的农田中设计不同色彩的花境网络或者不同颜色的作物在保证生态和谐的基础上进行组合，创造一定的构图，给人以视觉享受。

4 几点思考

笔者认为，规划设计和建设国家级银杏博览园，无论规划设计还是在建设实施中，都要把握好以下几点：

4.1 正确把握生态与经济的关系

转变理念，把设计理念和建设战略逐步转移到生态与经济兼顾的轨道上来。引导广大经营者在保持生态平衡基础上建设银杏博览园，在促进生态环境向良性循环中寻求最大的经济效益，从而用系统的观念来经营和建设银杏博览园，全面发挥银杏森林的多种功能，达到最大的生态及经济效益。进一步激发农民的自主参与性，群众的自主性与参与性是银杏博览园建设和发展核心，只有动员和依靠广大的农户，银杏生产才能开展起来。只有广大群众积极参与，银杏事业才能取得成功并持续发展下去，使群众的生产生活与园区的资源保护、发展协调起来，找到一条人与银杏森林共生共存的发展之路，进一步把广大干部群众经营银杏的想法和战略逐步引向发展生态型经济上来，加快推进银杏博览园建设步伐，实现经济效益、生态效益和社会效益的全面提高。

4.2 正确把握保护与发展的关系

首先，要强化银杏森林资源管理。实行银杏森林资源管理目标责任制建设，市镇各级政府及林业主管部门建立保护发展银杏森林资源任期目标责任制，把扩大银杏森林资源，提高资源利用率纳入领导干部任期目标。加强和完善银杏森林资源动态监测，查清银杏森林资源的状况，建立银杏森林资源管理档案，以此监测银杏森林资源消长动态，为指导银杏生产提供科学依据。其次，要控制银杏森林资源消耗。任何单位和个人，都不得采伐银杏树，确因工程建设需要的，经批准后，尽量采取移植的措施，保证林木不受损失。实行限制出售大苗大树，保证银杏资源的良性消长。对现有银杏林地实行保护性发展，一经栽上银杏林，就要千方百计固定下来，不能随意砍伐或移出挪作他用，或栽植其他树木和经济作物，以减少银杏森林资源消耗。第三，要加强银杏森林资源培育。以农村产业结构调整为契机，在银杏园区内所有宜林地千方百计栽植银杏树，对园内艾山区域实行封山育林。

4.3 正确把握好培育和利用的关系

以市场为导向，以科技为依托，积极优化产业内部结构，实施综合开发、种苗开发、果林开发、盆景开发、立体开发、四旁开发、叶用开发等多种种植模式，以短养长，积极增加农民收入，达到近期得益、长期得林的目的，保持银杏产业持续发展。同时，进一步搞好银杏果、叶加工，积极开发银杏新产品，延长产业链，努力提高园区经济效益。

4.4 正确把握内因和外因的关系

建议邳州市委、市政府成立国家级银杏博览公司建设领导小组，加强对国家级银杏博览公园的领导，同时要求银杏产区建立国家级银杏博览园管理机构，负责园区建设的指导、服务、管理、协调作用。积极为银杏博览园建设制定优惠的林业政策、土地政策、农业政策、农村金融政策、农村科技政策及技术政策。同时，市镇两级财政也要拿出一定的资金，用于基础工程建设。继续加大招商引资力度，吸引三资开发建设。切实加强银杏市场体系建设，认真搞好银杏生产的社会化服务，依靠科技进步，进一步提高广大劳动者技术素质，加快推进邳州国家级银杏博览园建设进程。

参考文献

[1]奚敏等. 泗阳故黄河湿地公园绿植配植探讨[J]. 林业科技开发，2012，3.

[2]笪红卫等. 新农村村庄绿化规划研究[J]. 林业科技开发，2008，6.

[3]陈回华等. 自然公园的设计理念与方法探讨[J]. 林业科技开发，2009，3.

[4]叶洁楠等. 南京石塘竹海乡村景观规划设计的思考[J]. 林业科技开发，2011，1.

[5]汤杨中等. 国家级银杏博览园建设中银杏资源的保护和农民利益问题的解决途径[J]. 银杏综合研究及开发利用进展，2009，9.

中国西部古银杏考察报告

董云岚　董玉山
（河南省林业科学院，河南郑州　450008）

摘要：近十多年本人先后去我国西部出差考察数次，基本查清西部银杏古树资源和目前银杏发展状况。按地理经纬度来讲，分布最西的银杏古树是云南省保山市腾冲县境内，其次是四川甘孜康定地区。惊人的发现大片茂密的银杏大树和完整的原始银杏群落。发现有3000～4000年以上的银杏古树，胸径4～5m，且树干早已空洞达百年以上。但仍枝繁叶茂，坚强地挺立在西部高原大山深谷中，是我国东部和中部未曾见过的奇观。

关键词：银杏古树；中国西部原始群落古树之最；呼吁保护

1　前言

早在2亿多年前，银杏类植物遍布全世界，到了第三纪末期及第四纪初期，北半球产生了巨大的冰川，因之地球上的植被也发生了根本性的变化。银杏类植物在欧洲和北美的广大地区全部灭绝，在亚洲大陆也濒于绝种。

我国冰川不像欧洲和北美那样连成大片和覆盖整个地面；又因我国山脉、河川多呈东西走向，由北极过来的冰川，受到层层高山的阻挡，自然所受到的侵蚀作用也比较轻缓，而华东和华中尤其长江流域中游只有局部地区受到寒冷气候的影响，因此，这一珍贵的古老植物才得以保留。银杏科植物为我国独有的“活化石”，如同“大熊猫”一样珍贵，列为“中华国宝”。

为了进一步查清我国西部地区银杏分布和现存古银杏资源，近十几年来，我们接连跑遍了我国西部和西南部各省区，获得了真实可靠的珍贵资料。在连续实地考察中，新疆、青海、西藏 、宁夏等省(自治区)尚没有上百年的银杏大树，但，新栽银杏幼树到处可见。

在新疆阿克苏市大街上栽有并排6年生银杏树、库尔勒建设兵团生活区，栽有上千棵8年生银杏树，均成活很好。在青海省最东边与甘肃交界处，民和回族土族自治县官亭镇，发现有7棵45年生的银杏树。据当地介绍，早在20世纪60年代初期，由人民公社派人从遥远的河南省洛阳地区运来了一大批银杏树树苗，由于长途运输，当时栽植成活率低。但也成活少量，保留至今生长良好。在宁夏银川市广场，有2棵从内地移栽的50年生银杏大树，成为广场一景，园林部门派专人负责管理。银川市东方红广场也有两棵银杏树，树上挂牌标注：130年生树龄，去梢截干的，草绳缠绑，支架护栏。据介绍，这两棵银杏树是花费20多万元从山东郯城移栽过来的，市园林部门派高级工程师专人护理，冬天用草绳塑料捆绑防寒，夏日给喷水、喷雾保湿防旱。很遗憾的是，西藏没有考察过，但，经信息联系，得知也种植了银杏树。有位退伍军人叫袁殿华，2000 年春天，在拉萨开了一家苗木绿化公司，他把银杏树移栽到海拔超 4000m 的青藏高原上，填补了西藏没有银杏树的空白，

本文重点介绍我国西部四省一市(直辖市，下同)的古银杏的考察实况，在甘肃南部、四川西部、重庆东部、贵州中西部、云南省中西南部考察中，多为交通闭塞，需徒步翻山越岭，艰险的穿越密林峡谷，终于发现诸多千年以上的参天银杏古树 。1997 年 6 月和 2005 年 8 月分别赴重庆出差 2 次，跑了 3 个辖区县市，实测了 5 株有名气的银杏大树。2009 年 6 月下旬至 7 月中旬，在四川境内实地考察了五市八县区，重点看了有名气的古银杏 20 多株。甘肃省境内有千年以上的古银杏共有 10 株，500 年以上的古银杏共有 27 株。2007 年 7 月同陕西省境内考察 20 多天。甘南地区调查一市四县。陕西境内调查三市七县。贵州省有有千年古银杏 30 多株，树龄 100 年以上的有 1000 多株，2008 年 6 月在贵州考察 5 个县市，实测 8 株古树，2009 年 5 月下旬在遵义地区考察 3 个县市，实测 5 株古树。云南省古银杏主要分布在西南部，为我国古银杏分布最西的边缘地区。云南境内共考察 2 次，分别在 1998 年 5 月中旬和 2004 年 9 月上旬，考察了三市两县，实测大树 12 株。请看以下的四省一市的简要考察报告：

2　四省一市摘要介绍

2.1. 四川省已宣布银杏为四川省树

据成都市林业局介绍，1983 年，成都正式命名银杏树为成都市市树。据成都市园林局调查，成都青羊、武侯、成华等 10 个区现存银杏古树 2042 株。其中，提督街市房产公司院内一株最大，胸径 157cm，树龄 500 余年。

2.1.1　甘孜藏族自治州古银杏

四川甘孜藏族自治州泸定县冷碛镇，紧临大渡河中下游，有一株树龄 2800 年的古银杏树，位于北纬 29°83′，东经 102°18′，海拔 1730m；处于大山沟东坡根，下部土埋树干 2m 深。关于树龄是由重庆市植物研究所两位专家测定的，又经 2009 年 7 月中旬作者本人实考，此银杏古树只少为 3800 年树龄，树心腐烂，用生长隼无法实测，树干 4m 处干围 13.2m，合直径为 4.2m，冠幅径 18.3m，树高 35m；为雌株，年年仍结果。此地土壤为花岗岩和砂页岩风化偏黏壤土，立地条件尚优。民间传说，此树为三国时期诸葛亮南征北战时亲手栽植的。(泸定县在康定东 130km 处，冷碛镇在泸定县南)此树已经列入国家古树名录。古树树冠冲天，枝叶繁盛。此树位于山坡下部，当地群众介绍说，树干下部被冲积土掩埋有 2m 多深，故，实际树粗还要更大，不愧为四川西部“银杏王”之称。也是四川境内银杏古树分布最西边缘地带。遗憾的是树下的两处居民，已经盖房到树根部，本人呼吁急救。

2.1.2　雅安古银杏

四川省雅安市雨城区对岩镇陇阳村后的山腰间，有一棵树龄 3000 岁的古银杏树。位于北纬 30°05′，东经 103°07′，海拔 1035m；尽管该银杏树经历了 3 次生死考验，但在当地村民的保护下，每次都化险为夷。如今，劫后余生的古银杏仍枝繁叶茂，生命力旺盛。量其古树胸围 9.2m，树高 23m，冠幅径 13.3m；寄生在树干上的杂草密集丛生。在主干顶端有 20 多根碗口粗的新枝，犹如一把撑开的巨型雨伞，堪称四川第一树。此地土壤为片麻岩风化灰棕壤土，大树长在山半腰土埂边沿，树身倾斜，树心已空，立地条件较差。树龄无从考证，大树心却已枯死，在树的底部形成了一个近 8m^2 大的空洞，存活至今。

3.1.3 广元市古银杏

广元市朝天区花石乡有棵奇特的银杏古树，位于北纬32°43′，东经105°81′，海拔487m；树心已空，传说1300年树龄，雌株，树干有一空洞，能容四五人站立。当地群众称为“千岁银杏女王”，母树一侧，并立而生有一棵子树。

3.1.4 天师洞古银杏

四川省青城山天师洞前的一株古银杏，号称“天师洞古银杏”。位于北纬30°92′，东经103°09′，海拔高893m；树高49.6m，胸围7.7m，冠幅21m，一直号称西南第一银杏。据传，该树为青城道教创始人张道陵亲手所植，距今已有1800多年。树主干略呈扇柱状，由粗阔处生5根枝干，又分8杈，直插云天，其上虬枝四溢，形成广卵形树冠，树干上长满了瘤状树奶，长短不等，增加了树形奇特，每天吸引众多游客前来观看。徐悲鸿先生于1943年7月曾为该银杏造像，廖静文女士着旗袍坐于树前。此画现为中国历史博物馆一级文物。

3.1.5 都江堰张松银杏

都江堰景区市内入口处的离堆古园。首先看到的是著名的“张松银杏”。树高6.3m，胸围5m，传说为三国名士张松手植。树干基部如鹤足插地，民间传说此千年古树能化仙鹤飞翔，有“白鹤仙”之称。特别令人啧啧称奇的是，张松银杏本为雄株，千年来未结一果，但自2000年起，每年都硕果累累。至今已有1700多年的历史。此树，虽不是高耸入云的参天大树，但因其独特的造型和厚重的历史文化，在2004年角逐“天府树王”时，获得“十大名桩”的殊荣。

4 重庆市将宣布银杏树为市树

两次出差重庆市，顺便考察访问境内百年以上银杏树有87棵，据市园林局报道，重庆市南川区金佛山风景区，金佛山北坡和西麓的原始森林中，发现了世界唯一幸存的大片罕见银杏野生植株，至今存在着一个弧形的银杏天然资源分布区，共有银杏天然资源2000多株，这一发现填补了银杏未发现原产地的空白。经植物群落学的调查统计表明，该群落应为古银杏天然森林群落的直接后裔。杨家沟银杏天然群落的发现，再次证明在我国南方的若干偏僻山区仍有存在。对进一步探讨我国银杏野生群的分布、演化具有重要的科学研究价值。

(1)重庆市酉阳县毛坝乡天仓村，有一株号称“银杏王”的古银杏，生长在海拔1000m高的山凹中，经实际调查，树龄为600年，树高28m，胸径1.43m，冠幅东西28m，南北24m，硕大的树冠遮天蔽日，挺拔的树干和虬枝显示老树饱经岁月的沧桑。

(2)重庆市酉阳县泔溪乡大板村，有一古银杏树，生长在海拔550m山区坡地，树龄500年，树高30m，胸径为2.86m，当地村民自称为“银杏王”。

据酉阳县林业局调查，全县百年以上的古银杏共有39株，300年生以上的有7棵，均生长良好。

5 甘肃省银杏古树

甘肃省千余年以上的古银杏共有10株，500年以上的古银杏共有27株。甘肃的徽县、两当县是甘肃境内银杏树的集中分布地区，仅徽县境内就有229株百年以上的银杏树。

甘肃省徽县银杏乡银杏村，有一株巨大的雌性古银杏，位于北纬33°50′，东经106°15′，海拔850m；树高25m，胸围13.4m(胸径4.27m)，冠幅22.0m。观其树干原为四大主干同根并列丛生一起，树龄 2500 年以上，此树原在一座“九天娘娘庙”院内，庙宇早已毁掉不存，唯这一千年古树健在，至今仍枝叶繁茂，生长旺盛，年年结实累累。此株为甘肃省最大的古银杏树，当地群众敬之为神树。

甘肃省徽县田河村至鱼儿崖一带有一庞大的古银杏树群落，整个山坡和沿沟岸边分布着百年至千年以上的银杏大树，此处还建了一座“银杏博物馆”和“银杏广场”。其中一株千年银杏因主干腐朽，失火焚毁。现还有一株雌性古银杏，高有 23m，胸围 3. 85m，村民们十分珍爱这株树，周围修起了围墙保护。县政府和林业局在树下立碑石，并定为重点文物保护，并注明为“3000 年古银杏”。

当地政府在田家河大山沟中建立起古银杏生态旅游区。其中有两株千年以上一雄一雌银杏，相离很近，雌株每年结果累累，当地人称为“千年合欢树”，朝夕相伴，成为此地生态旅游一景。

甘肃省康县东南贾安乡贾坝村上边有一雌性古银杏，当地给古树标牌称为“中国银杏王”。量其胸围 7. 89m（直径 2. 51m），树龄应为 1300 多年。

6 贵州省银杏古树

贵州省除有千年古银杏 80 多株外，树龄在 100 年以上的有 1600 多棵，在六盘水妥乐村，便有大大小小银杏 1100 多株，形成银杏村的奇观。但分散在贵州省各地的古银杏历经沧桑，要么受风雷等自然摧残，要么被人为破坏，生存状况令人忧虑，目前占 30% 的古银杏没有得到很好的保护。

贵州省 5000 年以上的银杏树就有 9 棵，而且世界上最大的银杏树也在贵州省。目前，从事银杏树研究的贵州省科学院原院长向应海兴奋地说：贵州是当之无愧的“野银杏树王国”。

6.1 载入《吉尼斯大全》的银杏树

贵州省福泉市黄丝镇李家湾，有一株树龄 4000 年的古银杏，曾获上海吉尼斯世界纪录。据贵州省古树名木保护协会介绍：协会曾多次邀请有关生物专家、学者到李家湾去考察这棵古银杏，经专家们讨论评议，给该古银杏树，总结出五项之最，一是树龄最高，推测约有 4000 年；二是树身直径最大，胸高直径 4. 70m；三是树身上下中空洞最大，空洞中能容纳 20 余人；四是树干上有长条蛇状树瘤最长，从上到下条状瘤达 6. 3m，五是树干被雷击火烧后树分裂距最远，树基部分裂距 3. 5m，3m 高处分裂距平均 5. 4m。2007 年 5 月 31 日，经作者赴现场又实地测量，其树高为 42. 3m，胸围 15. 1m（胸径 4. 79m），冠幅东西 27m，南北 31m。古银杏从根部到树干 5m 多的一段，遭雷击烧空。在距地面 3. 5m 以上主干有 6 个分枝。尽管如此，古银杏仍充满活力，枝叶婆娑，郁郁葱葱。经专家再考证，其树龄足有 4000 年，堪称世界之最。

6.2 号称中华银杏王

贵州省长顺县广顺镇石板村天台村民组的村寨，新发现一棵罕见的古银杏树。这棵古银杏树是由两棵硕大的银杏“老祖树”和周边由无数多棵高矮不等、粗细不一的“孙子辈”枝干紧紧包裹着生长而成，进入夏季，这棵古银杏树枝叶繁茂，萌发出勃勃生机。

据当地林业部门介绍，该古银杏树每年结果实 1500kg，单是掉在地上的银杏树叶就有千余斤，树上还栖息着诸多鸟类，当地村民们一直把古银杏树奉为神树，远近的村民常常会到树下许愿、祈祷、祭祀、祈求风调雨顺等。该银杏古树胸高树干周长16.8m，(合胸直径5.35m)树高超50m，需13名成年人伸展双臂方能合围，树冠遮地3余亩。经当地园林部门鉴定，树龄约有4000多年的历史，比上海大世界基尼斯之最的贵州福泉李家湾古银杏树还要大，年龄还要长，故又被誉为“中华银杏王”。

6.3 贵州省盘县古银杏风景区

在贵州西部与云南交界处，盘县古银杏风景区石桥镇妥乐村与火铺镇景区内有上千株古银杏树，最小的有300多年树龄，大的有1000多年树龄。此处有如此集中连片且与村寨融为一体的古银杏群落，为各地区罕见。当地政府正计划为此申报上海大世界吉尼斯纪录。贵州省已经将此地列为省级风景区。

7 云南省境内古银杏

昆明市滇池西山，太华寺隐于茂密参天的古杉林中。这里有一株古老的银杏树，由一水泥柱子撑着，据说是梁朝简文帝所栽，树龄至少也有1450年了。树虽已苍老，却仍冠大叶茂。

云南省西南部横断山脉和高黎贡山脉之间，在保山市腾冲县界头乡，有一个以白果(银杏)命名的山村——“白果村”，村头生长着两株被人们称作“白果王”的古银杏树，其中大的分枝接近地面，高11m，根部围径3.3m，十分壮伟。据当地山民口碑相传，这两棵古树是“缅子”栽下的，至于何时所栽，已无从准确考证，但都说是上千年了。

腾冲县江东村有古银杏树3000多株。其中，树龄在500年以上的有50余株；400年以上的70余株，200~300年的150余株，江东村素以古银杏林为名，其中一株最大的银杏树，树高为45m，胸径97cm，冠幅450m^2，树龄约500年以上。我们当地称之为“银杏王”。位于东经98°50′，北纬24°58′，为我国银杏古树分布最西的边缘地区。

8 考察结论

(1)通过西部诸省区的深入考察，澄清了这一地区的银杏分布和发展现状。以往的有关银杏资料和报道，多偏重于我国东部和中部各省市的发展状况，而长期忽略了西部地区银杏状况和发展的报道，此行考查资料填补了这一地区的银杏信息。

(2)四川省甘孜自治州古银杏，雅安市郊区的古银杏，足以证明我国早期银杏分布广泛且历史悠久，在大山沟中保存至今，周围又有幼树繁生，真可为“活化石”的见证。重庆有一位植物专家来此考证，定为此树为原始野生遗留物，据甘孜区园林局介绍，此树为本区最大 最古老的树种，特在康定市中心立碑纂文，作本地一项重要文物保护。在重庆市郊区金佛山原始森林中，发现大片罕见银杏野生群落，重庆市植物研究所专家初定为此银杏群落为两亿年前冰川后的幸存物种。在贵州省李家湾、长顺县广顺镇古银杏，树胸直径之大，古老沧桑树龄之长，树干空心，外皮又分裂百年以上，仍能坚强屹立西部高原大山峡谷，为我国东、中部未曾有的奇观，

贵州西部盘县古银杏风景区，面大树多甚为罕见，又申报为上海大世界吉尼斯纪录。为此本人 认为真正银杏古之最在中国西部，地球冰川后期劫后余生的活化石在我国西部仍现存不在少数，可与长江中下游早期分布同等相比。

(3)目前西部银杏发展较好 较快的要算四川省和重庆市，这两地分别都宣布为银杏作为

省树和市树，重庆市及辖区近两年新栽银杏超过一亿株，重庆市 2010 年秋天大规模移栽银杏树，移种来的胸径 96 公分，价值 30 多万元的百年银杏，已成为当下重庆市南岸区江南大道上最显目的景观。

四川成都是最早宣布银杏作为市树的城市，成都市 300 年以上的树龄银杏树就有 1000 多株，树龄 800 年以上的 30 多株，火车站广场两侧并排栽上 15cm 粗的银杏树，给成都大门增添了夺目鲜丽色彩。成都市区人民路大街中间有一古银杏，两侧护栏保护，为古树让路证明当地政府对此重视写照。

甘南徽县和贵州盘县境内分别开发建起以银杏为名的生态旅游区，是宣传中华国树的范例。

(4)存在的问题，首先我们对银杏在西部宣传远不到位，在边远地方，许多干部群众不了解、不认识这一树种，多数地段没有见到园林部门培育银杏树苗和宣传银杏的标牌，部分地区对古树保护管理还不到位。

(5)贵州省境内部分地区，倒卖古银杏、大树异地搬迁成风，拆东墙补西墙，破坏原始景区得不偿失，目前我国东部和中部有同类现象，建议林业和文物管理部门，应紧急采取下令禁止。

安徽省银杏古树资源调查研究*

刘晓静 邢世岩① 辛 红 吴岐奎 孙立民 臧立鹏 王 萱
（山东农业大学林学院，山东泰安 271018）

摘要：通过调查发现：安徽省银杏古树共1460株，其中396株具生长指标，位于安徽省的17个市。雌株占74.66%；树高最高为46.0m，最矮为5.0m；树龄最大为2600年，最小为100年；胸径最大为3.60m，最小为0.32m；冠幅最大为38.0m，最小为2.5m。垂乳银杏有2株，垂乳数最多有30多个，最大垂乳长41cm；复干银杏有8株。
关键词：安徽；银杏古树资源；调查研究

Research on Ancient *Ginkgo biloba* Tree Resource in Anhui Province*

Liu Xiaojing Xing Shiyan① Xin Hong Wu Qikui Sun Limin Zang LiPeng Wang Xuan
(*College of Forestry*, *Shandong Agricultural University*, *Tai'an Shandong* 271018, *China*)

Abstract: Through survey, the result showed that there were1460 ancient *Ginkgo biloba* L. trees in 17 cities. There were 396 ancient ginkgo trees had growth indexes. The female plants accounted for 74.66% . The maximum tree height was 46.0m, while the minimum was 5.0m. The maximum tree age was 2600 years and the minimum was 100 years. The maximum DBH was 3.60m while the minimum was 0.32m. The maximum average crown was 38.0m while the minimum was 2.5m. There were 2 chichied ginkgo trees, and the maximum number of chichies were more than 30, and the largest chichi was 41cm. There were 8 mult - trunked ginkgoes.
Key words: Anhui; Ancient *Ginkgo biloba* tree resource; Research

银杏(*Ginkgo biloba* L.)属于银杏科银杏属，是现存种子植物中最古老的种类之一，有“活化石”之称，原产我国。我国有许多银杏古树，这些银杏古树是珍贵的种质资源库，是独特的自然景观和历史景观，是珍贵的科学研究材料。因此，做好银杏古树资源的研究具有极其重要的意义(舒长庆，2005)。

安徽省有丰富的银杏古树资源，栽培历史悠久，从汉代就开始了人工栽培银杏，唐宋时

* 基金项目：国家科技支撑计划课题(2012BAD21B04)；国家自然科学基金(31070589)。作者简介：刘晓静，女，在读硕士，研究方向为森林培育。①通讯作者：邢世岩，教授，研究方向为林木种质资源收集、保护与评价，E-mail：xingsy@sdau.edu.cn

期已成为中国主要的银杏产区(关传友，2000)。安徽省的皖南山区和大别山区有天然银杏林的分布。关传友调查发现安徽现分布有百年以上的古银杏树1000余株。丁俊福(1994)调查发现安庆市百年以上古银杏44株。王德群等(2001)调查发现安徽省古银杏树资源十分丰富，几乎每个县、市均有分布，大多数生长在古寺庙、村庄、路边等。据资料记载，安徽宿县闵祠里的一棵春秋时的古银杏，传为孔子的学生闵子所植，距今已2400多年(张宝贵，2006)。

本文以安徽省银杏古树为研究对象，对安徽省银杏古树进行实地调查，重点研究银杏古树的分布和资源特点，以期为安徽省银杏古树的开发利用和保护提供依据。

1　材料与方法

1.1　安徽自然概况

安徽省位于东经114°54′~119°37′与北纬29°41′~34°38′之间，总面积13.96万km^2，约占全国总面积的1.45%。地貌以平原、丘陵和低山为主，平原与丘陵、低山相间排列，地形地貌呈现多样性。气候温暖湿润，是暖温带与亚热带过渡地区，气温一般南高于北，全省年平均气温在14~17℃之间，1月平均温度为0~4℃，7月为27~29℃，10℃以上活动积温为4620~5300℃，全省年均降水量约为1200mm。土壤类型主要有红壤、黄壤、黄棕壤、黄褐土、棕壤、粗骨土、砂姜黑土、潮土和水稻土。全省森林植被具有明显的从北到南的过渡特征，淮河以北属于暖温带落叶阔叶林地带，多杨、槐、桐；淮河以南属北亚热带长绿、落叶阔叶混交林地带和中亚热带长绿阔叶林地带，多松、杉、竹。

1.2　调查方法

于2011~2013年对安徽省银杏古树进行实地调查，将年龄100年及以上的银杏定义为银杏古树。对于生长地点，按照古树所在地、根据2009~2012年最新省-市-县-乡-村的行政区划，对“同树异地”、“同地异树”现象一一核对，将“县-乡-村”确定为古树生长地点。①对于胸径，根颈以上离地面1.3m处的主干带皮直径。对于1.3m处有分干的单株，实测基径。②对于性别，主要通过现场观察雌花和雄花发育确定性别，对于未见花器的单株，通过访问、树旁标志牌、论文、书籍等途径获取信息。③对于树龄，眼下大多古树年龄偏大。树龄分三种情况，凡是有文献、史料及传说有据的为“真实年龄”；有传说，无据可依的作“传说年龄”；“估测年龄”通过走访、参照数据类推估计。对于个别地区年龄低于100年的古树列为“后续资源”。④对于树高，通过勃鲁莱式测高器测定。母干枯死的单株，以复干高度表示。⑤对于冠幅，测定东西和南北树冠宽度，以树冠垂直投影确定冠幅宽度。⑥对于海拔和经纬度，通过集思宝120型手持GPS测定。此外，对生长势、古树特殊状况描述(包括奇特、怪异性状描述，如垂乳、双色银杏、垂枝银杏、树体连生、基部分权、雷击断梢、根干腐等)、立地条件、权属、管护责任单位或个人、传说记载、保护现状等逐一调查。

2　结果与分析

2.1　银杏古树分布与株数

银杏古树主要集中在大别山区和皖南山区的金寨县、霍山县、宣城县、宁国县、广德县、石台县等。安徽金寨县自古以来就有栽培银杏的传统和习惯，历史上金寨就是银杏之乡。全县现有百年以上的古银杏500多株。金寨县沙河乡楼房村不仅仅是全国绿化委员会授予的“全国绿化村”，而且是闻名的银杏村。全村银杏树龄达100年以上的有120余株。徽州200~300年古银杏有70多株。安徽省共有17个市、105个县(市、区)，有银杏古树分布的17个市，占100%，其中65个县(市、区)有银杏古树分布(图1)，占61.90%，共有183个乡镇有银杏古树的分布，实测及统计1460株，其中396株具生长指标。

图1　安徽省银杏古树分布图

黄山市、六安市、池州市和宣城市四市银杏古树株数为1236株，占全省总株数的84.66%；其中歙县、金寨县、石台县和广德县四县的银杏古树总株数为1103株，占全省总株数的75.55%。歙县栽培利用银杏资源的历史始于汉代，目前县内还存留有唐代以后的百年以上的古银杏树100多株，散落分布于古村落、居宅、古祠堂、古道路、古寺院、古遗址等。歙县清凉峰自然保护区在朱家舍、大源、上坦白石崖三处有野生银杏小居群分布，最大居群为12株，共有16株。广德县古银杏主要分布在梨山、四合、柏垫、新杭、卢村、独山、同溪、山北、砖桥、下寺等18个乡(镇)的72个行政村，保存388株。

2.2 银杏古树生物学

2.2.1 性别

安徽省在已知性别的146株银杏古树中，雌株109株，占74.66%；雄株35株，占23.97%；雌雄性别比例差异过大，可能是认为选择的因素。雌雄同株2株，占1.37%。

2.2.2　树高

安徽省在已知树高的370株银杏古树中，树高最高单株为46.0m，位于休宁县流口镇流口村；最矮单株为5.0m，位于怀远县荆芡乡涂山禹王宫；树高<10m的为6株，占1.62%；10~20m的为101株，占27.30%；20~30m的为187株，占50.54%；30~40m的为66株，占17.84%；40~50m的为10株，占2.70%（图2，A）。树高前十位单株：休宁县流口镇流口村(46.0m)、潜山县五庙乡程冲村(45.0m)、池州市贵池区棠溪镇枣园村里坑(45.0m)、宁国市青龙乡龙阁村(45.0m)、休宁县流口镇流口村(44.0m)、祁门县历口镇西塘村(42.0m)、歙县齐头镇金家岭村金川口(40.0m)、歙县齐头镇金家岭村金川口(40.0m)、来安县杨郢乡宝山村上庵岭回龙庵(40.0m)、含山县清溪镇白马行政村东赵自然村当家塘(40.0m)。

2.2.3　树龄

安徽省在已知树龄的384株银杏古树中，年龄最大单株为2600年，位于萧县官桥镇皇藏峪天门寺；最小单株为100年，有9株；年龄在100~300年的为90株，占23.44%；300~500年的为56株，占14.58%；500~1000年的为142株，占36.98%；1000~2000年的为90株，占23.44%；2000~3000年的为6株，占1.56%（图2，B）。树龄前十位单株：萧县官桥镇皇藏峪天门寺(2600年)、宿州市埇桥区曹村镇闵祠村闵祠(2500年)、蒙城县岳坊镇母集村徐瓦坊村民组(2400年)、太和县旧县镇集南300m处(2000年)、宿州市埇桥区夹沟镇西二郎寺(2000年)、宿州埇桥区解集镇鱼台小学院内(2000年)、凤台县城关镇凤台第一中学(1800年)、濉溪县铁佛镇曹楼村西小学(1700年)、郎溪县姚村乡盛村(1600年)、郎溪县姚村乡盛村(1600年)。

2.2.4　胸径

安徽省已知胸径的银杏古树共计380株(其中包括基径<1.0m 2株、1.0~2.0m 3株、2.0~3.0m 1株)。胸径最大单株为3.60m，位于岳西县中关乡李坂村；最小单株为0.32m，位于池州市贵池区牌楼镇店上村水冲；胸径<1.0m的为118株，占31.72%；1.0~2.0m的为221株，占59.41%；2.0~3.0m的为30株，占8.06%；3.0~4.0m的为3株，占0.81%（图2，C）。胸径前十位单株：岳西县中关乡李坂村(3.60m)、来安县杨郢乡宝山村上庵岭回龙庵(3.17m)、歙县昌溪镇镇中心(3.10m)、全椒县襄河镇邱塘村(3.00m，基)、祁门县雷湖乡王村(2.87m)、繁昌县三山区峨山镇新淮铜山寺(2.71m)、宁国市汪溪镇姚高村(2.71m)、祁门县历口镇西塘村(2.58m)、蒙城县岳坊镇母集村徐瓦坊村民组(2.57m)、黄山市徽州区潜口镇唐模村(原属歙县富堨镇唐模村)(2.52m)。

2.2.5　冠幅

冠幅最大单株为38.0m×38.0m，平均冠幅为38.0m，位于岳西县中关乡李坂村；最小单株为2.5m×2.5m，平均冠幅为2.5m，位于岳西县菖蒲镇白云寨村。平均冠幅<10m的为74株，占23.49%；10~20m的为157株，占49.84%；20~30m的为79株，占25.08%；30~40m的为5株，占1.59%（图2，D）。冠幅前十位单株：岳西县中关乡李坂村(38.0m×38.0m)、黄山市徽州区潜口镇唐模村(原属歙县富堨镇唐模村)(33.0m×31.0m)、金寨县沙河乡罗坪村(30.5m×30.5m)、临泉县城关镇城西侧沈子国故城址(30.1m×30.1m)、郎溪县姚村乡盛村(30.0m×30.0m)、郎溪县姚村乡盛村(29.0m×29.0m)、来安县杨郢乡宝山村上庵岭回龙庵(28.0m×28.0m)、祁门县雷湖乡王村(27.5m×27.5m)、祁门县箬坑乡

金山村降上组牯牛降古树林饭店旁(27.0m × 27.0m)、金寨县张冲乡雷公庙(27.0m × 27.0m)。

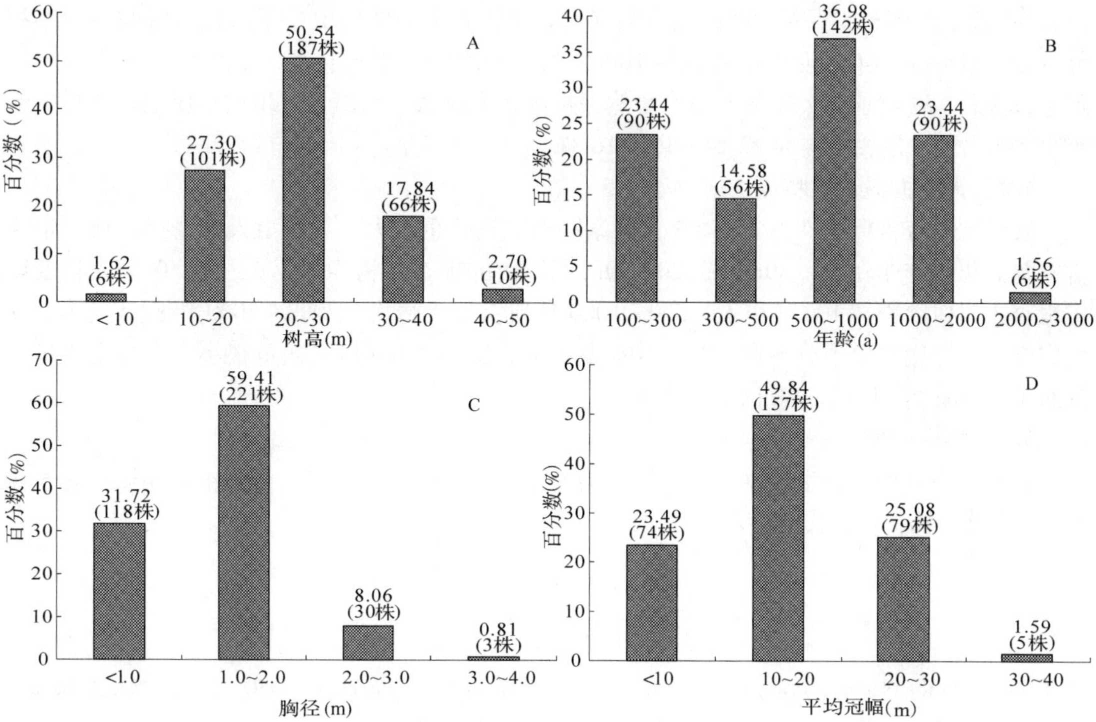

图 2　安徽省银杏古树生长指标

2.3　特异种质

2.3.1　垂乳银杏

银杏垂乳是指在主干上部的侧枝下面形成并向下生长的一种变态枝(邢世岩，1996)。垂乳银杏分枝生垂乳、干生垂乳和基生垂乳(Fujii，1895)。安徽省垂乳银杏有 2 株，均为雌株，有 1 株在怀远县荆芡乡涂山纯阳道院，树龄为 1000 年，胸径 0.73m，有 30 多个垂乳，最大垂乳长 41cm；有 1 株在怀远县城关镇怀远一中，年龄 200 年，胸径 0.68m。

2.3.2　复干银杏

银杏复干属于“茎生枝”现象，银杏复干均起源于茎与根过渡区以上的茎部固定潜伏芽(邢世岩，1995)。安徽省复干银杏有 8 株，有 4 株性别未知，3 株雌株，1 株雄株。复干胸径最大为 60cm，位于繁昌县繁阳镇大阳村朱冲，树龄 700 年，胸径 0.90m。复干最多为 3 个，有 2 株，1 株位于怀远县陈集乡君王村 A，另一株位于宿州市埇桥区曹村镇闵祠村闵祠。

3　结论

3.1　银杏古树分布

安徽全省共 17 个市，均有银杏古树的分布，共 1460 株，银杏古树 100 株以上的有 4 个市，分别为黄山市、六安市、池州市和宣城市，共有 1236 株，占全省总株数的 84.66%。其中银杏古树分布最多的县为金寨县，金寨县自古以来就有栽培银杏的传统和习惯，历史上金寨就是银杏之乡，全县现有百年以上的银杏古树500株。其次是广德县，广德县银杏古树主要分布在梨山、四合、柏垫、新杭、卢村、独山、同溪、山北、砖桥、下寺等18个乡(镇)的72个行政村，保存388株。歙县栽培利用银杏资源的历史始于汉代，目前县内还存留有唐代以后的百年以上的银杏古树100多株，散落分布于古村落、居宅、古祠堂、古道路、古寺院、古遗址等。歙县清凉峰自然保护区在朱家舍、大源、上坦白石崖三处有野生银杏小居群分布，最大居群为12株，共有16株。

3.2　银杏古树资源特点

安徽省银杏古树雌株占74.66%，雌雄性别比例差距较大，可能由人为选择造成；银杏古树树高集中分布在10~30m，在20~30m范围内的银杏古树为187株，占50.54%；安徽省银杏古树树龄都在100年以上，500~1000年所占比重最大，2000~3000年比重最小；安徽省银杏古树胸径集中分布在1.0~2.0m范围内，胸径2.0m以上比重很小；冠幅主要集中分布10~30m范围内，30m以上比例很小。

3.3　特异种质

安徽省垂乳银杏数量较少，仅2株，均为雌株，均位于怀远县。复干银杏8株，有3株雌株，1株雄株，4株未知性别。

参考文献

[1]Fujii K. On the Nature and origin of so - called"Chichi"(nipple) of *Ginkgo biloba* L[J]. Bot Mag (Tokyo), 1895, 9: 444 - 450.

[2]丁俊福. 安庆古银杏[J]. 安徽林业科技, 1994, 1: 19.

[3]关传友. 安徽古银杏树资源的调查[J]. 中国园林, 2000, 16(69): 72-73.

[4]舒长庆, 郭新安, 刘慧春, 等. 巴东古银杏资源研究[J]. 湖北林业科技, 2005, 6: 21-25

[5]王德群, 刘守金, 梁益敏, 等. 安徽银杏资源调查[J]. 安徽中医学院学报, 2001, 20(5): 50-53.

[6]邢世岩. 银杏树瘤[J]. 植物杂志. 1996, 3: 29-30.

[7]邢世岩, 苗全胜. 银杏复干生物学特性的研究[J]. 林业科技通讯, 1996, 39(2): 6-9.

[8]张宝贵. 我国的古银杏[J]. 大自然, 2006(4): 35-36.

福建银杏古树资源*

付兆军　邢世岩①　刘晓静　刘莉娟　吴岐奎　辛　红
（山东农业大学林学院，山东泰安　271018）

摘要：以福建银杏（*Ginkgo biloba* L.）古树为对象，通过资料收集和实地调查，结果表明：福建有银杏古树1528株，分布在8个市、37个县（市、区）和65个乡（镇）。其中218株具生长指标，雌株占91.76%。树高最大为42.2m，最小为7.0m；树龄最长为1300年；胸径最大为3.13m，最小仅为0.32.m；平均冠幅最大为25.0m，最小为5.5m。垂乳银杏有10株，单株垂乳个数最多为29个，垂乳最长达0.85m；复干银杏有62株，单株复干数最多为16株，复干胸径最大为1.41m；叶籽银杏（*Ginkgo biloba* var. *epiphylla*）有2株；有闽永1号、闽尤1号、闽尤2号、武夷1号、武夷2号、武夷3号、闽顺1号、闽屏1号等8个优良品种。集中分布的古银杏株数超过10株则视为一个群落，福建典型的银杏古树群落有12个。群落内株数最多达300株，最少仅14株；群落内平均树龄最大800年，最小300年；平均胸径最大1.40m，最小0.69m；平均树高最大29.2m，最小18.8m。本文对福建银杏古树资源特点、银杏古树群落及特异种质进行探讨。

关键词：福建；银杏古树资源；生物学；银杏古树群落；特异种质

Resource of Ancient Ginkgo Trees in Fujian Province*

Fu Zhaojun　Xing Shiyan①　Liu Xiaojing　Liu Lijuan　Wu Qikui　Xin Hong
（*College of Forestry*, *Shandong Agricultural University*, *Tai'an Shandong* 271018, *China*）

Abstract: This study took ancient ginkgo trees of Fujian province as the object, through data collection and field survey, the result showed that there were 1528 ancient *Ginkgo biloba* L. trees distributed in 8 cities, 37 couties (county - level cities, district) and 65 townships (towns). There were 218 ancient ginkgo trees of which female trees were accounted for 91.76% had growth indexes. The maximum tree height was 42.2m, while the minimum was 7.0m. The maximum tree age was 1300 years and the maximum DBH was 3.13m while the minimum was only 0.32m. The maximum average crown was 25.0 m while the minimum was

* 基金项目：国家科技支撑计划课题（2012BAD21B04）；国家自然科学基金（31070589）。第一作者：付兆军，在读硕士，研究方向为森林培育，E-mail：fzhojun2007@163.com。①通讯作者：邢世岩，教授，研究方向为林木种质资源收集、保护与评价，E-mail：xingsy@sdau.edu.cn。

5. 5m. There were 10 chichied ginkgo trees of which the maximum number of chichies was 29 per individual and the maximum chichi was as long as 0. 85m. There were 62 mult - trunked ginkgoes of which the maximum number of mult - trunks was 16 per individual and the DBH of the biggest mult - trunk is 1. 41m. There were also 2 *Ginkgo biloba* var. *epiphylla* . Minyong No. 1 , Minyou No. 1, Minyou No. 2, Wuyi No. 1, Wuyi No. 2, Wuyi No. 3, Minshun 1 and Minping No. 1 were fine varieties of *Ginkgo biloba* L. in Fujian province. We regarded concentrated distributed ancient ginkgo trees which No. is more than 10 as a group. There were 12 typical ancient ginkgo trees groups in in Fujian province. The No. of ancient ginkgo trees in groups was 300 as the maximum while the mimimum was only 14. The maximum mean age of groups is 800 a while the mimimum is 300a. The maximum mean DBH is 1. 40m and the minimum is 0. 69m. The maximum mean height is 29. 2m and the minimum is 18. 8m. The characteristics of ancient ginkgo trees resource, groups of ancient ginkgo trees and specific germplasm resource of Henan province had been discussed in this paper.

Key words: Fujian; Ancient ginkgo trees resource; Biology; Groups of ancient ginkgo trees; Specific germplasm resource

目前，公认可靠的银杏类化石可追溯到2. 8 亿年前的石炭纪，可靠的银杏属化石最早可追溯到1. 8 亿年前的早侏罗纪(Tralau，1967；周志炎，2003)。银杏是经历第四纪冰川后银杏纲植物唯一保存下来的一种，仅在我国有自然生长的植株(Li，1956)。银杏具有重要的经济、生态和社会价值(邢世岩，1993，1997；徐炜，2005)。银杏古树历经百年甚至千年风雨的洗礼，除具有上述价值外，还具有重要的科研、文化等价值(徐炜，2005；沈启昌，2005)。

福建银杏栽培历史悠久，资源丰富，分布广泛，从闽东南沿海到闽西北武夷山脉均有银杏分布(周辉等，2002)。周良才(1992)通过实地调查发现，福建有7 个银杏品种，并在此基础上选出了8 个优良单株(周良才等，1994)。周良才等(1999)还对福建多胚珠银杏进行了观察。福建银杏古树资源丰富，分布相对集中。周良才等(1994)调查表明，仅南平、宁德和三明三个地区就有银杏古树500 多株。陈贞镇(1994；1995)调查后认为漳平有银杏古树36 株，且主要分布在永福、双洋等镇。肖方道等(2001)论述了尤溪县银杏资源的现状及发展前景，并报道尤溪县现有银杏古树158 株。周辉等(2002)报道福建百年以上的银杏近千株，主要分布在建瓯、顺昌、尤溪等地方，其中建瓯市有100 余株，龙岩市36 株。而林青云(2001)报道建瓯市古银杏仅54 株，卢春英(2005)报道的龙岩市银杏古树仅18 株。此外，泉州(黄碧丽，2001)、福鼎(王韧等，2001)、福安(雷进声，2005)也有少量银杏古树的报道。

由以往研究可看出，在福建银杏古树集中分布的闽西地区，不同研究者报道的古银杏数量相差较大。大多数研究者只针对银杏古树的分布、株数及树龄进行调查分析，而古树的相关生长特性未见报道。福建全省范围内的银杏古树资源还未见系统研究。本研究采用实地调查与资料收集整理相结合的方式对福建银杏古树资源进行调查分析，以期为福建银杏古树的开发、保护及利用提供新的依据。

1 材料与方法

1.1 福建概况

福建位于我国东南沿海，东隔台湾海峡与台湾省相望。陆地平面形状似一斜长方形，东西最大间距约 480km，南北最大间距约 530km。全省土地总面积 12.4 万 km^2，海域面积 13.6 万 km^2。全省常住人口 3627 万人。有 9 个地级市，26 个市辖区，14 个县级市，45 个县。境内峰岭耸峙，丘陵连绵，河谷、盆地穿插其间，山地、丘陵占全省总面积的 80% 以上。福建气候区域差异较大，属亚热带湿润季风气候，区内水热条件和垂直分带较明显。年均气温在 17 ~ 21℃，沿海全年高于 10℃。冬季温暖，1 月沿海平均气温 7 ~ 10℃，山区 6 ~ 8℃。夏季炎热，平均气温 20 ~ 39℃，并多台风。无霜期内陆 260 ~ 300 天，闽东南沿海 300 ~ 360 天。年降水量 1400 ~ 2000mm，从东南向西北递减。季节分配不均，有较明显雨季和干季，3 ~ 6 月为雨季，占全年降水 50% ~ 60%。年日照时数为 1700 ~ 2300h。

1.2 研究方法

2011 年 1 ~ 6 月收集资料，初步掌握福建银杏古树的分布情况。2011 年 7 ~ 10 月进行野外调查，采用点面结合的方式，对古树的胸径、树高、冠幅、枝下高进行测量，对垂乳、复干形态指标进行调查，描述古树的生长状况、主干特征、分枝状况、根系状况、结实状况等树体特征，记录保护利用状况及立地条件，对典型单株及群落拍照。①银杏古树的标准：胸径 1.00m 以上或树龄 100 年以上的银杏大树。②性别确定：通过现场查看古树有无结实、树下标志牌及查阅原始记录来确认。③树高用布鲁莱斯测高器测定。④树龄通过走访当地居民、查看碑文记载或是查阅资料等方式对古树的年龄进行判断。⑤胸径用围尺测距树基 1.3m 处的直径确定。⑥冠幅用皮尺分别测定东西和南北冠幅，取平均值记录。⑦经纬度和海拔用集思宝 G120 型号手持 GPS 测定。数据处理用 Excel 进行，图片用 CAD 绘制。

2 结果与分析

2.1 银杏古树株数与分布

福建 9 个地级市中，8 个有银杏古树分布，占 88.89%；85 个县(市、区)中，有银杏古树的 37 个，占 43.53%；65 个乡(镇)有银杏古树(图 1)。福建文献报道有古银杏 1000 余株，实测统计株数 1528 株，其中 218 株具生长指标。

位于福建西北部的南平市和三明市是银杏古树集中分布区域，两市共有银杏古树 1426 株，占全省的 93.32%(图 2)，仅南平市就有银杏古树 981 株，占全省的 64.20%(图 2)。宁化县、尤溪县、建瓯市、武夷山市、顺昌县、浦城县和政和县共有银杏古树 1337 株，占全省 87.50%，其中尤溪县、建瓯市、浦城县和政和县的银杏古树株数均在 200 株以上。闽北的宁德市有 14 株，主要分布在福安市(9 株)和福鼎市(2 株)。闽西龙岩市有 44 株，主要分布在漳平市(37 株)。闽东南泉州市有 34 株，主要分布在德化县(44 株)。福州市、莆田市和漳州市的银杏古树株数均在 10 株以下。

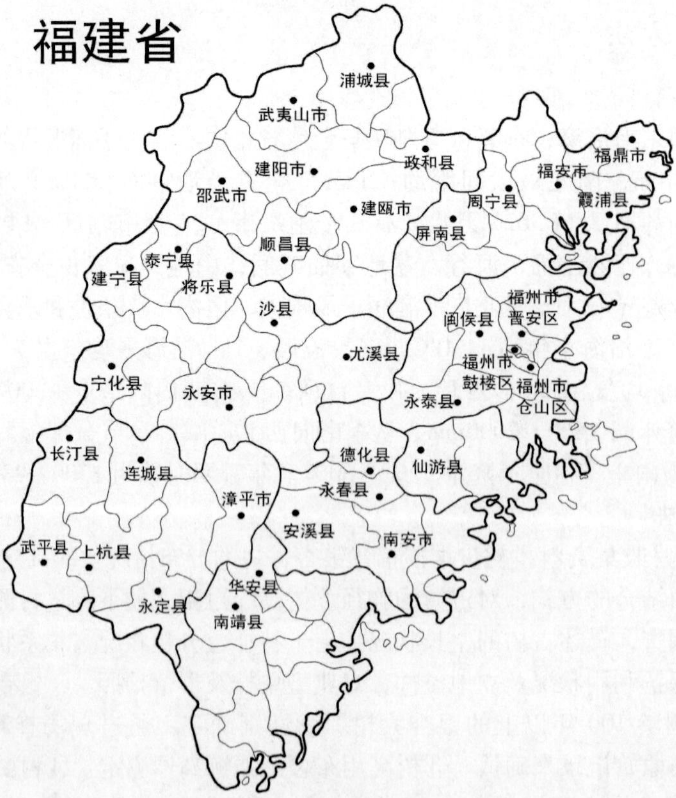

图 1　福建省古树分布

Fig. 1　Distribution of ancient gingo trees in Fujian province

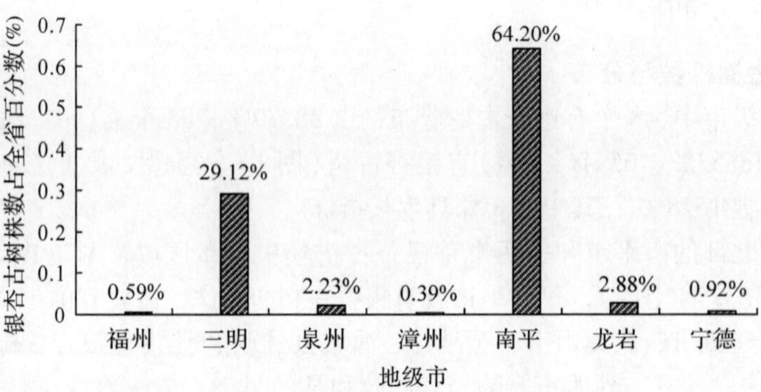

图 2　福建银杏古树株数分布

Fig. 2　Distribution of No. of ancient ginkgo trees in Fujian province

注：莆田市银杏古树未见株数报道。Note. There mo report of No of ancient ginkgo trees in Putian city.

2.2　银杏古树生物学

2.2.1　性别

在已知性别的 182 株古银杏中，雌株 167 株，占 91.76%；雄株 15 株，占 8.24%。雌雄同株 1 株。

2.2.2 树高

树高最高单株为42.2m，位于顺昌县洋口镇田坪村上坪头；最矮单株为7.0m，位于宁化县河龙镇前进村景云组；树高<10m的银杏为3株，占1.49%；在10~20m的银杏为63株，占31.35%；在20~30m的银杏为104株，占51.74%；在30~40m的银杏为28株，占13.93%；40~50m的银杏为3株，占1.49%(图3-a)。树高前十位单株：顺昌县洋口镇田坪村上坪头(42.2m)、建宁县黄坊乡(42.0m)、建阳市书坊乡饶坝村(40.0m)、武夷山市星村镇桐木村(38.0m)(图4-d)、上杭县蛟洋乡华家村凹A(35.6m)(图4-b)、沙县高桥镇桂岩村(35.0m)(图4-c)、沙县大洛镇(35.0m)、将乐县余坊乡隆兴村白头自然村(35.0m)、泰宁县大田乡垒磜村七宝庵(35.0m)、浦城县九牧镇渭潭村(35.0m)。

2.2.3 树龄

年龄最大单株为1300年，位于武夷山市岚谷乡黎口村；最小单株为100年，有2株，位于漳平市永福镇福里村罗城自然村1株，位于沙县城关孔庙旧址学校院内1株；年龄在100~300年的为24株，占12.77%；在300~500年的为26株，占13.83%；在500~1000年的为118株，占62.76%；在1000~2000年的为20株，占10.64%(图3-b)。树龄前十位单株：武夷山市岚谷乡黎口村(1300年)、顺昌县洋口镇田坪村上坪头(1242年)、泰宁县大田乡垒磜村七宝庵(1200年)、永泰县大洋镇棋杆院里(1100年)、武夷山市吴屯乡瑞岩寺(1100年)(图4-a)、宁化县湖村镇上坪山庵下纸厂(1000年)、宁化县湖村镇上坪山庵下纸厂(1000年)、宁化县河龙镇黄家山(1000年)、宁化县安远镇伍坊村(1000年)、武夷山市洋庄乡坑口村茶劳山垦殖场(1000年)。

2.2.4 胸径

福建省已知胸径的银杏古树共计207株(其中包括基径<1.0m 6株、1.0~2.0m 16株、2.0~3.0m 7株)。胸径最大单株为3.13m，位于顺昌县洋口镇田坪村上坪头；最小单株为0.32m，位于宁化县安远镇伍坊村；胸径<1.0m的为96株，占53.93%；在1.0~2.0m的为75株，占42.14%；在2.0~3.0m的为6株，占3.37%；3.0~4.0m的为1株，占0.56%(图3-c)。胸径前十位单株：顺昌县洋口镇田坪村上坪头(3.13m)、尤溪县中仙乡龙门场66(2.91m，基)(图4-e)、尤溪县中仙乡龙门场64(2.39m，基)(图4-i)、上杭县蛟洋乡华家村凹A(2.36m)(图4-h)、尤溪县中仙乡龙门场29(2.36m，基)、尤溪县中仙乡龙门场43(2.23m，基)、尤溪县中仙乡龙门场20(2.13m，基)、尤溪县中仙乡龙门场37(2.13m，基)、周宁县礼门乡秋楼村(2.07m)、尤溪县联合乡东边村(2.01m)。

2.2.5 冠幅

冠幅最大单株为25.0m×25.0m，平均冠幅为25.0m，位于建阳市莒口镇金山东坑村；最小单株为6.0m×5.0m，平均冠幅为5.5m，位于顺昌县大干镇宝山上湖村高老庄F。冠幅集中在10.0~20.0m范围内(图3-d)。冠幅前十位单株：建阳市莒口镇金山东坑村(25.0m×25.0m)、建阳市书坊乡饶坝村(22.0m×23.0m)、上杭县蛟洋乡华家村凹A(25.2m×18.0m)、尤溪县中仙乡龙门场64(18.8m×23.6m)(图4-i)、尤溪县中仙乡龙门场1(19.0m×22.0m)、建瓯市迪口镇西坑村池丹自然村(18.0m×19.0m)、政和县铁山镇大岭村(18.0m×18.0m)、永春县仙夹镇夹际村上林郑氏祖厝边(18.0m×17.0m)(图4-j)、武夷山市星村镇桐木村庙湾(18.0m×17.0m)(图4-d)、尤溪县中仙乡龙门场62(15.5m×18.4m)。

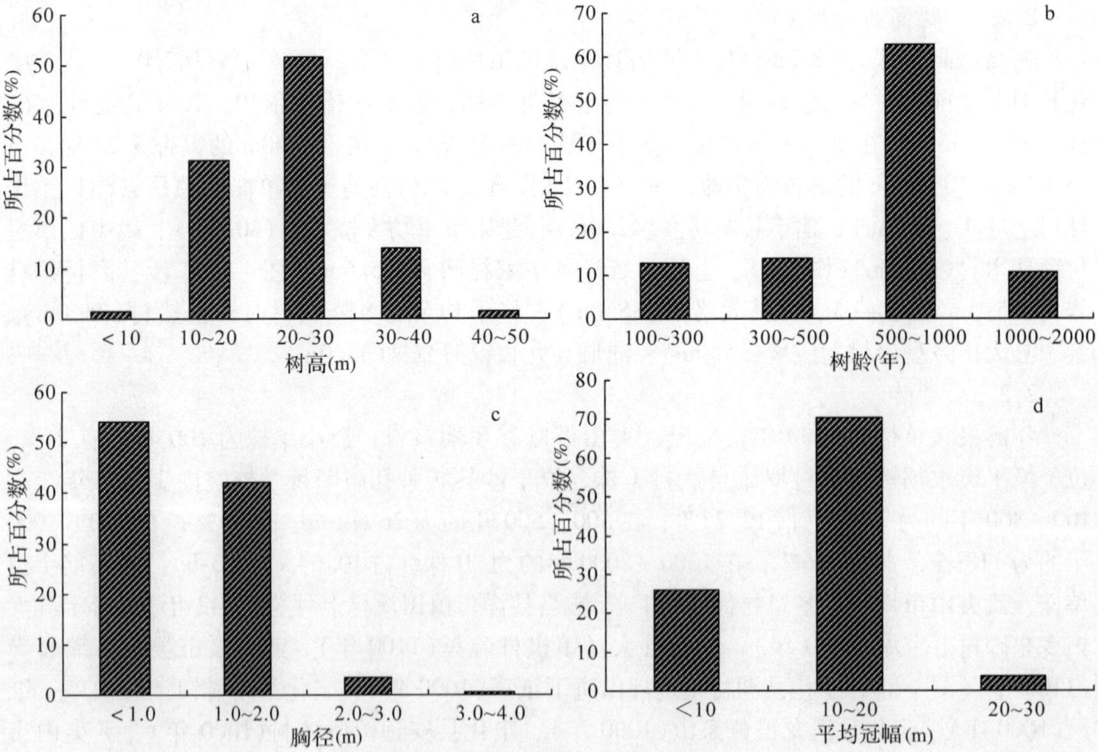

图 3　福建银杏古树生长指标

Fig. 3　Growth indexes of ancient ginkgo trees in Fujian Province

2.3　特异种质

2.3.1　垂乳银杏

表 1　福建银杏古树优良品种汇总表

Tab. 1　Thesummary sheet of fine varieties of *Ginkgo biloba* L. in Fujian province

生长地点	性别	树高(m)	胸径(m)	冠幅(m)	树龄(年)	备注
永安市西洋镇岭头村 A	雌	26.0	1.00	3.4×11.3	400	闽永 1 号
尤溪县中仙乡善林村	雌	18.0	0.96	10.0×10.0	500	闽尤 1 号
尤溪县联合乡东边村	雌	20.0	2.01	11.0×12.0	600	闽尤 2 号
武夷山市吴屯乡瑞岩寺	雌	28.0	1.89	11.5×12.3	1100	武夷 1 号
武夷山市岚谷乡黎口村	雌	21.0	1.65	8.5×7.4	1300	武夷 2 号
武夷山市下阳乡厅下村	雌	8.0	0.89	12.0×11.0	200	武夷 3 号
顺昌县大干镇宝山上湖村	雌	19.0	1.80	8.0×7.5	700	闽顺 1 号
屏南县棠口乡	雌	24.0	1.27	8.0×9.0	400	闽屏 1 号
漳平市永福镇李庄村	雌	15.0	0.80	12.0×10.0	309	叶籽银杏
沙县城关孔庙旧址学校院内	雌	17.6	0.60	15.0×16.0	100	叶籽银杏

垂乳是指在主干基部或树干上着生的“钟乳”状的木质树瘤。垂乳分为干生垂乳、枝生垂乳和根生垂乳(Fujii，1895；Del Tredici，1992a，1992b；付兆军等，2013d)。银杏古树上我们所能看到垂乳为干生垂乳或枝生垂乳。福建有垂乳银杏 10 株，其中尤溪县 2 株，武夷山市 3 株，顺昌县 4 株，上杭县 1 株。单株垂乳数最多和垂乳长度最大的单株为同一株，位

于顺昌县大干镇宝山上湖村高老庄后院Ⅰ(图4-g)，雌株，树龄1000年，胸径1.46m，垂乳数达29个，垂乳最长达0.85m。

图4 福建部分银杏古树资源

Fig. 4 A portion of ancient ginkgo trees resource in Fujian province

a. 武夷山市吴屯乡瑞岩寺银杏古树；b. 上杭县蛟洋乡华家村A银杏古树；c. 沙县高桥镇桂岩村银杏古树；d. 武夷山市星村镇桐木村银杏古树；e. 尤溪县中仙乡龙门场66号银杏古树；f. 尤溪县中仙乡龙门场66号银杏古树，示复干；g. 顺昌县大干镇宝山上湖村高老庄后院Ⅰ银杏古树，示垂乳；h. 上杭县蛟洋乡华家村A银杏古树，示粗大复干；i. 尤溪县中仙乡龙门场64号银杏古树；j. 永春县仙夹镇夹际村上林郑氏祖厝边银杏古树

a. Ancient ginkgo tree in Ruiyan temple of Wutun Town Wuyishan City; b. Ancient ginkgo tree in Huajia Village Jiaoyang Town Shanghang County; c. Ancient ginkgo tree in Guiyan Village Gaoqiao Town Sha County; d. Ancient ginkgo tree in Tongmu Village Xingcun Town Wuyishan City; e. No. 66 ancient ginkgo tree in Longmen farm of Zhongxian Town Youxi County; f. No. 66 ancient ginkgo tree in Longmen farm of Zhongxian Town Youxi County, showed mult－trunk; g. Ancient ginkgo tree in the back yard of Gaolaozhuang Baoshanshanghu Village Dagan Town Shunchang County, showed chichies; h. Ancient ginkgo tree in Huajia Village Jiaoyang Town Shanghang County, showed big mult－trunk; i. No. 66 ancient ginkgo tree in Longmen farm of Zhongxian Town Youxi County; j. Ancient ginkgo tree in Jiaji Village Xianjia Town Yongchun County

表 2 福建部分银杏古树群落

Tab. 2 Aportion of ancient ginkgo trees groups in Fujian province

生长地点	株数	平均树高(m)	平均胸径(m)	平均树龄(年)	备注
宁化县水茜乡下傅村垅里	19	24.5	0.92	650	3 雄 16 雌
宁化县安远镇伍坊村	19	19.2	0.69	460	1 雄 18 雌
尤溪县中仙乡善林村龙门场	155	22.2	1.06	800	平均冠幅 12.0m × 12.4m
沙县高桥镇桂岩村	18	29.2	0.83	325	仅知 3 株为雌
德化县杨梅乡丁荣自然村	27	26.0	1.00	500	最大单株为雌株
顺昌县大干镇宝山村	40	18.8	1.40	300	2 雄株
政和县铁山镇大岭村	300	20.3	0.96	375	—

2.3.2 复干银杏

银杏具有较强的萌蘖能力，且萌条均从树干基部的根径交界区域发生。邢世岩等(1996)首次将银杏的这种萌条称之为“复干”。福建有复干银杏 62 株，其中尤溪县 48 株，且均位于中仙乡龙门场；此外永安市有 3 株，顺昌县 3 株，沙县、上杭县和武夷山市均有 2 株，长汀县和永春县各 1 株。单株复干数最多达 16 个，该单株位于尤溪县中仙乡龙门场 46，雌株，树龄 800 年，基径 1.96m。复干胸径最大达 1.41m，该单株位于上杭县蛟洋乡华家村凹 A(4 – h)，雌株，树龄 1000 年，胸径 2.36m，该单株共有 3 个复干，最小复干胸径 0.53m。

2.3.3 优良品种

福建银杏古树中有‘闽永 1 号’、‘闽尤 1 号’、‘闽尤 2 号’、‘武夷 1 号’、‘武夷 2 号’、‘武夷 3 号’、‘闽顺 1 号’、‘闽屏 1 号’等 8 个优良品种(表 1)。此外，福建有叶籽银杏分布，共 2 株(表 1)。

2.4 银杏古树群落

在一定的自然区域内，相互之间有直接或间接关系的各种生物的总和称生物群落，简称群落(包括这个区域内的各种动物、植物和微生物)。银杏寿命长、适应性广、繁殖能力强，这是长期自然选择的结果，不同地域形成了独特的银杏古树群落，根据银杏古树的特点及群落概念，本文论述的群落仅界定为在同一地点(如村、场等)大于等于 10 株的古银杏群落。由于各种原因部分群落缺少不同物种描述，但关于银杏古树种群描述比较全面，仅供参考。

福建有银杏古树群落 12 个，主要分布在宁化县、尤溪县、沙县、德化县、武夷山市、邵武市、顺昌县、浦城市和政和县等 9 个县、市。群落中银杏古树株数最多达 300 株，位于政和县铁山镇大岭村(表 2)；最少仅 14 株，位于浦城县濠村乡顶前村，此外，尤溪县中仙乡善林村龙门场群落和浦城县濠村乡后濠村群落的银杏株数也均在 100 株以上。群落平均树高最大为 29.2m，最小为 19.2m(表 2)。群落平均胸径最大达 1.40m，最小仅 0.69m(表 2)。群落平均树龄最大达 800 年(表 2)，最小仅为 100 年，武夷山市下阳乡厅下村群落和邵武市卫闽镇童阳际村群落的平均树龄均为 100 年。

3 结论与讨论

3.1 福建银杏古树资源特点

福建银杏古树资源丰富，分布相对集中。除厦门没有银杏古树的分布外，其余8个地级市均有银杏古树分布。银杏古树的分布整体上呈现西北多、东南少的趋势，这与福建西北高、东南低的地形相一致。武夷山区的南平市与三明市是银杏分布最为集中地区，福建银杏古树多集中于山区的分布格局，与已报道的湖北、河南等省的银杏古树分布相类似(左雄中，2004；付兆军等，2013a，2013b)。福建银杏古树绝大部分为雌株，这与付兆军等(2013a，2013b，2013c)调查湖北、河南银杏古树和临沂生生园复干银杏的结果相类似。但福建银杏古树中雌株占91.76%，高于湖北的91.52%和河南的87.43%。Santamour(1983)研究发现，自然状态下银杏雌雄性别比例为1∶1，因此，该省银杏古树雌雄性别比例差距如此之大系人为选择造成，且人为选择的程度比湖北、河南略大。

福建银杏古树树高集中在10～30m范围内，这一特点与湖北、河南的银杏古树相似。20～30m范围内的株数占总数50%以上，这比上述两个省份相同区间范围所占的比例要高，这可能与福建海拔相对较低有关。福建银杏古树树龄整体偏小，500～1000年的所占比例最大，超过1000年的所占比例很小，这与湖北、河南、山西、山东等省份相比，差距较大(付兆军等，2013a，2013b；李文荣等，1996；梁立兴，2005)。福建银杏古树的树龄偏小可能与福建银杏的栽培历史与早期的人类活动的影响有关。福建银杏古树的胸径以1.0m以下居多，超过2.0m的很少，与已有报道的湖北、河南等省份的比较，整体偏小，这与树龄偏小是相对应的。该省银杏古树树冠集中在10～20m之间，与上述省份比较，差异较小。福建银杏古树树龄整体偏小，呈现出较好的生长状况。

3.2 银杏古树群落

银杏是中国特有的活化石植物，这是举世公认的，然而，我国究竟有没有野生银杏？学术界一直存在争议(林协，2001)。陈炳浩(1995)在其《银杏种质资源多样性的保护与发展》一文中认为，我国野生状态的银杏林有三处：川东、鄂西天然林分布区、湖北大洪山银杏天然群落和福建武夷山区散生分布的银杏。

本研究中，在银杏集中分布的武夷山区，银杏古树群落多集中于村庄内的房前屋后或村庄周围的田岭间。政和县、顺昌县和浦城县的银杏古树群落的树龄在300年左右，是野生群落的可能性不大。尤溪县龙门场的银杏古树树龄平均达800年以上，周辉等(2002)认为其可能是古代因银冶炼所需而栽植，但并没有直接证据能证明。尤溪县的358株银杏古树，均分布在海拔400～650m的低山、丘陵地带。根据木力(1996)的观点，一般先有银杏林，然后才有少数居民迁居于此，龙门场银杏古树群落很可能是野生群落自然繁衍形成的子代林。而武夷山中散生于天然林群落中银杏古树很可能是野生或半野生的，这与陈炳浩(1995)的结论是一致的。

3.3 特异种质

本研究表明，福建银杏古树中，垂乳银杏大多分布在武夷山区，即武夷山脉的南侧，尤以武夷山腹地的武夷山市和顺昌县居多。袁子祥等(1995)认为，银杏垂乳多发生在雨水汇集、潮湿及营养物质富集的地方。武夷山腹地降水多、环境温暖湿润，这可能是垂乳银杏较多的原因。

福建银杏古树的复干发生率比湖北、河南等地的高。尤溪县龙门场是福建复干银杏最集中的地方，该群落中，复干银杏的发生率仅30%。与全国各地的银杏古树相比较，龙门场复干银杏发生率如此之高，肯定不是自然生长的结果。Del Tredici(1992b)考察天目山时，发现，主干受损的银杏会大量萌生复干，付兆军等(2013c)研究临沂生生园复干银杏时发现，人为的干扰、损伤是导致复干大量萌发的主要原因。因此，笔者推断，龙门场银杏在其生长过程中可能受到人为或自然损害干扰后才形成的复干银杏。

参考文献

[1] Del Tredici P. Natural Regeneration of *Ginkgo biloba* from Downward Growing Cotyledonary Buds (Basal Chichi). American Journal of Botany[J], 1992a, 79 (5): 522-530.

[2] Del Tredici P. Where the wild ginkgos grow[J]. Arnoldia, 1992b, 52 (4): 2-11.

[3] Fujii K. On the Nature and origin of so - called"Chichi" (nipple) of *Ginkgo biloba* L[J]. Bot Mag (Tokyo)., 1895, 9: 444-450.

[4] Li C L & Black L M. Anatomical studies of *Trifolium incarnatum* infected by wound - tumor virus[J]. Amer J. Bot, 1957, 42: 160-168.

[5] Li H L. A horticultural and botanical history of ginkgo[J]. Bulletin of the Morris Arboretum, 1956, 7: 3-12.

[6] Santamour F S, He S A, Ewert T E. Growth, Survival and Sex Expression in Ginkgo[J]. Arboriculture, 1983, 9(6): 170-171.

[7] Tralau H. The phytogeographic evolution of the genus Ginkgo L[J]. Botaniska Notiser, 1967, 120: 409-422.

[8] 沈启昌. 古树名木林木价值评估探讨[J]. 绿色财会, 2005, 20(1): 39-41.

[9] 陈贞镇. 银杏资源调查与开发利用研究[J]. 漳平市农业区划办公室, 1994.

[10] 陈贞镇. 闽西银杏//中国林学会经济林分会银杏研究会, 山东省郯城县林业局. 全国第三次银杏学会研讨会论文集[M]. 武汉: 湖北科学技术出版社, 1995: 25-26.

[11] 付兆军, 邢世岩, 刘晓静, 等. 湖北省银杏古树资源调查与生长特性分析[J]. 林业科技开发, 2013a, 27(1): 50-54.

[12] 付兆军, 刘晓静, 邢世岩, 等. 河南银杏古树资源[J]. 林业科技开发, 2013b, (in press).

[13] 付兆军, 邢世岩, 李真, 等. 临沂生生园复干银杏生长特性[J]. 植物遗传资源学报, 2013c, 14(4): 764-770.

[14] 付兆军, 邢世岩, 刘莉娟, 等. 基生垂乳在银杏苗上的生长特性[J]. 西南林业大学学报, 2013d, 33 (1): 34-39.

[15] 黄碧丽. 泉州市城市古树名木资源调查与分析[J]. 武夷科学, 2001, 17: 19-23.

[16] 李文荣, 郭晋平, 张云香. 山西省银杏资源现状及其发展前景[J]. 山西林业科技. 1996, 3: 16-24.

[17] 林协. 银杏起源研究文献综述/陈鹏, 戴明车, 林协, 等. 银杏产业的机遇与挑战[M]. 南京: 东南大学出版社, 2001: 79-90.

[18] 梁立兴. 山东省银杏古树名木调查[J]. 山东林业科技, 2005, 34(5): 87-89.

[19] 林云青. 建瓯市名木古树资源现状及保护对策[J]. 林业勘察设计, 2001, 21(2): 51-54.

[20] 雷进声. 福安市古树名木资源调查与研究[J]. 林业调查规划, 2005, 30 (1): 69-72.

[21] 木力. 伏牛山区的银杏古树群[J]. 植物杂志, 1996, 23(3): 24.

[22] 王伏雄, 陈祖铿. 银杏胚胎发育的研究 - 兼论银杏目的亲缘关系[J]. 植物学报, 1983, 25(3): 199-207.

[23] 王 韧, 兰大和, 蔡开愚, 等. 太姥山珍稀树种、名木古树及保护[J]. 福建林业科技, 2001, 28(3):

81-85.
[24] 邢世岩．银杏丰产栽培技术[M]．济南：济南出版社，1993：262-279.
[25] 邢世岩，苗全盛．银杏复干生物学特性的研究[J]．林业科技通讯，1996，39(2)：6-9.
[26] 邢世岩．叶用核用银杏丰产栽培[M]．北京：中国林业出版社，1997：1-10.
[27] 肖方道，李振问，何瑾．尤溪银杏资源状况及其发展前景预测//中国林学会经济林分会银杏研究会，湖北省巴东县人民政府．全国第八次银杏学术研讨会论文集[M]．武汉：湖北科学技术出版社，2000：298-302.
[28] 徐炜．古树名木价值评估标准的探讨[J]．华南热带农业大学学报，2005，11(1)：66-69.
[29] 袁子祥，王友良．银杏树奶在中、幼年树上诱导成功[J]．林业科技开发，1995：9(4)：35.
[30] 左雄中．湖北银杏古树资源[J]．武汉：华中农业大学，2004.
[31] 周辉，周良才，张碧玉．在开发利用中的福建银杏资源//中国林学会经济林分会银杏研究会，浙江省长兴县人民政府．银杏产业提升和可持续发展[M]．北京：中国农业科学技术出版社，2002：378-386.
[32] 周良才，周辉，张碧玉．多胚珠银杏丰产优株观察//中国林学会经济林分会银杏研究会，广西壮族自治区桂林地区行政公署编．全国第七次银杏学术研讨会论文集[M]．北京：中国林业出版社，1999：181-185.
[33] 周良才，张碧玉，吕贵祝，等．闽北古银杏优株初选//中国林学会经济林分会银杏研究会，湖北省安陆银杏协会、江苏省泰兴市银杏协会．全国第二次银杏学术研讨会论文集[M]，武汉：湖北科学技术出版社，1994：58-62.
[34] 周良才．福建银杏品种资源调查研究及其发展生产意见//中国林学会银杏协会筹委会，湖北省安陆市银杏协会．全国首届银杏学术研讨会论文集[M]．武汉：湖北科学出版社，1992：84-87.
[35] 周志炎．中生代银杏类植物系统发育、分类和演化趋向[J]．云南植物研究，2003：25(4)：377-396.

银杏文化

博大精深　卷帙浩瀚

——评邢世岩主编的《中国银杏种质资源》的林学史意义

曲祚民
（国务院国资委石化离退休干部局，北京　100732）

近些年来，国内银杏专家先后在学术刊物上发表论文 160 余篇。以曹福亮为突出代表，编纂出版了《中国银杏》、《中国银杏志》、《银杏》（画册）、《中国银杏品种图鉴》、《听伯伯讲银杏的故事》、《银杏资源培育与高效利用》等专著、论文集和教材。不久，林协研究员的《植物活化石——中国银杏》科普专著问世等等。同时，还有许多极为可观的学术成果。这些成果，各有特色，但综合性居多，大部头专著少。迄今尚无一部汇辑整合的总集，因而银杏古树究竟有多少，几乎谁也说不出比较准确的数字。

2013 年 11 月，中国林业出版社出版的由邢世岩教授主编的《中国银杏种质资源（精）》，恰好应运而生，满足了读者的期望。

全书上篇《银杏种质资源综述》共八章，下篇《中国银杏古树资源》重点介绍了 23 个省（自治区、直辖市）的银杏古树资源。

该书的前言中指出，中国是世界上银杏第一大国，拥有世界银杏种质资源 90% 以上。它是重要的世界自然遗产。

邢世岩教授的学术著作《中国银杏种质资源》，是中国第一部系统研究银杏种质资源的著作，全书 300 余万字，采用图片 3244 张，展示了当今银杏科研的最新理论成果和生产技术，对于我国银杏资源发掘、保存、评价及良种选育具有重要意义。同时也是一部具有开创性和影响性的工具书，具有重要使用和保存价值。

中国工程院院士束怀瑞、尹伟伦以及南京林业大学校长曹福亮分别为本书作序，并高度评价了此书。束怀瑞院士在序中说，本书图片量巨大，文字内容丰富，图文并茂，是一部系统研究银杏的权威著作。又说，该书源于邢世岩教授及其团队，对银杏虔诚的追求和锲而不舍的探索，相信，该书的出版，将进一步促进谱写美丽中国银杏新篇章。

南京林业大学校长、中国银杏研究会会长曹福亮为本书作序，高度评价了此书。指出该书展示了当代银杏科研的新观点新成果，是对中国银杏种质资源研究工作的阶段性总结，必将对广大科技工作者及银杏事业的发展产生极大影响。

总之，历数重之难关，毕数年之心血，编纂并出版了《中国银杏种质资源》一书。这部大型文献集成性图书，收录了绝大部分银杏种质资源和重要银杏古树。

该书收录的空间历史跨度大，涵盖面广。在整体规模上给研究者以多元化的研究视角。它是中国迄今为止规模最大的银杏种质资源文集，是深入研究林学不可或缺的大型资料性图书。

《中国银杏种质资源》一书最大的特点，是对当前学术研究各个方面的原始资料进行了极为精当的汇编。也在银杏研究层面衍生或提升出一系列具有争议性或前瞻性的课题。

综合全书来看，主要有以下十大特点：

1 内容丰富，博大精深

全面介绍了中国银杏种质资源和中国银杏古树资源，材料翔实，这是衡量林学著作的重要标准之一。该书是邢世岩24年来银杏研究的总结，系统描述了中国银杏种质资源，许多材料为首次发表，既采用专题的形式，又有分论。分类介绍了种质资源保存与评价，银杏古树资源、核用银杏资源、叶用银杏资源、材用银杏资源、观赏银杏资源、特异银杏资源等内容。几乎遍及银杏的各个领域。为课题的论证提供了保证。

《中国银杏种质资源》的编写，是一项涉及方方面面的银杏经济文化建设系统工程。其包罗内容之广，记述时间跨度之长，涉及全国银杏古树之多，投入人力之众，是过去旧志无法比拟的。

本书为中国是银杏的故乡和世界银杏的摇篮、为银杏被推荐为国树，提供了系统详尽的资料。从而更好地发挥其资质、教化、存史、交流的应有作用。

2 采用了大量的文献列表，锦上添花

作者视野开阔，在此前研究成果的基础上，为深入分析描述全国银杏种质资源，书中配有大量图表，种质资源研究及概括总表与母子表，为今后深入研究提供了可贵的文献资料。

各种统计分布表是最权威、最全面的资料库，几乎涵盖了银杏种质资源的所有方面的表格，是一份难得的好资料。包括全国叶籽银杏统计表、全国典型垂乳银杏统计、日本垂乳银杏及传说、全国雌雄同株银杏汇总、国内外银杏雌雄比例的研究、全国典型复干银杏统计等等。

这种简洁模式，为我们提供了最便捷、最人性化的资源。诸多问题，一目了然地揭示出来，便于选择浏览、查询和使用

3 系统地按重点省(自治区、直辖市)，逐一介绍各地银杏种质资源

全国各省(自治区、直辖市)，主要县、乡、村寨古银杏株数，全国古银杏树高、年龄结构、胸径结构、树冠覆盖面积等均有记载。

重点描述了山东、湖北、江苏、浙江、河北等10个省(自治区、直辖市)银杏古树种实特性，共计239株古树。彩图219幅，涉及226个古树单株，用图片235张。

4 结构合理，图文并茂，编排得当

全书300余万字，880页，采用彩色图片3000余张。

5 初步查明了中国古银杏群落的面积、地点及株数

对20个省(自治区、直辖市)135个古银杏群落地点、株数、面积、生长特性及生境作了系统描述。

6　初步查明了中国银杏古树名木的分布、株数

实测和统计中国有银杏古树名木 49120 株。同时，对 6019 株的生长地点、生长性状及古树文化等相关信息进行了系统描述。

7　描述了 120 个叶用优系或优株，涉及 87 个无性系

同时，首次描述了‘塔形银杏’(‘Fastigiata’)、‘圣克鲁斯’(‘SatltaCruz’)、‘费尔蒙特’(‘Fairmount’)、‘展冠银杏’(‘Horizorltalis’)等 26 个国外引进及国内观赏品种，涉及 22 个品种等。

8　对国外银杏古树资源也进行了重点介绍

国外银杏种质资源：

第一部分是美国、新西兰、韩国、朝鲜银杏古树汇总表与日本的银杏古树及传说、日本扦插的银杏古树。

第二部分是法国、德国、意大利、比利时、荷兰、西班牙、波兰、保加利亚、捷克、丹麦、挪威、爱沙尼亚、智利、大不列颠联合王国以及美国、日本和澳大利亚等 18 个国家的银杏古树汇总表，简要介绍了 163 株古银杏树。尤为珍贵。

9　采用了“综述加专论”的互补型结构

该书由上篇综述和下篇分述组成。综述求“总”，勾画轮廓，标举特点，突出个性；分述求“专”，详述各地，条分缕析。为便于社会各方面、多层次的广泛利用，使其更具整体性和立体感，帮助读者从线到面，由面到点，由点到总，由总到专，全面地认识和把握各地银杏种质资源。

10　作者的匠心及其团队精神

作者邢世岩教授，男，1959 年 7 月出生，山东龙口人，九三学社会员。森林培育博士，博士研究生导师，林学院教授委员会副主任。1981 年 12 月毕业于山东农学院林学专业，获学士学位。1994 年晋升为副教授，2000 年晋升为教授，2001 年遴选为硕士生导师，2002 年遴选为博士生导师，2002 年被南京林业大学特聘为兼职教授。现指导博士生 3 名、硕士生 7 名。2003 年 10 月《银杏种质资源及良种选育研究》被北京林业大学评为优秀博士学位论文。2003 年被“全国学位与研究生教育发展中心”聘为第九次“申请博士、硕士学位授权点通讯评议专家”。

作者精心运筹，独具匠心，出题定向，分类指导。特别重视发挥参编人员、外业调查、拍照及内业分析人员的作用。共计 185 名各类人员的名单，刊登在本书的扉页上。

曹福亮校长评价该书是邢世岩教授和参编人员心血的结晶，也是“众人拾柴火焰高”的范例。

《中国银杏种质资源》一书的编纂与出版是林学出版史上的大事、盛事，十分可喜可贺。

三株银杏寄深情

唐孟杰
（汉台区西大街益汉巷4号汉中市水利局家属院，陕西汉中 723000）

汉中财经学校原副书记、离休干部、中国林学会银杏分会会员、汉中市民间文艺家协会会员丁怀德和已故老伴于1995年在家属院自家门前种植的三棵银杏树2002年挂果，如今根深叶茂、硕果累累，年年增产，过往行人赞不绝口。

这三棵银杏树既不高大雄伟，也不端庄秀丽，而是朴实无华，品质优良。她们春夏枝繁叶茂，秋天金叶灿灿，果实累累；她们净化空气，涵养水源，阻滞沙尘，降低噪音，散发微量氰化氢，被人吸收后减少癌症发病率，提供生物电磁波，改善人体内分泌功能，增强免疫力，树叶和果实能防病保健，播撒幸福；她们默默无闻，精神可嘉，无私奉献。很多人目睹过她们的风采。汉中电视台、广播电台、省市报刊都曾做过多次报道。

她们生长在汉中，故土不离，但声誉却远扬省内外。在她们身上所发生的一串串故事，饱含着育树人的爱国爱校之心和爱民之情。

宁夏回族自治区永宁县纳家户清真寺院管委会主任李忠明看了这三棵树后，向丁老要了13株树苗种在寺院内，精心管护，如今已郁郁葱葱。这一棵棵生机勃勃的银杏树，象征着民族团结，预示少数民族兴旺发达。

汉台区龙江镇柏花村村民看了电视台播出银杏结果的画面后，村支书、主任带领村干部到家属院参观取经，聘请丁老当他们的顾问。丁老在树前详细地介绍了嫁接银杏早结果的经验，还亲自带他们一起到市林科所参观学习，并邀请朱明全所长到该村现场指导，向村民传授银杏栽培技术。

在丁老的影响下，财校退休女老师马新荣也深深地爱上了银杏。她多次领上亲朋好友参观，给人当讲解员，还学会了育苗、扦插、嫁接技术，在家属院种植了16株银杏，并将10多株银杏带回河南定植。

住同一家属院的汤霞，从小到大目睹了丁爷爷为推广种植银杏而辛勤劳动，千里奔波，支援陕北，老有所为，奉献不止。她从东北师范大学毕业后，参加汉台区中学教师招考的演讲比赛，选题为《离而不休的银杏老人——丁怀德》，在叙述完事迹后说："我要像丁爷爷爱护银杏树那样爱护我的学生，教育学生学习银杏树为民造福的精神，学好知识回报人民。"她选用身边的真人真事演讲，可信感人，博得听众和评委的赞赏，顺利被录用为龙江中学的教师，其演讲稿被汉中老年报刊登。

丁老的外孙张楷在汉师附小上五年级时，曾在2000多人的升旗仪式上以《夕阳的情怀》为题发表演讲，讲述了外公离休后坚持种银杏，把事业与奉献当作人生信条，用实际行动践行着自己的追求，赢得全场掌声，主持仪式的老师和学生代表激动不已地说："我们要学习张楷外公的'银杏精神'，培养好下一代，争当共产主义接班人。"

秦峰液压厂的退休干部王志英，到银杏树下看了一次又一次，对银杏树产生了浓厚兴趣，向丁老要了4株银杏栽植到大荔县农村。

城固县的一位银杏种植者看到电视宣传后，专程登门求教。该县北山的农民杨荣杰多次来丁老家交流银杏种植经验，实地考察了3株银杏的挂果情况。

富平县的一位青年来汉中购买核桃，听到汉中广播电台的新闻后，来丁老家中请教，咨询能否在承包的几百亩荒坡种植银杏，丁老用关中耀县、大荔、铜川、陕北种植银杏的事实作了回答，使其满意而归。

西安地矿研究所退休干部苏福信来信要银杏资料，丁老免费寄去一本《银杏栽培技术》和500g白果种子。

这3株银杏树挂果的照片在《金秋》杂志刊出后，宝鸡市的一位女士打来电话，向丁老咨询银杏种植技术。

河南省西平县的卢女士在汉中打工多年，多次在这3株银杏树前观察了解，被果满枝头的累累果实所吸引，她提出要求后，丁老送给她4株银杏和1株桂花树苗带回老家，全部栽植成活，长势很好。

在汉中市洪张养生中心就职的李主任（河南省焦作市人）看到这三株银杏树特别诱人，迷上了银杏，向丁老要了8株银杏苗带回故乡栽植，第三年又来要了2株。

汉中职业技术学院经济管理系07级旅游班有4位来自延安的女学生，她们第一次看到银杏树感到很高兴。丁老多次鼓励小老乡用延安精神坚持学习，学好知识，建设祖国、回报社会。丁老多次给他们讲解银杏的好处和种植技术，并邀请他们到家中品尝白果，又赠送了2kg白果和36株银杏苗，让她们带回去在家乡种植推广。丁老既育树又育人，要求她们用银杏的坚韧与奉献精神塑造自己的价值观、人生观。这4名学生都很争气，学习刻苦努力，在学校表现很优秀，一名获得了8000元国家奖学金，两名各获得了5000元励志奖学金，两名入了党，两名被评为优秀班干部，一名被评为优秀团员，三名被评为优秀毕业生，4人在实习期间都被用人单位看中，一毕业全都上岗工作，没有辜负学院和家长的期待。丁老知道消息后，特地写诗一首祝贺：汉中职院来学习，带回银杏植故乡，人与树木同成长，共为国家做栋梁。

在汉中职院打工的两位农民工和11名教职员工，天天看着这3株银杏树由小长到大，果实一年比一年结得多，越看越喜爱，就开口向丁老要49株银杏苗，他有求必应，如数满足。

家属院的邻居家来了一名广州女士，当她看到这三株银杏结的果实有外种皮时，惊奇地说：广州人未见过银杏树，都认为白果在树上就是白色的，今天看了才知道它还有一层外种皮。她随即用手机拍照传给家人，共长见识。

为表达对学院新校区建成的祝贺，寄托一份爱校如家之寸心，聊表对绿化美化校园的支持，丁老将自己和老伴培育了19年且已挂果多年，价值12000多元的三株银杏树捐赠给学院，永久定植在新校区，使其成为有生命的活化石、活文物、活教材，陪伴辛勤园丁和莘莘学子共同成长，为营造美丽校园尽一份微薄之力。

为什么要用银杏作为贺礼？又为什么捐赠三株？这是因为银杏树大根深、枝繁叶茂，果实累累，寿命绵长而千年不衰，用这种生命力极强的植物之王、生态之星、绿色之冠作为贺礼，意喻汉中职院教学科研硕果累累，兴旺发达。银杏之美，充满了蓬勃旺盛的朝气，昂扬向上的锐气，不畏邪恶的浩然正气，象征着职院培育出品学兼优、德才兼备、敢于担当、乐于奉献的刘秋兰、邓琼月式的优秀学子，深受社会欢迎。

正如捐赠者丁老在劳动中有感而发的那样：父母给生命，党教为人民；离休种银杏，献给众乡亲；将来离人世，大树依然存；尸骨化灰烬，白果年年增；灵魂化银杏，生命在延伸。三株银杏虽少，却以活生生的事实回答了共产党员要时刻想入党为什么？在岗干什么？退休想什么？死后留什么？

著名诗人臧克家的名诗佳句：“有的人活着，他已经死了；有的人死了，他还活着。”可见，历朝历代所有为后人植下长生不老大树的人，都永远活着，也是永远受人尊敬的人。

吕正操将军讲得更有哲理，他说：人不在活多久，而在多做事。最喜夕阳无限美，人生难得老来忙。这就描绘出了共产党人的价值观。丁老说：我们老年人余生太短，更要珍惜生命，与时间赛跑，唱响夕阳红，为国家、为人民、为社会多做点滴善事。唯有永葆共产党人的政治本色，才能对得起党的教育，对得起父母和人民的养育之恩，在临终时才有资格大喊一声：我为人类最壮丽的共产主义事业尽心竭力了！

银杏伴他夕阳红

——记来安籍林业科学家　林协

彭怀远
（安徽省来安县老科协，安徽来安　239200）

林协，是安徽省来安县汊河镇相官村沈林组人。1933 年 2 月出生，1955 年毕业于南京林学院。浙江省林业科学研究院研究员。原中国银杏研究会第一、二、三届副会长。现任中国林学会银杏分会名誉会长、南京林业大学兼职教授。他从事林业科技工作 50 多年，获部省级以上科技成果奖 7 项，其中，国家科技成果进步奖 1 项；主编、参编出版银杏学术研讨会论文集 16 本以及《中国果树志 · 银杏卷》、《中国银杏志》等专著，在国内外发表学术论文 40 多篇，科普文章 100 余篇；1992 年荣获优秀林业科技工作者称号。同年起，终身享受国务院特殊津贴。1996 年应邀赴日本参加银杏精子发现 100 周年纪念活动。曾去朝鲜、韩国及欧美等国考察。2011 年 10 月，他主编的《植物“活化石”——中国银杏》一书，由浙江出版联合集团，浙江科学技术出版社出版，获全国梁希优秀科普作品二等奖。

2013 年 9 月 4 日，他带领浙江省林业科学研究院石从广博士和张从根驾驶员不远千里，从杭州专程到来安考察银杏的种质资源。他们不顾长途劳累，到县后，立即前往杨郢乡宝山村回龙庵；亲身考察皖东“银杏王”；又到复兴林场，大庵作业区考察雄、雌两株古银杏树。对每株古树的品种名称、种质类型、繁殖方式、古树性别、树龄、生境条件、形态特征、生长情况，以及历史传说，一一作了调查，并采集一年生枝条，银杏种实标本。对古银杏树，亲自拍照，作为研究资料，一直忙到太阳快要下山时分。还要连夜赶赴南京，对江苏的银杏古树进行考察。

临别前，林老和石博士，对陪同前来的县老科协副会长王孝凡说：“建议你们把来安境内每一株古银杏树，采集一些枝条和种实，寄给浙江省林业科学研究院。进行种质资源研究”。为我县银杏品种鉴定，提供科学依据。

林协，一位八十多岁的老人，还坚持到全国各地进行银杏考察，还要指导科学实验；还要撰写学术论文和科普文章；还要参加全国第二十次银杏学术研讨会，为实现银杏定为中国的“国树”再做贡献。

追求绿色无止境，银杏伴他夕阳红。

常熟市双银杏树·双银杏画·双银杏歌考略

曲祚民

（国务院国资委石化离退休干部局，北京 100732）

江苏省常熟市是一座有着3000年文明史的国家历史文化名城。自古以来，崇文重教，才俊辈出。历代涌现出8名状元、9名宰相、485位进士。两朝帝师翁同龢就是杰出的代表和荣光。常熟市一直享有“人杰地灵，文化之邦”的美誉。这个“文化名市”更有许多银杏树融入城市血脉，是一份特殊的文化遗产。早就闻知常熟市有银杏树王，而且很有传奇性。那年晚秋时节，我不远千里慕名来访。得到贵人相助，马到成功。市农资公司宗有威总经理安派徐志明副总经理开车为我作向导。半日间，便探访了名树，参观翁同龢故居，又品读了双银杏画·双银杏歌。

1 谢桥大银杏

驱车首站来到了虞山镇谢家桥，桥下是缓流的福山塘。在桥前迎面即望见大银杏树绿冠。我下车过桥便奔大树而去。院门边挂有粮管所的木牌，让我一怔。进入院内，早年的双忠庙毫无踪影。一株银杏孤树立在院中。古树的确又粗又大，6个人合抱不过来。树不高，25m。形态古拙，斑驳有朽洞。冠顶一大枝干枯如柴，树叶比较浓密。经查典籍资料，树的来历，有2个版本。其一，树是南北朝时期梁代昭明太子萧统(501～531)，在常熟读书时手植的，常熟现存昭明太子读书台遗址，如果是太子所栽，推定树龄近1500年了。其二，唐朝为了纪念平定安史之乱(755～763)的功臣张巡和许远，在各地修建双忠庙。常熟地区有庙就有银杏树。树即是宗庙的象征。《苏州地方志》第一篇载，双忠庙建于宋代，可见树龄约近千年。树的标牌上写有树龄1010年，是某专家考定的，也似可信。

声名远播的双银杏树，是常熟文化的一条根脉。何时何故形单老衰？经询问方知，20世纪六七十年代，另一株大银杏被雷击折枝。只需锯掉，或支撑加固，问题就迎刃而解了。谁曾想还是难逃斧刃。全省最大的名树，千金不易的宝物，竟被粮管所的小头头，以所谓经过点头批准而无情砍杀，据传掠为己有。可悲可叹！

徐先生指着桥下的污水对我说，山塘水以前基本上是清澈的，可以饮用和淘米，2000年之后，就日渐浑浊不堪。我转念一想，岸上的大银杏树根如果延伸到河中的话，宝树岂不又增加了隐患？

原想远路而来，“摩挲坐树侧”，我这位北京野老，好好品读一番名木嘉树。此时，却被一种彷徨之隐情而减了兴致。但临别时我还是多看了大银杏树几眼。

2 状元、相国翁同龢的诗与画

翁氏系常熟人(1830～1904)，字与号很多，常用号松禅，官至宰相。且不讲他这位廉洁政治家的功业，这里浓彩重墨的是他晚年出类拔萃的艺术成就和被遣归乡后的一些轶事珍闻。

常熟山水风光明媚旖旎，翁同龢自幼受到家乡绿树秀水和丰厚藏书的陶冶。官场失意，转而对山水、庙宇、名树有意。

他在诗歌和书法方面造诣很高，作品优秀。

1901 年是翁同龢被罢官、褫去一切官衔两年多了。这年辛丑三月二十四日，他乘船在福山舟中，望见岸上双忠庙中两银杏树，颇多感慨，即兴赋诗云：

谢家桥古银杏

一扫江乡万木空，眼前突兀各争雄，何年僵立两苍龙？

像设荒凉碑记黯，拂衣肃肃有灵风，微闻野老说双忠。

时隔两年，1903 年一个春日，74 岁高龄的翁老乘小舟漫游山塘江村景物至谢桥时，又被岸畔古刹中两株巍峨的大银杏树所吸引，即停舟登岸，用惊异的目光绕树细观，顿有新的领悟。迅即返回宅邸。晚清颓废的现实，那些不愉悦的往事，早已抛至脑后。他方才看到的双银杏树，强烈的印象已刻在脑子里，便急忙铺开宣纸，瞬间水墨点泼成画。接着，一首吟咏宝树的赞诗流淌而出：

谢家桥古银杏

潮塘神宇静，突兀两苍官。对立若相语，孤擎良独难。

雷惊枝辟火，秋老果登盘。却怪维摩树，频经石匠看。

（《瓶庐诗钞》卷四）

松禅老人在其日记中写道，“是日赴谢桥见此两银杏，归而图之，并系一词”，便是此时此景的写照。

双忠庙古银杏为何让这位老者有感而发呢？那年间，八国联军侵占北京，叶赫那拉氏与光绪逃到西安……

翁老“身在江湖，心存魏阙”，即虽不居官，仍关怀朝政。“野老说双忠”是也。

翁氏忧国忧民意识中不乏金石之气，紧紧抓住银杏特征和风骨，诗句奇崛豪放，诗与画一气呵成。

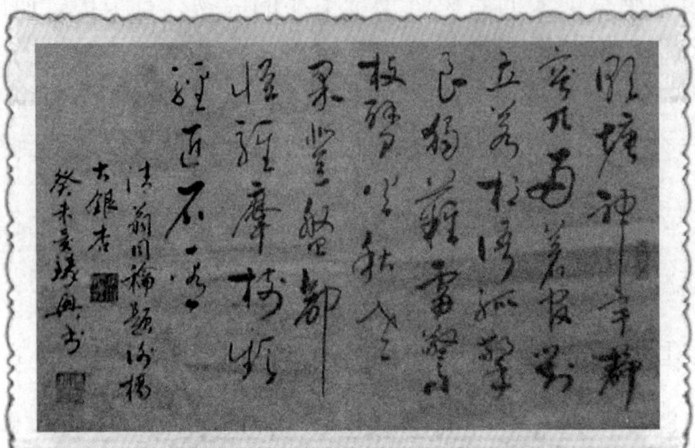

清二朝帝师翁同和画谢桥古银杏于1903年

历史是公正的，翁老随意即兴的墨耳和小诗，自己没把它当成什么作品，却成为后辈喜爱争相摹之传抄的名品佳作。

近代名士、乱世中曾任过民国大总统的徐世昌，也对翁同龢树画赋诗赞许：

题松禅相国书画卷

疏稿寒林落笔迟，殿廊夜直记当时。

空山落叶栖鸦影，写出荒寒老画师。

2011年6月3日，台胞一行数人，依据清廷重臣翁同龢所绘《双忠祠双银杏图》及所赋诗词，到常熟市探寻双忠庙，终于在谢家桥粮管所瞻仰了大银杏树。

2006年11月《常熟文史》第三十六辑封面上是一幅古画，依稀可辨上面的文字“谢家桥古银杏戏写一图……双忠遗迹癸卯四月望翁同龢写”。画面上有两棵“对立若相望”的古树。

3 庞进士与双银杏歌

1904年7月4日，松禅老人走完了复杂多变的人生历程。同仁后辈睹物思人。他的双银杏墨画，几经辗转为同仁庞鸿书进士所得。精通书画的邵松年太史（进士），见而爱之，遂请外甥俞金门先生摹之，是复本之始。不久，多人相继摹出五图收藏并题咏。咏诗达十首之多。题在翁师爷树图上的俞钟颖、俞钟銮、鸿书、邵松年四家跋，堪称佳作。

［《清末民初书画艺术集》185页，图C26（台湾）历史博物馆收藏］现将其中三首分录如下：

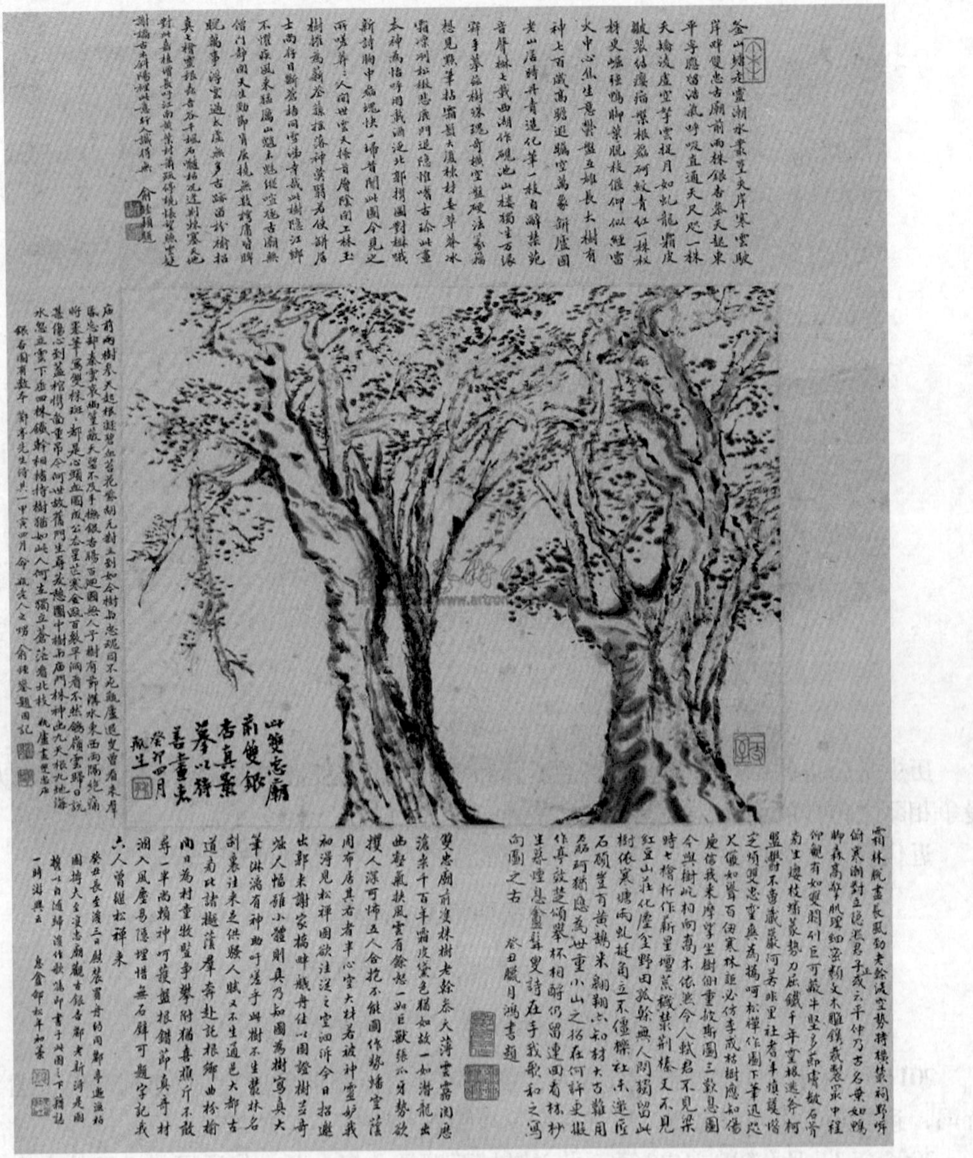

俞钟颖 君实

釜山塘走灵潮水，丛篁夹岸寒云驶。

岸畔双忠古庙前，两株银杏参天起。

东平孚应留浩气，飞洩直通天尺咫。

一株天矫凌虚空，拏云捉月如虬龙。

霜皮皱裂结瘿瘤，槃根磊砢纹青红。

一株杈丫更倔强，鸭脚叶脱枝偃仰。

似经雷劈中心焦，生意郁盘互雄长。

大树有神庇遐迩，不独双株空万象。
瓶庐国老山居时，丹青造化笔一枝。
自辞禁苑音声树，七载西湖作砚池。
山楼独坐万缘寂，手抚兹树殊瑰奇。
横空盘硬法篆籀，想见点笔拈霜髭。
大厦栋材委草莽，冰霜凛冽松楸悲。
鹿门耽隐夙嗜古，珍此画本神为怡。
呼朋载酒游北郭，携图对树哦新诗。
胸中磊块快一掃，昔闻此图今见之。
所嗟莽莽人间世，云天搔首层阴蔽。
上林玉树摧为薪，荃荪摇落神蓂翳。
若使松禅师尚存，目断苍梧同雪涕。
幸哉此树隐江乡，不惧疾风来猛厉。
山魈木魅纵喧豗，古庙无僧门静闭。
天生劲节肯屈挠，无数樗庸皆睥睨。
万事浮云过太虚，无多古迹留枌榆。
招真七桧灵根拔，吾谷千枫石髓枯。
况逢荆棘塞天地，对此嘉植增长吁。
江南黄叶村萧疏，停桡怅望燕云趍。
谢桥古木斜阳里，此意行人识得无。

俞钟颖 （1847—1924）字君实，一字又澜，晚号城南渔隐，南郭老人，常熟人，同治十二年拔贡，光绪二年顺天乡试副榜，有《归田集》《面郭草堂诗文集》等。

双银杏歌 （清·庞鸿书）

霜林脱尽长风劲，老干凌空势特横。
丛祠野岸俯寒潮，对立隐然君子正。
或云平仲乃古名，叶如鸭脚森高擎。
肌理细密类文木，雕镌裁制最中程。
仰观有如双阙列，巨可蔽牛坚多节。
肤皴石骨旁生瘿，枝蟠篆势力屈铁。
千年灵根逃斧柯，盘郁不啻藏岩阿。

若非里社耆年慎护惜，定烦双忠灵爽为总呵。
松禅作图下笔迅，咫尺俨如耸百仞。
寒林讵必仿李成，枯树应知伤庾信。
我来摩挲坐树侧，重披斯图三叹息。
图今兴树屹相向，乔木依然令人轼。
君不见梁时七桧析作薪，星坛荒秽丛荆榛。
又不见红豆山庄化尘坌，野田孤干无人问。
独留此树依寒塘，两虬挺角立不僵。
栎社未邀匠石顾，岂有黄鹄来翱翔。
亦知材大古难用，磊砢犹应为世重。
小山之招在何许，更拟作亭效楚颂。
举杯相酹仍留连，回看林杪生暮烟。
息盦髯叟诗在手，我欲和之写向石之右。

（选自《晚晴簃诗汇》）

庞鸿书　字劬庵，号郦亭，常熟人。清代刑部尚书庞钟璐的次子。光绪庚辰(1880)中进士，改庶吉士，授编修。在当翰林的十年中，与其兄庞鸣文，留心时务，对于兵刑、盐漕、河渠诸书，无不考究。后迭署天津道按察使，升湖南按察使，晋布政使，授巡抚。光绪三十三年(1907)任贵州巡抚。1911 年 5 月(辛亥四月)，因病免职，68 岁卒。

邵松年　息茸

双忠庙前双枝树，老干参天薄云雾。
阅历沧桑千百年，霜皮黛色犹如故。
一如潜龙出幽壑，气挟风云有余怒。
一如巨兽张爪牙，势欲攫人深可怖。
五人合抱不能圆，作势蟠空荫周布。
居其右者半心空，大材若被神妒妒。
我初得见松禅图，欲往从之空涸游。
今日招邀出郭来，谢家桥畔娥舟住。
以图证树并奇崛，尺幅虽小体则具。
乃知图为树写真，大笔淋漓有神助。
吁嗟乎此树不生丛林名刹里，往来足供骚人赋。

又不生通邑大都古道旁，比诸樾荫群奔赴。

托根乡曲枌榆间，日为村童牧竖争攀附。

犹喜樵斤不敢寻，一半尚赖神呵护。

盘根错节多奇材，溜入风尘易隐埋。

借无石壁可题字，记我六人曾继松禅来。

邵松年 （1848—1924）字伯英，号息庵，常熟人。清光绪九年(1883)进士，授编修，官至河南学政。工小楷，能画，笔墨娴雅，为时人所好。邵松年喜收藏，生平度藏亦颇丰。光绪二十九年(1903)著《古缘萃录》，记述所藏书、画、碑帖。其《虞山画志补编》则成于民国十一年(1922)，又编写《海虞文徵》三十卷等。邵松年还擅联语，其所遗联墨亦颇多，

参考文献

[1] 翁同龢文献丛编.
[2] 翁同龢传.
[3] 晚晴簃诗汇.
[4] 李猷. 近代诗选介.

欧亚两洲 情系银杏(综述)

曲祚民
(国务院国资委石化离退休干部局，北京　100732)

十年前，我66岁辞去了返聘工作，但没有坐享晚年。因为与银杏结了缘。自觉不自觉地在不平坦的银杏小路上举步不停。我思考着，求索着。时而国内，时而海外；时而如醉如痴，时而跌跌撞撞。编织梦想，谈何容易。自此，开始了万里行。

有了方向目标，两鬓斑白，也不能懈怠。十年来，经了风雨，也见了世面。获得了丰富鲜活的时代气息，探求了银杏树在国外的分布与传播。特别是银杏树在日本广岛的历史舞台上演绎的传奇。

虽然辛苦，但深感欣慰。

银杏是种子植物中，与恐龙同时代的最古老的孑遗物种。有许多别名雅号：史前树、长寿树、帝王树、行道树、公园树、防火树等。但其科学命名，还是伟大的生物学家达尔文，1859年在他的《物种起源》中称谓的“植物活化石”。

中国是银杏的故乡，也是世界银杏的摇篮。国外的银杏无不源于中国。

一次，读到德国大诗人歌德的一首银杏诗时，文中称银杏树为歌德树。这分明是向自己脸上贴金。

韩国的银杏树很多。但当我读到韩国启明大学校长关于“发扬银杏树的精神”一席话时，又感到有些喧宾夺主。2500年前，中国孔子就手植银杏，“杏坛育人”。银杏精神早就孕育传播了。

银杏树在国内我见了不少。2006年5月，我被接纳为中国林学会银杏分会会员之后，借开会之机，全国6大银杏基地，我大都去了。之后又去看过多株银杏名树。

国内有银杏研究会，研究成果喜人。而国外银杏少有人知，研究滞后。我选择了审视研究国外银杏。首先从日本开始，一是因为女儿婉音在东京读书，是个有利条件；二是日本是银杏外传的中转站。

2003年我到了日本，起初是将旅游与探访银杏树相结合，不久，几乎是全看银杏了。

婉音告诉我日本的银杏古树成千上万，只能选重点看看。东京大学的校树和徽章就是银杏。这时我尚能默言静听，接着她带我来到明治神宫外苑，眼前两大排造型奇特的银杏树着实好看。女儿说，这是日本有名的银杏隧道树，它是世界上十条最美树隧道之一。又说，东京和大阪的市(府)树也是银杏。这一下，对我的刺激很大。虽说树木是无国界的。我还是感到对中国树是一种挑战。

婉音驱车首先带我看了小石川植物园的银杏精子树，再看郭沫若当年在日本的住宅院内，他种植的银杏树及后人为他立的银杏诗碑。

银杏真正引起世界关注，还是原子弹爆炸后，广岛银杏树生存的奇迹。它折射出中国银杏凤凰涅槃的神话。

东京到广岛一千多千米，虽然较远，我萌生了去广岛察看原子弹银杏树的念头。

婉音应允，抽时间带我去广岛。我即忙于查找资料。骑自行车先后去4个图书馆，收获挺大。

一个时期以来，关于原子弹杀伤力、破坏力的研究，主要集中在对人、对建筑物等毁灭上。

这次我要换个视角，从生物学、树木学等方面，做些学习与研究。同时，通过实地调查，重点对银杏树抵御核辐射、强大的生命力、银杏精神文化以及欧洲银杏等方面进行探讨，力求取得深入的科学认识，以适应举荐银杏为国树的需要。

1 原子弹爆炸后最伟大的树木学发现——银杏超强生命力

资料记载，广岛是日本西南的一座重城，从明治之后，逐渐强化成“军都”。接着，又一跃成为太平洋战争的桥头堡。所以它成了美军极欲除之的目标。在二战末期，欧洲战场取得了决定性胜利之际，日本当局不接受波茨坦公告，拒不投降。

1945年8月6日，美国空军向日本广岛军事重地投下第一枚原子弹。号称“小男孩”炸弹，当量为1.4万t TNT火药的破坏力。它使广岛市街瞬间化为焦土。当晚，美国杜鲁门总统向全世界发表这一惊人的消息：“到现在为止的战争中，使用了最大最大的炸弹，它是原子弹。广岛将变成大漠，死的街，75年草木不生。”

核辐射与往昔战争中火药爆炸力所造成的灾祸是完全不同的。真可谓石破天惊，方圆2km内的建筑物被摧毁，大树被烧成焦干。巍峨的军事城堡及其地下军管区司令部被炸塌，众多指挥官和陆军各部队人员全部丧命。到处哀鸿遍野，广岛当日14万人死亡。

原子弹爆炸在中心点形成一个大火球，超高温，光辐射，冲击波和爆炸风浪，残酷的烧杀，几乎万物俱灭。然而仅仅几个月后，被烧焦的银杏、梧桐、竹子等相继出现生命的复苏。这一惊人奇迹，引起了美、日及全球科学界的重视与探索研究。其中，银杏学某些方面的研究领先。

2 被爆银杏树2个月后，奇迹般地最先冒出新芽

1945年9月下旬，驻日美军成立了美日调查团，在对核爆灾害调查时，美国专家惊奇地发现，附近一株曾被核爆炸洗劫过的银杏树，根部长出可爱的小绿芽来(《广岛城的植物》)。

1945年10月下旬，日本生物学部在广岛调查时，烧毁的银杏树干生出新侧芽。

驻日美军呈送白宫的广岛调查资料中，附有银杏树等被爆树萌芽的黑白照片。不要说杜鲁门，连美国原子弹专家也很难想象到，何谈75年，只有70天，绿草已钻出地面，几种树迅即萌出绿芽。75年草木不生的传言自告破产。树木浴火重生了，广岛人看到了希望，从疏散地回来的市民，夜以继日，重建了家园。可谓银杏催生了新城，日本人将银杏树视为希望的象征。

3 广岛行，考察原子弹银杏树

2003年一个深秋之日，婉音带我去广岛旅行。主要探访了著名的缩景园被爆银杏树。

树距爆心地 1370m(第二远)。刚步入公园，迎面就看到一棵大银杏树半斜身立在小湖边，枝干伸展着悲怆的造型。树旁告示牌上写着："昭和二十八年八月六日原子弹投下的下午，园内的树木开始燃烧，(市街燃烧的猛火移来)，大树名木几乎都枯死了。不过，这棵银杏是生残中的一个。由于爆炸气浪，树干有些倾斜。"

我绕树一周，树身遍体鳞伤。但照样年年结果实。脚下踩到了银杏落果，便蹲下拾了一些。顾不上臭味，带回宾馆，设法洗净晾好，带回北京，寄给南京林业大学 20 粒。两年前我去南京林业大学银杏试验园，见到第二代被爆银杏树有 7 株，长有一人高了。

据日本资料载，在核爆禁区里有 6 株银杏树，都劫后余生。我仅看了一株。不继续探访原爆银杏，心潮难平。3 年后，在被爆银杏的牵动下，我只身再次踏上了广岛探索之旅。

要探索，就要找路子，也要找人相助。

在日本，我通过主动通信，相识了两名友人。一是广岛亚洲友好学院理事长山田忠文；另一位是日本旅德女画家(主画银杏叶)加藤温子。真可谓"高山流水，自有知音"。

我独自去广岛并不孤独，山田忠文亲去站台接我。还带了一位中国女研修生乌日(蒙古族)做翻译。

女研修生热情地带我参观原爆纪念馆和爆心地，访问了一棵被爆银杏树。使我的眼界又有所开阔。

但她不理解我这位闲云野鹤的中国老者，为何不远几千里，自费来访这几棵树。

原爆银杏的启示，日本人特别重视研究银杏，又流行广植银杏树。

异国他乡之行，看到国外的银杏树，都有标识牌，株株登记造册，比我们更为重视。

翌日，正值 8 月 6 日。每年的原爆忌日，广岛市都在和平公园广场召开大会。市长主持，日本首相讲话。

山田先生让留学生刘云德关照我，他认为机会难得，一大早就打出租拉我到会场，抢坐在距小泉首相讲台只有 20m 多的位置。我听不懂他讲些什么，翻译说，"每年都大呼是原子弹受害者，却不正视侵略历史"。

后几日，我决定独闯，手持一张广岛地图指路，探访了另 4 株被爆银杏树。还看了 20 株其他被爆树木。主要看的是距爆心地最近的(1130m)报专坊(寺庙)银杏树。从远处就看到路边一棵银杏树立在那里。树不高，枝干有点稀疏。树体有大块伤痕，显然是被热浪烧残。仰头看，一串串葡萄似的绿果挂在枝头。虽距爆心最近，树身没有倒斜，是受建筑物遮挡之故。当时银杏树着火了，寺院则避免了火灾。重修本堂时，用逆 U 字形别具一格的设计装饰树木。该树被称为贵重的原爆"见证人"。

不仅日本人，不同民族，几十个国家和地区的学者、游客来广岛时，都要探访感受被爆银杏树的风情。使我感受到民族的，也是世界的。如今，银杏已种遍了世界，全球千万种佳树名木当属银杏。

心中有梦，笔底传情，当晚，小诗一挥而就。

广岛银杏之歌

(中国 · 北京)曲祚民

走进异域他乡

聚焦广岛

战后废墟上
被爆树牵出希望之梦

迈步缩景公园
关注银杏
千羽鹤冲上九霄
高歌最先复苏的生命

抚摸被爆银杏
感受顽强生命
坚强的不屈性格
绝处逢春昂首吼长风

汇集亿万银杏叶
传播五洲
缤纷碧叶传情
牵动环球友谊的心灵

敲响公园大钟
激越四海
不同肤色携手
驱赶战争的血雨腥风

啊，宝树银杏
世界和谐的种苗
人类进步的佳木
正在化作和平神圣的彩虹

2006年8月6日于广岛

女研修生乌日也许被我的广岛之行感动，以我为“中日友好使者”为主题，写了一篇文章，作为本学年论文的附件。

4　“北国之秋”行

外面的银杏世界真精彩，越看越想看，简直是着迷或称树痴。

“北国之春”的歌曲，把我引向日本的北国——北海道。婉音挤时间，带我飞到北海道千岁空港机场。租车一小时开到扎幌。扎幌与我国的长春在同一纬度上。不要讲长春没有银杏树，而是沈阳冬寒夏热，生长不了像样的银杏树。北海道属于海洋性气候，扎幌都府前几百年的银杏树，长势喜人。北海道大学院内的银杏树更是有名的风景线，是观光者必到的景点。正值北国之秋，蓝天绿树，特有的美景，吸引我们在银杏树下照了许多照片。

这里冬季常是冰雪世界，“雪花大如席”，不过，厚雪反倒成了银杏御寒的冬装。

扎幌冰雪节、冬季奥运会等都曾在这里召开。

返程中，婉音让我到伊达市再看银杏树，驱车没有走高速，绕路费时赶到伊达市善光寺，与250年的大银杏树留影纪念。

拥有帝王树美誉的银杏树，当年末代皇帝溥仪，在他的寝宫院中就见过，冬季树要特别保温防寒。可能认为关内银杏苗木较难北种，就从日本北海道，移植来一对30年树龄的银杏树到丹东。当时已有30年树龄，可以说是东北地区最老的百年银杏树。后来又移植700株银杏，丹东成为北方最大的银杏城。1984年，银杏树被定为丹东“市树”。

5　追梦“叶籽银杏”

天下之大，无奇不有。竟有银杏树叶子上开花结果的奇事。1982秋，山东沂源县织女洞林场青年干部董春耀，在一棵银杏雌树大枝上，发现果生于叶上。经鉴定是叶籽银杏。过去比较少见，近年来发现的多起来。通常银杏果长在叶炳上，而果生于叶，叶托以果，在银杏家族中独领风骚。

国外资料公认，第一枚叶籽银杏，是日本人1891年发现的。并把它定为是一个变种。百年来一直名扬世界。

叶籽银杏在成熟期，球果有的具梗悬垂，有的带叶飘曳。煞是好看，是奇特的观赏品种。

近几年，我脑海中常萦绕着一个问题，我国是历史悠久的银杏大国。难道千百年来，我们的先辈、贤达、高僧们，就始终让珠玑奇果总藏在深闺未识吗？

也许天道酬勤吧！我翻阅了许多古籍文献资料，终于发现了重要记载（暂时保密）。信息得来不易，如果有实物验证，就可以敲定。我选择银杏盛果期的秋日，来到千里之外的浙江某地，几经周折，终于在一座千年古刹的寺院，找到那株叶籽银杏发现树。该树不高，枝叶不密。我绕树转来转去，瞻仰这棵银杏皇后。但仰头不见树上有一枚挂果，低头不见地上有落果。来时满腔希望能找到叶上的奇果，半小时后一无所获，有点怅然若失。经问导游，回答是树老体衰，又遭雷击多年，树体有大空洞，木质正在腐烂。虽经过救治，较难复壮，已经20年不结果了。遗憾之余，建议有关方面，进行土壤根系调查，改善固结状况。再行科学施肥，特别要施饼肥，银杏最喜饼肥，可以较快地改变营养不良状况。如能像国外那样有树木医关照就更好了。我希望几年后能够如愿以偿。

目前，我国银杏树木学的研究方兴未艾，中国叶籽银杏发现的年代，必将有早于日本的。

近年来，因有兴趣研究叶籽银杏，写了一篇《中日叶籽银杏演进史及其重要意义》的论文(见《全国第十九次银杏学术研讨会论文集》)。

6 欧洲人的银杏风情

亚洲是银杏的发源地和是外传地。亚洲共有48个国家和地区，其中13个国家和地区种植银杏，占27%；欧洲共有43个国家和地区，其中37个国家和地区种植银杏，占86%。

300年前，欧美科学家认为银杏已经灭绝。后来，一名德国医生和植物学家肯普弗从1690~1692年，千方百计，担负了荷兰东印度公司的医生使命。有幸东渡日本，路过长崎的大音寺庙时，被迎面巍峨奇特的大树惊呆了。这不正是书本上读到的与恐龙同遭灭绝的银杏树吗？欣喜若狂。但日人限制极严，外出都专人带队。所以，肯普弗只好偷画了叶和果。回国后，又作了文字描述。1712年撰写《廻国奇观》一书时，编在第五章。同年，他托去东南亚的商人，几经周折，费时年余，从中国福建高价买回一株银杏苗木，带回后栽植到荷兰乌得勒支植物园，这便是欧洲第一棵银杏树。为此，我写了《第一棵银杏引种到欧洲的历史透视》(见全国第十八次银杏学术研讨会论文集)

第二位要介绍的是住在荷兰一名叫Kwant的女士，在阿姆斯特丹大学时，英语学得好，又精于荷兰语。毕业后，在一所高中任教多年。后来改行易帜。用她的话说："我创建这个银杏网站，因为我迷恋和尊重这一独特的树，活化石，恐龙时代以来不变。它是唯一的较低和较高的植物的生活之间的联系，长寿的象征，被视为这个世界的奇迹之一"。

又说，1999年，我决定创建一个非商业网站，提供免费的信息。经过10多年的艰苦创业，2009年时访问者超过300万人。网站银杏页分门别类有20大项。介绍了世界约60个国家的银杏，是图文并茂的银杏史料宝库。共有中英德法等6种语言。由于她过分辛苦劳累，头发早白。

加州州立大学评价说：这是一个伟大的网站，能让人们了解银杏，这个网站功能很多，它为各种用户提供银杏的生物学知识和相关文化。它特别有吸引力。信息和图片都做得很好，趣味性很强，对学生和教师具有很好的教学参考价值。"

1999~2000网络大师和设计师的国际协会获金网奖，还获世界60项各种奖。

网站对中国银杏作了较好的介绍，并用黑体字，强调了郭沫若早就认定银杏是中国国树。

7 旅德女画家加藤温子的银杏叶旋风

德国、法国、荷兰等国视银杏为贵族树。我特别想了解欧洲的"银杏侨民"情况。

2007年2月，我按照旅德女画家加藤温子多年前的日本地址，给她写了一封中文信，希望能欣赏学习到她的银杏叶画。投石问路的信，没抱什么希望。不久，我竟收到了她从德国寄来的一包快件，邮票相当于人民币一千多元。真是蛮感意外。她百余字的信，全用自学的中文写成。表达了对中国的热切向往，希望访问银杏的故乡、参加中国的银杏学术研讨会。后因学术研讨会从未请外宾参加，不便接待而未成。

加藤温子寄来的资料中，有三件是比较珍贵的：第一是两册印刷的银杏画册；第二是一大本刊登她与丈夫加藤邦彦(雕塑家)业绩的德文剪报；第三是她写的万字考察报告《日本的银杏》。她从日本北部青森县一路向南，到本土最南端，行程约1000km，探访了15个县，

53 株银杏树。还附有行程图。每株树都拍了照片。难能可贵的是《日本的银杏》一书不是纯树木介绍，而是把史迹、神话、民话、故事、轶闻及天灾、火灾、原爆都融合其中，可读性强。

同年，加藤温子的住地城市决定于 8 月 6 日举行和平仪式。需要世界各地无偿赠送 1000 封诗画等和平信笺。她请我写应募诗。我将原写的《广岛银杏之歌》试译成日文寄了去，请她斧正，她做了订正后展出。

2007 年 9 月 6 日，加藤温子托来北京探亲的德籍华人姜女士夫妇，捎来一封信、几盒巧克力和一包无心银杏种子(新品种)1000 粒。还有她们两家人合影照片。在给我国国家林业局的信中说："为祝贺银杏将定为中国国树，现将我与夫君，在德国住地银杏树下亲手拾到、洗晒干净的一千粒银杏果托朋友捎给北京曲先生，再转送有关单位，希望它回到银杏的故乡传承下去……" 并呈上一首初学的汉诗《遥寄银杏回故乡》。诗云：

早年东渡到东瀛，漂洋过海传文明。

而今回归巧团聚，三国牵手唱友情。

她的真情实意尽入诗章。引发我回敬了一首《 和加藤温子〈遥寄银杏回故乡〉》。和诗云：

中华名木乐西游，莱茵河畔写春秋。

荣归故国喜寻根，世界之树手挽手。

我将这友谊的种子，分送给山东、河南及日本朋友种植。《中国绿色时报》以"日本友人遥寄银杏回故乡" 为题进行了报道(2008 年 5 月 28 日国际专栏)。

华侨姜女士来我家时，我表示可同妻子一起，随她去德国看望加藤温子的意愿。她无奈地说，没有直达飞机，语言不通，诸多不便。她回去时，将随丈夫到另一城市工作。

2007 年 12 月，加藤温子回东京时，约见我女儿，让把她的 24 枚精美的银杏画明信片转交给我。

加藤温子 60 岁寿诞之际，2010 年 9 月《加藤温子 · 银杏作品集》在德国出版。同时，与夫君加藤邦彦将 10 年间育好的银杏实生苗，栽植到公园内。欣闻这两件喜讯，我不再通过东京转发信函，按加藤温子的邮箱，用自己的电脑，成功地发去了中文贺信。

加藤温子不仅有生花妙笔，还被称为有天分的园艺家。她经常搜集珍奇树种，选优育苗。还将东京一银杏雄树的小枝，嫁接到德国菲尔特市大学的雌银杏树上，获得成功。日本《药事日报》以"银杏的国际结婚"作了报道。

加藤温子在德国举办过几十次作品展，多次获奖。她是以花与叶为题材的油画家、版画家。其中银杏叶画约 200 幅，被誉为"银杏叶旋风"。主题多为东方与西方银杏的对话，银杏与折鹤，世界和平的希冀等。她是难得的东西方银杏文化融合的使者。加藤温子旅德已 38 年，作为半个欧洲人，她对中国银杏的情结至深。过了退休年龄，仍矢志不渝，可敬可嘉。

东方人崇尚银杏，西方人也崇尚银杏。我的外国友人，都支持我醉迷银杏。

钦佩之余，日益感到，把加藤温子的人品、业绩、画卷，介绍给中日读者的责任，落在我的肩头。

8 千树万木，银杏当定国树

银杏从远古恐龙时代走来，恐龙早亡，独银杏幸存中国而千万年不衰。原爆银杏的奇迹，促进全世界有50多个国家和地区栽培银杏树。国内也遍栽银杏。中国林学会银杏分会曾作过统计，全国25个省、市、自治区，300多个县、市都有银杏古树分布。100～999年生古银杏约有6万株，千年生以上古银杏约有500株。但据全国银杏接洽会专家提供的资料，全国千年以上的银杏古树约2000株。新栽的银杏更多，以百万计。

目前，全世界已有120个国家评选出国树和国花。我们一个银杏大国，至今未定国树，一大憾事。

几年前，在泰兴银杏会议上，见到骑车走神州，风餐露宿，宣传银杏，支持银杏入选国树的林金根同志。他从2002年2月开始，从浙江丽水市出发，计划用5～6年时间，骑车走遍中国，银杏评不上国树，绝不罢休。那年，他的行程已达8万km，征集签名9000多人。一个普通的国民，如此执著，是国树有望之幸。

中国仁人雅士对银杏早就情有独钟。汉代之前，就有咏银杏的诗词。唐宋以来，与银杏佳树相结合的文学艺术，积淀更为丰厚。

半个多世纪前，郭沫若在他的散文诗《银杏》中写道，“你是真应该称为中国的国树的呀”。又说，“我在中国的经典中找不出你的名字，我很少看到中国的诗人咏赞你的诗。”

古银杏诗确实难觅。我穷十年之功，用英、日、德多种文字及汉字繁简体，千方百计搜罗到的银杏古诗词达二百首(公开人知的仅二十首)，国外银杏诗词一百余首。真可以编一本诗集了。但出版社说销量会少，要我包销二分之一的书，即约十多万元由我垫付。出书也难哪！

被爆银杏树虽是较小的群体，却见证了人类第一颗原子弹的威力。同时展示了蘑菇云下植物世界生存的奇迹，是活化石的丰碑，也是世界战争史和林学史上绝无仅有的传奇，可谓是难得的历史与自然遗产。它扬正气，壮国威，无处不彰显出不屈不挠的银杏精神，在全世界都具有特别的意义。

近年来，不论在哪里，一提到银杏，都会有共同的语言和心声。

十年来，我为银杏奔波约一万千米(国内国外各半)，自费约5万元。

我能坚持不倦的十年银杏之旅，一是责任义务所在；二是银杏精神激励着我；三是为早定国树尽一份绵薄之力所系。

银杏精神是坚忍不拔的精神，银杏精神是和谐友谊的精神，银杏精神是民族植物绝处逢生的精神，银杏精神是推动银杏经济和旅游事业发展的动力，是创造财富、造福人类的力量源泉。

银杏精神是中华民族精神的重要组成部分，银杏精神是中华民族永葆青春之魂。

国旗是国家的标志，是战旗；国树是民族精神的象征，是鼓角。国旗国树可以共同铸造国魂。

银杏至少有七大价值：历史价值、时代价值、经济价值、文化价值、生态价值、科研价值和观赏旅游价值。

1986年，银杏被推荐为国树，得票最多，呼声最高。银杏选作国树，当之无愧！遗憾的是种种原因，思想和工作都不到位。银杏戴上国树的桂冠似乎遥遥无期！

目前，国外资料多称银杏为中国树。我们自已则不以为然。一个建国六十余年的文明大国，至今没有国树，世界上有此例吗？特别是新世纪以来，我国银杏经济产业迅猛发展，果与叶的药用、食用已进入千家万户，银杏文化建设深入人心。选定国树，意义重大而紧迫。

因此，我们呼吁，我们呐喊：举国上下，大力弘扬银杏精神。千呼万唤，梦想终会成真，让中国国树的旗帜，早日高高飘扬！

参考文献

[1] 日本．广岛、长崎原爆灾害志．1996.

[2] 中国绿色时报．(2008 年 5 月 28 日国际专栏).

[3] 加藤温子．日本的银杏．2007.

[4] 日本广岛原子弹被害概要．1998.

[5] 肺心网．

把发展银杏融入生态文明建设大潮中

陈贞镇
（福建省漳平市政协，福建漳平 364400）

摘要：1992年，我带漳平市政协委员到广西桂林考察学习银杏，随后参加银杏学会活动20年，前五年认识了银杏的制药、治病以及果、叶、材的高经济、高营养、高科研价值。这点湖北省中医药研究院欧黎虹院长(安陆市副市长)撰写的《银杏与生命》已有详细论述，为人类跨入完美生命殿堂提供了金钥匙。

随后的十多年，从1999年第8次巴东会议开始就转入研究银杏与生态方面的问题，通过学会活动参观学习和实践总结，认为银杏树具有可以造就一个良好生态环境的优势，围绕着银杏与生态环境建设，银杏与可持续发展等相关的科学论点写了：《把银杏发展与生态环境修复结合起来》、《发展银杏支持绿色奥运迎接长寿百岁》、《银杏树是人类生存环境的保护神》、《银杏与生态》、《银杏与可持续发展》、《论述银杏树可以造就一个良好生态环境的优势》、《把发展银杏纳入开创我国生态环境建设的新时代》、《谈银杏与生态环境和可持续发展》等十多篇文章。综合阐明银杏的独特生态功能，适合建生态省、生态县市的理想树种。

银杏优势概括：

银杏——果、叶、根、茎、景五兼备；名、优、特、稀、贵五皆有。

银杏——集食用、药用、材用、绿化观赏于一身；聚经济、社会、生态、景观效益于一体的多用途、多功能、高价值、高效益、长效益树种。

银杏——集树形美、叶形美、内在美于一身；融自然景观与人文景观于一体的一个出类拔萃的风景林树种。

银杏——在农村经济发展中具有战略地位、主体地位、基础地位；它是高价多能新资源、国际市场新药源、农村致富新财源。

——银杏、松、柏、槐是中国四大长寿观赏树种；银杏、南洋杉、金钱松、雪松为世界四大园林名木，也是珍贵的园林树种；园艺家把银杏、牡丹、兰花定为园林三宝。

——银杏叶形奇特古雅、叶色秀丽多变、树干挺拔雄伟，是园林树木明星。

——银杏是经济林木之王、绿化树种明星、果品树中寿星、延缓衰老无价宝。

——银杏作为世界是最珍贵的古老树种，其寿命之长、形象之美、影响之广、作用之大、效益之高以及抗大气污染之强是其他任何树种所不能比拟的。

——银杏抗污染、抗烟尘、抗火灾、抗核辐射、抗病虫害、抗严寒酷暑是其他树种所不能比拟的。被列为抗有害气体的树种之首。还能分泌、挥发、释放有益气体、杀菌抗癌。

——银杏是华夏民族古老文明的象征，中国植物的国宝，中外友好的媒介和纽带，被公认为园林理想树种。

本文重点：

银杏古树见证了中华民族不断进步的历史，当今已把古银杏从濒危树种中删除，说明银杏有了大发展，这是银杏学会工作的成果，功不可没。随着现代文明的演变，正日益焕发出崭新的生机。

党的十八大最大的创新点、最大的亮点之一就是提出建设生态文明，而且是放在突出地位，这是具有远见的决策，因为它是关系人民福祉、关乎民族未来的长远大计。地球面临的最大灾害是水、土、气，城市最大的问题是水和气。由于发展工业使用煤、油高碳燃料，产生烟尘废气污染，出现发展了工业却污染了环境，影响气候异常、气候变暖，危及地球生态国土安全，影响人类生存生活，是我国建设生态文明必须着力解决的重大问题。

全国都在创建生态文明城，要求有山清水秀、天蓝地绿的良好生态环境，享有水净气爽美好生活，也是新时代的向往与追求，因此成为创建生态文明城的重要工作，生态文明建设应运而生，也是顺应国家发展的战略思路，最终的目标是创建美丽的新中国。

解决生态灾害、生态环境烟尘废气污染，最根本的办法就是种树。最长远的是种银杏树，最科学的是种毛竹。这里先说种银杏树。长汀南坑银杏生态园，发挥了治理水土流失、保持水土，增加了农民收入，变难坑为富坑，改善了生态环境，变过去的火焰山为花果山，造就了良好生态环境。营造出增收致富与生态保护的良性循环，也正是省委尤权书记“百姓富、生态美”的路子。本文不是学术论文，而是推广长汀南坑银杏生态园的经验，主要在推广银杏树，让银杏树在生态文明建设中发挥更大作用。重点推荐银杏树作为园林、广场、纳凉点、休闲处以及庭院的种植，省钱又生态，它多功能、高效益、抗污染、长寿命、夏季纳凉、冬季取暖、利用率比其他树高，可以普遍推广。

关键词：银杏树的净化空气；国土生态安全；美化园林普建纳凉点

1　银杏生态功能优势是释氧固碳、净化空气

当前城市环境最大的问题是水和气，水清气爽就是时代的向往和追求，解决这个问题最根本的方法就是种树。银杏树根多根旺寿命很长，既可起绿化环保作用，又是营造清新空气的最佳树种。《解放日报》报道：启东市是全国乃至全世界有名的肝癌高发地区。吕泗区发病率却很低。启东市全市范围内的海拔、水源、土壤、气候等自然条件基本相同，吕泗区不同的就是种了很多的银杏树和杏树，从中发现肝癌发病率与杏树、银杏树分布有关。

这里重点的叙述银杏绿叶给人类的巨大贡献；银杏绿叶除和其他绿叶一样的吸收二氧化碳和产出氧气外，还能分泌挥发香气，释放氰氢酸杀菌抗癌益气；树中还产生大量的含有氮碱、配糖体、有机酸等复合物——芬多糖，也具有较强的杀菌力，能增强机体免疫力和抗病能力。银杏林空气中有丰富的负氧离子，它能调节神经系统和促进血液循环，改善心肌功能，增加心肌营养，促进人体新陈代谢，提高人体的免疫能力。银杏能抗有毒气体。银杏具有抗核辐射、抗污染、抗烟尘等功能，被列为抗有害气体树种之首，是净化空气最佳树种，所以说要想清新空气就离不开树林，更少不了银杏树，这是银杏树的独特功能所决定的。

2 国土生态安全

保护环境资源是我国的基本国策。生态效益是林业的主体功能，是农业的"保姆"，是物质和能量交换的重要枢纽。种树对保持水土、涵养水源、防风固沙具有不可替代的作用。中国的革命先驱孙中山先生早在1924年就告诉我们："防止水灾旱灾，根本方法造林"，长汀生态园证实，银杏树根多、根长、根旺，对防止水土流失、防风固沙、防洪护堤、涵养水源有独特优势，是建生态林的最佳树种。银杏元老李晔主任在龙岩时告诉我，他在黄河三角洲推广以银杏为主的"油洲加绿洲、银杏绿新洲"。绿化国土、创建生态林是长远基础工作，是个宏大的系统工程，不是一年一次能做完，也不是马上能见到效益，必须坚持长期奋斗，要建立一种利益驱动的工作机制，要有真正体现物质利益原则的有效方法，全国政协王钦敏副主席也给我提供"关于建立生态环境补偿机制"的材料，各地可以积极先行先试。

3 绿化美化园林广场、纳凉点休闲处

绿色的魅力会使你的疲劳消除，心境宽阔，精神振奋。冯玉祥将军诗："青山绿油油，谁看谁消愁"。一见好环境就有好心情，旅游是对环境的享受，所以说绿色是旅游业的吸引力、竞争力和生命力的源泉。生活在林区可延寿8年，生活在绿化银杏林陶情养性，熏陶闲雅、仁厚、宽容性格，为和谐社会创造条件，打下基础，是一项拯救人类生存环境的重大绿色工程。银杏具有可持续发展的优势和条件，可以造就一个最良好的生态环境。

银杏是华夏民族古老文明的象征，中国植物的国宝，中外友好的媒介和纽带，被公认为园林理想树种。郭沫若副委员长赞称："东方的圣者"、"中国人文有生命的纪念塔"，是千年不用更新的长寿树种。园林有了古银杏能引发人们思古激情，唤起今人为祖国江山多娇而自豪。从历史上看，银杏也受到历朝要人的重视，被称为中国银杏第一树的浮来山定林寺三千多年古银杏树，公元前715年鲁公莒子盟于浮来的记载。上杭华家村古银杏、浙江溪口蒋经国别墅、故居都种植银杏树。扬州地区人口普查13位百岁老人多在银杏之乡，可以肯定地说，家里、村里种银杏树对人类健康长寿确有好处。国内外闻名的苏州园林如拙政园、留园等古银杏别有一格，济南趵突泉银杏园、扬州瘦西湖的银杏群、嵩山少林寺、崂山太清宫的古银杏都增添了风景的光彩。日本有三百多个城市作为行道树，占总株数的30%，银杏居第一位；韩国银杏占城市绿化树的70%，汉城、釜山的大街小巷举目可见银杏；北京园林环保专家员工经过50年的观察筛选总结还是银杏树好。为了迎奥运，北京新建改建的街道大都种了银杏树，奥运村鸟巢、水立方广场、行道大量种了银杏树，受到国际友人的赞赏。北京前门、长安街东新华大街、王府井步行街、三里河路、清华园等地到处可以看到银杏成林，全国各省市大量发展银杏行道树。很多地方还以银杏树为中心建公园广场。上海安亭银杏新景园、上海水城古银杏标本园、扬州白塔街银杏广场、宁波明湖银杏院士林、马鞍山市阳树庵银杏景园、重庆郭沫若旧居银杏园、成都天回山银杏公园、长沙民族文化村银杏园、北京石景山银杏广场绿园、泰兴国家银杏森林公园、邳州的银杏盆景园、港上镇姊妹园以及前湖银杏示范村新村建设等等方兴未艾。

3.1 中国的发展要走生态文明之路

走生态文明之路是胡锦涛1988年时任贵州省省委书记时在毕节地区建立"开发扶贫、生态建设"试验区，把经济建设、社会发展和生态保护有机结合，把扶贫开发、生态建设、人

口控制相统一。通过试验区的先行先试总结出来的。党的十六大用发展的观点，将生态与环境列入全面建设小康社会的奋斗目标，适应了时代的要求。党的十七大提出了生态文明之路的概念，实质是以资源环境承载力为基础、以自然规律为准则、以可持续发展为目标的创建资源节约型环境友好型社会。“生态文明”是党的十七大提出的实现全面建设小康社会的新要求。没有生态文明、环境质量不达标的小康就不是真正的小康。2002 年，习总书记时任福建省省长时在福建调研“生态省”战略时就指出：任何形式的开发利用都要在保护生态平衡的前提下进行，使八闽大地更加的山清水秀，使经济社会在资源的永续利用中良性发展。绿水青山是民生幸福的靠山。习总书记经过上山下乡 7 年的锻炼，还从村至乡到县的基层领导历练，对三农问题与实现全面建设小康社会心中有数。于 1999 年专程到长汀考察，将长汀水土流失治理列入为民办实事项目。他深知水土保持、生态建设是长期而艰巨的工程，他三次深入长汀实地考察，多次批示指示，在重要的节点上提出“进则全胜，不进则退”的关键时刻，他沿用了早期在宁德任地委书记所创立的“滴水穿石”的闽东精神，提出要锲而不舍、坚忍不拔、一任接一任地抓下去，要用 10 ~ 15 年时间的艰苦努力来完成。他为福建创建生态省打基础绘蓝图，瞄准历史遗留的长汀水土流失治理，创建水土保持良好的生态环境，倾注毕生精力，付出了大量的心血和汗水。当他得知长汀河田创建世纪生态园时，他送 1000 元捐种 1 棵香樟纪念树，亲种后又培土浇肥。这饱含着党和国家对福建人民的亲切关怀，表达着他对长汀对八闽大地的浓浓情意。因此，今天的长汀样板经验成了福建生态省建设的示范县。

3.2 发展工业污染环境是生态文明建设中两个“二律背反”难题

当今生态文明建设的主要难题就是工业经济发展与生态环境保护“二律背反”，也就是发展与保护的矛盾。工业化、城市化增大碳排放是个现实，因而温室效应增大，气候变化异常，全球变暖也是个不争的事实，由此导致生态危机，危及地球安全，影响人类生存与健康，制约经济发展，阻碍可持续发展等严重问题。因此，工业经济发展与生态环境保护是一个对立统一关系，如何突破两个“二律背反”，获取经济社会、生态效益的统一与最优化，达到有机结合平衡发展。这是生态文明建设中急需解决的关键问题，也被公认是一个世界性的难题。发展才是硬道理，从发展速度看，主向还是工业经济的发展，中国改革开放的三十多年，特别是近十几年朝着工业化、城市化方向急速迈进，用几十年时间走过了西方国家几个世纪的工业文明进程，不抓工业发展哪来的 GDP 全球第二。同时要看到中国人多，经济人均收入、资源人均拥有还是在发展中国家行列，仍需继续加快工业经济发展。现实也无可否认，由于加快工业化、城市化、农业现代化的进程中，在工业大发展伴随而来的环境污染，特别是二氧化碳的增浓增多，温室效应增大，地球气候变暖，将是未来人类生存的重大威胁之一。国家环保局首任局长曲格平说：“大气污染，水、土地污染，有毒化学的污染等，存在问题很大，不消除环境污染，不保护生态环境，也要亡党亡国。”福建省前省长黄小晶有句感悟名言：“环保责任重于泰山，环保工作抓得越晚代价越大。”历史上因为发展工业，发生大气污染惨案，引起烟雾危害，破坏了生态环境多处发生。1930 年比利时烟雾事件，40 年代美国洛杉矶光化学烟雾死亡 800 多人，洛杉矶被称为“美国的烟雾城”，1948 年美国多诺拉(硫酸厂、钢铁厂、炼锌厂集中地)6000 多人突然发病，20 多人很快死亡，都是因为烟雾中毒；最著名的是英国伦敦烟雾事件，由于大气污染，1952 年死亡 1 万多人，伦敦被称为雾都，到 1962 年又发生烟雾使 1200 人丧生，直到 70 年代伦敦市内改用煤气和电力，并把火电站迁出城外，使城市大气污染程度降低了80%，才摘掉了“雾都”的帽子。同时积极发动全民绿化种树，经过2003年热浪灾害中，英法两国同是工业发达国家，伦敦拥有更多的绿地，死亡600人，而巴黎却死了4867人，说明温度的差异与绿地面积有关。这年英国白皮书就写出了“低碳”概念，这是两百多年工业革命的沉痛教训中，也是历史变革实践中的经验与总结。这个“低碳”学说，从宏观说就是要转向生态经济和生态文明，坚持以生态文明理念引导经济社会发展，这就是人类智慧的结晶。这个“低碳”学说提出不到十年就被全世界所认同，让全世界共同推向“低碳”的新时代。正是2003年这一年，中国确定了林业工作以生态为主的大方向，开创了我国生态建设的新时代。

3.3 既要发展经济又要保护环境

3.3.1 良好的环境要多种树，最好多种银杏树

通过20多年参加银杏学会活动中，发现证实银杏树可以造就一个良好的生态环境，也感到银杏与生态息息相关，在经济和生态的发展上都具有优势。过去侧重提开发果、叶、苗等高价值产品经济收入，取得较好的经济效果。现在开始注意根、叶的生态功能，搞园林、道路绿化治理水土流失，保持水土、国土安全、净化空气、缓解气候变暖，提高了广大人民群众的认识，既要经济发展又要生态良好，群众说：“既生态又生财”，正是省委尤书记倡导“百姓富、生态美”的思路。

银杏树是人类生存环境的保护神，除了与普通树木吸收二氧化碳放出氧气之外，还能释放出氰化氢起防病抗癌作用。还能分泌芳香的植物杀菌素，抑菌效果最好，根据上海张庆费研究：9种抑菌物质总相对储量银杏最高为57.84，说明抑菌效果最好。生态学是有关生物(包括人类)生活科学，是环境科学的理论基础。从生态学的观点，从生态环保角度，从实践经验的总结，可以认定银杏树的生态环保功能最有潜力，最具魅力，其效益无可估量，是生态文明建设中的理想树种。

讲生态要种树，最理想种银杏树。人类与森林与生态是相互依存相互促进。生态环境是人类赖以生存的前提，森林是生态系统的主体，地球面临的最大灾难是生态灾难，主要是水、土、气方面的灾害，解决生态灾难的最根本办法是种树，最理想的树种就是银杏树。因为它对生态功能最优，效果最好，特别是营造清新空气有独特的功能。可以造就一个良好的生态环境。它能起调节气候、净化空气、保护土壤、涵养水源作用。因此说是农业的“保姆”，是水利的“源泉”，是一切生命之源。

树林能产出木材、药材、油料和化工原料等产品，具有重要的经济价值，但其生态价值则要大得多，约为经济价值的8~10倍。汪维礼专家研究每公顷森林生态效益：涵养水源300t，增加降雨900t；吸收二氧化碳292t，吸灰尘36t，产出氧213t，放出杀菌素3.15t，减少土壤流失5t，减少肥分损失20kg之多。《大众科技报》报道印度加尔各答农大研究，1棵50年大树可创值19.625万美元，其中释放氧气和防止污染净化空气值9.375万美元，说明生态价值比木材产品更要高得多，形成“产品高价、原料低价、资产无价”的反差，生产价值与生态价值相背离，严重制约着森林的可持续发展。因此，要提高“环境资产”意识。

消除大气粉尘污染，落实节能减碳的最长远最根本的办法也是绿化种树，树林碳汇已成为目前世界上最为经济的“碳吸收”手段，发展林业已成为保障生态安全，促进低碳发展，实现低碳生活的必然选择。

3.3.2 学习推广长汀南坑银杏生态园的经验

1999年创建南坑“银杏生态园”，2003年全国银杏第十二次研讨会授予“全国银杏种植与扶贫开发生态建设示范基地”。种植银杏2309亩56342株，发展16年建成“闽西银杏第一村”。2011年已推广4300多亩，330多户种植，普遍开花结果，全村采收十多万千克，人均纯收入近万元，既生态又生财。营造出增收致富与生态保护的良性发展，使难坑(南坑)变为富坑。探索出一条：百姓富与生态美的有机统一的新路子。山地从过去的“火焰山”变成了如今的“花果山”，建立生态良好、群众富裕、和谐稳定的“全国文明村”、“国家级银杏生态建设标准化示范区”。发挥银杏生态功能优势，治理了水土流失，保持水土，涵养水源，净化空气，美化家园，改善了南坑的生态环境，绿化美化了南坑村，成为一个旅游观赏景区。回顾长汀南坑银杏生态园20多年的发展过程，建成了全省银杏生态园的典范。长汀县原政协廖英武主席精心策划积极发动、南坑村领头雁沈腾英村支书，勤劳努力耕耘，老会员黄昌良高工的前期科学论证等人功不可没。从生态文明建设的大好时代，用发展银杏树作为生态园，在福建山区县、市、区可以全面、普遍推广。作为公园、纳凉点、休闲处的树种最理想。长汀县建生态县银杏生态园的成功经验可以借鉴：①对生态建设对治理水土流失要有“十年树木”艰苦奋斗的思想准备。杨梅5～10年，银杏要10～20年。②要有一定的资金支持，预防“不进则退”的风险，确保“进则全胜”南坑2300亩银杏生态园，有了厦门银杏树王公司350万元的基本资金支持，顺利度过了产果收效晚的高坎，经过20年的奋斗才建成。但过了这个坎，今后百年千年的持续效益就比其他树种强。

3.3.3 银杏是创建纳凉点、休闲处的理想树种

福建省老体协倡议：“设立夏季纳凉点”休闲地。创建这个点以种植银杏树作为纳凉点的树种是最理想，省钱又生态，多功能放益气，树形美、长寿命、高效益。夏季可纳凉，冬季可晒太阳取暖，利用率比其他树种高。广栽银杏树，健康又长寿。从科学的角度说，根据姜堪政医学博士的研究成果：每天在银杏树旁活动或躺下睡2个小时，1个月后(2个月更好)发现银杏放射的生物电磁波提高了人体的免疫力和内分泌调节功能，使心血管系统规律的收缩和舒张，冠状动脉血流量增加，心肌缺血状态得到改善，降低了发生心脏病的风险。使许多人的慢性病和衰老状况有了改善。福建福州、漳州、龙岩很多县市区建了很多“纳凉点”休闲处，可以大力普遍推广银杏树种植。

3.3.4 学好用好生态文明学，破解“发展与保护”两难困局

为了发展工业经济而带来污染生态环境，为了保护生态环境而要停缓工业进程。这两个“二律背反”是当前生态文明建设中的两难困局，这个发展与保护也被公认为是一个全球性的难题。

廖福霖教授写的《生态文明学》讲到：在以前经济发展中，出现了以牺牲生态环境换取经济增长的“二律背反”；现在又出现为保护生态环境必须停缓经济增长的另一个“二律背反”。这两个二律背反都不可取。廖教授提出：可以通过发展生态生产力及其微观基础的生态文明经济，从内生力量突破两个二律背反，获取经济社会生态效应的统一与最优化，使生态环境与经济增长双赢。将自然生态系统和社会经济系统有机结合，形成自然—人—社会复合生态系统的良性大循环。

3.3.5 用山海区域大合作，获经济生态大发展

福建试行以生态文明支撑健康发展，即钱往山区拨，人往沿海走，沿海兴产业，山区护

生态，让适合的产业到适合的区域去，让承担生态保护的区域，不因限制限掉发展的后劲和活力。

3.3.6 武夷山自然保护区的经济生态双赢经验

“双世遗”武夷山市自然保护区，有了生态林的生态环境是美了，但百姓经济收入不多，生活困难。经过改革开放30多年来的先行先试，自然保护区却走出了一条：“用10%面积的特色产业(竹子、果树、养蜂等)换取90%面积的生物多样性保护”的可持续发展道路，经济发展区内人均从建区初的204元提高到1.5万元以上，超过县城农民人均收入水平。成为妥善处理保护与发展矛盾问题的一个成功典范，受到联合国教科文委表彰。各地也可以发展银杏、红豆杉或者林下套种药材、苦草等植物，开发林下经济谋求以短养长，实现经济、生态双丰收。

3.4 落实党的十八大精神，沿着习总书记指引道路搞好生态文明建设

党的十八大已把生态文明建设放在突出地位，习总书记也明确地提出，保护生态环境，应对气候变化，维护能源资源安全，是全球面临的共同挑战。今年纽约全球左翼论坛也肯定了气候不断变暖，冰川不断融化，旱灾愈发严重，环境污染和变暖将危及人类生存。发出全球需要一场生态革命。习总书记强调大力推进生态文明建设，必须尽快着力解决生态危机的重大问题。回顾六十多年接触生态工作中，从来没有像当今这样的重视生态文明工作，层层领导抓落实，作风也大改变，过去由于生态环境建设多是中长期项目，短时间难见成效，更不能立竿见影，难于引起重视，也容易被忽视，有的则看近不看远的现实在起作用。党的十八大明确地把生态文明建设放在突出地位。加强生态文明建设是党执政理念的一个重大创新。把走生态文明路，推进生态文明新时代，建设美丽文明新中国，作为实现中华民族伟大复兴的中国梦的主要工作。习总书记从创建福建生态省，到建成长汀生态县，多是亲身经历，长汀的治理水土流失从新中国成立前就开始，是之前治不了的事项。1999年习总书记亲临长汀，也不考虑届内能否完成，即勇敢地站出来，抓在自己的身上手上，并且心中有充分的准备，有了自然科学的理念，他在讲发展时指出：科学发展、跨越发展、可持续发展，走向良性发展、永续发展，这里讲的良性发展是体现尊重自然、顺应自然、保护自然的理念出发的。他深知生态环境工作的长期性、艰巨性，提出“滴水穿石”精神，矢志不渝、苦干实干、奋发进取、铁心拼搏。在开展进行中关键时刻时指出：“进则全胜，不进则退”，严防“不进则退”的风险。国家大事那么忙，还能深入基层考察指导，及时批示指示，关键环节、措施细节、高瞻远瞩、关注到底，真让人深受感动。由此，也让我回忆起习总书记在浙江任书记时重视生态工作的经历。2003年的银杏学术研讨会上我提出：在创建美好生态环境方面，建议学习浙江投资千亿元构建生态省，打造一个山川秀美的“绿色浙江”。这是习近平总书记离开福建到浙江时决策的，同时还宣布：生态知识纳入各级党校及行政学院教学内容，各级干部必修；要求切实增强干部生态环境意识，树立绿色观念，全国首创。建立生态建设目标管理考核制度，全国先行。因此说习总书记从福建到浙江，一直到中央都是关心着生态文明建设工作，实在难逢，福建有福，全国有福。

福建省原书记孙春兰、省长黄小晶，如今的尤书记、龙岩市委黄书记等领导都充满信心，都在努力争创生态文明城乡。孙春兰书记写了《坚持科学发展，建设生态文明》一文，给创建福建生态省作了总结，肯定了方向，指出了继续努力的路子，力争走在全国前列。2012年春节上班后就到长汀了解水土流失治理工作，接着转到漳平永福台湾农民创业园座谈农技推广工作。原省长黄小晶1994年为了发展银杏，曾到江苏参观学习，并指派人到老银杏区调查银杏叶制药厂，准备筹集1000万元在漳平搞试点，经过调研论证后，当时制药过多，不能再办，随后长汀南坑银杏生态园取得厦门银杏树王公司的350万元的资金支持，全国银杏学会也确定福建基点建在长汀，黄省长多年多次到南坑银杏生态园考察指导，十分关心南坑银杏生态园的成长。龙岩市委黄晓炎书记坚定推广长汀经验，发展绿色经济，建设生态家园，创建国家级生态市，把生态资源作为地区最宝贵的资源，把生态优势作为发展最具竞争力的优势，把生态文明建设作为中心工作，实现从荒山到绿洲再到生态家园的历史性转变。

现任尤权书记紧接上届规划落实生态省工作，根据发展情况提出：既要“百姓富”，又要“生态美”，要把两者有机结合推进实现生态建设与产品发展的和谐统一；既要山更绿，又要民得利，寻找两者平衡点，突破实现以利用促保护，以保护促发展，让人民真正享受好处与实惠。谋求探索出一条“百姓富”“生态美”的有机统一的新路子。福建有福，全国有望，地球有救，世界平安。

广植银杏之歌

——献给第二十次银杏学术研讨会

袁桂春
（江苏东台 224200）

中央首长栽银杏，北京效区有身影。
改善生态环境美，科学发展路指引。

党政机关栽银杏，树立国树新观点。
带头栽植致富树，圆梦建设大家庭。

部队军营栽银杏，钢铁长城比石坚。
原子武器无所惧，军民保国树雄心。

工厂企业栽银杏，首选国树人人信。
噪声减少空气好，一株银杏一两金。

各种医院栽银杏，果材叶根好药品。
华佗本来会治病，自然物种能救命。

公安机关栽银杏，刚直不阿好树形。
银杏成材千年壮，象征社会保稳定。

交通部门栽银杏，道路绿化走在先。
木材观赏双丰收，公路经济大发展。

大中小学栽银杏，郭老文章讲得明。
孔子植树在孔府，育人栽树双奋进。

税务部门栽银杏，征收国税作贡献。
树干挺拔不弯曲，强国富民著新篇。

水利部门栽银杏，山东黄河有经验。
防旱防涝保水土，堤岸公路连成片。

土管部门栽银杏，利用土地是关键。
我国人占耕地少，银杏木材贵如银。

商场商店栽银杏，吸引顾客更方便。
合理利用空场地，壮观绿化添景点。

休闲绿地栽银杏，立体景观换新天。
大小银杏巧搭配，美不胜收大树荫。

村居场所栽银杏，带头致富利百姓。
干部换班像流水，你在今朝留脚印。

寺庙庵堂栽银杏，佛家传承几千年。
爱国爱教栽大树，当今更能立功名。

各地农户栽银杏，庭院经济能双赢。
家家都栽子孙树，代代幸福万万年。

郭老：指郭沫若先生。

论银杏应称为中国的国树

彭怀远
（安徽省来安县老科协，安徽来安 239200）

摘要：我国是世界上动植物资源大国，并享有“世界园林”之母的美誉。但我国目前还没有国树，尽早确定国树，乃人心所向，时代所需。2005 年 9 月下旬，中国林学会公布评选国树投票结果，银杏当选国树支持率 99%。银杏是中国特有的珍贵树种；银杏是中华民族精神的象征；银杏在中国自然分布很广；银杏综合效益显著，产业开发前景广阔。

关键词：银杏；中国；国树

我国是世界上动植物资源大国，位居世界 12 个巨大生物多样性国家之列，并享有“世界园林之母”的美誉。但到目前为止，我国还没有国树。尽早确定国树，乃人心所向，时代所需。早在 1942 年 5 月，我国当代大文豪郭沫若先生，在重庆《新华日报》发表文章，首先提出银杏应该称为中国的国树。2005 年 9 月下旬，中国林学会公布评选国树，公众投票结果，银杏当选国树支持率 99%。银杏应当戴上国树的桂冠。

1 银杏是中国所特有的珍贵树种

远在人类诞生之前，银杏早已存在地球上了，并是北半球森林的主角。第四纪冰川降临全球绝大部分地区的银杏，遭到了灭顶之灾，唯独分布在我国浙江天目山，安徽大别山，河南伏牛山，湖北大洪山、神农架，湘西雪峰山以及云贵高原等地，有野生银杏种群的遗存，成为举世闻名的植物“活化石”。现在，全世界上其他国家种植的银杏树，无不源于中国，都是直接或间接从中国引进的，郭沫若在赞颂《银杏》的散文中写道：“自然界中已经是不能有你的存在了，但你依然挺立，在太空中高唱着人间胜利的凯歌。”“你这东方的圣者，你这中国人文的有生命的纪念塔，你是只有中国才有呀，……你应该称为中国的国树呀。”因此，银杏作为中国所特有的珍贵树种，称为国树，理所应当。从国外引进的许多名贵树种，虽有千般好，但不是中国的原种，怎么能当中国的国树呢?!

2 银杏是中华民族精神的象征

中华民族先祖轩辕黄帝，复姓公孙，银杏因而有公孙树的美名。银杏是绿色的老古董“活文物”，在中华大地上，二三千多年的古银杏树屡见不鲜，而且有许多美妙神奇的传说。我国最早的道教宫观——陕西周至楼台的银杏王、贵州福泉市李家湾和湖南桑植的古银杏等，堪称“神州一古”。山东莒县浮来山定林寺大殿前的一株古银杏树，相传为鲁公与莒子会盟处，树龄超过3000年。清莒守陈全国有诗云：“蓦看银杏树参天，阅尽沧桑不计年，汉柏秦松皆后辈，根盘古佛未生前”。许多古树名木，虽有百岁的、千岁的，但比起银杏来，还相差甚远。郭老在赞颂银杏时说：“梧桐虽有你的端直，而没有你的坚牢；白杨虽有你的葱茏，而没有你的庄重。”“你的名讳似乎就是超然，你超乎在一切的草木之上，你超乎在一切之上。”而最为令人赞叹的是，在无人进入的原始森林，在陡峭的山坡岩缝间，还能生长出参天的古银杏树，雄伟挺拔，刚劲质朴，云冠巍峨，秀雅青翠，生机勃勃。他们使高山有了灵气，使世界有了神奇，一切生命在他们面前都显得苍白逊色，他们是中华民族精神象征，是在逆境中拼搏出来的，“适者生存”的规律，尽管无情，但生命的意义原本就是“拼搏”。

3　银杏在中国自然分布范围很广

银杏适应外界环境的能力强，不仅在优越的自然环境中能繁荣昌盛，而且能在逆境中生存发展。它能忍耐短期－30℃的严寒和不超过40℃ 的高温酷暑。它能适应各种不同类型的土壤，除严重盐碱土外，不论是酸性、中性或碱性土壤均能生长。它能在不同海拔高度扎根，在海拔只有4～5m的平原，它能茂盛生长，在海拔3000m的昌都高原，也能见到银杏的雄姿倩影。中国银杏的自然分布，除黑龙江、内蒙古、青海三省区，尚未发现银杏自然分布外(但有银杏盆景的栽培)，全国其他省、市、自治区均有不同数量的银杏大树栽培。银杏的抗逆性强，它能抗污染、抗辐射、抗雷击、抗火烧、抗病虫、抗风暴，在抗性上，为许多树木所不如。银杏是城市绿化首选树种，是园林美化的“明星”，银杏树叶，早春一派新绿，秋来满树金黄，美不胜收。在城市街道、机关、学校、厂矿、军营、庭院、别墅、宾馆，设计各种银杏造型，放置银杏盆景，使人们的生活更加美好。银杏在平原、丘陵、山地、海岛实行广植散生，或是规模经营，建造银杏大道，银杏社区，银杏村，银杏乡，银杏林带；培植果用林，叶用林，材用林。用千秋银杏，绿化万古河山。

4　中国银杏综合效益显著，产业开发前景广阔

银杏果珍、叶贵、材良，集食用、药用、材用、观赏，防护于一体。银杏以其独特的有效成分，非凡的经济价值和广泛的综合效益，越来越受关注。银杏全身是宝，是许多树木不可比拟的。当今银杏作为一项新兴产业，正在世界崛起，成为竞相开发的热点。

我国是银杏生产大国和出口大国，具有绝对的资源优势。据资料，1977年，全国银杏种植面积17万hm^2，占世界的70%以上。银杏苗木总数约15亿株，结实大树约有90万株。年白果产量1.5万t，约占全球白果产量的90%。银杏叶提取物(EGb)的年产量约为100t，银杏叶茶年总产量为200t。江苏的泰兴、山东的郯城、浙江的长兴、湖北的安陆、广东的南雄、河南的新县、安徽的明光泊岗乡等银杏重点产区，村村种银杏，户户收白果，银杏已成为当地农民增收的新财源，振兴地方经济的支柱产业。

银杏叶片中，含有银杏内酯、白果内酯和黄酮类多种活性物质，其提取物是生产治疗心脑血管疾病的抗呆痴、延缓衰老的新药源。《人民日报》2000年1月1日和1月17日，以《国药走向世界》为题，报道了我国自行研制、开发的银杏制剂——银杏灵，进入美国医药市场，已被国际权威的管理部门认可，为我国银杏制剂进入发达国家医药主流市场，打开了大门。随着我国加入WTO，必将开拓银杏产业国际市场，让世人心目中的中国国树——银杏，冲出国门，奔向世界，走向辉煌！

全国第二十次银杏学术研讨会主会场

全国第二十次银杏学术研讨会主会场

中国林学会副理事长兼秘书长陈幸良出席会议并讲话

山东省林业厅厅长燕翔出席会议并讲话

中共郯城县委书记、县人大常委会主任
刘纪民致欢迎辞

中共郯城县委副书记、郯城县人民政府县长
刘连栋主持会议

中国林学会副理事长兼秘书长陈幸良（右三），南京林业大学校长、中国林学会银杏分会主任委员曹福亮（右四），山东省林业厅厅长燕翔（右二），山东省林业厅原厅长、山东银杏开发协会执行会长孙庆传（右五），临沂市人民政府副市长赵爱华（右一）启动开幕式水晶球

郯城银杏博物馆揭牌仪式

与会领导、代表参观考察新村银杏公园

中国林学会银杏分会四届常务理事会五次会议

山东银杏开发协会座谈会

全国第二十次银杏学术研讨会参会代表合影